Astrid Kugler

Die Erde
unser Lebensraum

Die Lebensräume der Menschen
(ohne Europa)

Die natürlichen Grundlagen

Herausforderungen der Gegenwart

Interkantonale Lehrmittelzentrale
Lehrmittelverlag des Kantons Zürich

Lehrmittel der Interkantonalen Lehrmittelzentrale

 Quellentexte, ergänzende Informationen und Hinweise

 Weiterführende Informationen und Hinweise
für besonders interessierte Schülerinnen und Schüler

Autorin
Astrid Kugler, dipl. geogr.

Berater
Markus Hengartner
Jürg Keller
Eduard Müller
Peter Roffler
Max Tscherter

Grafische Gestaltung
Hans Rudolf Ziegler

Illustrationen
Claudia A. Trochsler

Kartendoppelseiten
Wäger & Partner GmbH

Bildbeschaffung
Comet Photoshopping GmbH

Projektleiter Buchherstellung
Jakob Sturzenegger

Nach neuer Rechtschreibung

© Lehrmittelverlag des Kantons Zürich
5. Ausgabe 2006, mit kleinen Änderungen (2004)
Printed in Switzerland
ISBN-13 978-3-906720-50-0
ISBN-10 3-906720-50-0
www.lehrmittelverlag.com

Die Lebensräume der Menschen

Angloamerika

POLARMEER

Parry-Inseln

Beaufortsee

Banksinsel

Point Barrow

Victoria Insel

Tschuktschensee

Brooks Range

Mackenzie (4063 km)

Grosser Bärensee

Beringstrasse

Mackenzie Mountains

Yukon (3185 km)

▲ 6193
Mt. McKinley

Alaska Range

6050
▲ Mt. Logan

Grosser Sklavensee

Athabascase

Athabasca

Aleuten Range

Coast Mountains

R o c k y

Kodiak-Insel

Golf von Alaska

Aleuten

Queen-Charlotte-Inseln

Fraser

Columbia (1250 km)

M o u n t a i n s

Vancouver-Insel

▲ Mt. Rainier
4392

Cascade Range

Coast Ranges

Grosses Becken

Grosser Salzsee

Sierra Nevada

▲ 4399
▲ Mt. El

Mt. Whitney
4418 ▲

Tal des Todes

Colorado (2900 km)

Mojavewüste

Gilawüste

NORDPAZIFIK

Rio Grande (2840

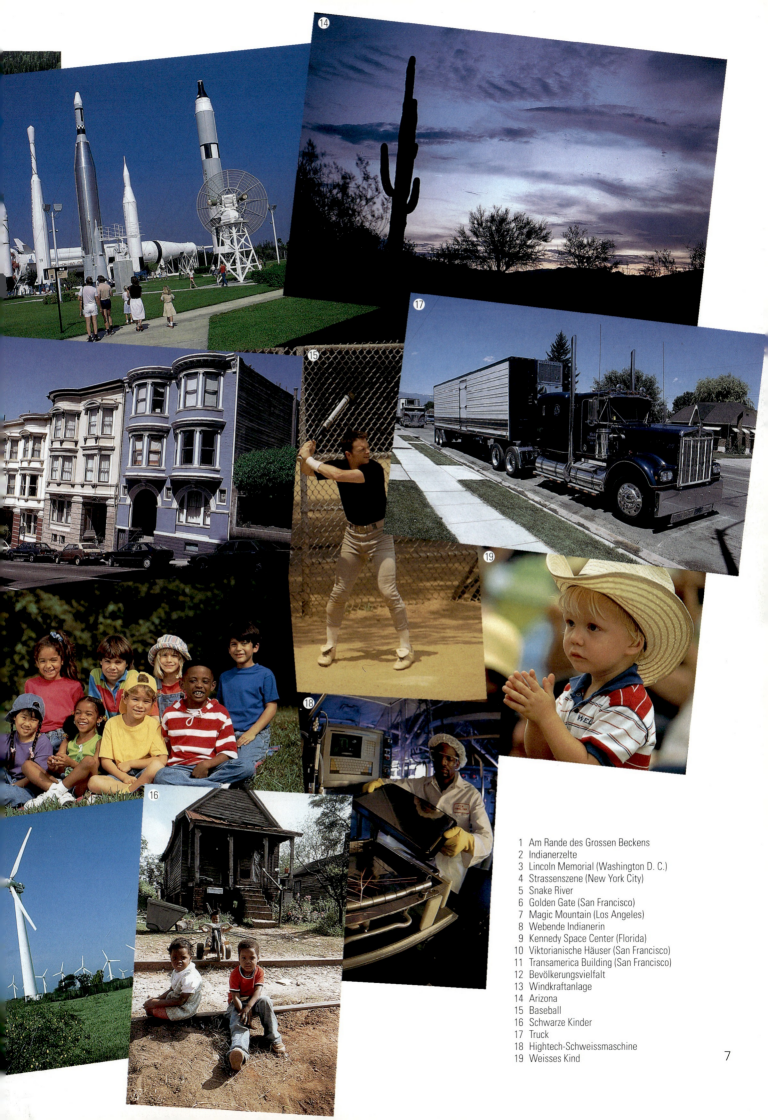

1 Am Rande des Grossen Beckens
2 Indianerzelte
3 Lincoln Memorial (Washington D. C.)
4 Strassenszene (New York City)
5 Snake River
6 Golden Gate (San Francisco)
7 Magic Mountain (Los Angeles)
8 Webende Indianerin
9 Kennedy Space Center (Florida)
10 Viktorianische Häuser (San Francisco)
11 Transamerica Building (San Francisco)
12 Bevölkerungsvielfalt
13 Windkraftanlage
14 Arizona
15 Baseball
16 Schwarze Kinder
17 Truck
18 Hightech-Schweissmaschine
19 Weisses Kind

7

Das Agrobusiness

Die Umwandlung der traditionellen Landwirtschaftsbetriebe zu «agrarindustriellen Unternehmen» findet auf der ganzen Welt nach amerikanischem Vorbild statt. Erfolgreiche Farmer sind keine Bauern im europäischen Sinn. Sie sind Grossgrundbesitzer, die mit grossem Kapitaleinsatz, aber kleinstem Arbeitsaufwand möglichst grosse Ernteerträge anstreben. Durch den Einsatz von Maschinen können sie säen und ernten, ohne den Ackerboden je mit einem Fuss zu betreten. Mit Pflanzenschutzmitteln wird nicht gespart. Es handelt sich um hoch intensivierte Landwirtschaftsbetriebe.

Viele dieser Farmer betreiben Monokulturen, d.h., sie konzentrieren sich auf den Anbau von einer, zwei oder drei Nutzpflanzen. Andere produzieren zusätzlich Fleisch und Milch.

Eine Region, deren Landwirtschaft zunehmend vom Agrobusiness dominiert wird, weist folgende Merkmale auf:
- Die Zahl der Betriebe und der in der Landwirtschaft beschäftigten Personen nimmt ab.
- Die Betriebsgrössen nehmen zu.
- Die gesamten Ernteerträge nehmen eher zu.
- Maschinen leisten den weitaus grössten Teil der Arbeit.
- Eng begrenzte Regionen vermögen einen grossen Anteil von einem oder mehrerer landwirtschaftlicher Güter zu produzieren.

Subventionen brauchen wir nicht

Auf beiden Seiten der Strasse wächst Mais, Mais, nichts als Mais. Iowa ist dreimal so gross wie die Schweiz, das Erdreich tief und schwarz. 14 km² dieses fruchtbaren Paradieses im Mittleren Westen gehören zur Woodland Farm Inc., einem Bauernhof wie aus dem amerikanischen Bilderbuch: Pete Hermanson, der Besitzer, nennt sich nicht Bauer, sondern «General Manager». Seine 400 Kühe tragen keine Glocken, sondern Transponder. Diese kleinen Geräte sagen dem Computer vor dem Melken, welche Milchkuh gerade die vollautomatische Anlage betritt. Während des Melkvorgangs wird die Milch in Menge und Qualität elektronisch analysiert.

Neben Milch produziert Hermanson Mais und Soja. Seine Truthahnzucht besteht gegewärtig aus 200 000 Tieren, die in riesigen Hallen eng zusammengedrängt leben.

Hermanson schwärmt von seinem neuesten Hilfsmittel, dem «Global Positioning System»: dieses ist auf dem Traktor montiert und meldet via Satellit ähnlich wie auf Schiffen und in Flugzeugen den genauen Standort. Daraufhin dosiert der Bordcomputer, in welchem die Bodenverhältnisse detailliert gespeichert sind, quadratmetergenau den Dünger.

«Ich ziehe Mischwirtschaft vor, das hilft bei Desastern», sagt Hermanson, für den Ferien selbstverständlich sind und der von staatlichen *Subventionen* sagt: «Im Prinzip brauchen wir sie nicht. Wir können im Markt überleben.»

nach: Thomas Rüst, Tages-Anzeiger, 20. Oktober 1995

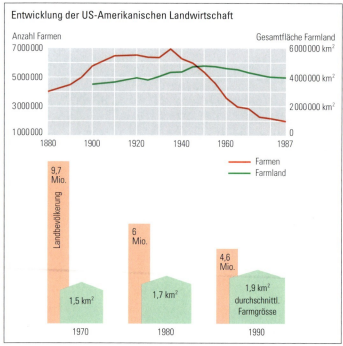

Die Plains – Inbegriff der amerikanischen Landwirtschaft

Das Steppengebiet der Prärie und der Great Plains, einst das Territorium riesiger Büffelherden, wurde innerhalb weniger Jahrzehnte Zentrum der landwirtschaftlichen Produktion. Es galt seit seiner Kultivierung durch die Europäer zuerst als Kornkammer Amerikas, später als Kornkammer der Welt. Der Weizen ist bis heute die dominierende Nutzpflanze geblieben. Lange Zeit schien die Nachfrage auf dem Weltmarkt unbegrenzt zu sein. Ermutigt durch den Erfolg, investierten die Farmer in neue, bessere Landwirtschaftsmaschinen. Sie kauften, wann immer möglich, Land dazu und renovierten ihre Wohnhäuser. Die Hypotheken, die sie aufnehmen mussten, bereiteten ihnen angesichts der florierenden Wirtschaft keine Kopfschmerzen. Doch dann traten die ersten Schwierigkeiten auf. Die Entwicklungsländer produzierten infolge der «Grünen Revolution» mehr Nahrungsmittel. Ausserdem waren sie mittlerweile so hoch verschuldet, dass sie ihre Weizenkäufe drosseln mussten. Die ehemalige Sowjetunion, einst ein dankbarer Abnehmer für Weizen, brach innert weniger Monate zusammen. Das Angebot nahm zu und die Preise sanken. Viele Farmer konnten deshalb ihre Zinsen und Kredite nicht mehr zurückbezahlen.

Ein weiterer Risikofaktor ist die Erosionsanfälligkeit der Steppenböden. Während ein mit Gras bewachsener Boden jährlich nur etwa 40 kg pro ha der kostbaren Bodenkrume einbüsst, sind es bei Monokulturen rund 74 t pro ha. Eine flächendeckende Verbreitung der Erosionsmassnahmen scheiterte. Viele Farmer glauben, dass nur der Nachbar Erosionsprobleme habe.

Insgesamt haben sich die Erosionsprozesse beschleunigt. Die US-Regierung hat deshalb angeordnet, dass mehrere Millionen Hektaren erosionsgefährdetes Ackerland wieder in Grasland zurückverwandelt werden müssen. Gleichzeitig werden mit dieser Massnahme die Produktionsüberschüsse abgebaut. Ausserdem erhofft man sich eine Stabilisierung der Preise.

Die Folgen

Der drastische Nachfragerückgang und die gleichzeitige Verschlechterung der Bodenqualität bekommen die Menschen im trockeneren Westen der Plains besonders stark zu spüren:

- Überall trifft man auf aufgegebene Silos und heruntergekommene Wohnhäuser.
- Die Bevölkerungszahl nimmt ab. Vor allem junge und gut ausgebildete Leute verlassen die Plains.
- Die Aufrechterhaltung der *Infrastruktureinrichtungen* für die verbleibende Bevölkerung ist schwierig geworden. Viele Schulen haben bereits geschlossen. Auch Lebensmittelgeschäfte, Bankfilialen, Postämter, Arztpraxen mussten aufgegeben werden, weil sich der Betrieb nicht mehr lohnte.

Erosionshemmende Anbauweisen

- Anpflanzen von Windschutzstreifen (Bäume, Sträucher, hochwachsende Gräser) quer zur vorherrschenden Windrichtung
- Verzicht auf bodenwendende Bearbeitungen, denn die Stoppeln schützen vor direktem Wind- und Wassereinfluss
- Pflügen längs der Höhenlinien (Contour-Farming)
- Anbau des Getreides in Streifen zwischen andern Anbauprodukten (Stripe-Farming), quer zur vorherrschenden Windrichtung
- Terrassieren des Geländes, Errichten von Bodenwellen parallel zur Hangneigung

1 Mähdrescher im Weizenfeld (Kansas)
2 Erosionserscheinungen (South Dakota)

Von den Cowboys ist nur der Mythos übrig geblieben

Heute findet der überwiegende Anteil der Rinderzucht in immer weniger, dafür aber immer grösseren Mastbetrieben statt. Die Tiere haben in ihren engbegrenzten Gehegen wenig Bewegungsmöglichkeiten. Der Boden ist meist kahl, da die vielen Tiere dem aufkeimenden Gras gar keine Chance lassen zu wachsen. Die Tiere werden mit Mais, Hirse und Luzerne, das auf den umliegenden, meist bewässerten Feldern wächst, bis zu ihrer Schlachtung gemästet.

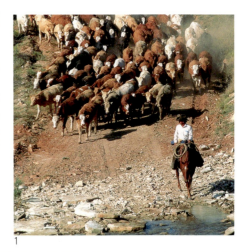

1

Die Industrialisierung der Landwirtschaft hat auch bei der Rindermast nicht Halt gemacht. Die Ranch ist der Ort der traditionellen Rinderzucht. Dort werden die Tiere auf unüberschaubare Weiden getrieben, wo sie bei freiem Weidegang grasen können. Cowboys betreuen die halbverwilderten Herden, treiben sie zu guten Futterplätzen, pflegen erkrankte Tiere gesund, sortieren Schlachtvieh aus und züchten gute Muttertiere heran. Erst die letzten 50 Tage seines Lebens muss ein etwa zweijähriges Rindlein auf einer Mastfarm verbringen, wo es zwar wenig Bewegungsfreiheit, aber viel zu fressen hat. Während der Blütezeit der Ranchwirtschaft lagen die Zentren der Fleischproduktion in der mittleren und nördlichen Prärie (Iowa, Nebraska, Illinois) und in Kalifornien.

Die Schlachthöfe als Triebfeder für Veränderungen bei der Viehzucht

Die Verlagerung der Viehzucht in die Great Plains ging mit dem Bau neuer, grosser Schlachtbetriebe einher. Diese hatten ihre traditionellen Standorte im Norden der USA aufgeben müssen.

- Die Anpassung der alten Schlachthöfe im Norden an die strengeren Hygienevorschriften wäre viel zu teuer geworden.
- In den südlichen Staaten hatten sich noch keine Gewerkschaften für Schlachthofangestellte gebildet. Viele Arbeitswillige aus Mexiko und Mittelamerika waren mit dem staatlichen Mindestlohn zufrieden.
- Die Umweltvorschriften sind weniger streng.
- Die neuen Schlachtanlagen können bis zu 5000 Rinder pro Tag zerlegen, verpacken und gekühlt versenden. Deshalb wollen die Betriebe während das ganzen Jahres mit genügend Rindern beliefert werden. Die traditionellen Rancher sind dazu nicht in der Lage.
- Der sich ausbreitende Bewässerungsfeldbau ermöglicht eine ausreichende Fütterung der Tiere in den neuen Mastbetrieben.
- Hier fordern die Klimaverhältnisse weniger Opfer unter den Tieren.
- Die Mastergebnisse sind besser.

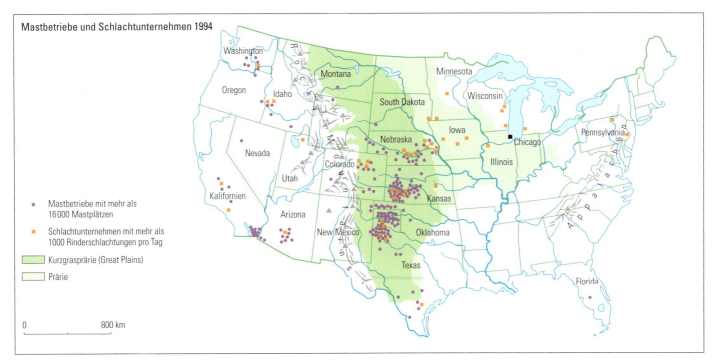

Mastbetriebe und Schlachtunternehmen 1994

- Mastbetriebe mit mehr als 16 000 Mastplätzen
- Schlachtunternehmen mit mehr als 1000 Rinderschlachtungen pro Tag
- Kurzgrasprärie (Great Plains)
- Prärie

1 Cowboy mit Rinderherde
2 Lassowerfender Cowboy beim Einfangen von Stieren
3 Mastbetrieb (Texas)
4 Futteranbau (Kalifornien)
5 Mastbetrieb (Kalifornien)

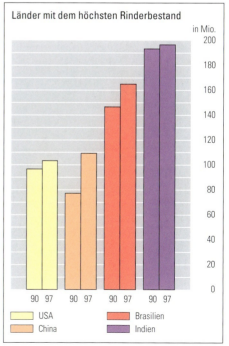

Länder mit dem höchsten Rinderbestand

Kalifornien und der Streit um das Wasser

Das Wasser und seine Verteilung gehören zu den meist diskutierten Themen im Südwesten der USA. Die Region ist so trocken, dass der erste Wissenschafter, der das Gebiet im Auftrag der noch jungen Vereinigten Staaten erforschte, 1858 schrieb: «Wir sind die ersten und werden zweifellos die letzten Weissen sein, die dieses unfruchtbare Land besuchen.» Er hatte sich zweifellos getäuscht! Heute ist Kalifornien der wirtschaftlich stärkste Staat der USA. Der «goldene Westen» mit seinem ewig blauen Himmel lockt nach wie vor jedes Jahr tausende von Menschen an. Die Zuwanderung in die Städte ist ungebrochen. Während zu Beginn der Besiedelung Gold, Silber, Kupfer und andere wertvolle Mineralien die Weissen in Scharen anzogen, sind es heute wachstumsorientierte Hightech-Industrien und Dienstleistungsgesellschaften. Doch sie alle brauchen Wasser! Überdurchschnittlich, aber auch besonders problematisch ist das Bevölkerungswachstum in den südkalifornischen Städten. Sie besitzen keinerlei eigenen Wasservorräte.

Am meisten Wasser verbraucht die Landwirtschaft. Gegen 80% des Ackerlandes wird künstlich bewässert. Weizen, Baumwolle, Früchte und Gemüse lassen sich dank der Zufuhr von Wasser ertragreich anbauen. Obwohl Kalifornien nur etwa 3% des amerikanischen Ackerlandes besitzt, beträgt der Wert der produzierten Landwirtschaftsgüter mehr als 10% der gesamten USA. Bei 50 bis 60 angebauten Erzeugnissen ist Kalifornien führend in der Produktion und stellt den Produktionsschwerpunkt in den USA dar.

Der wirtschaftliche Wohlstand Kaliforniens ist ohne künstliche Wasserzufuhr nicht denkbar. Schon zu Beginn des 20. Jahrhunderts wurde Wasser vom feuchten nördlichen Teil des Staates in den trockenen Süden geleitet, wo heute 80% des Wasserangebotes verbraucht werden. Ein weitverzweigtes System von Kanälen, Pipelines und Aquädukten entstand. Jedes grössere Flussbett wird kontrolliert. Viele private Firmen sind an der Verteilung des Wassers beteiligt, denn der Zugriff auf Wasser bedeutet Macht und Geld.

In Kalifornien ist das Wasser nicht nur knapp, das computergesteuerte System der Wasserverteilung ist auch in hohem Masse durch Naturgewalten gefährdet. Zum Beispiel überquert der längste Aquädukt der Welt, der California Aquädukt, südöstlich von San Francisco, die San-Andreas-Bruchzone bei Hayward. Bei einem mittleren Erdbeben könnte die Wasserversorgung Südkaliforniens innert Sekunden zusammenbrechen.

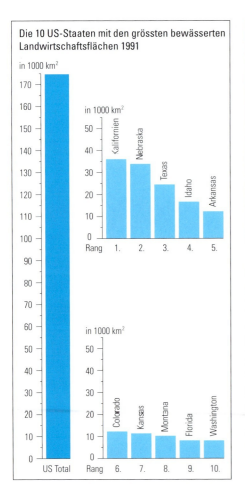

1

2

Der neue Umgang mit dem Wasser

Kalifornien sucht jetzt nach neuen Wegen, damit auch in Zukunft die Wasserversorgung sichergestellt ist. Den sorglosen Umgang mit Wasser will man stoppen, den Pro-Kopf-Verbrauch senken. Bereits wurden in einigen Städten für das Wasser progressive Tarife eingeführt: je mehr Wasser jemand verbraucht, desto mehr muss er für zusätzliche Bezüge bezahlen. Aber auch Aufklärungskampagnen werden durchgeführt, wassersparende Haushaltgeräte, Toilettenspülungen und Duschköpfe empfohlen. Wasserverluste in defekten Leitungen und Kanälen sollen reduziert werden. In der Landwirtschaft soll das Wasser gezielter eingesetzt werden. Schliesslich denkt man darüber nach, wie gebrauchtes Wasser wieder verwendet werden kann. Den Anforderungen des Natur- und Umweltschutzes schenkt man grösste Aufmerksamkeit und versucht begangene Fehler zu korrigieren.

Wasserverbrauch pro Kopf und Tag 1995 (inkl. Industrie und Landwirtschaft)	
in den USA	5347 l
in Kalifornien	2286 l
in der Schweiz	466 l

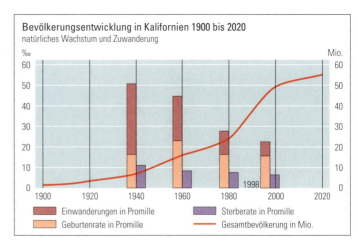

Bevölkerungsentwicklung in Kalifornien 1900 bis 2020
natürliches Wachstum und Zuwanderung

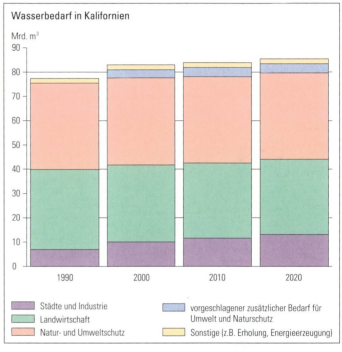

Wasserbedarf in Kalifornien

1 Nordkalifornien
2 Südkalifornien
3 All American Kanal (Kalifornien)
4 Bewässerte Nussbaumplantage (Kalifornien)

Der Colorado River – ein gezähmter Fluss droht zu versiegen

Der Colorado River hat seinen Namen von der roten Sedimentfracht, die er früher in grossen Mengen und ungehindert mitgeführt hat. Er fliesst als *Fremdlingsfluss* durch den trockenen Südwesten der USA und stellt für weite Regionen die einzige Wasserquelle dar. Heute zählt er zu den am meisten kontrollierten Flusssystemen der Welt. Sieben US-Staaten und Mexiko teilen das Wasser unter sich auf. Als versalztes Rinnsal erreicht der einst wilde Fluss die Grenze zu Mexiko. Die im Mündungsgebiet lebenden Indianer, die sich früher ausreichend mit Fischen aus dem Colorado ernähren konnten, haben das Nachsehen.

Während die Städte Kaliforniens unter Wassermangel leiden, kennt die Verschwendung in den Städten der Nachbarstaaten wie Las Vegas, Phoenix und Denver keine Grenzen. Kalifornien hat sein Kontingent ausgeschöpft. Nun wollen sich die Nachbarn nicht allzu grosszügig zeigen und überschüssiges Wasser an den Westen abtreten. Sie befürchten, eines Tages könnte der «goldene Staat» ein Gewohnheitsrecht daraus ableiten. So nutzt man heute lieber, was einem zusteht.

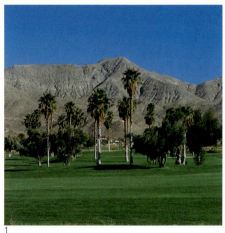

1

2

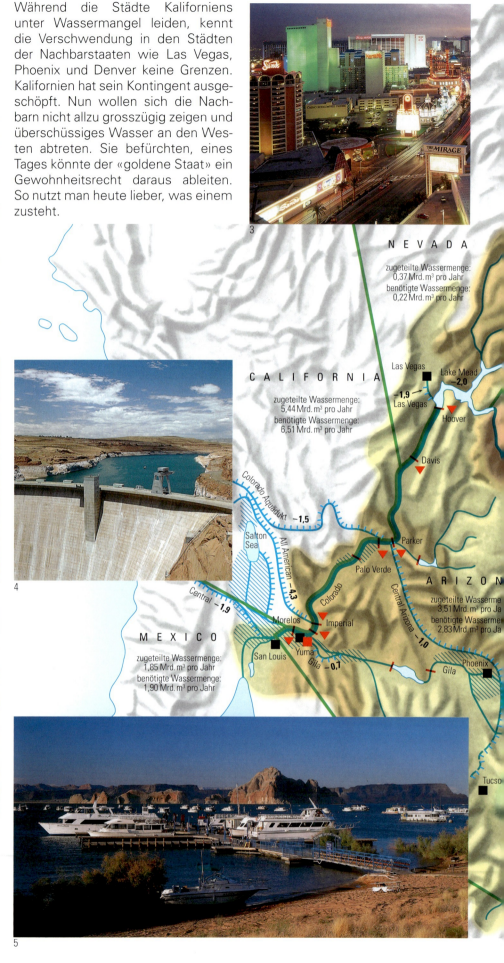

1 Golfplatz in der Wüste
2 Bewässerungsanlage
3 Las Vegas
4 Glen Canyon Damm (Colorado)
5 Lake Powell (Arizona)
6 Oberlauf des Colorado mit La Sal Mountains
7 Häuser mit Swimmingpools (Phoenix, Arizona)

Schmerzhafter Umbau von Wirtschaft und Gesellschaft

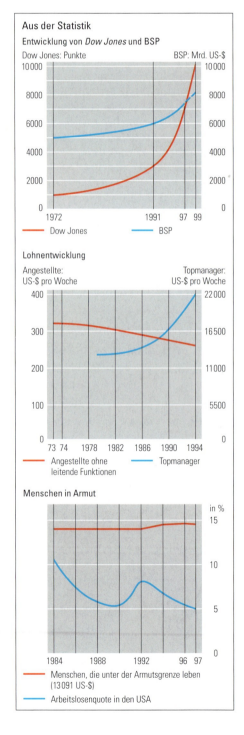

Aus der Statistik

Entwicklung von *Dow Jones* und BSP

Lohnentwicklung
Angestellte: US-$ pro Woche
Topmanager: US-$ pro Woche

Menschen in Armut
— Menschen, die unter der Armutsgrenze leben (13 091 US-$)
— Arbeitslosenquote in den USA

Schlimmer hätte es nicht kommen können. Mit versteinertem Gesicht sitzt Jack Hayes in seiner engen Küche und ringt um Fassung. Seit 29 Jahren arbeitet er als Dreher und Maschineneinrichter bei «Caterpillar», dem weltgrössten Hersteller von Baumaschinen und Bulldozern. Im Hauptwerk und der Zentrale des Konzerns, in Peoria, im Bundesstaat Illinois, hat er das ganze Auf und Ab der Firmengeschichte seiner «Cat» durchlebt, auch die schlimmen Achtzigerjahre, als das Unternehmen beinahe bankrott ging. Unzählige Stunden verbrachte Hayes freiwillig und unbezahlt bei der Umgestaltung der Arbeitsabläufe, der Installation der neuen, computergesteuerten Maschinen und der Ausbildung von «Teams of quality» in den Montagehallen, die das Unternehmen zurück an die Weltspitze brachten. Dann, im Jahr 1991, erinnert sich Hayes, als die Firma wieder Rekordumsätze und Gewinne einfuhr, erklärte das Management der Belegschaft den Krieg. Die Löhne sollten bis zu 20 Prozent schrumpfen, die Arbeitszeiten um zwei Stunden verlängert werden.
Für Hayes und die meisten seiner altgedienten Kollegen war die Situation eindeutig. Über 18 Monate lang streikten die organisierten Cat-Arbeiter. Was als normaler Streik gegen eine wild gewordene Geschäftsleitung begann, wurde zum längsten und härtesten Arbeitskampf in der amerikanischen Nachkriegszeit. Alles vergeblich!
Die Geschäftsleitung der Caterpillar demonstrierte, wie man der Macht der Gewerkschaften ein für allemal ein Ende bereiten kann. Was in den meisten Industrieländern noch schwer vorstellbar ist, konnte der US-Konzern beweisen: Streiks, auch wenn sie Jahre dauern, können keine Lohnerhöhung mehr erzwingen. Für den weltweit organisierten Konzern boten sie vielmehr eine willkommene Gelegenheit, Lohnkosten zu sparen und den Unternehmensgewinn zu steigern.
Als die Streikenden schliesslich kapitulierten, zwang ihnen die Unternehmensleitung Arbeitsbedingungen auf, die es seit Jahrzehnten nicht mehr gegeben hatte. Seitdem muss bei Caterpillar im Bedarfsfall zwölf Stunden pro Tag gearbeitet werden, auch am Wochenende und ohne Zuschlag. Triumphierend gab das Unternehmen gleichzeitig bekannt, seine Reorganisation während des Streiks habe enorme Produktivitätsreserven offenbart. Man werde noch zusätzlich 2000 Jobs einsparen.

Hans-Peter Martin, Harald Schumann,
Die Globalisierungsfalle, 1996

Junge Firmen lindern die Arbeitslosigkeit. In den USA haben Grossunternehmen zwischen 1993 und 1995 3,8 Millionen Arbeitsplätze abgebaut, neue Kleinunternehmen dagegen 6,5 Millionen geschaffen. Für finanzkräftige Investoren müssten neue Firmen eine Verlockung sein. Nach einer Studie werfen diese nämlich im Mittel eine satte Rendite von 14% ab, allerdings mit beträchtlichen Schwankungen.

Christian Sauter, Tages-Anzeiger,
5. Februar 1997

1 Bau einer Boeing

Wirtschaftswunder in Hightech-Regionen

Hightechnology-Betriebe findet man in den verschiedensten Wirtschaftszweigen. Die Produkteliste, für deren Entwicklung und Herstellung ein Land Hightech-Methoden anwendet, ist von Land zu Land verschieden.

Da in den Hightech-Regionen der USA das Bruttosozialprodukt überdurchschnittlich stark angestiegen ist, hat man weltweit versucht, deren Erfolgstories nachzuahmen. Bislang ist es aber noch niemandem gelungen, ein allgemein gültiges, Erfolg versprechendes «Rezept» zu formulieren. In den aufstrebenden Hightech-Regionen sind Mittel- und Kleinunternehmungen besonders erfolgreich. In neuerer Zeit machen sich aber auch hier die Globalisierungstendenzen der Weltwirtschaft bemerkbar: Firmen werden zusammengelegt, Arbeitsplätze in den Fernen Osten ausgelagert.

Während Standortfaktoren lediglich für den Startimpuls mitbestimmend sind, spielt in der Wachstumsphase einer Hightech-Region das persönliche Beziehungsnetz einzelner führender Personen eine hervorragende Rolle. Die Leute aus der Forschung (z.B. Erforschung und Entwicklung der Halbleiter), der Produkteherstellung (z.B. Chip-Herstellung für Computer) und den Anwendungsbereichen (z.B. Informatik) arbeiten sehr eng zusammen. Ein reger Informationsaustausch besteht sogar zwischen Unternehmen, die zueinander in Konkurrenz stehen. Der personelle Austausch zwischen nahe gelegenen Universitäten und Betrieben ist sehr intensiv.

Sonderbarerweise spielt die Höhe der Steuern bei der Standortwahl kaum eine Rolle. Unternehmen in Kalifornien und Massachusetts, zwei Schwerpunktzentren der amerikanischen Hightech-Industrie, sind traditionell hoch besteuert. Nicht selten haben auch eher zufällig getroffene Entscheidungen das Geschick einer ganzen Region beeinflusst.

Liste der amerikanischen Hightech-Produkte

- Produkte der chemischen Industrie/Medikamente
- Maschinen
- Personalcomputer und Büromaschinen
- Geräte der Elektrizitätserzeugung und -verteilung
- Elektrohaushaltgeräte
- Ausrüstungen der Kommunikationstechnik
- Elektronische Komponenten
- Flugzeuge/Raumfahrzeuge
- Navigationsgeräte
- Zähler, Mess- und Regelgeräte
- Medizinische Instrumente
- Fototechnische Ausrüstungen

1

Standortfaktoren

«Weiche» Faktoren
- Image des Wirtschaftstandorts
- Unternehmensfreundlichkeit der Verwaltung
- Mentalität der Bevölkerung/ Einstellung zur Arbeit
- Soziale Voraussetzungen
- Wohnqualität
- Schulen
- Kulturangebot
- Stadtbild, Attraktivität der Innenstadt
- Klima
- Freizeitangebot/Erholungsmöglichkeiten

«Harte» Faktoren
- Marktchancen in der Region
- Nähe zu Lieferanten
- Wissenschaftliche Zusammenarbeitsmöglichkeiten mit Universitäten und Instituten
- Verfügbarkeit von Produktionsfläche
- Bodenpreis
- Verkehrsanbindung
- Aus- und Weiterbildungsmöglichkeiten
- Steuern, Abgaben, *Subventionen*
- Flexibilität der Verwaltung
- Qualität und Quantität der Arbeitskräfte

Das Wirtschaftswachstum und die *Innovationskraft* im amerikanischen Hightech-Bereich ist nicht nur auf die Mechanismen der privaten Marktwirtschaft zurückzuführen. In den USA unterstützen staatliche Massnahmen in einem hohen Masse dieses Wachstum. So wird die Forschung an den Universitäten stark gefördert. Die Ergebnisse werden der Privatwirtschaft leicht zugänglich gemacht. Der Staat erteilt aber auch Forschungsaufträge an Private. Für private Forschungstätigkeiten gewährt er Finanzhilfen und Steuervergünstigungen.

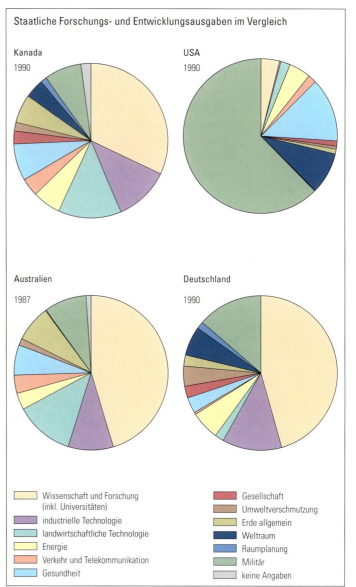

Staatliche Forschungs- und Entwicklungsausgaben im Vergleich

Kanada 1990

USA 1990

Australien 1987

Deutschland 1990

- Wissenschaft und Forschung (inkl. Universitäten)
- industrielle Technologie
- landwirtschaftliche Technologie
- Energie
- Verkehr und Telekommunikation
- Gesundheit
- Gesellschaft
- Umweltverschmutzung
- Erde allgemein
- Weltraum
- Raumplanung
- Militär
- keine Angaben

Mikroprozessor, 20 x 20 mm

Schwerpunkte der Hightech-Industrie

Industriezentren von:
- sehr grosser Bedeutung
- grosser Bedeutung
- Bedeutung

0   800 km

Silicon Valley

Der Name des Silicon Valley, südlich von San Francisco, ist keine offizielle geografische Bezeichnung, sondern stammt aus der Feder eines Journalisten. Bevor sich die Hightech-Industrie in den Vierzigerjahren hier niederliess, wurde das Land ausschliesslich landwirtschaftlich genutzt.

Ausgangspunkt der rasanten Entwicklung war eine wirtschafts- und technikorientierte Universität, einige bereits ansässige Betriebe für Elektrotechnik sowie Militäreinrichtungen und Luftfahrtunternehmen. Diese Betriebe waren denn auch die Hauptabnehmer für die im Silicon Valley stattfindende Entwicklung und Produktion von *Halbleitern*.

Den Startimpuls zum Aufbau der *Halbleiter*-Industrie gab die Erfindung des *Transistors* (1947). Noch heute ist die *Halbleiter*-Industrie und die von ihr abhängige elektronische Industrie für das Silicon Valley prägend.

Immer wieder haben Erfindungen die wirtschaftliche Dynamik im Silicon Valley angetrieben. So wurden in der Mikroelektronik zwei weitere bahnbrechende Erfindungen gemacht: der *integrierte Schaltkreis* (1969) und der *Mikroprozessor* (1971).

Greater Boston

Seit dem 19. Jahrhundert sind Industrieunternehmen in Greater Boston ansässig. Während früher die Textil-, Leder- und Bekleidungsindustrie eine marktbeherrschende Stellung einnahm, ist es heute die Hightech-Industrie.

Als die traditionellen Industrien von Krisen geschüttelt wurden, gingen Arbeitsplätze verloren. Trotzdem kam es nie zu einer grossen Arbeitslosigkeit wie in anderen Staaten der USA. Die seit den Fünfzigerjahren aufstrebende Hightech-Industrie integrierte die frei gewordenen hoch qualifizierten Arbeitskräfte, zahlte ihnen aber vergleichsweise niedrige Löhne.

Sechs Universitäten und das Massachusetts Institute of Technology unterstützen mit ihrer intensiven Forschertätigkeit den neuen Industriezweig. Der ausgezeichnete Ruf, den die Bostoner Universitäten in der Welt geniessen, geht bis auf die Zeit nach dem Zweiten Weltkrieg zurück. Damals gelang es, die hervorragendsten Wissenschafter für militärische Erfindungen nach Boston zu holen. Niemand ahnte, dass damit der Grundstein für die Umstrukturierung der Wirtschaftsmetropole gelegt wurde. Ehemalige Studenten lokaler Universitäten gründeten später einen grossen Teil der technologieorientierten Unternehmen.

Schlüsselindustrie ist die Mikroelektronik, insbesondere die Entwicklung und Produktion von Mikrocomputern. Neben den staatlichen Finanzquellen profitierte die Hightech-Industrie in hohem Masse von Kreditinstituten, die eigens gegründet worden waren, um Risikokapital aufzutreiben und neu gegründeten Unternehmen zur Verfügung zu stellen.

Typisch Hightech

Hightech-Betriebe investieren viel Kapital in die Forschung und Entwicklung neuer Produkte. Ziel dieser Forschung ist es, immer effizienter zu produzieren. Das heisst, immer weniger Menschen sollen mit immer raffinierteren Maschinen immer mehr und immer bessere Produkte herstellen können. Seit man sich bewusst ist, dass die Erde und ihre Vorräte begrenzt sind, spielt ein geringerer Energie- und Materialverbrauch eine zunehmend wichtige Rolle. Bei der Hightech-Industrie handelt es sich um eine eigentliche «Erfinderindustrie».

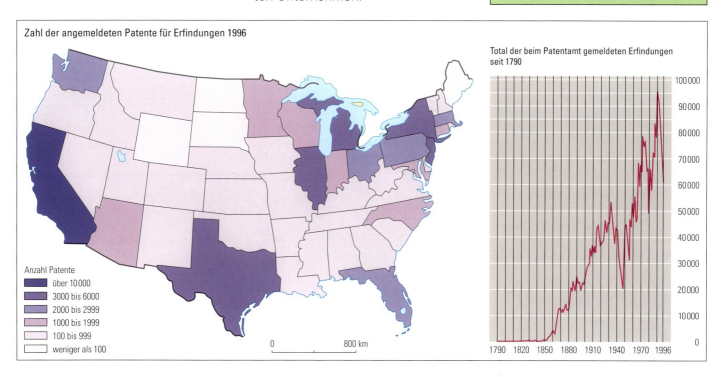

Der St.-Lorenz-Seeweg

Der St.-Lorenz-Seeweg ist die verkehrsreichste Binnenwasserstrasse der Welt. Seit dem Ausbau 1959 können Ozeanfrachter die Grossen Seen erreichen, welche 3000 km vom Atlantik entfernt im Landesinneren liegen.

Der Ausbau des St.-Lorenz-Stroms wurde vor allem durch Kanada gefordert. Lange widersetzten sich in den USA verschiedene Interessengruppen den Ausbauplänen: Eisenbahngesellschaften, Hafenstädte an der Atlantikküste, Schifffahrtgesellschaften auf dem Mississippi, Kreise der Energiewirtschaft.

Das Projekt wurde schliesslich von den USA und Kanada gemeinsam verwirklicht. In mehreren Etappen wurden grosse Bauten erstellt: Die Höhenunterschiede mussten mit Schleusen überwunden und viele Abschnitte der Fahrrinne vertieft werden. Stromschnellen wurden streckenweise mit Hilfe von Kanalbauten umgangen. Der Welland-Kanal führt bereits seit dem letzten Jahrhundert um die Niagarafälle herum.

Der Obere See, die Nordhälfte des Michigansees, die Georgian Bay des Huronsees und der Eriesee sind drei bis vier Monate pro Jahr mit einer dicken Eisschicht bedeckt. Beim Ontariosee, dem Huronsee und der südlichen Hälfte des Michigansees bleibt meist eine Fahrrinne eisfrei.

Wichtigste Transportgüter sind Kohle, Eisenerz, Getreide, Vieh und Holz. Insgesamt werden jährlich 160 Millionen Tonnen Güter transportiert, allein durch den Welland-Kanal 65 Millionen Tonnen. Den St.-Lorenz-Strom passieren jährlich zwischen 45 und 50 Millionen Tonnen Güter.

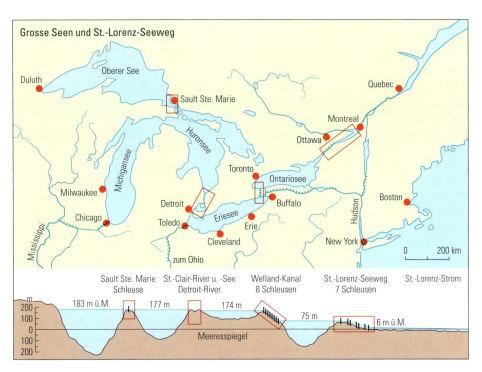

1 Schleusen am St.-Lorenz-Seeweg bei Montreal
2 Schleuse bei Pont Victoria (Montreal, Quebec)

Die Niagarafälle

Die Niagarafälle zählen zu den grössten und eindrucksvollsten Wasserfällen der Welt. Als der Franziskanermönch Louis Hennepin am Ende des 17. Jahrhunderts seinen Freunden in der Alten Welt eine genaue und eindrückliche Beschreibung der Wasserfälle vorlegte, bezweifelten sie seine Aussagen. Heute werden sie jährlich von 12 Millionen Besuchern bestaunt.

Die Wasserfälle befinden sich nicht mehr dort, wo sie Louis Hennepin als erster Weisser bestaunt hatte. Sie liegen heute wegen der rückschreitenden Erosion um etwa 200 m weiter flussaufwärts. Der Rückzug beträgt gegenwärtig etwa 107 cm im Jahr. Seit der letzten Eiszeit – die Niagarafälle sind damals gleichzeitig mit den Grossen Seen entstanden – hat die rückschreitende Erosion eine 11 km lange Schlucht gegraben. Die Felswände beidseits des Niagara River sind über 100 m hoch.

3 US-amerikanische Niagarafälle
4 Kanadische Niagarafälle

3

4

Nationalparks – Schutzgebiete der Wildnis

Park		Besucher in Mio. 1995
Great Smokey Mountains	Tennessee, North Carolina	9,08
Grand Canyon	Arizona	4,56
Yosemite	Kalifornien	3,96
Olympic	Washington	3,66
Yellowstone	Idaho, Montana, Wyoming	3,12
Rocky Mountain	Colorado	2,88
Arcadia	Maine	2,85
Grand Teton	Wyoming	2,73
Zion	Utah	2,43
Glacier	Montana	1,84

Der Raubbau an Wald und Weide hat schon Ende des 19. Jahrhunderts den Gedanken an Naturschutzgebiete aufkommen lassen. In weiser Voraussicht wurde öffentliches Land «auf immer» der Besiedelung, der Nutzung und des Verkaufs entzogen.

Anfänglich richtete man das Augenmerk auf den Schutz der Wälder. Sie sollten nach europäischem Vorbild nachhaltig bewirtschaftet werden. In späteren Jahren ging es darum, die einheimischen Tierarten vor dem Aussterben zu bewahren oder aussergewöhnliche Landschaften zu schützen. Man sorgte sich um Teilaspekte, nicht um die Gesamtheit. So wurden bis in die Dreissigerjahre in manchen Parks Raubtiere getötet, um die «guten» Tiere zu schützen. Im Yosemite-Nationalpark wurden zum Beispiel die Spechte abgeschossen, weil ihr Hämmern den Schlaf der Hotelgäste störte.

Erst mit der Erkenntnis, dass in einer Landschaft alles Leben, das Wasser, die Luft, der Boden und das Gestein aufs Engste miteinander verbunden ist, begann man die Gesamtheit eines Lebensraumes zu bewahren. Dies erforderte einen radikalen Wandel im Naturverständnis. Heute wird in einem Nationalpark die Natur sich selbst überlassen. Alles, was kriecht, fliegt, grast, raubt, wächst, erodiert, tropft, ausbricht, brennt und sich entwickelt, geschieht möglichst ohne Einfluss des Menschen. Die Nationalparks sind so zu einzigartigen Naturschutzgebieten herangereift, in denen man die natürlichen Wechselwirkungen in der Natur erleben und beobachten kann.

Die Nationalparks sind beliebte Touristenziele. Die Besucherströme sind gut organisiert, denn die labilen Ökosysteme sollen den jährlichen Ansturm unbeschadet überstehen. Das Befahren und Betreten der Parks ist nur auf den dafür vorgesehenen Strassen und Wegen erlaubt. Gleichwohl kann man in vielen Parks mit dem Auto direkt bis an die Sehenswürdigkeiten heranfahren. *Infrastruktureinrichtungen* wie Informationszentren, Campingplätze, Tankstellen, Restaurants, Abwasserreinigungssysteme müssen auf die grosse Besucherzahl während der Sommermonate ausgerichtet sein.

Neben den 52 Nationalparks gibt es unzählige National Forests, National Monuments und National Historical Parks. Alle diese Naturdenkmäler nehmen eine Fläche von rund 450 000 km² ein. In Kanada umfassen die 31 Nationalparks und die etwa doppelt so vielen Province Parks eine Fläche von 130 000 km². Nach amerikanischem Vorbild sind bis heute in mehr als 100 Ländern rund 1200 Nationalparks eingerichtet worden.

1 Besucheransturm beim Old Faithful, einem Geysir, im Yellowstone-Nationalpark
2 Camp Ground, Yosemite-Nationalpark
3 Touristen reiten durch den Bryce Canyon
4 Touristen bei einem Aussichtspunkt, Banff-Nationalpark
5 Touristen werden per Bus auf einen Gletscher gebracht

1

2

3

4

5

Nationalparks

1 Mount Robson (Kanada)
2 Jasper NP
3 Mesa Verde NP
4 Jasper NP
5 Petrified Forest NP, Blue Mesa
6 Joshua Tree NP
7 Zion NP
8 Yellowstone NP
9 Mount Rushmore
 mit Washington, Jefferson, Roosevelt, Lincoln
10 Elch
11 Grand Canyon NP
12 Bisons
13 Death Valley NP
14 Arches NP
15 Yellowstone NP

Bevölkerungsvielfalt in den USA

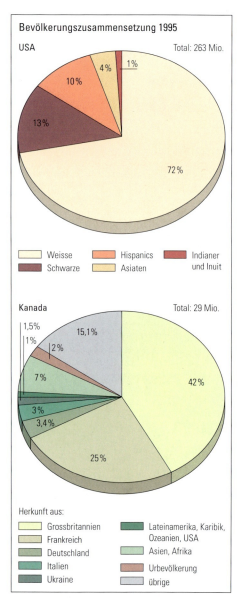

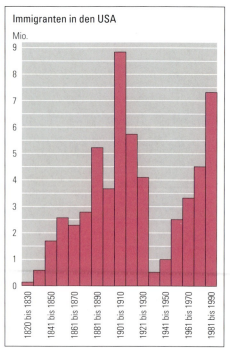

Die Bevölkerungszusammensetzung der USA ist heute bunter denn je. Menschen von unterschiedlichster Herkunft, Kultur, Religion und Hautfarbe versuchen, im vielbeschworenen «Schmelztiegel» eine Einheit zu bilden. Bis heute sind die USA aber geblieben, was sie seit Kolumbus' Zeiten waren: ein auf europäischer Kultur und Tradition aufgebauter Staat. So haben sich hauptsächlich die Weissen aus Europa zu einer neuen Kultur – eben der amerikanischen – zusammengefunden. Die grössten Integrationsprobleme stellen sich nach wie vor bei den nichtweissen Minderheiten: den Schwarzen, den Indianern und den *Hispanics*. 1954 wurde die Rassentrennung in den USA formell aufgehoben, aber erst zehn Jahre später, 1964, erhielten die Nichtweissen die Bürgerrechte wie das Stimm- und Wahlrecht. Die Asiaten scheinen sich hingegen gut in der amerikanischen Gesellschaft zu behaupten.

Die erfolgreichsten europäischen Kolonisten waren die Briten. Ihre Sprache wurde zur Amtssprache erhoben. Die Rechtsordnung und das Schulsystem sind in englischem Geist aufgebaut. Auch in der Architektur und der Kunst ist der englische Einfluss bis zum ausgehenden 19. Jahrhundert stark spürbar.

Die ersten Eroberer waren aber die Spanier. Sie drangen von Süden her vor. Etwas später begannen die Franzosen ihre Besiedelung entlang des St.-Lorenz-Stroms und entlang des Mississippis. Englische *Puritaner* legten mit der Gründung der Siedlung New Plymouth, wenig südlich des heutigen Boston, den Grundstein für die erfolgreichen, neuenglischen Kolonien. Die Niederländer kauften 1626 die Insel Manhattan den Indianern ab und gründeten die Siedlung New Amsterdam. Von hier aus begannen sie Einfluss auf die Neue Welt zu nehmen.

Anhand vieler Orts- und Städtenamen lässt sich die Besiedelung durch *Migranten* unterschiedlichster europäischer Herkunft studieren.

Neben der *ethnischen* Abstammung spielten bei der Besiedelung auch religiöse Gemeinschaften eine Rolle: die bereits erwähnten *Puritaner* in Neuengland, die Katholiken in Maryland, die *Quäker* in Pennsylvania, die *Mormonen* in Utah, die *Amischen* in Lancaster County im Nordosten der USA.

War zu Beginn der Kolonisierung die Abstammung aus einem bestimmten europäischen Land noch während mehrerer Generationen prägend, ist heute für viele junge Amerikaner und Amerikanerinnen das Herkunftsland ihrer Vorfahren unbedeutend. Selbst jene, die als kleine Kinder mit ihren Eltern in der Neuen Welt ein neues Leben angefangen haben, wollen in erster Linie Amerikaner und Amerikanerinnen sein, wollen wie diese leben und denken.

Sue Nahanni,
geboren im Hopi Indian Reservation, Arizona.
Sie lebt heute in Albuquerque und besucht dort die Grundschule.
Ihr Vater ist arbeitslos, ihre Mutter verkauft Silberschmuck in einer von Touristen besuchten Trading Post.

Bessi Kilabuk,
geboren in Kotzebue, wohnt heute in Anchorage.
Ihr Vater ist Fischer und Jäger, arbeitet aber auch zeitweise als Handlanger bei einer Ölgesellschaft im Prince-William-Sund.
Ihre Mutter betreibt einen Hot-Dog-Stand.
Bessi hat einen weissen Freund in Vancouver und wird nächstens heiraten.
Zurzeit arbeitet sie noch im Büro einer Gasfördergesellschaft.

Tran Do Cam
Er wohnt in Seattle. Seine Eltern sind mit den «boat people» nach Amerika gekommen.
Er arbeitet in einer Fast-Food-Kette. In der Freizeit macht er eine Ausbildung als Informatiker.

Eric Morecambe,
geboren in der Nähe von Kansas City.
Seine Vorfahren sind während der grossen Hungersnot im 19. Jahrhundert aus Irland ausgewandert.
Seine Eltern besitzen eine der grössten Farmen der Gegend, die einmal sein ältester Bruder übernehmen wird.
Er interessiert sich jedoch mehr für die Juristerei und studiert in Harvard.

Melody Paradis,
geboren in Philadelphia.
Die Grosseltern mütterlicherseits stammen aus New Orleans.
Heute lebt sie mit ihrer Familie in New York und macht eine Ausbildung als Modezeichnerin.
Der Vater arbeitet als Bankangestellter in einer Filiale in Harlem, die Mutter ist Grundschullehrerin, ebenfalls in Harlem.

Audrey Barlock,
geboren in Denver. Hier geht sie auch zur Schule.
Väterlicherseits stammen ihre Vorfahren aus Holland. Ihre Mutter ist Hongkongchinesin.
Der Vater arbeitet als Chefmonteur in der Autoindustrie; ihre Mutter führt einen kleinen Laden mit asiatischen Spezialitäten. Sie selbst geht noch zur Schule.

Antonio Villanueva,
geboren in Los Angeles.
Seine Eltern stammen beide aus Hermosillo, Mexiko, und sind illegal über die Grenze gekommen.
Die Famile lebt heute in Fresno.
Vater und Mutter haben keine Berufsausbildung.
Sie arbeiten als Saisonarbeiter während der Erntezeit auf den Gemüse- und Obstplantagen.

Sarah Kriegel,
geboren in Detroit. Sie lebt heute in Boston.
Ihr Vater ist während des Zweiten Weltkrieges aus Deutschland über Holland, Belgien, Frankreich und Spanien in die USA geflohen. Ihre Mutter stammt von russischen *Emigranten* ab.
Der Vater lehrt Physik an der University of Massachusetts; ihre Mutter ist Hausfrau.
Sarah wird nächstens als Jungunternehmerin ihr eigenes PR- und Consulting-Büro eröffnen.

«Black is beautiful» – aber nicht einfach!

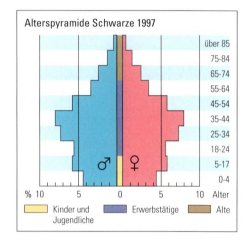

Alterspyramide Weisse 1997

Alterspyramide Schwarze 1997

Die ersten Schwarzen kamen 1619 als Sklaven auf die Tabak- und Zuckerrohrplantagen der Südstaaten. Schon um 1700 lebten in Virginia 12 000 schwarze Sklaven neben 18 000 Weissen. Der Sklavenhandel boomte und mit ihm die Landwirtschaft. Dank den Sklaven konnte die steigende Nachfrage nach landwirtschaftlichen Produkten, insbesondere nach Baumwolle, befriedigt werden.

Bis zur Aufhebung der Sklaverei im Jahre 1863 wurden etwa 600 000 Menschen aus Afrika allein in die USA entführt. Ihr Anteil an der Gesamtbevölkerung hat sich dadurch laufend verändert und von Region zu Region aus mancherlei Gründen verschieden entwickelt.

Um 1860 lebten rund 90% der Schwarzen im ländlichen Süden. Erst nach dem Ersten Weltkrieg begann die arme Landbevölkerung ihre Resignation zu überwinden und in die grossen Industriestädte im Norden und Westen auszuwandern.

Armut und ein weit verbreiteter Analphabetismus sind keine guten Voraussetzungen für den sozialen Aufstieg. Deshalb blieb in den verkommenen Ghettos der Grossstädte, wo die Menschen zusammengepfercht leben mussten, die allgemeine Lebenssituation weiterhin schlecht. Seit der Wirtschaftskrise in den Achtzigerjahren kann man eine Rückwanderungswelle in den Süden beobachten.

Bis weit in die Gegenwart hatten nur Schwarze aus dem Showbusiness, der Musik und dem Sport die Chance, als vollwertige Amerikaner und Amerikanerinnen akzeptiert zu werden.

1

Zu verkaufen

Baumwoll- und Reisneger

Ein Angebot von 460 Negern, im Anbau von Reis und Baumwolle geübt, darunter eine Anzahl guter Handwerker und Hausdiener, wird von Joseph Bryan am 2. und 3. März 1859 in Savannah verkauft.

Die Neger sind familienweise abzugeben und können spätestens drei Tage vor der Versteigerung, sobald die Kataloge fertiggestellt sind, auf dem Grundstück von Joseph Bryan in Savannah besichtigt werden.

«Affirmative Action»

Um das Gleichstellungsgesetz von 1964 möglichst schnell in die Wirklichkeit umzusetzen, wurde die «Affirmative Action» eingeführt. «Affirmative Action» lässt sich nicht ausreichend ins Deutsche übersetzen. Die folgende Umschreibung verdeutlicht am ehesten den Sinn dieses Begriffs: Er umfasst alle Massnahmen, die dazu dienen, vergangene oder gegenwärtige Diskriminierungen zu korrigieren oder zu kompensieren oder zukünftige Diskriminierungen zu verhindern. So gelten in der öffentlichen Verwaltung Quotenregelungen bei den Arbeitsplätzen. Auch grosse Firmen unterziehen sich freiwillig dieser Regel, aus Angst, sie könnten wegen Rassendiskriminierung vor Gericht gezogen werden. Bei der Vergabe von öffentlichen Aufträgen werden Unternehmungen, deren Besitzer einer Minderheit angehört, bevorzugt behandelt. In weiter führende öffentliche Schulen und Universitäten werden Angehörige von Minderheiten aufgenommen, auch wenn sie geringere Leistungen aufweisen.

Immer mehr Weisse lehnen die Politik der Affirmative Action ab. Zunehmend fühlen sie sich im umgekehrten Sinn diskriminiert. Sie plädieren für die ursprünglichste Idee aller amerikanischen Ideen: der Gleichheit unter den Individuen. Weder die Hautfarbe noch das Geschlecht dürfen bei der Besetzung eines Jobs, der Vergabe eines Auftrages oder bei der Aufnahmeprüfung in eine Schule eine Rolle spielen. Allein die Leistung soll ausschlaggebend sein.

Trotz allen Anstrengungen sind die USA immer noch von einer wirklichen Gleichstellung aller Bevölkerungsteile weit entfernt. Viele ehemalige Ghettos und schwarze Wohnsiedlungen werden nach wie vor nur von Schwarzen bewohnt. Umgekehrt verlassen noch heute viele Weisse ihr Quartier, sobald die ersten Schwarzen zuziehen.

1 Strassenszene in Brooklyn (New York)
2 Michael Jackson
3 Obdachloser vor seinem Unterschlupf in Harlem
4 Baumwollernte (Georgia)

2

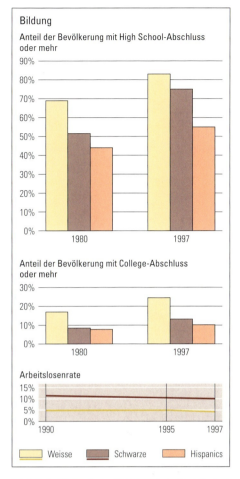

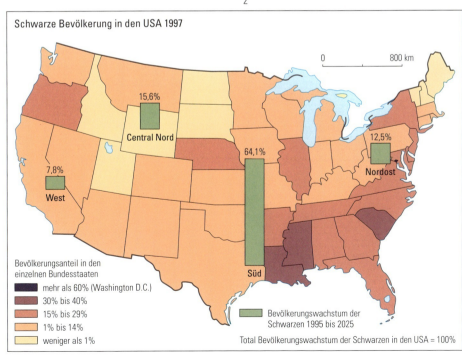

3

4

Die Indianer – Fremde im eigenen Land

Man schätzt, dass in vorkolumbianischer Zeit 5 bis 18 Millionen Indianer in Nordamerika lebten. Mit der Ankunft der Weissen wurden sie stark dezimiert. Sehr viel Blut ist in den zahlreichen Eroberungskriegen vergossen worden. Viele Indianer sind auf ihrer ständigen Flucht verhungert. Die weitaus meisten Opfer haben aber zahlreiche Epidemien gefordert, denn mit den weissen Kindern sind die Pocken und Masern nach Amerika gekommen. Da diese Krankheiten bei den Indianern völlig unbekannt waren, besassen sie keine Abwehrkräfte. Um 1870 erreichte die Bevölkerungszahl der Indianer den Tiefststand von 25 000 bis 190 000 Menschen, je nach Schätzung.

Heute zählen die Indianervölker in den USA fast 2 Millionen Angehörige. Etwa 22% von ihnen leben in den 310 Reservaten, welche eine Gesamtfläche von 230 000 km² aufweisen. Nur ein Bruchteil dieses Landes ist landwirtschaftlich nutzbar. Die Mehrheit der indianischen Bevölkerung versucht, ausserhalb der Reservate, vor allem in den grossen Städten des Westens, ein Auskommen zu finden. Mittlerweile lebt mehr als die Hälfte der Indianer in Grossstädten.

Die Indianervölker Kanadas zählen etwa 700 000 bis 900 000 Menschen. Rund ein Viertel der Indianer lebt in den 2300 Reservaten, welche eine Fläche von insgesamt 25 000 km² umfassen.

Sowohl in den USA als auch in Kanada hat die Zahl derer, die als Ureinwohner gelten wollen, stark zugenommen. Diese «Bevölkerungsexplosion» kann nicht nur auf hohe Geburtenüberschüsse zurückgeführt werden. Weitere

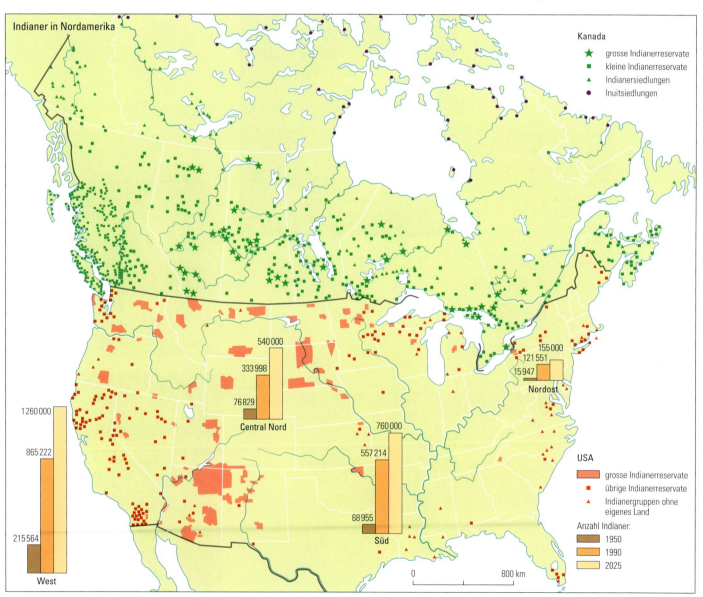

Ursachen reichen von Stolz auf die Herkunft und erstarktem Selbstbewusstsein bis zur Hoffnung auf finanzielle Unterstützung durch den Staat. In Kanada wurden indianische Kinder, welche von weissen Familien adoptiert wurden, nicht zu den Indianern gezählt. Frauen, die einen weissen Mann heirateten, galten ebenfalls nicht als Indianerinnen. 1985 erlaubte eine Gesetzesänderung diesen «wurzellosen» Indianern, sich wieder als Angehörige ihres Volkes zu bezeichnen und deren Rechte in Anspruch zu nehmen.

Die Regierungen der USA und von Kanada haben in den letzten Jahrzehnten grosse Anstrengungen unternommen, die Lebensbedingungen der Indianer zu verbessern. Dank dieser Unterstützung sind ihre Häuser heute besser isoliert, gibt es fliessendes Wasser und auch Kanalisation. Die schlechte Wirtschaftslage seit Ende der Achtzigerjahre hat aber auch in Nordamerika, wie überall auf der Welt, vor allem die Ärmsten getroffen. Deshalb hat sich an der sozialen Situation der Indianer nicht viel geändert.

Die Lebenserwartung liegt im Schnitt bei 66 Jahren, bei einigen Völkern in den Reservaten der USA bei nur 45 Jahren. Der Missbrauch von «Feuerwasser» steht ganz an der Spitze der Todesursachen. In den Reservaten sind bis zu 80% der Menschen im erwerbsfähigen Alter arbeitslos. Sitting Bull und Crazy Horse wollten keine Amerikaner sein. Manche Indianer wollen dies auch heute noch nicht. Doch viele kopieren mehr oder weniger den «American way of life». Das Auto, der Kühlschrank und der Fernseher sind auch bei ihnen zur Selbstverständlichkeit geworden.

Lebensqualität in den USA 1990

	Indianer	Schwarze	Asiaten	Weisse
Bevölkerungszahl in Mio.	2	30	7	200
Pro-Kopf-Einkommen in US-$	8 328	8 859	13 638	15 687
Unter der Armutsgrenze lebende Personen	31%	30%	14%	10%
Personen auf Alkoholentzug	2,2%	0,7%	0,04%	0,4%
Personen auf Entzug von harten Drogen	0,3%	0,7%	0,05%	0,2%

1 Indianersiedlung (Vancouver Island)
2 Navajo-Indianer vor Hogan (Monument Valley)
3 Indianer vor Supermarkt
4 Sheriff vom Stamme der Hopi (Arizona)

1

3

2

4

31

Willie will Medizinmann werden

Oben steht der Vollmond wie eine Hostie am Navajo-Himmel. Unten tanzen die Indianer zwischen den Sandsteinklimmen im Red-Rock-Park. Willie, dessen Vater Apache und dessen Mutter Navajo ist, gehört zu den Tänzern. Ihm ist es ernst mit der Tradition. Er ist zwar mit einer Weissen verheiratet und hat einen zweijährigen Sohn namens Eli, doch sein ganzer Ehrgeiz richtet sich darauf, Medizinmann zu werden. Er sagt, er kenne schon vier der langen Heil- und Genesungslieder der Navajo auswendig. Der Blessing Way gilt der Harmonie der Seele und dauert drei Tage. Der Healing Way kuriert die Krankheiten des Körpers und ist nicht kürzer.

Als Sänger und Tänzer bemüht Willie sich um die Gunst und die Achtung seiner Älteren. Anders als der Häuptling – neuerdings auch «Präsident» genannt – wird man Medizinmann nicht durch demokratische Abstimmung. Talent, Hingabe und Ernsthaftigkeit verschaffen einem Respekt. Man braucht einen *Mentor*, am besten ein Clanmitglied, das den Weg zum Aufnahmeritual ebnet. Danach kommen, wie Willie hofft, Prestige, Einfluss, Einkommen und ein erfülltes Leben im Dienst der Gemeinschaft.

Tabathas Herz gehört der modernen Welt

Tabathas Mutter ist Navajo, ihr Stiefvater ein Deutscher. Tabathas Leben ist nicht auf die «old ways» ausgerichtet. Der Stadtindianerin aus Gallup bedeuten die Traditionen noch wenig. Sie hat einen Studienplatz, einen Ferienjob in einer Eisdiele und Interesse an einer akademischen Berufslaufbahn. Vielleicht, so sagt die Indianerin, werde sie später einmal der Naturreligion der Navajo nähere Aufmerksamkeit widmen. Noch habe sie die Erzählungen ihres Grossvaters im Ohr, der kein Englisch sprach und ihr Geschichten aus der Vergangenheit der «Dineh» erzählte. Dieser Begriff steht für «die Menschen». So bezeichnen die Navajo sich selbst. «Die Regierung tut eine ganze Menge für uns, weil wir Indianer sind», sagt Tabatha und denkt dabei an die Schulausbildung, die Sozialfürsorge und das Gesundheitswesen. Am Nachmittag war sie mit ihrer Mutter und ihrer hellhäutigeren Halbschwester wie zu einer Kirmes in den Red-Rock-Park gekommen, um sich auf dem Indianerfest zu vergnügen. Morgen würden ihre Altersgenossen wieder im Reservat, wo zwei Drittel der Jugendlichen arbeitslos sind, an den Tankstellen, den *Trading Posts* und den öffentlichen Wäschereien herumlungern, erzählt sie nachdenklich.

Frankfurter Allgemeine, 23. Juli 1995

1

2

3

Der Pfad der gebrochenen Verträge

Gegen die militärische Überlegenheit der Weissen konnten die Indianer auf die Dauer im Kampf um ihr Land nichts ausrichten. Sie mussten sich mit Land, das sie von den weissen Eroberern zugewiesen bekamen, zufrieden geben. Ursprünglich war dies das ganze Gebiet westlich des Mississippi. Seither haben die Indianer Kanadas und der USA hunderte von Verträgen über Gebietsansprüche mit den Weissen ausgehandelt – fast alle wurden gebrochen.

Immer wieder wurden sie vom Land vertrieben, das man ihnen zugestanden hatte. Die Entdeckung von Bodenschätzen, wie Kohle, Gold, Öl oder Uran, liessen die Weissen ihre Abmachungen vergessen. Benötigten die wachsenden Städte mehr Energie, baute man Staudämme, obwohl das steigende Wasser Indianerland überflutete. Ohne Rücksicht auf heilige Stätten wurden grosse Gebiete für den Tourismus erschlossen. Einige Reservate dienen als Abfallmulden für radioaktives Material, denn es ist relativ einfach, die Stammesführer angesichts der hohen Arbeitslosigkeit für solche Geschäfte zu gewinnen. In wenigen Reservaten bewirtschaften die Indianer die Bodenschätze selbst. Doch selbst in diesen ist das Durchschnittseinkommen weit unter demjenigen der weissen Bevölkerung.

Die Reservate besitzen eine beschränkte Selbstverwaltung. Zwar gilt Bundesrecht, nicht aber das Recht des jeweiligen Staates. Indianer zahlen keine Steuern, müssen aber im Gegenzug für ihre Schulen und ihr Gesundheitswesen selbst aufkommen. Begabte Schülerinnen und Schüler erhalten Stipendien, wenn sie weiterführende Schulen ausserhalb der Reservate besuchen wollen. Kleine Gesetzesübertretungen werden nach indianischem Recht von der Reservats-Polizei geahndet.

Nach vielen Jahrzehnten der Apathie haben die Indianer in den letzten Jahren zu neuem Selbstbewusstsein zurückgefunden. Sie fordern mehr Autonomie und das Recht auf ihre eigene Lebensweise. Sie kämpfen für die Einhaltung der Verträge, die Rückgabe von vertraglich zugesichertem Land und angemessene Entschädigungen für die Bodenschätze, die auf ihrem Land abgebaut worden waren.

Sie sind gewillt, sich im modernen Amerika als eigenständiges Volk zu integrieren. Keinesfalls wollen sie aber von der westlichen Kultur aufgesogen werden. Sie glauben an ein friedliches Leben nebeneinander gleich einem Mosaik. Vom «Meltingpot» halten sie nicht viel.

Anteil an Rohstoffvorräten auf Indianerland in den USA

Erdöl	25%
Gas	15%
Kohle	15–24%
Uran	60%

nach Angaben der Gesellschaft für bedrohte Völker

Warum wir wieder auf Kriegspfad sind

Als der Aufstand in Wounded Knee* begann, am 23. Februar 1973, konnten viele weisse Amerikaner nicht ganz die Gründe begreifen, warum wir Indianer als letzte verzweifelte Massnahme, Veränderungen zum Besseren herbeizuführen, unsere Waffen erhoben. Sie konnten nicht glauben, dass Indianer immer noch in Elendsquartieren hausten und ein Leben, bestimmt von Hunger, Selbstmord, Alkoholismus, Mord, Kolonialismus und Frustration, gründlich satt hatten. Erst nachdem wir beschlossen hatten, für das, woran wir glauben, notfalls zu sterben, mussten sie die bittere Wahrheit erkennen. Erst dann erkannten sie, dass wir Nationen von Gefangenen im eigenen Land sind, Kriegsgefangene im längsten unerklärten Krieg der Geschichte Amerikas.

Dennis Banks, Die Wunden der Freiheit, 1994, Mitbegründer der radikalen Organisation «American Indian Movement».

* Wounded Knee ist eine historische Ortschaft in Süd-Dakota. An dieser Stelle wurden kurz nach Weihnachten 1890 etwa 350 unbewaffnete indianische Männer, Frauen und Kinder von Soldaten der 7. US-Kavallerie getötet. Das Gemetzel gilt als Wendepunkt in der indianischen Geschichte, als endgültige Niederlage der Indianer in einem langen verzweifelten Kampf.

---

1 Indianerfest
2 Indianer beim Tanz
3 Junge Indianerin
4 Alte Indianerin

Die Inuit auf dem Weg zurück zu Würde und Identität

Die Inuit (Einzahl: Inuk) waren die letzten unter den indigenen Völkern, die am Ende der letzten Eiszeit von Sibirien über die damals trocken gelegene Beringstrasse nach Nordamerika einwanderten. Von den Indianern erhielten sie den Namen «Eskimo», was sowohl «Rohfleischesser» als auch «Schneeschuhläufer» bedeuten könnte. Die kanadischen Inuit empfinden den Namen «Eskimo» als rassistisch. Die Urbevölkerung Alaskas, Grönlands und Sibiriens haben keine Einwände gegen diese Bezeichnung.

Die Inuit entwickelten im hohen Norden eine eigene Kultur. Früher behaupteten sie sich in ihrer rauhen, unwirtlichen Umgebung ohne Feuerwaffe und ohne Kenntnis des Eisens. Nichts stand ihnen zur Verfügung als einige angeschwemmte Treibhölzer, Steine, Häute, Sehnen, Felle und Knochen von erlegten Tieren. Sie lebten von der Jagd und dem Fischfang. Heute leben etwa 150 000 Inuit in Grönland, Alaska, Kanada und Sibirien. Seit dem Zusammenbruch der Sowjetunion können die Inuit im Osten und Westen ihre verwandtschaftlichen Bande wieder pflegen.

Das moderne Leben ist bis in den hohen Norden vorgedrungen

Vor allem ältere Inuit bedauern den Verlust der traditionellen Lebensweise. Doch die meisten von ihnen realisieren, dass die Veränderungen, die das technische Zeitalter mit sich gebracht hat, auch eine Chance bedeuten.

Heute leben die Inuit in etwa 60 über ganz Nordkanada verstreuten Siedlungen. Eine Inuitsiedlung zählt meist zwischen hundert und tausend Menschen. Der wichtigste Verkehrsknotenpunkt ist Iqaluit, was soviel bedeutet wie «der Ort, wo es Fische gibt». Mit 3500 Einwohnern ist es die grösste Stadt der Nordwest-Territorien.

Radio, Fernsehen und Telefon haben die Kommunikation der oft weit auseinander liegenden Dörfer und Städte erheblich erleichtert. Da ein ausgebautes Strassennetz fehlt, ist das Flugzeug zum wichtigsten Verkehrsmittel geworden. Die Inuit benutzen es so selbstverständlich wie wir den Bus, das Velo und das Auto. Für Fahrten in der näheren Umgebung benutzen sie im Sommer das Auto, im Winter das Schneemobil. Mit der modernen Technologie ist die Jagd ungefährlicher geworden. Dank den neuen Kommunikationsmitteln sind die Jäger jederzeit mit der Polizei und ihren Familien zuhause verbunden. Bei Unfällen ist schnell Hilfe zur Stelle.

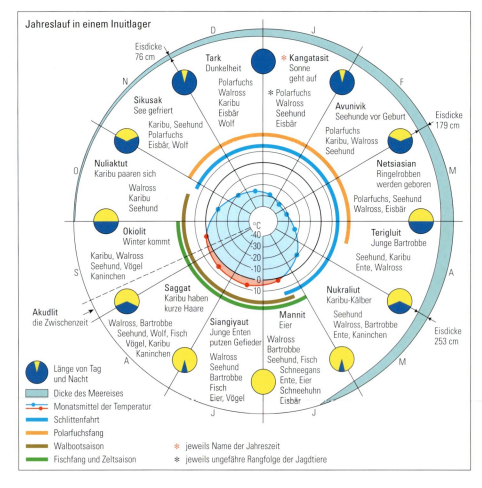

1

2

Trotz hoffnungsvollen Entwicklungen leiden viele Inuit unter denselben sozialen Problemen wie ihre Verwandten weiter im Süden.

Nunavut – «Unser Land»

Wie die Indianer kämpfen auch die Inuit um mehr Selbstbestimmung und um ein eigenes Land. Ein historisches Datum war der 1. April 1999. Es war der Tag, an dem die Gründung von Nunavut gefeiert wurde.

Nunavut ist ein eigenständiges Territorium der kanadischen Föderation. Hauptstadt ist Iqaluit.
«Nunavut» bedeutet in der Inuitsprache «Unser Land». Es umfasst ein Gebiet von 1,9 Millionen km². Davon sind 350 000 km² im Besitz der Inuit. Auf 38 000 km² ihrer Wahl haben sie das alleinige Recht, die Bodenschätze (Zink, Blei, Gold, Silber, Kupfer) zu nutzen. Zusätzlich muss ihnen der Staat in einem Zeitraum von vierzehn Jahren 1,15 Milliarden Dollar ausbezahlen.

Von den 22 000 Einwohnerinnen und Einwohnern sind 85% Inuit. Die Bevölkerungsdichte beträgt 0,01%.
Dem Parlament gehören hauptsächlich Inuit an. Sie wollen das Bildungswesen ihren Bedürfnissen anpassen und die wirtschaftliche Entwicklung nach ihren Vorstellungen lenken.
Gleichwohl soll es die Heimat gleichberechtigter Bevölkerungsgruppen sein, ohne Diskriminierung und unter Beachtung der kanadischen *Charta* der Freiheits- und Menschenrechte.

3

4

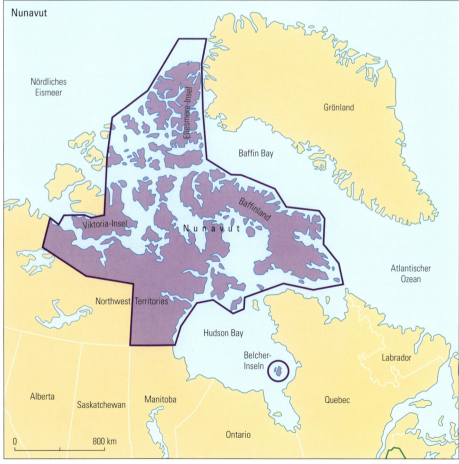

5

1 Inuitfrauen im Iglu
2 Inukfrau mit ihrem Kind
3 Tuktoyaktuk, Inuitdorf
4 Hundeschlittengespann
5 Inuk mit transportierfähiger Beute

Die amerikanische Stadt im Wandel

Die grossen Städte der USA 1995		
	Einwohner Kernstadt	Einwohner Agglomeration
New York	7,3 Mio.	18,0 Mio.
Los Angeles	3,5 Mio.	14,5 Mio.
Chicago	2,8 Mio.	8,0 Mio.
Houston	1,7 Mio.	3,7 Mio.
Philadelphia	1,6 Mio.	5,9 Mio.
San Diego	1,4 Mio.	2,5 Mio.
Dallas	1,0 Mio.	3,9 Mio.
Phoenix	1,0 Mio.	2,1 Mio.
San Francisco	0,7 Mio.	6,2 Mio.

Die «Downtown» (Stadtzentrum, City) ist aus europäischer Sicht das typische Merkmal der amerikanischen Stadt. Wolkenkratzer an Wolkenkratzer bilden die weltberühmten Skylines von New York, Chicago und anderen Städten. Hier, so meinen wir, findet das grosse Business statt, während sich in den Aussenbezirken die Einfamilienhäuser der Weissen aneinander reihen und die arme Bevölkerung, hauptsächlich Schwarze, in grossen Häuserblocks lebt.

Diese Vorstellung stimmt heute nicht mehr ganz mit der Wirklichkeit überein. Immer mehr Unternehmen und Einwohner verlassen die Innenstädte, die mit dem Image einer hohen Kriminalitätsrate, Schmutz, Armut und Ghetto behaftet sind. Aus allen amerikanischen Städten wird berichtet, dass jährlich tausende von Ein- und Zweifamilienhäusern aufgegeben werden. Die Stadtregierungen konfiszieren in der Regel die verlassenen Gebiete und lassen sie einebnen. Brachen entstehen, die für mehrere Jahre ungenutzt bleiben oder vorerst als Parkflächen dienen. Ähnliches geschieht mit den alten, städtischen Industriequartieren.

Die Städte und ihre Agglomerationen sind einem ständigen Wandel unterworfen. Jeder fünfte Amerikaner zieht einmal jährlich um. Auf der Suche nach dem persönlichen Glück bedeutet ein fester, langjähriger Wohnsitz nicht viel. Das Wachstum der amerikanischen Agglomerationen erfolgt nach ökonomischen Prinzipien. Es existiert keine vom Staat vorgegebene Stadtplanung. Die Städte werden von Unternehmern und Privaten in eigener Verantwortung gebaut. Es ist deshalb kein Zufall, dass viele Staaten kleine, unbedeutende Städtchen zu ihrer Hauptstadt gewählt haben, z.B. Albany (Hauptstadt des Staates New York), Sacramento (Kalifornien), Springfield (Illinois), Madison (Wisconsin). Die staatliche Einflussnahme soll möglichst abseits der von der Wirtschaft dominierten Metropolen erfolgen.

Die Städte widerspiegeln das, was unter «American way of life» verstanden wird und nach dessen Prinzipien seit Jahrhunderten die amerikanische Gesellschaft funktioniert: Das Recht auf grösstmögliche Selbstentfaltung und Streben nach Glück und Erfolg.

Ohne Auto läuft nichts

Während die Zentrumsstädte auf die Bedürfnisse der Fussgänger zugeschnitten sind, werden die neuen Aussenstädte von allem Anfang an autogerecht gebaut. Der öffentliche Verkehr existiert nur ansatzweise. Man fährt ausschliesslich mit dem Auto zur Arbeit und von Geschäft zu Geschäft zum Einkaufen. Selbst der Kauf kann vom Auto aus erledigt werden. Mittagessen in einem «Drive-In» ist viel weiter verbreitet als bei uns. Sichtbares Zeichen dieser Aussenstädte sind riesige Parkflächen.

Obwohl die Amerikanerinnen und Amerikaner sehr mobil sind, arbeiten erstaunlicherweise die meisten nicht weiter als 30 Autominuten von ihrem Wohnort entfernt.

1 Pittsburgh
2 New Yorker Hinterhof mit heruntergekommenen Wohnblocks
3 West Edmonton Mall (Kanada)
4 Einfamilienhausquartier
5 Autobahn (Los Angeles)

Das Modell des «filtering down»

Wer auf der Karriereleiter vorwärts kommt, passt seinen Wohnsitz seinen Einkommensverhältnissen laufend an. Alle paar Jahre kauft man sich ein Haus in einer vornehmeren Gegend. Bei der Wahl des neuen Heims spielt nicht nur der Lebensstandard der Nachbarn eine Rolle, sondern ebenso deren *ethnische* und kulturelle Herkunft, ihr Alter, Vorstellungen über Moral, Fleiss, Sauberkeit und Ordnung, die Religion und nicht zuletzt die Qualität der Schulen. Die in die Jahre gekommenen Häuser werden kaum renoviert. Deshalb werden sie schrittweise von immer einkommensschwächeren Bevölkerungsschichten übernommen.

Als es in den Städten immer enger wurde und die Kriminalitätsraten in die Höhe schnellten, zog zuerst der Mittelstand aus, um sich in den Vororten niederzulassen. Bald folgten die Einzelhandelsunternehmen. Diese bauten riesige Shoppingcenters, die in Amerika «Mall» genannt werden. In einer nächsten Phase zog es auch die Industrie und den Grosshandel hinaus in die Agglomeration, möglichst in die Nähe der Shoppingcenters. Schliesslich wanderten die Dienstleistungsunternehmen aus den Innenstädten ab. Heute befinden sich bereits zwei Drittel der gesamten amerikanischen Büroflächen in den Zentren der neuen Aussenstädte. Da die Bodenpreise steigen, werden auch hier die Gebäude immer höher. Während 1954 in den USA noch 20% des Einzelhandelsumsatzes in den Innenstädten realisiert werden konnte, sind es heute weniger als 3%.

In den USA findet dieser Prozess viel ausgeprägter statt als in Kanada.

Die Rückeroberung der Innenstadt (Gentrification)

Jahrzehntelang hielt man es für unmöglich, dass in den USA die Innenstädte aus ihrer zunehmenden Verslumung gerettet werden könnten. In einigen aufstrebenden Städten der USA, wie zum Beispiel in New York, haben jedoch in jüngerer Zeit Künstler, Architekten und ein Teil des wohlhabenderen Mittelstandes die City wieder entdeckt. Sie renovieren Altwohnungen und bauen ehemalige Lagerhallen und Industriegebäude zu originellen Wohnhäusern um.

3

4

5

New York

Weltstadt

Eine Grossstadt mit internationalen Unternehmen aus den Bereichen Finanzen, Kommunikation und Verkehr, mit führenden Einrichtungen für Wissenschaft, Kunst und Kultur bezeichnet man als Weltstadt. Oft handelt es sich um die Hauptstadt einer ehemaligen Grossmacht, weshalb diesen Städten eine historische Bedeutung zukommt. Die Mindestgrösse bezüglich der Bevölkerung beträgt, je nach Autor und Sichtweise, zwischen 0,5 und 1 Million Menschen.

New York verdankt das enorme Wachstum seinem Hafen am Atlantik. Er bleibt selbst im härtesten Winter eisfrei. Günstig wirkte sich auch die Lage am Hudson River aus, der sich schon zu Beginn der weissen Besiedlung als Verkehrsweg ins Landesinnere anerbot. Bereits 1898 wurden die ehemals selbstständigen Gemeinden Brooklyn, Staten Island, Bronx und Queens eingemeindet. Sie bilden zusammen mit New York City noch heute das eigentliche Stadtgebiet. Mittlerweile ist die Agglomeration über die Grenzen des Staates New York hinaus gewachsen und greift auf die Staaten Connecticut und New Jersey über.

New York entwickelte sich im 20. Jahrhundert zur grössten Industriestadt der USA. Der Hafen, wo die Freiheitsstatue einst die Einwanderer als erste begrüsste, ist längst zu klein geworden. Die Passagierdampfer sind verschwunden und die grossen Container-Schiffe legen heute in Brooklyn, Staten Island und Port Elizabeth an. Die Industrie und die weit in die Welt ausstrahlende Handelstätigkeit lockte die Banken an. Zur Weltstadt wurde New York schliesslich mit dem Aufbau moderner Kommunikationsnetze, welche vor allem der Dienstleistungssektor (Banken, Handel, Werbebranche) zu nutzen wusste.

Obwohl bereits einige grosse Unternehmen ins Umland abgewandert sind, ist Manhattan immer noch das wirtschaftliche Zentrum New Yorks. An der Wall Street befindet sich der weltgrösste Finanzmarkt. Sichtbares Symbol für die Bedeutung New Yorks als Welthandelszentrum ist das World Trade Center. Es erstreckt sich über 112 Stockwerke in eine Höhe von 410 m. In ihm sind 12 000 Unternehmen ansässig, welche 50 000 Beschäftigten einen Arbeitsplatz bieten. Von der Industrie sind vor allem kleine und mittlere Betriebe des Druckerei- und Verlagswesens und des modeorientierten Textilbereichs übrig geblieben. Die weltweit grösste Dichte von Betrieben, die echten Schmuck herstellen, findet man an der Fifth und Sixth Avenue.

1

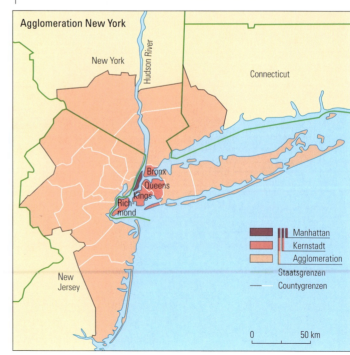

Bevölkerungsentwicklung von New York City

1880	1900	1910	1920	1930	1940
1,2 Mio.	3,4 Mio.	4,7 Mio.	5,6 Mio.	6,9 Mio.	7,5 Mio.
1950	1960	1970	1980	1990	1996
7,9 Mio.	7,8 Mio.	7,9 Mio.	7,0 Mio.	7,3 Mio.	7,4 Mio.

Die Yuppies (young urban professionals) und die Dinks (double income, no kids) haben den Reiz Manhattans auch fürs Wohnen entdeckt. Sie bevorzugen Appartments und Studios in Neubauten, ebenso renovierte Altbauwohnungen. Für eine angemessene Lebensqualität sorgt der Central Park, der bereits in der Mitte des 19. Jahrhunderts angelegt wurde. Er ist mit 3,5 km² grösser als das Fürstentum Monaco. Viele Menschen, die in Manhattan wohnen und arbeiten, verbringen hier ihre Freizeit mit allen möglichen Sportarten, Lesen, Schwatzen und Faulenzen. Typisch für eine Weltstadt ist die Vielfalt unter ihren Bewohnerinnen und Bewohnern. Einige Volksgruppen haben ganze Quartiere besetzt und ihnen ihre unverwechselbare Prägung gegeben. Chinatown mit seinen 150 000 Einwohnern ist die grösste chinesische Gemeinde ausserhalb Asiens. Die orthodoxen Juden bewohnen zwei Quartiere in Brooklyn. Astoria ist griechisch, East Harlem und die Bronx lateinamerikanisch. Andere Viertel, wie etwa Little Italy, gehen zunehmend im amerikanisch geprägten Umfeld auf. Die Künstlerviertel sind bunt und multikulturell und deshalb von einer besonderen weltstädtischen Atmosphäre umgeben.

Die Volkszählung von 1990 hat ergeben, dass die Weissen erstmals ihre absolute Mehrheit eingebüsst haben. Von den heute 7,4 Millionen Einwohnern stellen sie nur noch drei Millionen. Die Schwarzen mit 2,2 Millionen, die *Hispanics* mit 1,8 Millionen und die Asiaten mit 400 000 bilden zusammen die Mehrheit. Während die hoch bezahlten Fachleute vor allem im Dienstleistungssektor arbeiten, nutzt die Industrie den ungebrochenen Zuwandererstrom aus Asien, der Karibik und Lateinamerika als Quelle für billige Arbeitskräfte.

Die Stadt beherbergt 130 Hochschulen (z.B. Columbia University), 500 zum Teil weltbekannte Kunstgalerien und 80 Museen. Auf 250 Bühnen (z.B. Carnegie Hall, Metropolitan Opera House) und in 300 Kinos finden täglich Vorstellungen statt.

Auch die Vereinten Nationen, die UNO, sind mit ihren bekannten Gebäudekomplexen am East River sichtbar vertreten.

1 Blick auf Freiheitsstatue und Manhattan
2 Times Square
3 Chinatown
4 Central Park
5 Alte Industrieanlage (Bronx)

2

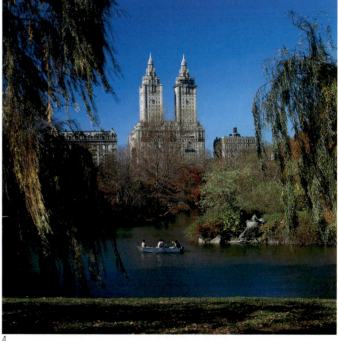

4

3

5

Washington D.C.

Während in allen anderen amerikanischen Städten der Städtebau Privatsache ist, wurde die Hauptstadt der USA im 18. Jahrhundert nach dem Vorbild europäischer Hauptstädte geplant und gebaut. Das Capitol, der Sitz des Parlaments, erinnert an Rom, die Prachtstrasse zwischen Capitol und Weissem Haus an Paris. Washington, benannt nach dem ersten Präsidenten der Republik, sollte die Demokratie und das Recht auf Selbstentfaltung und Freiheit symbolisieren. Kein Gebäude darf höher sein als das Capitol. Wolkenkratzer gibt es deshalb keine. Washington gehört keinem Staat an, sondern bildet als «District of Columbia» einen Stadtstaat.

Washington ist mehr als bloss Hauptstadt der USA. Es ist gegenwärtig das grösste Machtzentrum der Erde. Hier werden täglich diplomatische und militärische Entscheide getroffen, die die ganze Welt betreffen. Im Pentagon, dem Verteidigungsministerium, arbeiten 20 000 Menschen. Die «Central Intelligence Agency», die CIA, verfügt alleine über ein Budget von jährlich 30 Milliarden Dollar. In keiner anderen Stadt der Welt tummeln sich mehr Diplomaten, Korrespondenten und Interessensvertreter (Lobbyisten) aus aller Welt. Pro Einwohner gibt es in Washington drei Telefone und mehr Taxis als in New York. Seine wirtschaftliche Bedeutung erlangte Washington erst in jüngerer Zeit, seit sich Dienstleistungsbetriebe ansiedelten und viele Grosskonzerne ihren Hauptsitz in die Hauptstadt verlegten. Nach New York ist Washington die grösste Museumsstadt der westlichen Hemisphäre.

Während das Erscheinungsbild der Stadt für amerikanische Verhältnisse völlig untypisch ist, ist die Bevölkerungsstruktur anderen Grossstädten sehr ähnlich. So nimmt die Bevölkerungszahl in der Kernstadt ab und die Aussenstädte wachsen. Bereits leben 85% aller Menschen der Agglomeration in den Aussenstädten. Hier befindet sich auch der überwiegende Anteil der Arbeitsplätze. In der Kernstadt leben von den 400 000 Menschen etwa 60% unter der Armutsgrenze. Anderseits ist das Pro-Kopf-Einkommen eines der höchsten der USA. Der Anteil der schwarzen Bevölkerung ist mit 71% sehr gross. Washington hat grosse Probleme mit der Kriminalität und der Drogensucht. Es weist die höchste Mordrate der USA auf, noch vor Miami, Detroit und New York.

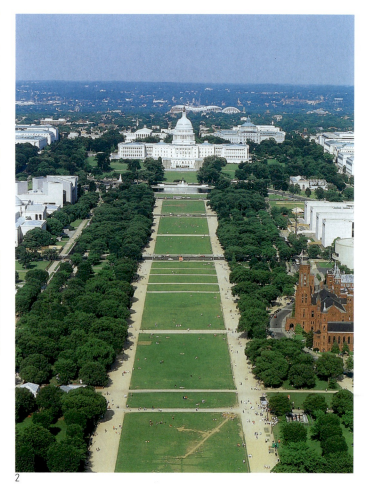

Kernstadt

Die Kernstadt bezeichnet das Verwaltungsgebiet der zentralen Stadtgemeinde. Die Kernstadt der Agglomeration Zürich ist die Stadt Zürich.

1 White House
2 Blick auf das Capitol
3 Los Angeles

Los Angeles

verständigt sich zuhause nicht auf Englisch. Die Einwanderungsquote ist hoch. 1990 lebten 45% aller Einwanderer Kaliforniens, die der ersten Generation zuzurechnen sind, in Los Angeles. Mehr als die Hälfte von ihnen kam erst nach 1980 in die Region. Über 80% der Menschen, die zwischen 1985 und 1990 eingewandert sind, stammen aus Südamerika oder aus Asien. Die Spannungen zwischen den verschiedenen Volksgruppen entladen sich hier am ehesten. Deshalb verlassen immer mehr Weisse die Stadt, um sich in anderen amerikanischen Regionen anzusiedeln. Die schwarze Bevölkerung, die am stärksten von der Arbeitslosigkeit betroffen ist, zieht es vermehrt in die Südstaaten zurück.

Los Angeles wurde 1781 von spanischen Konquistadoren und Franziskaner-Missionaren unter dem Namen «El Pueblo de Nuestra Señora la Reina de los Angeles de Porciuncula» gegründet. Bald schon schrumpfte dieser Name zum handlichen «Los Angeles». Heute genügen die Initialen «L. A.», um kundzutun, welche Stadt gemeint ist. Zu Beginn ihrer Geschichte lebte die Stadt von der Viehzucht. Erst als die transkontinentale Eisenbahn 1876 die Verbindung zur Ostküste sicherstellte, begann ihr wirtschaftlicher Aufschwung. Goldfunde in der Region von San Francisco, Erdölvorkommen in unmittelbarer Umgebung, der Ausbau des Hafens und die Ansiedelung der Filmindustrie liessen Los Angeles zu Beginn dieses Jahrhunderts zur fünftgrössten Stadt der USA werden. Später siedelten sich die Autoindustrie, der Flugzeugbau und die Bekleidungsindustrie an, in jüngerer Zeit auch die Raumfahrt- und Elektronikindustrie. Während einige der traditionellen Industriezweige rückläufig sind und ständig Arbeitsplätze verlieren, verzeichnen die Hightech-Industrien mit den Zweigen Mikroelektronik und Raumfahrt traumhafte Wachstumsraten. Ebenfalls expandiert die Bekleidungsindustrie, welche in kleinen und mittleren Betrieben vor allem den Einwanderern aus dem Süden einen willkommenen, aber schlecht bezahlten Arbeitsplatz bietet. Ausserdem hat sich Los Angeles zum zweitwichtigsten Finanzplatz der USA und, nach Tokyo, zum zweitwichtigsten Finanzplatz des pazifischen Raumes entwickelt. Es besitzt einen der grössten Flughäfen der Welt. Das eigentliche Stadtzentrum – falls man dieses überhaupt so bezeichnen kann – unterscheidet sich nicht wesentlich von den diversen Aussenstadtzentren. Nur 25% der Büroflächen befinden sich hier. L. A. ist die «flachste» und doch wieder die amerikanischste Grossstadt der USA. Sie besitzt weder Schnellbahn noch Untergrundbahn. Die Menschen sind vollständig auf das Auto angewiesen.

In den Schulen sprechen die Kinder mehr als 100 verschiedene Muttersprachen. Die Hälfte der Erwachsenen

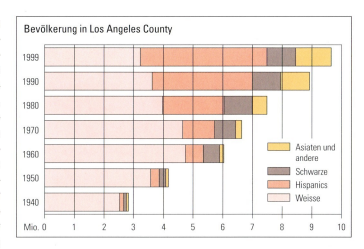

Bevölkerungsentwicklung von Los Angeles City					
1880	1900	1910	1920	1930	1940
0,01 Mio.	0,1 Mio.	0,3 Mio.	0,6 Mio.	1,2 Mio.	1,5 Mio.
1950	1960	1970	1980	1990	1996
2,0 Mio.	2,5 Mio.	2,8 Mio.	3,0 Mio.	3,5 Mio.	3,6 Mio.

Chicago

1

Die Indianer nannten den Ort am Lake Michigan «che-cau-gou», was so viel bedeutet wie «wilde Zwiebel», «Stinktier», aber auch «gross und stark». Aus «che-cau-gou» machten die ersten Siedler «Chicago». Trotz dem schwülheissen Klima, den Sümpfen, der Mückenplage und der *Choleragefahr* entstand hier einer der grössten Verkehrsknoten der USA. Die Stadt befindet sich dank dem Bau eines Kanals zwischen dem Chicago River und dem Illinois River an jenem Wasserweg, der die grossen Seen mit dem Mississippi verbindet. Sie ist sowohl mit dem fruchtbaren Hinterland der nördlichen Plains als auch mit den Kohle- und Eisenerzabbauregionen in Pennsylvania verbunden. Der Bau von Kanälen, der Ausbau des St.-Lorenz-Stromes für Ozeanriesen und die Eisenbahn bilden die Voraussetzung für die Bedeutung der Stadt als Umschlagplatz und Industriestadt.

Ihre früheste wirtschaftliche Bedeutung verdankt sie der Viehwirtschaft in der näheren und weiteren Umgebung. Bis weit ins 20. Jahrhundert hinein wurden in riesigen Schlachthöfen täglich bis zu 20 000 Rinder, 80 000 Schweine und 25 000 Schafe geschlachtet, zerlegt und in die grossen Ballungszentren des Ostens transportiert. Der industrielle Aufschwung setzte gegen Ende des 19. Jahrhunderts rasant ein, als die Schwer- und Metallindustrie, die Produktion von Maschinen und elektrischen Geräten Fuss fasste.

Niedrige Löhne und katastrophale hygienische Verhältnisse führten zu zahlreichen Arbeiteraufständen und schliesslich zur Gründung der amerikanischen Gewerkschaftsbewegung. Der 1. Mai, der als Tag der Arbeit auf der ganzen Welt gefeiert wird, geht auf einen Aufstand im Jahre 1886 zurück. Die reiche Oberschicht musste schliesslich erkennen, dass auch die Arbeiter Rechte besitzen. Die freiwillige soziale Verantwortung gegenüber den Schwächeren in der Gesellschaft wurde zu einem wichtigen Pfeiler des amerikanischen Sozialsystems.

2

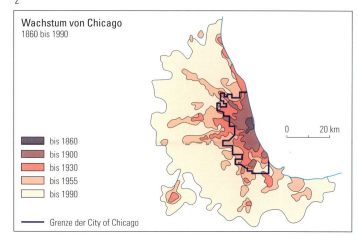

Wachstum von Chicago
1860 bis 1990

- bis 1860
- bis 1900
- bis 1930
- bis 1955
- bis 1990

— Grenze der City of Chicago

0   20 km

1 Sears Tower
2 Geöffnete Zugbrücken am Sonntag
3 Blick vom Sears Tower
4 Roosevelt University
5 Lincoln Park

3

4

Um die Trinkwasserqualität zu verbessern – das Wasser wurde dem Lake Michigan entnommen, der von Schlachtabfällen und Stadtabwässern verschmutzt war –, wurde die Fliessrichtung des Chicago River umgekehrt. Dieser hatte die Abwässer bis zur Beendigung der Bauarbeiten im Jahre 1900 in den See transportiert. Bis heute gibt es kein vergleichbares Projekt.

Der wirtschaftliche Niedergang in der ersten Hälfte des 20. Jahrhunderts, Kriminalität und Kriege in der Unterwelt verhinderten den Aufstieg Chicagos zur grössten Stadt der Nation.

Mittlerweile sind die Schlachthöfe verschwunden, die Kriminalität ist nicht grösser als in anderen Weltstädten. Chicago lebt heute von Computer- und Dienstleistungsunternehmen, von Produzenten elektronischer und feinmechanischer Geräte und von seiner Rolle als grösster Umschlagplatz des mittleren Westens. Der O'Hare Airport ist der grösste Flughafen der Welt.

Chicaco hat auch viele architektonische Sehenswürdigkeiten zu bieten. Es ist jene Stadt, die als erste mit Konsequenz den Bau von Hochhäusern vorantrieb. Der Sears Tower aus dem Jahre 1973 ist zurzeit mit seinen 442 m der höchste Wolkenkratzer der USA.

Die Bevölkerung Chicagos ist ähnlich zusammengesetzt wie jene der anderen Grossstädte Amerikas. Auch hier beobachtet man die *Segregation* verschiedener *Ethnien* und Volksgruppen. Der Zustrom von *Migranten* hat – im Gegensatz zu anderen amerikanischen Grossstädten – merklich nachgelassen.

5

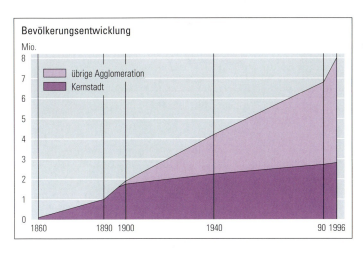

Las Vegas

bleme die Stadt unter gewaltigen Druck setzen. Ein öffentliches Busnetz existiert erst seit 1990. Die 38 Linien müssen eine Fläche von 1040 km² abdecken (Kanton Zürich: 1729 km²). Schulen, Strassen und Wasserleitungen sollten dringend gebaut werden. Dazu wären mindestens 10 Milliarden Dollar nötig; doch der Stadt fehlt das Geld. Von Wasserknappheit mag allerdings niemand sprechen. Der Wasserpreis zählt immer noch zu den niedrigsten in den ganzen USA. Zwei Drittel des Trinkwassers werden für die Bewässerung von Grünanlagen in Wohngebieten genutzt. Es weiss noch niemand, wie die Menschen in der Zukunft, wenn Las Vegas mehr als 2 Millionen Einwohner zählen wird, mit Wasser zu versorgen sind.

Im Jahre 1855 fanden Mormonen mitten in der Wüste von Nevada, an einem alten spanischen Handelsweg von Santa Fe nach Kalifornien, einige artesische Brunnen. Der Ort schien ihnen günstig, und sie gründeten eine Siedlung mit dem Namen «las vegas», was «grüne Auen» bedeutet. 1905 fuhr die erste Eisenbahn in die Stadt ein. Einen weiteren wichtigen Wachstumsimpuls erhielt sie mit der Fertigstellung des Hoover-Damms 1935. Das bis heute überbordende Wachstum begann mitten im Zweiten Weltkrieg, als nordwestlich der Stadt ein riesiges Atombombentestgebiet eingerichtet wurde. Doch den Grundstein zur glamurösesten Vergnügungsmetropole der Welt legte das legendäre Luxushotel «Flamingo», das 1947, zehn Kilometer von Downtown entfernt, mitten in der Wüste seine Tore öffnete.

Der Reichtum der Stadt ist fast ausschliesslich vom Glücksspiel und der Unterhaltungsindustrie abhängig. Auf den Bühnen der zahlreichen Casinos führen mehr Showstars die Besucher in das Reich der Illusionen als in New York. Beim Spiel an den einarmigen Banditen, bei Black Jack, Roulette, Poker und vielem mehr lassen sich die Touristen ihr Portmonee erleichtern. Ein Europäer hat Las Vegas einmal «ein perfektes System kollektiven Schwachsinns» genannt. Dieser Ausspruch ist typisch europäisch! Denn für Amerikaner gehören ein paar vergnügliche Tage in Las Vegas zum ganz normalen Leben. Las Vegas entspricht eben nicht der Exklusivität von Monte Carlo. Las Vegas ist für den durchschnittlichen Bürger, die durchschnittliche Bürgerin gedacht.

Den 30 Millionen Besuchern aus aller Welt stehen bereits mehr als 100 000 Hotelbetten zur Verfügung. Und ein Ende der Bautätigkeit ist nicht abzusehen. Zwei Drittel der Angestellten sind im Hotelgewerbe beschäftigt. Es erstaunt nicht, dass die Ausbildung der Arbeitnehmenden unter dem Landesdurchschnitt liegt. In keiner anderen Stadt der USA beenden so viele Jugendliche nicht einmal die High School. Das schlechte Bildungsniveau rächt sich, wenn Hightech-Firmen wegen des günstigen Steuerklimas Las Vegas als Standort in Erwägung ziehen. Sie müssen ihre Pläne begraben, weil sie nicht genügend qualifiziertes Personal finden.

Neue Vorstädte, die mehreren zehn- bis hunderttausend Menschen Platz bieten, schiessen wie Pilze aus dem Boden. Die Makler und Bodenspekulanten lassen sich das Geschäft nicht vermiesen, obwohl die *Infrastrukturpro-*

1

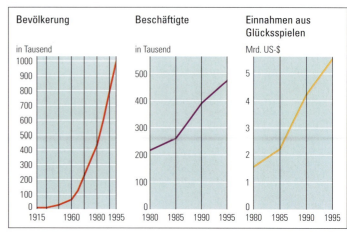

Vancouver

Als George Vancouver im Jahr 1792 an der Stelle landete, wo heute die Metropole des kanadischen Westens liegt, und die natürliche Hafengunst erkannte, rief er aus: «Dieser Gegend fehlt nur ein wenig Zivilisation, um sie zum schönsten Fleckchen Erde zu machen, das man sich vorstellen kann».

Doch die ersten hundert Jahre seines Bestehens lebte Vancouver mehr schlecht als recht von den Holzfällern, die in den umliegenden Wäldern des gemässigten, regnerischen Klimas die prächtigsten Bäume vorfanden. Erst als die Canadian Pacific Railway 1880 ihr Bahntrassee bis nach Vancouver gebaut hatte, begann der Aufstieg.

Die Stadt besitzt einen der grössten amerikanischen Häfen am Pazifik, dessen Küsten von einem Viertel der Weltbevölkerung bewohnt werden. Heute exportiert Kanada mehr Waren in die asiatischen Pazifikstaaten als in die USA. Der Handel mit der ganzen Welt hat auch die Hochfinanz angezogen. Mehr als dreissig ausländische Banken sind in Vancouver ansässig. Die Stadt ist ein beliebtes Reiseziel. Zahlreiche Kreuzfahrten führen nach Vancouver und bringen alleine jährlich eine halbe Million Touristen. Die Schönheit der Stadt und der Natur in der Umgebung liess Vancouver zur drittgrössten Filmstadt der Welt aufsteigen. Die Naturverbundenheit der Bevölkerung ist sehr gross. So ist es denn auch kein Wunder, dass gerade hier in den Siebzigerjahren eine der schlagkräftigsten und grössten Umweltorganisationen der Welt, Greenpeace, gegründet wurde.

Anders als in den USA legten die kanadischen Städteplaner von jeher besonderen Wert auf den Wohnungsbau. Er hat stadtbildgerecht und architektonisch gefällig zu sein, auch im Stadtkern. Doch die Hochhäuser in der Downtown werden immer zahlreicher. Man diskutiert, welche Massnahmen zu ergreifen sind, damit die Stadt das Wachstum verkraften kann. Die älteren Stadtteile, welche architektonisch wertvoll und wenig amerikanisiert sind, sollen nicht gefährdet werden. Vehement setzen sich die wohlhabenderen Bevölkerungsschichten für die Erhaltung ihrer Wohnquartiere ein. Zusammen mit der Stadtverwaltung haben sie erreicht, dass mit der Kernstadt sorgfältig und weitsichtig umgegangen wird. So wurden die ehemaligen Hafen- und Industrieanlagen am False Creek zu Wohnungen für den Mittelstand umgebaut und restauriert. Die Lage ist so begehrt, dass die Stadt Schutzbestimmungen für die wenigen noch übrig gebliebenen Betriebe erlassen musste. Für die armen Bevölkerungsschichten und die Arbeitslosen besteht, wie überall in Kanada, ein gut ausgebautes, soziales Netz. Die Stadt sorgt für günstigen Wohnraum. Sozialarbeiter bemühen sich, die Benachteiligsten der Gesellschaft vor der Abdrift in die Kriminalität zu bewahren. Da der Wille der Bevölkerung vorhanden ist, gegen die Kräfte des freien Marktes die Kernstadt zu erhalten, zählt die Lebensqualität in Vancouver zur höchsten in der Welt.

Mit 470 000 Einwohnern besitzt Vancouver heute nur die sechstgrösste Kernstadt Kanadas. Vergleicht man jedoch die Agglomerationen, so steht es nach Toronto (4,1 Millionen) und Montreal (3,3 Millionen) mit 1,7 Millionen Menschen auf Platz drei. Die Bevölkerungszahlen nehmen sowohl in der Kernstadt als auch in der Agglomeration zu. Die meisten Zuwanderer stammen aus dem asiatischen Raum.

1 Hotel Luxor
2 Blick vom Stanley Park auf die City
3 Robson Square, Einkaufsviertel

Lateinamerika

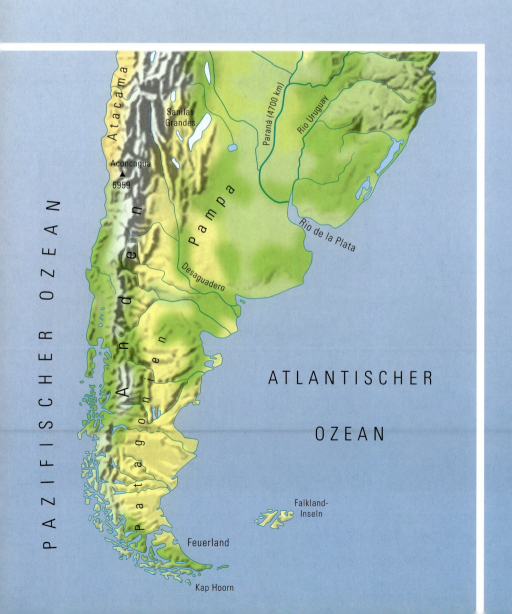

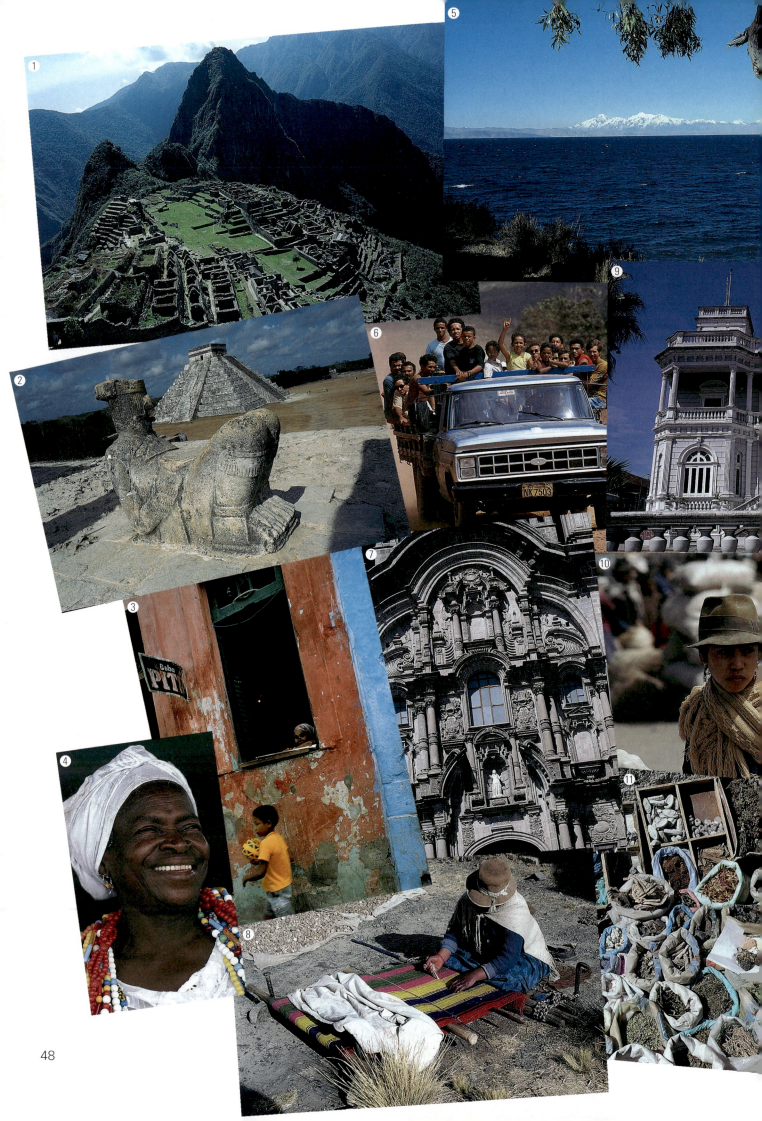

1 Machu Picchu (Peru)
2 Stufenpyramide der Maya (Mexiko)
3 Favela in Recife (Brasilien)
4 Frau aus Bahia (Brasilien)
5 Titicacasee (Bolivien)
6 Reisende (Brasilien)
7 Cuzco (Peru)
8 Webende Indiofrau (Bolivien)
9 Kolonialhaus in Manaus (Brasilien)
10 Indiofrau mit Kind (Ecuador)
11 Indiomarkt (Bolivien)
12 Oase in der Atacama (Chile)
13 Moderne Architektur (Brasilia)
14 Mina Gerais, Eisenabbau (Brasilien)
15 Frauen
16 Iguazu-Wasserfälle (Brasilien)
17 La Paz (Bolivien)
18 Strassenszene (La Paz)

Die Metropolen Lateinamerikas

Das Wachstum der Städte stellt die Regierungen vor schier unlösbare Probleme. Der Bau der nötigen *Infrastruktureinrichtungen,* wie Strassen, Schulen, Abfallbeseitigung, Kanalisationssystem, medizinische Versorgung, kann unmöglich mit der Ausdehnung der besiedelten Flächen Schritt halten. Die Planer sind überfordert, und vor allem fehlt es an Geld.

Metropole

Als Metropole wird die Hauptstadt eines Landes oder einer Region bezeichnet, die zugleich politischer, wirtschaftlicher und gesellschaftlicher Mittelpunkt ist.

Die Städte Lateinamerikas, insbesondere die Hauptstädte, wachsen rasant. Um die Jahrtausendwende wird der Anteil der städtischen Bevölkerung grösser sein als in Europa und in Nordamerika. Die schnelle Verstädterung ist auf folgende Ursachen zurückzuführen:
- Viele tausend Menschen aus den ländlichen Regionen zieht es in der Hoffnung auf ein besseres Leben in die grossen Städte (Landflucht).
- Der Anteil der jungen Bevölkerung ist in den Städten bedeutend grösser als auf dem Land. Daraus ergibt sich für die Städte ein grösserer Geburtenüberschuss (absolute Zahlen), obwohl die Geburtenraten (relative Zahlen) tiefer liegen als in den Landregionen.

In den Elendsquartieren siedeln sich die *Migranten* meist illegal am Rande der Stadt an. Immer mehr Menschen leben hier auf engstem Raum zusammen. Gleichzeitig ergiessen sich die Armenviertel unaufhaltsam in das noch unüberbaute Hinterland. Die Regierungen stehen diesem unkontrollierten Wachstum machtlos gegenüber. Es bleibt ihnen nichts anderes übrig, als diese Besiedelung im Nachhinein zu legalisieren.

Das «pull-push-Modell»

Die Kräfte, die die Menschen zur *Migration* bewegen, sind vielfältig. Einige wirken «abstossend», andere «anziehend». Dabei kommt dem Fernsehen eine besondere Bedeutung zu: es hat die Nachrichten über die zum Teil vermeintlichen Vorzüge der Städte bis in die abgelegensten Gebiete verbreitet.
- Das Leben in den ländlichen Gebieten ist in der Regel hart, die Leute sind arm. Es fehlt an Arbeitsplätzen und gut ausgebauten *Infrastrukturen.*
- In der Stadt besteht eine, wenn auch geringe Chance, einen Arbeitsplatz zu finden.
- Für die Kinder gibt es in der Stadt bessere Ausbildungsmöglichkeiten.
- Die Besitzverhältnisse von Grund und Boden in den ländlichen Gebieten lassen keine Hoffnung auf ein eigenes Stück Land zu.
- Die Städte bauen Sozialwohnungen und bieten weitere Sozialleistungen.

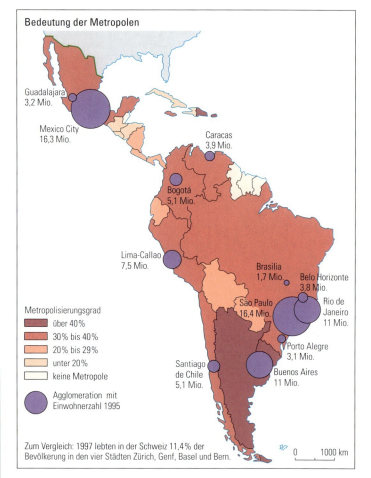

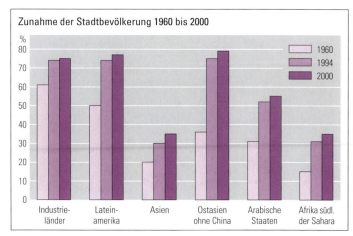

Leben in einer Barriada

Das Haus von Francisca Emanuel Gutierrez steht genau dort, wo die Stadt aufhört und die Landschaft beginnt – heute jedenfalls noch. In ein paar Wochen wird sich die Stadt auch die Felder weiter oben am Hügel einverleibt haben. Vor gut zehn Jahren gab es hier nur einige alleinstehende Häuser inmitten von weiten Feldern und Wiesen. Heute ist Chalco ein Viertel von Mexiko City – und eine der grössten Armensiedlungen Lateinamerikas. Zwischen 600 000 und 800 000 Menschen wohnen in einfachen Backsteinhäusern, entlang der schnurgeraden Strassen, die sich am Horizont im Dunst des Staubs und der Abgase verlieren. Francisca Emanuel Gutierrez stammt aus einem Dorf im Bundesstaat Oaxaca im Süden Mexikos. In ihrem Haus oben am Hügel am Rand von Chalco gibt es nur zwei Zimmer, in denen sie mit ihrem Mann und ihren zwei Kindern lebt. Das Mobiliar steht direkt auf der staubigen Erde. Im Wohnzimmer hat es einen Tisch mit sechs Stühlen, zwei Gasflaschen, einige alte Kartonschachteln, in denen die Familie ihre Habseligkeiten aufbewahrt, und ein Kindervelo. «Wir leben ziemlich schlecht hier», sagt Francisca und zwingt sich zu einem müden Lächeln. Der Lohn ihres Mannes, eines Berufsmilitärs, reiche kaum zum Leben, und sie selber finde keine Arbeit. Am liebsten würde sie schon morgen in ihr Dorf heimkehren, dort gebe es wenigstens Nahrungsmittel. In der Stadt müsse man alles kaufen, und wenn man kein Geld habe, gebe es auch nichts zu essen. Aber leider habe es auf dem Land nicht genug Arbeit für alle.

Im Haus der Familie Gutierrez gibt es zwar Strom, aber kein fliessendes Wasser und keinen Anschluss an die Kanalisation. Das Wasser wird von Tankwagen gebracht und in die offene Zisterne auf dem Dach gefüllt. Dort wird es innert Kürze verunreinigt. Auf den ungeteerten Strassen vermischt sich der Staub mit dem Kot der herumstreunenden Hunde, wird von Windböen aufgewirbelt und in die Zisterne getragen. Vor allem die Kinder leiden deswegen dauernd unter Durchfall und Hautausschlägen. 90 Prozent aller Krankheiten in Chalco sind Darminfektionen. Häufig treten *Cholera* und *Typhus* auf. Im Krankheitsfalle müssen sich die Menschen oft selber helfen. Ein Spital gibt es weit und breit keines. Und nur wenige können sich die teuren Medikamente leisten.

Zum Einkaufen muss Frau Gutierrez eine halbe Stunde zu Fuss in Richtung Stadtzentrum gehen, denn Chalco wird vom städtischen Busbetrieb nicht bedient. Die Kinder legen täglich einen langen Fussmarsch bis zur Schule zurück. Oft haben sie schulfrei, weil der Lehrer nicht zur Schule gekommen ist. Da er sehr wenig verdient, muss er seinen Lebensunterhalt mit Gelegenheitsjobs aufbessern.

nach einem NZZ-Artikel, 10. Sept. 1996

Sprachregion	Begriffe für slumähnliche Quartiere
deutsch	Elendsviertel, Primitivbauten, Hüttenquartiere
englisch	Slum
französisch	Bidonville
spanisch	Barriada, Pueblo joven (Peru) Villa miseria (Argentinien) Callampa (Chile) = Pilze
portugiesisch	Favela
Indien	Basti

1 Armenviertel (Bogota)
2 Rio de Janeiro (Brasilien)
3 Sao Paulo (Brasilien)
4 Buenos Aires (Argentinien)

Mexiko City

schen weder an das Kanalisationsnetz angeschlossen, noch besitzen sie eine Klärgrube oder eine Toilette. Das Abwasser, das in das Kanalnetz geleitet wird, fliesst in den Salado. Dieser Fluss vereinigt sich mit dem Tula, dessen Wasser für die Bewässerung der umliegenden Anbaugebiete genutzt wird.

Die Stadt besitzt wenige Grünanlagen. Die grösste ist der Chapultepec-Park mit einer Fläche von 9 km^2. Jedes Wochenende wird er von einer Million Menschen besucht. Hier herrscht eine immerwährende Volksfeststimmung. Die Familien geniessen ihr Picknick und im Vergnügungspark tummelt sich ausgelassen die Jugend. Darüber hinaus kommen Sportbegeisterte ebenso auf ihre Rechnung wie jene, die Ruhe und Erholung suchen.

Mexiko City liegt auf 2200 m ü. M., auf einem von Vulkanen umgebenen Tafelland. Auf einer Fläche von 1500 km^2 leben etwa 20 Millionen Menschen, niemand weiss genau, wie viele es sind. Die offiziellen Statistiken gehen von 16 Millionen aus. In dieser Zahl sind aber die am Stadtrand wohnenden Menschen nicht berücksichtigt. Das jährliche Bevölkerungswachstum ist in den letzten Jahren von 5% auf 2% zurückgegangen. Ein Drittel davon sind Neuzuzüger vom Land. Zwei Drittel ist auf den natürlichen Bevölkerungsüberschuss zurückzuführen.

Mexiko City ist das politische, kulturelle und wirtschaftliche Herz des Landes. Das war es schon zur Zeit der Azteken, die im 14. Jahrhundert die Stadt unter dem Namen «Tenochtitlan» auf einer Insel im Lago Texcoco gegründet hatten. Heute ist der See allerdings verschwunden.

In der ersten Hälfte dieses Jahrhunderts zählte Mexiko City weniger als eine Million Einwohner. Für die reine Luft, seine Schönheit und die hohe Lebensqualität war es berühmt. Heute verpesten rund 4 Millionen Autos, 8000 Diesellastwagen und 50 000 Industriebetriebe die Luft. 1995 wurde der Alarmgrenzwert für Ozon (220 Mikrogramm pro m^3) an 345 Tagen überschritten. Mexiko City gilt als Stadt mit der smoghaltigsten Luft der Welt.

Die längste Strasse der Stadt ist die Avenida Insurgentes. Sie führt von den eleganten und luxuriösen Wohn- und Geschäftsvierteln im Süden mit ihren Baudenkmälern und der Universität zum ärmlichen, heruntergekommenen nördlichen Teil der Stadt. Sie ist achtspurig befahrbar. Je nach Verkehrsaufkommen braucht man zwei bis drei Stunden, um die 40 km lange Strecke mit dem Auto abzufahren.

Das knappe Wasserangebot und das unzureichende Kanalisationsnetz sind zwei der grössten Probleme, die die Stadt bewältigen muss. Zwei Drittel des Nutz- und Trinkwassers stammen aus dem Grundwasser, der Rest muss aus den weit entfernten Flüssen Lerma und Cutzamala in das Hochtal von Mexiko über eine Höhendifferenz von 1300 m hinaufgepumpt werden. Weil viele Leitungen lecken, versickert etwa ein Viertel der gesamten Wassermenge. Pro Tag werden 5 ½ Milliarden m^3 Wasser bereitgestellt – doch dies genügt bei weitem nicht. Nur zwei Drittel der Bevölkerung besitzt überhaupt einen Wasseranschluss. Da zu viel Grundwasser genutzt wird, sackt die Stadt jährlich mehrere Zentimeter ab. Bei vielen Häusern besteht Einsturzgefahr. Umgekehrt sind 3 Millionen Men-

1

2

3

4

Die Korruption blüht wie eh und je …

Ob es *Korruption* schon in den alten mexikanischen Hochkulturen gab oder ob sie erst mit den Spaniern ins Land kam, ist umstritten. Tatsache ist, dass sie heute in allen Gesellschaftsschichten existiert, oft vor aller Augen geschieht und als selbstverständlich hingenommen wird.

… im grossen

Es ist schon fast Tradition, dass Politiker in ihrer Amtszeit nicht nur zu Würden, sondern vor allem auch zu Reichtum gelangen. «Ahora le toca robar a el!» – jetzt ist er dran zu rauben, heisst es dann. Eine *korrupte* Regierung folgt der andern. Der Staatshaushalt gleicht einem Selbstbedienungsladen. Jeder neue Präsident verspricht, den Staat vor *Korruption* zu befreien. Im Nachhinein stellt man fest, dass auch dieser Präsident im Sumpf der Drogenmafia verstrickt war.

… wie im kleinen Stil

Mehrere zehntausend Polizisten sollten die Sicherheit der Bevölkerung garantieren. Da sie schlecht bezahlt sind, bleibt ihnen gar nichts anderes übrig, als ihr Gehalt auf illegale Weise aufzubessern. Verkehrspolizisten verlangen ganz ungeniert Geld, damit sie beide Augen zudrücken. Fast immer ziehen es die tatsächlichen oder vermeintlichen Verkehrssünder vor zu zahlen. Das ist allemal billiger als ein Strafmandat und angenehmer als eine langwierige Untersuchung auf der Wache. Damit die Polizisten ihren Arbeitsplatz behalten können, müssen sie aber einen Teil der Schmiergeldeinnahmen an ihre Vorgesetzten abliefern.

nach GEO, Mexiko 1986

Die Familie

Die mexikanische Familie ist – anders als die schweizerische – sehr gross. Nicht nur wegen der Kinderschar, sondern vor allem, weil zur mexikanischen Familie auch Gross- und Schwiegereltern, Schwager und Schwägerin, Neffen und Nichten, Cousins und Cousinen, Enkel und Urenkel gehören.
Selbstverständlich hilft man sich in allen Lebenslagen: Verliert Vetter Pepe seine Arbeit, so ist die ganze Familie damit beschäftigt, eine neue Einkommensquelle für ihn zu finden.
Auf die Familie ist Verlass – und das muss auch so sein. Denn in Mexiko gibt es – wie in den meisten Ländern der Dritten Welt – keine ausreichende Altersversorgung. Nur eine grosse Familie garantiert einen geruhsamen Lebensabend.
Doch über die Familie hinaus haben die Mexikaner eine zusätzliche Rückversicherung abgeschlossen: Gute Freunde, alte Schulkameraden oder nette Nachbarn werden zum erstbesten Familienfest als Paten eines Kindes eingeladen. Damit sind sie dann ein für allemal in die Familie integriert und zum «Compadre» oder zur «Comadre» avanciert. Auch wenn die «Mit-Väter» und «Mit-Mütter» künftig an Geburtstagen, zur Kommunion oder Hochzeit tief in die Tasche greifen müssen – so lehnt doch kein Mexikaner diese Ehre ab: Wer viele Freunde hat, geniesst auch ein hohes Ansehen – und schliesslich hat der Compadre selbst ja auch Compadres.

nach GEO, Mexiko 1986

1 Palacio de Bellas Artes
2 Paseo de la Reforma
3 Smog über Mexiko City
4 Mexikanische Grossfamilie

Der Panamakanal

Eine Schiffsreise vom Atlantik in den Pazifik war früher lang und gefährlich. Das Kap Hoorn war gefürchtet, doch kein Weg führte an ihm vorbei. Die Fertigstellung des Panamakanals im Jahre 1914 verkürzte die Schifffahrtswege enorm. Am meisten profitieren die USA, die sich dessen bewusst waren und sich schon früh die alleinigen Rechte für den Kanalbau gesichert hatten.

Planung und Bau des Kanals dauerten 35 Jahre, die effektive Bauzeit betrug 23 Jahre. Bis zu 75 000 Arbeiter, die meisten davon Schwarze, leisteten harte Arbeit. Man schätzt, dass etwa 20 000 von ihnen Tropenkrankheiten wie *Cholera*, *Typhus* und *Gelbfieber* zum Opfer gefallen sind.

Der Panamakanal ist 82 km lang, heute bis zu 160 m breit und 12 m tief. Die Durchfahrt dauert etwa 20 Stunden, wovon die reine Fahrzeit 8 bis 10 Stunden beträgt. Die Schiffe überwinden den Höhenunterschied von 26 m über drei Schleusen. Diese waren die grössten Betonkonstruktionen ihrer Zeit. Bei der Fertigstellung waren der Gatun-Damm der grösste Erddamm, der Gatun-See der grösste Stausee der Welt. Die Kosten betrugen 400 Millionen Dollar. Eine wichtige Landverbindung zwischen Nord- und Südamerika ist die 1962 erstellte, 1800 m lange «Puente de las Americas» zwischen Panama und Bilbao.

Vom Atlantik zum Pazifik werden zur Hauptsache Getreide, Kohlen, Chemikalien und Ölprodukte befördert, in umgekehrter Richtung, vom Pazifik zum Atlantik, vor allem Öle und ihre *Derivate*, Eisen und Metalle, Konserven, Kühlgeräte und Holz. Etwa 13 000 Schiffe mit rund 4% der Welthandelsgüter (1998: 192 Millionen t Fracht) passieren pro Jahr den Kanal. Je nach Grösse muss ein Schiff für die Durchfahrt eine Gebühr zwischen 45 000 und 55 000 US-Dollar (Preise 1995) entrichten.

Der Panamakanal ist die wichtigste Wasserstrasse der Welt.

1 Miraflores-Schleuse
2 Bau des Panamakanals, Februar 1913
3 Eingang zum Panamakanal bei Panama City

Ohne den Kanal gäbe es Panama nicht

Ab 1821 gehörte Panama zu Grosskolumbien. Als es darum ging, den Amerikanern die Rechte zum Bau des Kanals abzutreten, stellte Kolumbien sehr hohe Forderungen. Panama musste befürchten, dass die Amerikaner einen Ausweg aus dem Dilemma finden und in Nicaragua eine Wasserstrasse bauen würden. Deshalb sagten sie sich 1903 von Kolumbien los, das tatenlos den Gebietsverlust hinnehmen musste, weil der junge Staat unter der Schirmherrschaft der Amerikaner stand. Trotz aller Schwierigkeiten sind die natürlichen Voraussetzungen optimal:
- Die Landbrücke ist hier am schmalsten
- Das Gebiet ist erdbebensicher und wird auch von keinem Vulkan bedroht
- Häufige Niederschläge sorgen für genügend Wasser im Gatun-See

Bis 1977 besassen die Amerikaner die Hoheitsrechte und die alleinige Verteidigungsgewalt über die Kanalzone, einem 1432 km² grossen Gebiet. Die Kanalzone war demzufolge amerikanisches Territorium mit amerikanischer Rechtsprechung, von amerikanischen Truppen überwacht. Die Kanalgesellschaft war in amerikanischem Besitz. Dem Staat standen die Kanalgebühren zu, was den Staatshaushalt um 17% oder eine halbe Milliarde Dollar jährlich aufbesserte.

Die Anwesenheit der Amerikaner brachte der einheimischen Bevölkerung Arbeitsplätze und für panamaische Verhältnisse gute Verdienstmöglichkeiten.

Die Hoheitsrechte der Kanalzone und auch das Verteidigungsrecht sind am 1. 1. 2000 an Panama zurückgefallen. Die amerikanischen Truppen verliessen das Land. Panama erhielt die ganze Infrastruktur mit einem geschätzten Wert von 30 Milliarden Dollar: den Kanal, drei Hochseehäfen, drei Flugplätze, zwei Wasserkraftwerke, eine Anlage zur Herstellung von Trinkwasser, Spitäler, Schulen und fast 5000 Gebäude.

Neuer und alter Schifffahrtsweg im Vergleich

Von	Nach	Via	Seemeilen	Abkürzung	in %
New York	San Francisco	Kap Hoorn	13 135		
		Panama	5 262	7 873	60
New York	Valparaiso	Kap Hoorn	8 380		
		Panama	4 633	3 747	45
New York	Yokohama	Suez	13 566		
		Panama	9 708	3 858	28
Hamburg	San Francisco	Kap Hoorn	13 883		
		Panama	8 355	5 528	40
Antwerpen	Callao	Kap Hoorn	10 200		
		Panama	6 296	3 904	38

Schrittweise ist die Übergabe vorbereitet worden. Bereits während dieser Übergangszeit galt die Kanalzone wieder als panamaisches Staatsgebiet. Der Staat wurde an der Kanalgesellschaft beteiligt. Doch die Schwierigkeiten bei der Umstellung zeigten sich mit aller Deutlichkeit:
- Durch den Abzug der Truppen gingen Tausende von Arbeitsplätzen und Einnahmen von mehreren Millionen Dollar pro Jahr verloren.
- Der Kanal wurde schon seit Jahren nicht mehr im nötigen Ausmass in Stand gehalten. Die Häfen des Landes, die erst seit den Achtzigerjahren von Panamaern betrieben werden, vergammeln zusehends. Auch die Schleusen zeigen Zerfallserscheinungen und funktionieren nicht mehr einwandfrei. Immer häufiger kommt es zu Schiffsunfällen. Die Ölleitungen auf den Docks lecken und die Schlepper sind reparaturbedürftig.

Viele Einrichtungen wurden verkauft oder langfristig vermietet. Bereits haben asiatische Firmen veraltete Häfen in Bilbao und Colon übernommen. Sie bauen sie zu modernen, grossen Umschlagplätzen aus.

Brasilien – zwischen Entwicklungsland und Dienstleistungsgesellschaft

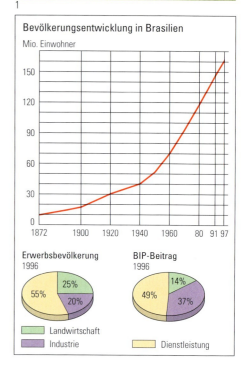

1

Mit 8,5 Millionen km² Landfläche und 160 Millionen Einwohnern steht Brasilien sowohl flächen- als auch bevölkerungsmässig an der Spitze der Länder Südamerikas.

Obwohl das relative Bevölkerungswachstum rückläufig ist, nimmt die absolute Bevölkerungszahl immer noch rasant zu und die Verdoppelungszeiten werden immer kürzer. Für das Jahr 2000 wird ein Wachstum von 1,4% prognostiziert. Von der Bevölkerung sind 85% katholisch. Lange Zeit lebten die Regierungen nach der Formel: je grösser die Bevölkerungszahl desto grösser die Macht. So sind Geburtenregelung und Familienplanung keine vom Staat verfolgten Themenbereiche.

Innerhalb der lateinamerikanischen Staaten kommt Brasilien wirtschaftlich eine Führungsrolle zu. Es ist reich an Rohstoffen aller Art. Es ist die stärkste Wirtschaftsmacht Lateinamerikas und gehört zu den grössten Volkswirtschaften der Welt. Sein Anteil am Welthandel nimmt laufend zu. Dabei sind nicht mehr die traditionellen *Kolonialprodukte* wie Kaffee, Kakao oder Edelhölzer dominierend, sondern Industrieprodukte wie Maschinen, Fahrzeuge, chemische Produkte und *Halbfabrikate*.

Obwohl die Industrialisierung und der Handel mit der ganzen Welt grosse Fortschritte erzielt hat, ist es dem Land noch nicht gelungen, den Wandel in eine moderne Industrie- und Dienstleistungsgesellschaft zu vollziehen. Gemessen am Pro-Kopf-Einkommen nimmt es den 50. Rang unter allen Ländern der Welt ein. Vergleicht man die Lebensqualität der Länder (HDI), rutscht es auf den 68. Platz ab. Nach wie vor prägen grosse soziale Unterschiede die Gesellschaft. Deshalb wird Brasilien zu den «Schwellenländern» gezählt.

1 Kernkraftwerk bei Rio de Janeiro
2 Eisenerzabbau
3 Brasilianische Köstlichkeiten
4 Kaiapo-Indianerin mit ihrem Kind (Amazonasgebiet)

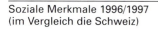

Soziale Merkmale 1996/1997 (im Vergleich die Schweiz)

	Brasilien	Schweiz
Geburtenrate	2,4%	1,3%
Sterberate	0,7%	0,9%
Bevölkerungswachstum	1,8%	1,0%
Städtische Bevölkerung	75%	61%
Lebenserwartung	66 Jahre	78 Jahre
Säuglingssterblichkeit	5,1%	0,6%
Menschen in Armut	40%	5–10%
offizielle Arbeitslosigkeit	14%	5,7%
Alphabetisierungsrate	83%	99%
Menschen ohne Zugang zu sauberem Wasser	21%	0%

2

Glückliche Brasilianer

Die Statistik gibt Aufschluss über ein Land und seine Bevölkerung. Die folgende Zeitungsnotiz zeigt aber, dass auch der Wissenschaft Grenzen gesetzt sind und die Wahrheitsfindung nicht so einfach ist:

«Die glücklichsten Menschen leben offenbar in Brasilien, wenn man einer Umfrage Glauben schenkt. Zufrieden mit ihrem Leben äusserten sich demnach 65 Prozent der von einem Meinungsforschungsinstitut Befragten. Als glücklichstes Land der Erde bezeichneten 43 Prozent Brasilien. Nur 3 Prozent erklärten, sie seien unglücklich.»

Tages-Anzeiger, 27. Mai 1997

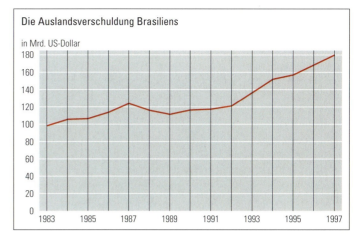
Die Auslandsverschuldung Brasiliens

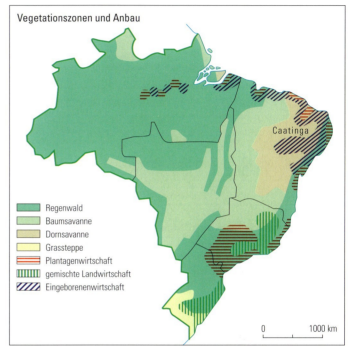
Vegetationszonen und Anbau

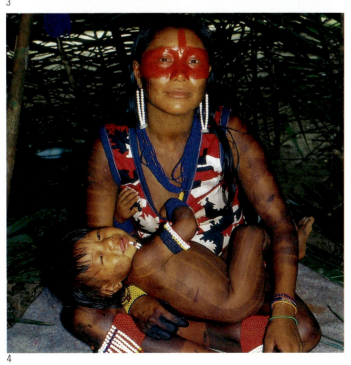

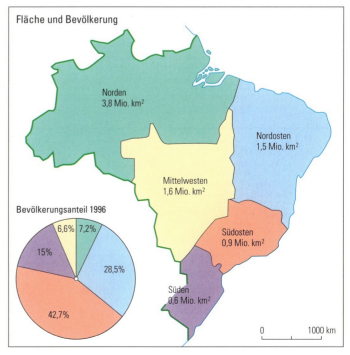
Fläche und Bevölkerung

Das brasilianische Armenhaus – der Nordosten

Der Nordosten Brasiliens ist eine der rückständigsten Regionen der Welt, vergleichbar mit den ärmsten Ländern Afrikas. Trotz aller Versuche, das Gebiet zu entwickeln, müssen immer noch 84% der ländlichen und 65% der städtischen Bevölkerung mit weniger als dem gesetzlich vorgeschriebenen Mindestlohn auskommen.

Die meisten der etwa 50 Millionen Menschen leben entlang des 50 bis 100 km breiten feuchten Küstenstreifens, meist in den grossen Städten São Luis, Fortaleza, Recife und Salvador. Diese Zone, ursprünglich mit tropischem Regenwald bedeckt, ist die klassische Zone der Plantagenwirtschaft. Von hier aus vollzog sich die Kolonialisierung Brasiliens. Der Anteil der schwarzen Bevölkerung ist im Nordosten am grössten. Die Schwarzen sind die Nachkommen ehemaliger Sklavenarbeiterinnen und Sklavenarbeiter. Hier befindet sich das Herzstück der afrobrasilianischen Kultur.

Landeinwärts schliesst sich eine Hügelzone an. Die kleinbäuerlichen Betriebe (mit weniger als 20 ha), müssen mit bereits deutlich geringeren Niederschlägen als die Plantagegebiete entlang der Küste auskommen. Die Bauernfamilien erzeugen hauptsächlich Grundnahrungsmittel zur Versorgung der Küstenstädte.

Das Landesinnere wird von einer Trocken- und Dornsavanne, der Caatinga, eingenommen. Sie bedeckt mehr als die Hälfte des Nordostens. Die Dürregefahr ist sehr gross.

Hauptsächlich Grossgrundbesitzer betreiben extensive Weidewirtschaft. Für eine ausreichende Ernährung benötigt ein Rind etwa 10 ha Land.

Weitere Ursachen der Unterentwicklung

- Die Grundbesitzverhältnisse sind im Nordosten noch einseitiger ausgeprägt als im brasilianischen Durchschnitt. Ausserdem besitzen die Grossgrundbesitzer den besten Landwirtschaftsboden.
- Der Zuckerrohranbau wurde stark ausgedehnt, da der Staat seit Mitte der Siebzigerjahre die Produktion von Äthylalkohol als Benzinersatz mit *Subventionen* fördert. Dabei werden immer mehr Kleinpächter in die Städte vertrieben. Die Produktion von Grundnahrungsmitteln geht zurück.
- Die meisten Plantagen beschäftigen Taglöhner. Da keine Arbeitsverträge bestehen, haben diese keine gesicherte Arbeitszeit und damit auch keinen gesicherten Lohn.
- Ein grosser Teil des fruchtbaren Landes liegt brach. Landbesitz ist ein Zeichen für Reichtum. Landverkäufe werden deshalb vermieden und Landreformen bekämpft.
- Die Grossgrundbesitzer leben in der Stadt. In ihrem Auftrag sorgt eine Kette von Verwaltern, Pächtern und Kleinpächtern für die Bewirtschaftung des Landes. Allen Gliedern dieser Kette, bis hinauf zum Besitzer, steht ein bestimmter Anteil des Ertrages zu.
- Die Grüne Revolution setzte in den Siebzigerjahren ein. Das von der Regierung bereitgestellte Geld kam den Viehzüchtern und den Plantagebesitzern zugute. Nur mit 10% dieser Mittel wurden Kleinbauern unterstützt.
- Die Bemühungen des Staates, eine moderne, zukunftsgerichtete Industrie im Nordosten aufzubauen, waren bescheiden. Nur in wenigen Städten profitierte die Industrie von staatlichen Geldern.
- Die Abwanderung junger und initiativer Leute in den Süden und in die Städte ist gross (Landflucht).

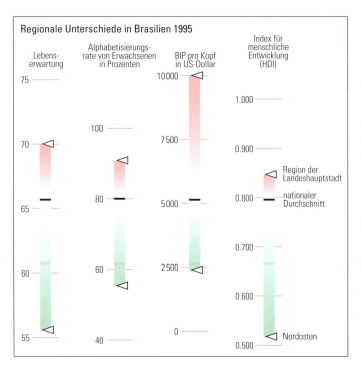

1

Bescheidene Fortschritte sind dennoch erkennbar

«Ja, mein Herr, uns geht es deutlich besser als in jenen Jahren der Trockenheit, Gott sei es gedankt!» sagt Antonia Batista aus dem Dorf Ideal, knapp hundert Kilometer von Fortaleza entfernt. Damals, als das Wort von der Dürregeissel in aller Munde war, hatte sie aus purer Not ihr Kleinkind im verlotterten Krankenhaus der nächstgelegenen Stadt eingeliefert und dann «vergessen», weil die Nahrungsmittel für die achtköpfige Familie vorne und hinten nicht reichten und selbst die Muttermilch versiegt war. Jetzt ist die kleine, vorschnell gealterte Frau, der sämtliche Schneidezähne fehlen, voller Optimismus. Ihr Mann, ebenfalls Analphabet, arbeitet bei einem Grossgrundbesitzer und erhält den gesetzlichen Mindestlohn (115 Dollar im Monat); drei Töchter sind in Fortaleza als Hausmädchen tätig und zahlen regelmässig in die Familienkasse ein; und Francisco, der unterernährte und schwerkranke Junge, den der Berichterstatter damals in einem Hospital ohne Ärzte und Medikamente antraf, schwänzt derzeit die Schule, um bei der Nussernte mitzuhelfen (Tageslohn für 100 Kilogramm gesammelte Nüsse etwa 5 Dollar).

Die Familie wohnt jetzt in einem grösseren Haus mit drei Räumen, dessen Lehmwände ordentlich verputzt und sogar getüncht sind. Im eingezäunten Hof wachsen Bananen, Papayas und einige Maniokknollen. Es gibt einen Ziehbrunnen, eine Latrine und eine Einrichtung zum Duschen. Gekocht wird allerdings nach wie vor mit Holz.

Dass seit der letzten Dürre viel Geld aus Brasilia und internationalen Kassen in das Trockengebiet des Nordostens geflossen ist, sieht man auf Schritt und Tritt. In vielen Dörfern gibt es jetzt Primarschulen und einen Gesundheitsposten, in dem mehrfach wöchentlich eine Krankenschwester anwesend ist. Die städtischen Krankenhäuser sind besser ausgestattet. Strassen wurden gebaut, Abwasserkanäle angelegt und zahlreiche Viertel mit Trinkwasser versorgt.

In allen Lebensbereichen sind die Fortschritte offensichtlich, seitdem die Menschen ihre politischen Interessenvertreter frei wählen können. Früher wurden die wichtigsten Ämter von Brasilia aus besetzt. Heute konkurrenzieren an die zwanzig Parteien um Mandate auf Bundes-, Hauptstadt- und Kreisstadtebene.

Moralisch gestärkt durch die erfolgreiche Absetzung des *korrupten* Präsidenten, trauen sich die Menschen zunehmend, die Politiker zu kritisieren, wenn diese öffentliche Ämter zum Auffüllen ihrer Privatschatulle missbrauchen. So wurden im Landesinnern im letzten Jahr (1996) drei Präfekte von den Bürgern aus ihrem Amt gejagt.

Auch der Wettergott hat es in den letzten Jahren mit dem Hinterland gut gemeint. Es hat überdurchschnittlich viel geregnet, sodass die unzähligen kleinen Staubecken, die während der Dürre mit staatlichen Geldern angelegt worden sind, auch jetzt am Ende der Trockenzeit ausreichend Wasser enthalten. Selbst die Caatinga, die graubraune Dornensavanne, erscheint weniger trostlos als dereinst.

Die wirtschaftlichen und sozialen Probleme sind nicht verschwunden. Nirgends ist der Unterschied zwischen Stadt und Land grösser. Jeder siebte Erwachsene ist ohne Arbeit und von 1000 Neugeborenen sterben 50 in ihrem ersten Lebensjahr. Da viele Kinder arbeiten müssen, gehen sie abends zur Schule oder brechen ihre Ausbildung frühzeitig ab. Aber während vor 13 Jahren kaum ein Tag verging, ohne dass von hungrigen Menschen ein Lebensmittellager geplündert wurde, sind die Magazine heute unbewacht und die Märkte bieten Grundnahrungsmittel wie Bohnen, Mais und Maniok in Hülle und Fülle.

Hermann Feldmeier, NZZ, 18. Februar 1997

2

3

4

1 Kinderarbeiter
2 Villa eines Grossgrundbesitzers
3 Haus einer Kleinbauernfamilie
4 Dornsavanne (Caatinga)

Kaffee – ein Getränk, das die Welt erobert hat

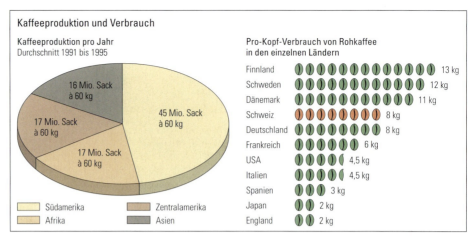

Der wichtigste Kaffeeproduzent ist Brasilien, wo seit Mitte des 18. Jahrhunderts Kaffee angebaut wird. Die ersten Plantagen wurden um Rio de Janeiro im Küstengebiet angelegt. Erst später eroberte der Kaffee das klimatisch äusserst günstige Hochland bei São Paulo. In der ersten Hälfte des 20. Jahrhunderts breitete er sich über ganz Brasilien aus. Er verhalf dem Land zu seiner wirtschaftlichen Vormachtstellung in Lateinamerika. Kaffeeplantagen werden von Grossgrundbesitzern, aber auch von Kleinbauern betrieben.

Nach einer Legende ist der Kaffee von Ziegen entdeckt worden. Die Geschichte soll sich in Äthiopien um das Jahr 850 zugetragen haben:
Eines Abends bemerkten Mönche, dass ihre Ziegen purlimunter waren. Sie fanden heraus, dass die Tiere unbekannte Beeren gefressen hatten. Sie probierten selbst von den dunkelroten Früchten, aber der bittere Geschmack missfiel ihnen und sie warfen die Beeren ins Feuer. Und siehe da: ein köstlicher Duft breitete sich aus. Die Mönche nahmen die «gerösteten» Bohnen und brauten ein Getränk daraus. Es half ihnen von da an, beim Nachtgebet wach zu bleiben.

Im 16. Jahrhundert gelangte das Getränk aus Arabien über Mekka nach Kairo und Konstantinopel (heute: Istanbul). Venezianische Schiffe brachten 1615 den Kaffee aus der Türkei mit nach Europa. Als die Türken 1683 ihre Belagerung vor Wien abbrechen mussten, liessen sie 500 Säcke Kaffee zurück. Ein Pole nutzte die Gunst der Stunde, nahm die Säcke in seinen Besitz und eröffnete das erste Wiener Kaffeehaus.

Heute ist der Kaffee aus unserem Alltag nicht mehr wegzudenken. Selbst in Zeiten des Mangels zählt er zu den unverzichtbaren Gütern. Deshalb hat der Bundesrat die Schweizer Importeure verpflichtet, eine bestimmte Menge Kaffee auf Vorrat zu halten.
Die Schweiz importiert pro Jahr rund 60 000 t Rohkaffee. Er gelangt über Rotterdam und den Rhein per Schiff nach Basel. Von hier aus wird er auf Lastwagen in die Röstereien gefahren. Der Inlandverbrauch beläuft sich auf etwa 55 000 t. Der Rest wird als löslicher Kaffee, als koffeinfreier oder gerösteter Kaffee wieder exportiert.

1 Kaffeestrauch mit Früchten
2 Kaffeeblüte
3 Kaffeestrauch mit reifen Kaffeekirschen
4 Bei der Ernte
5 Kaffeepflücker
6 Auslese der Kaffeebohnen

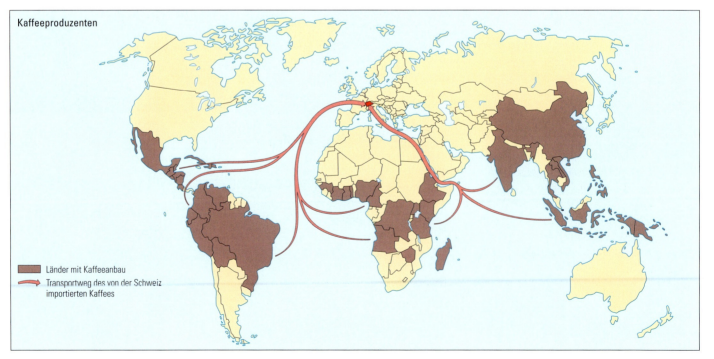

Die Kaffeepflanze

Der Kaffeebaum ist immergrün. Da er ein tropisches Gewächs ist, kann er zu jeder Jahreszeit blühen und Früchte bilden. Der Duft seiner weissen Blüten erinnert an Jasmin- oder Orangenblüten. Am besten gedeiht der Kaffeebaum bei jährlichen Durchschnittstemperaturen von 18 bis 22 °C bis in Höhen von 1200 m ü. M. Da Kaffee rund um die Erde angepflanzt wird, kann zu jeder Jahreszeit irgendwo Kaffee geerntet werden. Es gibt über 80 verschiedene Kaffeesorten, doch nur zwei – Arabica und Robusta – sind von wirtschaftlicher Bedeutung.

Die jungen Kaffeeschösslinge werden einzeln in Töpfe oder Plastiksäcke gesetzt, sobald sie eine Höhe von 5 bis 10 cm erreicht haben. Nach 4 bis 5 Monaten sind die jungen Bäumchen etwa 30 bis 40 cm hoch und werden in die Plantage verpflanzt. Auf einer Hektare gedeihen bis zu 8000 Bäume. Ein Kaffeebaum würde in 6 Jahren eine Höhe von 5 m bis 15 m erreichen. Damit die Bäume einen besseren Ertrag geben und auch rationeller abgeerntet werden können, werden sie auf etwa 3 m zurückgeschnitten gehalten.

Der Kaffeebaum blüht erstmals im 3. Lebensjahr. Erst ab dem 5. Lebensjahr kann mit einem normalen Ertrag gerechnet werden. Die purpurroten Kaffeekirschen werden von Hand gepflückt. Durch Trocknen oder Waschen entfernt man das Fruchtfleisch. Übrig bleiben zwei ovale Kaffeebohnen je Kirsche. Der Ertrag eines ausgewachsenen Kaffeebaums beträgt 2,5 bis 10 kg Kaffeekirschen. Daraus erhält man 500 bis 2000 g grüne Kaffeebohnen.

Säcke mit grünen, noch rohen Bohnen werden in Container geladen und zur Verschiffung bereitgestellt. In einem anderen Verfahren, das immer mehr zur Anwendung kommt, wird der Rohkaffee aus den Säcken in eine Wanne geleert, mit einem Rohr abgesogen und in die Container geblasen. Nun wird er in alle Welt verschifft.

Der Kaffee ist ein kostbares Handelsgut

Über 25 Millionen Menschen arbeiten im Anbau, der Verarbeitung und im Handel von Kaffee. Jährlich werden weltweit rund 95 Millionen Sack zu 60 kg produziert.

Im Kaffeehandel gilt die alte Regel «der Preis wird von Angebot und Nachfrage bestimmt» fast uneingeschränkt.

Der überwiegende Teil der Handelsabschlüsse findet auf dem internationalen «Kaffee-Marktplatz» statt: den Warenbörsen von New York und London. Hier informiert sich ein Einkäufer über die verschiedenen Angebote und hier erfahren die Verkäufer aus aller Welt, zu welchem Preis ihre Konkurrenten die Ware anbieten. Die gehandelten Preise und Mengen werden täglich publiziert und sind für jedermann ersichtlich. Über Online können sich die Handelspartner die Daten auch im Büro auf den Bildschirm holen und den Handel laufend beobachten.

Preis, Menge, Qualität und Liefertermin sind die wichtigsten Inhalte des Vertrages.

1 Kaffeesäcke werden im Hafen antransportiert
2 Kaffeeverlad auf ein Schiff
3 Kaffeesäcke in einem Hamburger Lagerhaus
4 Warenbörse (Chicago)
5 Kaffeehaus (Budapest)

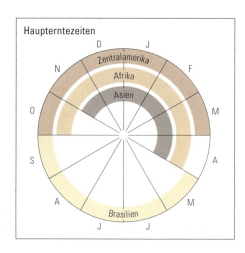

Haupterntezeiten

Land	Devisen aus Exporten Mio. US-$	Export Kaffee Mio. Sack	Devisen aus Kaffee-Exporten Mio. US-$
Brasilien	43 600	17,0	2 669
Kolumbien	8 407	9,3	1 544
Guatemala	1 644	3,4	558
Mexiko	61 000	3,2	525
Indonesien	38 000	3,4	500
Vietnam	3 600	3,1	443
Uganda	460	2,4	350
Elfenbeinküste	3 400	2,2	315
El Salvador	818	1,7	279
Costa Rica	2 049	1,7	279
Indien	22 200	1,7	255
Ecuador	2 904	1,6	251
Total	188 082	50,7	7 968

Einfaches Warenbörsengeschäft

EIN PLANTAGENBESITZER HAT KEIN GELD UND DIE ERNTE IST ERST IN EINIGEN MONATEN BEREIT. ER GEHT ZUR BANK UND WILL EINEN KREDIT.

DIE BANK GIBT IHM KEINEN KREDIT. DAS GESCHÄFT IST IHR ZU RISIKOREICH. WAS IST, WENN DIE ERNTE VERNICHTET WIRD ODER DER KAFFEEPREIS IN DEN KELLER FÄLLT?

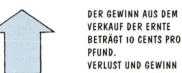

DER GEWINN AUS DEM VERKAUF DER ERNTE BETRÄGT 10 CENTS PRO PFUND.
VERLUST UND GEWINN AUS DEN VERSCHIEDENEN GESCHÄFTSABSCHLÜSSEN HALTEN SICH DIE WAAGE.

ER GEHT AN DIE WARENBÖRSE, WEIL DAS DERZEITIGE PREISNIVEAU GÜNSTIG IST UND IHM EINEN GEWINN SICHERT.

DIE ERNTE WIRD EINGEBRACHT. EIN HÄNDLER AUS DER REGION IST AN EINEM KAUF INTERESSIERT. DER PLANTAGENBESITZER KAUFT DEN BÖRSENVERTRAG ZURÜCK. DER PREIS IST INZWISCHEN AUF 130 CENTS PRO PFUND GESTIEGEN. DER VERLUST AN DER BÖRSE BETRÄGT 10 CENTS PRO PFUND. DIE ERNTE LIEFERT ER DEM HÄNDLER EBENFALLS ZUM AKTUELLEN PREIS VON 130 CENTS PRO PFUND.

ER VERKAUFT SEINE GANZE ERNTE, DIE ER NOCH NICHT HAT, AUF EINEN BESTIMMTEN TERMIN ZU EINEM PREIS VON 120 CENTS PRO PFUND. NUN SIND PREIS UND ERLÖS BEKANNT. DAS PREISRISIKO TRÄGT DIE KÄUFERIN.

BIS ZUM LIEFERTERMIN
- KANN DIE BÖRSE DEN VERTRAG AN EINEN HÄNDLER WEITERVERKAUFEN
- KANN DER PLANTAGENBESITZER SEINE ERNTE – ZUM AKTUELLEN TAGESPREIS – ZURÜCKKAUFEN.

NUN KANN ER DIE NÖTIGEN AUFWENDUNGEN BEZAHLEN.

ER GEHT WIEDER ZUR BANK, DIE GIBT IHM DEN NÖTIGEN KREDIT.

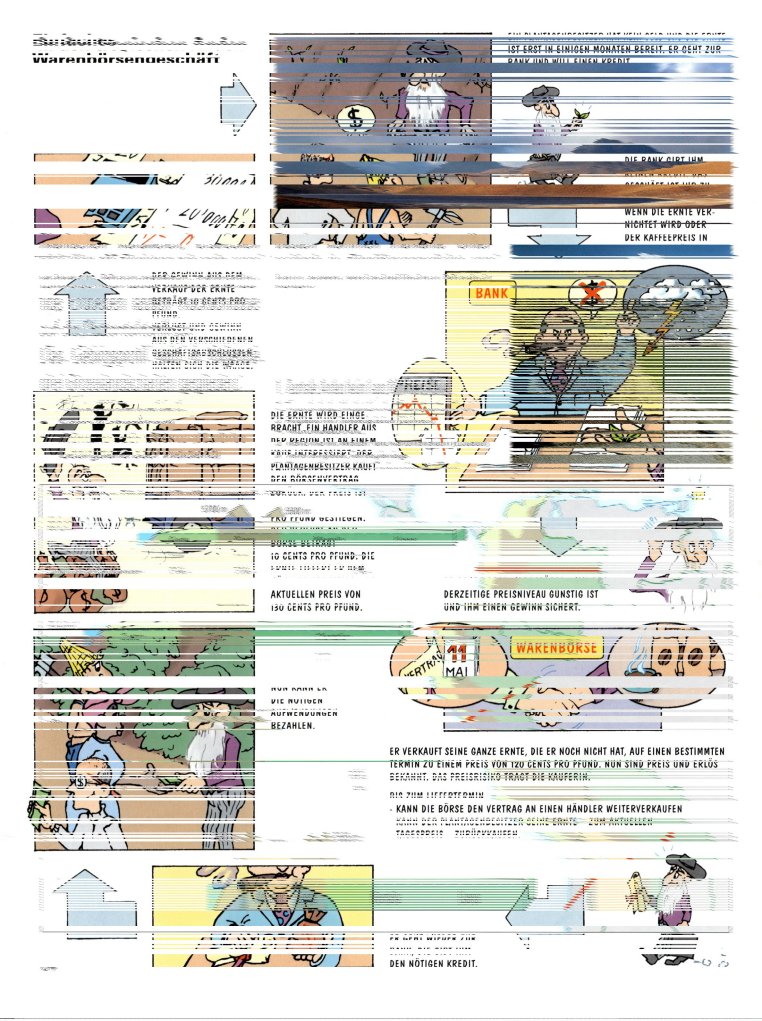

3

4

5

6

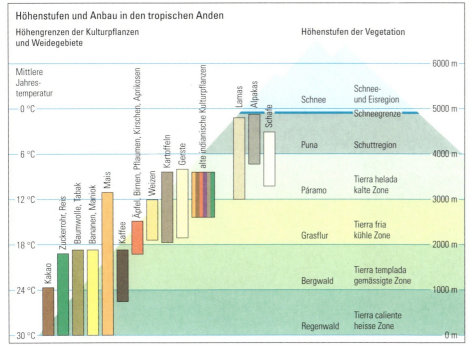

Höhenstufen und Anbau in den tropischen Anden

7

65

Der Reichtum der Erde brachte sie an den Bettelstab

Die Anden sind im Gegensatz zu den Alpen sehr reich an Erzen. Gleichwohl ist es bis anhin keinem der Andenstaaten gelungen, diesen Reichtum in Wohlstand für alle umzuwandeln. In der Vergangenheit trachtete die spanische Kolonialmacht nur danach, die Schiffe mit Silber und Gold vollzuladen und nach Spanien zu bringen. Doch auch seit der bald 200 Jahre dauernden politischen Unabhängigkeit haben es die Andenstaaten – volkswirtschaftlich gesehen – nur gerade bis zum Bettelstab gebracht.
Ausser den kolonialen Nachwehen und dem rassistisch begründeten Überlegenheitsgefühl der spanischen, weissen Nachkommenschaft gegenüber den Indios gibt es eine Reihe weiterer Ursachen für die wirtschaftliche Rückständigkeit der Andenstaaten.

1 Kupfermine, Aufbereitungsanlage
2 Minenarbeiter
3 Kupfermine (Chile)
4 Kupfermine, Vorbereitung zur Sprengung (Chile)

Warum die Anden reich an Erzen sind

Die Anden sind ein geologisch junges Faltengebirge. Sie sind zur gleichen Zeit wie die Alpen entstanden. Doch im Gegensatz zu den Alpen sind die Anden reich an Bodenschätzen. Als die Nazca-Platte (im Pazifik) von Westen her mit dem Kontinent kollidierte, verkeilten sich der Brasilianische Schild und die jungen vulkanischen Ergussgesteine des Ozeanbodens ineinander. Der Brasilianische Schild stammt aus der geologischen Urzeit. Er ist äusserst erzreich. Als die übereinandergeschobenen, miteinander verschweissten, mächtigen Gesteinspakete zum Gebirge angehoben wurden, gelangten die Erzlagerstätten an die Oberfläche oder zumindest in oberflächennahe Zonen, sodass sie heute gefördert werden können. Neben Edelmetallen (Gold, Silber), Schmucksteinen (Smaragde) und industriell nutzbaren Metallen (Zinn, Kupfer) werden auch vulkanische Minerale und Steine (Schwefel, Bimssteine) abgebaut.

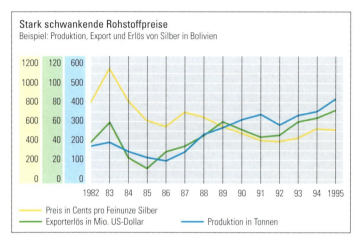

Stark schwankende Rohstoffpreise
Beispiel: Produktion, Export und Erlös von Silber in Bolivien

— Preis in Cents pro Feinunze Silber
— Exporterlös in Mio. US-Dollar
— Produktion in Tonnen

1

2

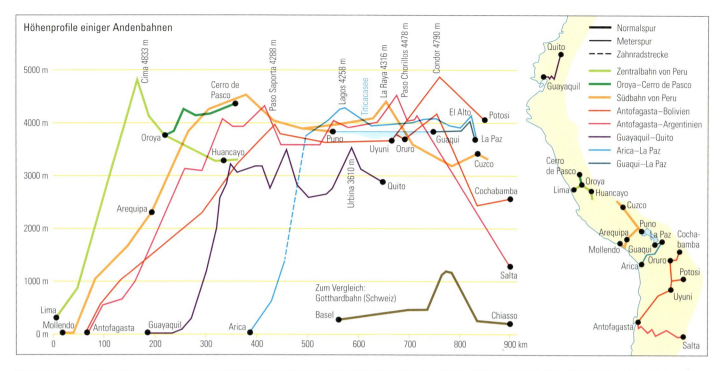

Aussenhandel der Andenländer 1995

Exporte (total)
Bolivien (1041 Mio. US-$):
Chile (15 900 Mio. US-$):
Ecuador (4300 Mio. US-$):
Kolumbien (10 900 Mio. US-$):
Peru (4421 Mio. US-$):

Exporte in % des gesamten Exportwertes
44% Bergbauprodukte, 14% Erdöl und Erdgas, 11% Soja, 7% Schmuck und Edelsteine, 6% Holz
45% Bergbauprodukte (davon 37% Kupfer), 11% Landwirtschaftsprodukte
32% Rohöl, 17% Bananen, 14% Garnelen, 9% Kaffee
18% Kaffee, 16% Erdöl und Erdölprodukte, 7% Kohle, 4% Gold
38% Bergbauprodukte (davon 18% Kupfer), 17% Fischmehl, 5% Kaffee, 26% Industrieprodukte

Importe (total)
Bolivien (1418 Mio. US-$):
Chile (14 430 Mio. US-$):
Ecuador (4000 Mio. US-$):
Kolumbien (13 500 Mio. US-$):
Peru (5307 Mio. US-$):

Importe in % des gesamten Importwertes
43% *Investitionsgüter*, 37% *Halbfabrikate* und Rohstoffe, 20% Konsumgüter (davon 10% Nahrungsmittel)
50% *Halbfabrikate*, 20% *Investitionsgüter*, 18% Konsumgüter
31% Rohstoffe, 24% Konsumgüter, 19% *Investitionsgüter*
48% *Halbfabrikate*, 40% *Investitionsgüter*, 12% Konsumgüter
42% Rohstoffe und *Halbfabrikate*, 30% *Investitionsgüter*, 23% Konsumgüter

3

4

Silberstadt im Andenland

Potosi ist ein beschwerliches Reiseziel. Die Fahrt mit dem Bus von La Paz dauert elf Stunden, davon führen sechs über löchrige Schotterpisten. Die Luft in der 4000 m hoch gelegenen Stadt ist dünn. Die Temperaturunterschiede zwischen Tag und Nacht können bis zu 30 Grad betragen. Potosi ist weltweit die höchste Stadt mit wenigstens 100 000 Einwohnern. Um 1700 war es mit 250 000 Menschen eine der grössten und reichsten Städte der Welt.

Am 1. April 1995 feierten die Bürgerinnen und Bürger von Potosi einen besonderen Tag: 450 Jahre zuvor war hier die grösste Silberlagerstätte der Welt entdeckt worden. Dem mächtigen, kegelförmigen Vulkan brachte sie den Namen Cerro Rico (reicher Hügel) ein.

Jorge Gutierrez ist 26 Jahre alt und studiert Tourismus an der Universität in Potosi. Die schmal geschnittenen Augen lassen seine indianische Abstammung erkennen. Sein Vater starb bei einem Minenunglück, als Jorge elf war. Mit fünfzehn musste er selbst in den Berg. Bis er zwanzig wurde, arbeitete er unter Tag und ging gleichzeitig zur Schule.

Jorge verteilt Karbidlampen und Helme, bevor er eine Gruppe von ausländischen Touristen ins Minenlabyrinth führt. «Als die Vorräte an der Oberfläche erschöpft waren, folgte man den Silberadern in das Innere des Berges. Mittlerweile haben die Stollen eine Länge von mehreren tausend Kilometern erreicht. Wer sich einmal verläuft, findet nie wieder hinaus», erzählt er.

«80 000 Tonnen Silber sollen im Cerro Rico bereits abgebaut worden sein, doch noch immer schätzt man die Vorräte auf knapp 70 000 Tonnen», erzählt Jorge weiter. Er weiss, dass die Bodenschätze in der einheimischen Erde nicht gleichbedeutend mit Wohlstand für die Einheimischen sind. Von den kostbaren Mineralien profitierten stets nur wenige oder Fremde. Jedem Boom der letzten viereinhalb Jahrhunderte folgte eine schwere Krise. Märchenhaften Reichtum auf der einen Seite gab es nur um den Preis elender Armut auf der anderen.

Man sagt, mit dem aus dem Berg geförderten Edelmetall hätte man eine Brücke aus massivem Silber von Potosi bis nach Madrid bauen können. Die Einheimischen benutzen ein ähnliches, aber eindrücklicheres Bild. Sie sagen, so viele Menschen haben in den Minen ihr Leben gelassen, dass man mit ihren Knochen dieselbe Brücke bauen könnte!

Die Mine gehört einer Kooperative. Die Cooperativistas arbeiten unter Bedingungen wie zur Kolonialzeit. Sie haben die Schienen für die Transportloren herausgerissen, damit die «privaten» Bergleute ihre Stollen nicht benutzen können. Deshalb muss nun jeder der vierzig bis fünfzig Kilogramm schweren Säcke mit Erz auf dem Rücken aus der Mine getragen werden.

«Die Mineros haben viele Kinder», sagt Jorge. «Wenn das Geld nicht mehr reicht, bleibt ihnen nichts anderes übrig, als den Sohn, der alt genug ist, mit in den Berg zu nehmen. Es gibt keine andere Arbeit in Potosi.»

Die Bergleute arbeiten in 24-Stunden-Schichten. Ein Tag Arbeit und ein Tag Pause. Pro Schicht verdienen sie dreissig Bolivianos, das sind umgerechnet 8 Franken.

Die durchschnittliche Lebenserwartung beträgt 40 bis 45 Jahre. Die Mineros sterben an *Silikose*, Asbest- und Arsenvergiftungen, bei Unfällen und ausgelaugt von der Arbeit, dem Koka und dem Alkohol. Verrückte werden sie genannt, weil sie auf ihre Gesundheit pfeifen und sich mit 95-prozentigem Trinkspiritus besaufen. Die Jüngsten sind fünfzehn, und länger als bis dreissig kann niemand im innersten Teil der Mine arbeiten.

nach Peter Klein, Frankfurter Rundschau, 1. Juli 1995

Die 12 Länder mit der höchsten Silberproduktion 1995

Mexiko	2495 t
Peru	1908 t
USA	1450 t
Kanada	1245 t
Chile	1038 t
Australien	920 t
Polen	800 t
Bolivien	452 t
Kasachstan	402 t
Marokko	333 t
Schweden	268 t
Indonesien	261 t

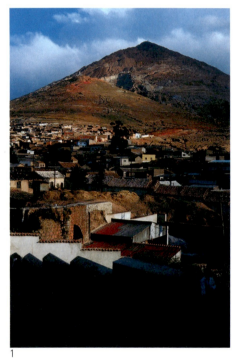

1

2

1 Potosí mit dem Cerro Rico (4700 m)
2 Strassenszene
3 Indiofrau
4 Friedhof
5 Silberwaren
6 Bergarbeiterfamilie
7 Koka kauender Bergarbeiter

Mit Kokain aus der Krise?

Die Möglichkeit, viel Geld mit dem Kokaingeschäft zu machen, wirkt wie eine Droge. In Bolivien hat die *Korruption* ein bis anhin unbekanntes Ausmass erreicht. In einigen Städten des Landes, wie in Cochabamba, bauen sich die Drogenbarone und ihre Helfeshelfer Luxuspaläste und fahren teure Autos.

Die Menschen vernachlässigen ihre einheimische Kultur und konsumieren stattdessen geistige Allerweltskost im Fernsehen. Dieses wird zur Hauptsache von der Mafia finanziert. Noch vor wenigen Jahren traten in Cochabamba zwei Dutzend Theatergruppen auf, heute ist nur noch eine übrig geblieben. Gleichzeitig wächst die Armut unter jenen, die glauben, es mit ehrlicher Arbeit auf einen grünen Zweig zu bringen.

Für die meisten Menschen in Bolivien ist das Leben äusserst hart und kurz. Unterernährung ist ein weitverbreiteter Dauerzustand. 60% der Bevölkerung leben in absoluter Armut. Eines der wichtigsten Exportprodukte, die Kokapaste, taucht in keiner staatlichen Handelsstatistik auf. Bolivien ist nach Peru und Kolumbien der bedeutendste Kokaproduzent der Welt. Kokapaste ist das Ausgangsprodukt für Kokain.

Die Indios kauen seit jeher Kokablätter. Allerdings ist das Hochgefühl, das sie vermitteln, viel schwächer als jenes von veredeltem Kokain. Von den 100 000 bis 200 000 Tonnen Kokablättern, die die bolivianischen Indios jährlich produzieren, wird ein kleiner Teil legal zu Kokatee und Kokawein verarbeitet und in den Supermärkten verkauft. Der Rest wird zu Kokapaste verstampft und zur «Veredelung» an illegale Labors, die sich meist im schwer begehbaren Regenwald befinden, weiterverkauft. Von dort gelangt Kokain auf verschlungenen Wegen zu uns. Die Kokaproduktion ist zwar illegal, doch erzielen die Indios damit hundertfach höhere Preise als mit den legalen Agrarprodukten. Die Gewinne, die die internationale Drogenmafia einstreicht und die dem Land nichts bringen, werden auf das Tausendfache geschätzt.

Die USA, die am meisten von der Kokainflut betroffen sind, möchten den Kokaanbau drosseln. So lässt der bolivianische Präsident auf ihren Druck hin immer wieder ein paar tausend Hektaren Kokapflanzungen vernichten. Ein Tropfen auf den heissen Stein!

Die Schuldenkrise Mitte der Achtzigerjahre hatte die bolivianische Regierung zum härtesten Sparprogramm verleitet, das je ein Volk über sich ergehen lassen musste. Die Arbeitslosenzahlen stiegen sprunghaft an – und mit ihnen die Anbaufläche von Koka. Die Kokaproduktion bringt einen jährlichen Verdienst, der die offiziellen Exporterlöse nahzu verdoppelt. Jeder vierte Arbeitsplatz ist von der Kokaproduktion abhängig.

1

2

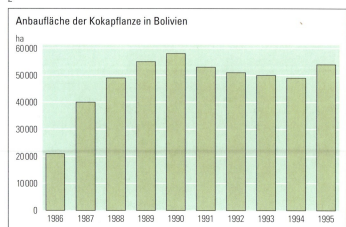

1 Bäuerin beim Trocknen von Kokablättern
2 Kokainlabor im tropischen Regenwald
3 Cochabamba
4 Hinterland von Cochabamba

Neue Methoden der Armutsbekämpfung im Hinterland von Cochabamba

Seit kurzem führt eine Erdstrasse entlang von Kreten und kahlen Steilhängen ins Hinterland von Cochabamba. Sie bezwingt Passhöhen und führt hinunter in 1000 Meter tief eingefressene Schluchten. Dort dösen die Dörfer aus der spanischen Kolonialzeit in der wärmenden Mittagssonne. Die Bewohnerinnen und Bewohner kleiden sich in selbstgewobenes, bunt besticktes Tuch aus Schafwolle, die Haut der Gesichter und Hände ist ledrig; Hitze, Kälte und dünne Luft haben sie ausgetrocknet. Erstmals sind Weiler und Dorfschaften das ganze Jahr über mit dem Wagen zu erreichen.

Von weitem sieht die zwischen 2500 und 4500 Metern über Meer gelegene Andengegend aus wie ein Flickenteppich, übersät von winzigen, in der Regenzeit meist saftig grünen Parzellen. Angepflanzt werden Bitterkartoffeln, Andenlupinen und dicke Erbsen, vor allem aber Mais und Quinoa, eine nahrhafte einheimische Getreidesorte. Sie wurde von den Inkas besonders geschätzt. Neuerdings wird sie auch von den amerikanischen Astronauten im All gegessen.

Die Kulturen wachsen teils auf eingeebneten, von Steinmäuerchen gehaltenen Terrassenfeldern, teils auf abschüssigem, der Erosion ausgesetztem Terrain. Mit zunehmender Höhe werden die Grashalden für Schaf- und Lamaherden immer knapper, die Erosionsnarben an den Steilhängen immer deutlicher. Da die Ernte früher in den entscheidenden Monaten nie zu Markte gefahren werden konnte, begnügte man sich mit lokalem Tauschhandel.

An das Hinterland von Cochabamba erinnerte man sich in Bolivien erst, als der Zinnpreis auf dem Weltmarkt zerfiel, die Bergwerke in der Nachbarschaft schlossen und die jungen Männer nach Gelegenheitsarbeit ausschauten – als Kokastampfer, als Träger auf die Märkte in der Stadt oder als Handlanger auf die Baustellen von Cochabamba, wo das Drogengeld zum Reinwaschen weithin sichtbar verbaut wird.

Nun ist mit deutscher Hilfe eine Trinkwasserzuleitung und ein Bewässerungssystem gebaut worden. Erstmals werden 20 Hektaren Kulturland bewässert. Das Wasser stellt die Haupternte sicher und macht eine zweite Aussaat in der Trockenzeit möglich.

Trotzdem lassen sich die Erträge nicht beliebig steigern. Eine ausgeklügelte Fruchtfolge bewahrt das Gleichgewicht der Nährstoffe. Höher gelegene Äckerchen müssen immer wieder brachliegen, damit sich der Boden erholen kann. Nicht der lokale Markt oder gar der Export sind für einmal das Ziel der Entwicklungsanstrengungen, sondern eine ausreichende Ernährung der Bauernfamilien. Diese leben in einer Landwirtschaftszone mit schweren Beschränkungen, die durch Klima und Höhenlage bedingt sind.

Die Fachleute streiten sich darüber, ob hier überhaupt Zukunftsaussichten für die Bevölkerung bestehen. Der Chef der in der Region tätigen Entwicklungshilfeorganisation kontert mit dem Einwand, dass es in absehbarer Zeit gar keine Alternative für die Menschen hier gebe. Wolle man verhindern, dass die Unterernährung grassiere, dann müsse man trotz kargen Böden und mageren Ernten bessere Überlebensmöglichkeiten schaffen.

Zudem ist ländliche Entwicklung in den Hochtälern um Cochabamba immer auch Teil einer Antidrogenstrategie. Auf Nahrungsmittelhilfe wird bewusst verzichtet, um das auf Selbstversorgung ausgerichtete Konzept nicht zu gefährden.

nach NZZ, 28. Juni 1996

3

4

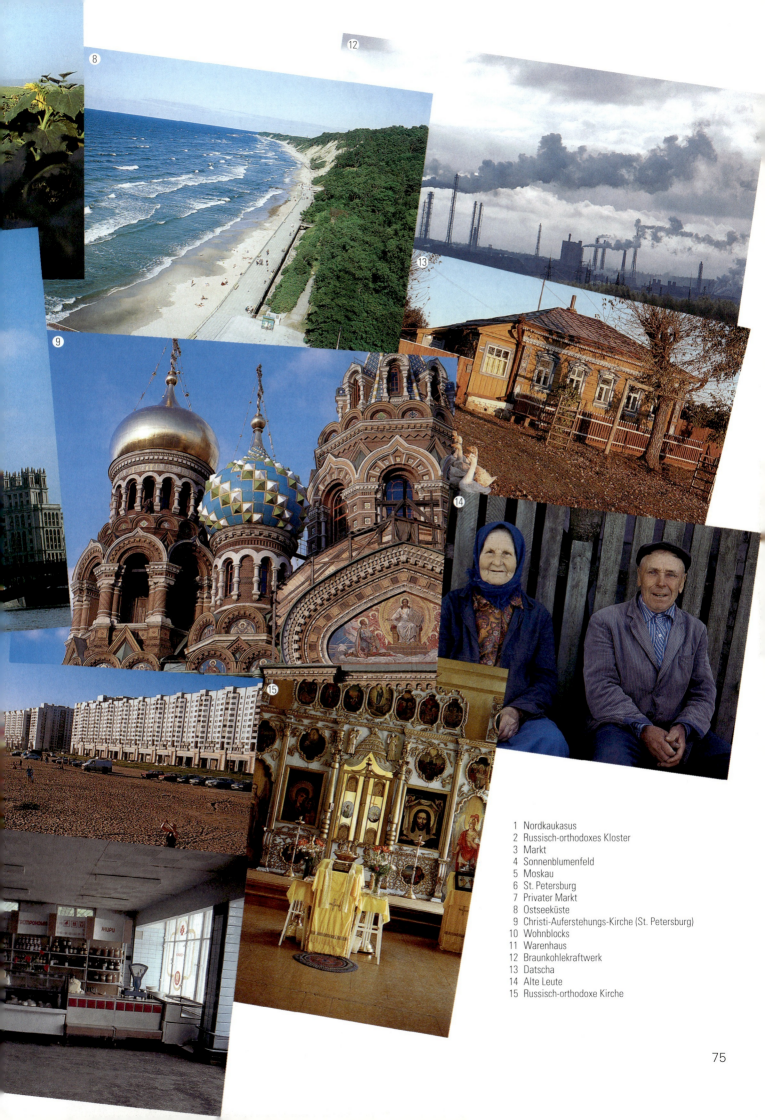

1 Nordkaukasus
2 Russisch-orthodoxes Kloster
3 Markt
4 Sonnenblumenfeld
5 Moskau
6 St. Petersburg
7 Privater Markt
8 Ostseeküste
9 Christi-Auferstehungs-Kirche (St. Petersburg)
10 Wohnblocks
11 Warenhaus
12 Braunkohlekraftwerk
13 Datscha
14 Alte Leute
15 Russisch-orthodoxe Kirche

Der Nachfolgerstaat der Sowjetunion

Die Russische Föderation ist aus der 1991 auseinandergebrochenen Sowjetunion hervorgegangen. Sie ist ein kompliziertes Staatengebilde, welches aus Gebieten mit unterschiedlichsten Graden an Selbstbestimmung besteht. Moskau und St. Petersburg besitzen einen Sonderstatus. Innerhalb der Gemeinschaft der unabhängigen Staaten (GUS) beansprucht die Russische Föderation die Führungsrolle.

Die Welt war nach dem 2. Weltkrieg bis 1991 in zwei verfeindete Lager gespalten. Die rund vierzig Jahre dauernde Ära des «Kalten Krieges» hielt die Welt in Atem. Die kommunistische Welt, unter der Führung der Sowjetunion, stand gegen die kapitalistische Welt, angeführt von den USA. Jede Seite wollte der anderen die Überlegenheit der eigenen Gesellschaftsform beweisen. Dabei kam die kommunistische Seite, die die «Volksherrschaft» propagierte, nicht ohne die Abschottung von der übrigen Welt aus. Eine Reise in den Westen war nur unter erheblichen Auflagen möglich. Reisende, die die Sowjetunion besuchten, mussten sich an vorgeschriebene Routen halten, sonst riskierten sie verhaftet zu werden.

Auch gegenüber dem eigenen Volk fehlte es an Offenheit. Viele für den Alltag wichtige Informationen wurden den Bürgerinnen und Bürgern aus *strategischen* Gründen vorenthalten. Detaillierte Stadtpläne oder Telefonbücher suchte man vergebens. Öffentliche Statistiken, so wie sie in unserer westlichen Welt geführt werden, um Entwicklungen zu erkennen und um die Planung zu erleichtern, gab es nicht, oder dann waren sie gefälscht.

Die zentrale Lenkung und die Allgegenwart der Partei lähmten jegliche Eigeninitiative. Die Motivation zu arbeiten und Geld zu verdienen war gering. Ohnehin konnte man kaum mehr als das Nötigste kaufen und schlechte Leistungen am Arbeitsplatz führten äusserst selten zu Entlassungen. Viele beschrieben ihr Verhältnis zum Staat folgendermassen: «Sie geben vor, uns zu bezahlen, wir geben vor, zu arbeiten!»

Gleichzeitig tobte ein ruinöser Aufrüstungskampf. Ein grosser Teil des erwirtschafteten Kapitals wurde im Osten wie im Westen in Waffen investiert.

Der Lebensstandard in der Sowjetunion war zu keiner Zeit mit demjenigen der Industriestaaten vergleichbar. Die Versorgungslage war oft prekär. Dennoch hatten die Menschen einen gesicherten Arbeitsplatz und ein gesichertes Einkommen. Das Bildungs- und Erziehungswesen, wenn auch durch und durch von der kommunistischen Idee geprägt, bot den Kindern und Jugendlichen eine gute Allgemeinbildung.

Bevölkerungskennzahlen für 1995

	Russland	übriges Europa
Anteil der Bevölkerung unter der Armutsgrenze	33%	10%
Lebenserwartung	M: 62, F: 74	M: 73, F: 79
Kindersterblichkeit	3,1%	0,6%
Bevölkerungswachstum	– 0,3%	+ 0,3%

Perestroika und Glasnost

Als 1985 Michail Gorbatschow die Führung der Sowjetunion übernahm, erkannte er, dass die Wirtschaft des Landes erstarrt war. Er wollte die negativen Seiten des Kommunismus beseitigen, ohne den kommunistischen Staat aufzugeben. Er wollte sein Land gegen Westen öffnen (Perestroika). Er erkannte die Nachteile der übertriebenen Geheimhaltung und sah eine offene Informationspolitik (Glasnost) vor. Er gewährte mehr oder weniger freie Wahlen, verzichtete auf das Machtmonopol der Partei, lockerte für die Republiken die bis anhin straffen Zügel, garantierte die Pressefreiheit und forderte Marktwirtschaft. Er erkannte den Irrwitz, der in der Aufrüstung lag und gab den Anstoss zur weltweiten Abrüstung. Die Weltlage entspannte sich, der Kalte Krieg ging zu Ende.

Doch für die kommunistische Machterhaltung war es bereits zu spät. Die zunehmenden Unterschiede zwischen Ost und West waren den Menschen jenseits des «eisernen Vorhangs» nicht verborgen geblieben. Der Zusammenbruch war nicht mehr aufzuhalten. Gorbatschow trat am 25. Dezember 1991 zurück. Eine Woche später, am 31. Dezember, hörte die Sowjetunion auf zu existieren. Zurück blieb ein heilloses Durcheinander, eine stark verunsicherte Bevölkerung, eine marode Wirtschaft, Hunger und Armut.

Auf dem Weg zur Demokratie und zur Marktwirtschaft?

Das Leben ist für die Menschen noch schwieriger geworden, als es zu den Zeiten der Sowjetunion war. Viele wünschen sich die Zustände unter kommunistischer Herrschaft zurück. Der eingeleitete Demokratisierungsprozess muss mit Rückschlägen rechnen, umkehrbar, so sind viele überzeugt, ist er wohl kaum mehr.

Allerdings scheinen die Probleme unüberwindbar zu sein. Ein Drittel der Bevölkerung lebt unter der Armutsgrenze, einem weiteren Drittel geht es nur wenig besser. Staatsangestellte erhalten ihre Löhne oft mit monatelanger Verspätung. Alkoholismus ist die dritthäufigste Todesursache. Die Mafia kontrolliert einen Teil der aufkeimenden Wirtschaft. Wie viel Einfluss sie hat, ist umstritten. Die einfachsten marktwirtschaftlichen Instrumente, wie zum Beispiel das Kreditwesen, sind erst ansatzweise vorhanden. Trotz allem ist vorsichtiger Optimismus am Platz. Die Regale in den Geschäften sind nicht mehr leer. Zwar sind die Waren enorm teuer, doch finden sie gleichwohl Abnehmer. Viele machen vom neuen Recht Gebrauch, Wohneigentum besitzen zu dürfen, und kaufen ihre Mietwohnung dem Staat ab. Jungunternehmer versuchen ihr Glück. Westliche Firmen investieren. Sie bringen Geld und Arbeit. Die Menschen legen nach und nach ihre Unterwürfigkeit und Passivität ab. Engagierte Russen und Russinnen mit Unternehmergeist bauen auf die Kräfte der freien Marktwirtschaft.

1 Moskau
2 Schwarzmarkt

Merkmale eines kommunistisch regierten Landes

- Einparteiensystem
- Zentrale, staatlich gelenkte Planwirtschaft
- staatlich vorgegebene Produktionsziele
- staatlich festgesetzte Preise
- Produktion in Grossbetrieben
- Boden gehört dem Staat
- Pressemonopol beim Staat

1

2

Moskau

Moskau ist das Herz des Landes. Es ist nicht nur die weitaus grösste Stadt der Russischen Föderation, es ist auch tonangebend in Politik, Wirtschaft, Verkehr, Erziehung und Wissenschaft, Kunst und Sport. Kaum eine andere Hauptstadt in Europa erreicht diese innenpolitisch überragende Bedeutung.

Noch bis zum Ende der napoleonischen Kriege war Moskau eine Stadt mit ausschliesslich hölzernen Wohn- und Geschäftshäusern. Als den Moskauern 1812 klar wurde, dass Napoleon mit seinen Truppen einmarschieren würde, setzten sie ihre Stadt in Brand. Der Wiederaufbau verwandelte Moskau in eine elegante Stadt, die den Vergleich mit anderen grossen Weltstädten nicht zu scheuen brauchte.

Im Zentrum der Stadt liegt der Kreml, die «Burg». Sie ist seit 800 Jahren Sitz der Herrscher, früher der russischen Zaren, später der Führer der Sowjetunion, heute der demokratisch gewählten Regierung. Während der Zarenzeit war der Kreml auch der Wohnsitz der Adligen. Neben den Regierungsgebäuden umschliesst die Kremlmauer mehrere grossartige Kirchen und Paläste, die zum Teil als Museen eingerichtet sind.

Östlich vom Kreml liegt der Stadtteil Kitaigorod, einst die Stadt der Kaufleute und lebhaftestes Quartier Moskaus. Leider haben die Strassenzüge ihren früheren Charme verloren. Zwischen dem Kreml und Kitaigorod liegt der Rote Platz, der bereits diesen Namen hatte, bevor die Kommunisten nach der Revolution an die Macht kamen. Im Altrussischen bedeutet «rot» auch «schön». Seit dem 17. Jahrhundert dient er als politi-

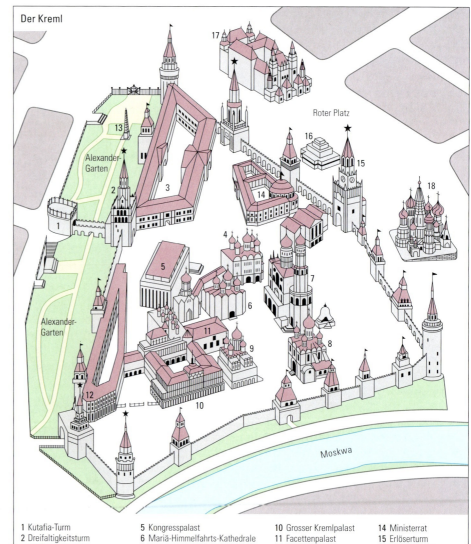

1 Kutafia-Turm
2 Dreifaltigkeitsturm
3 Waffenarsenal
4 Kathedrale der zwölf Apostel und Patriarchenpalast
5 Kongresspalast
6 Mariä-Himmelfahrts-Kathedrale
7 Glockenturm «Iwan der Grosse»
8 Erzengel-Michael-Kathedrale
9 Maria-Verkündigungs-Kathedrale
10 Grosser Kremlpalast
11 Facettenpalast
12 Rüstkammer
13 Grabmal des Unbekannten Soldaten
14 Ministerrat
15 Erlöserturm
16 Lenin-Mausoleum
17 Historisches Museum
18 Basilius-Kathedrale

sches Forum und war Schauplatz etlicher Aufstände, Hinrichtungen, Volksdemonstrationen und Militärparaden.

Das weltberühmte Kaufhaus GUM (Gosudarstvenyi universalny Magazin; staatliches universelles Kaufhaus) auf der Ostseite des Roten Platzes, welches aus einem Bazar der Zarenzeit entstanden ist, wurde nach dem Niedergang des Sowjetreiches wieder privatisiert. Das GUM ist das grossartigste Einkaufszentrum Russlands und Symbol der neuen russischen Konsumgesellschaft.

Moskaus Strassenzüge sind ring- und sternförmig angelegt. Die Hauptachsen führen in die Richtung anderer wichtiger Städte. Das Wagenradmuster ist aus dem Stadtplan gut zu erkennen.

Moskau ist der wichtigste Verkehrsknotenpunkt des Landes. Sowohl Strassen- als auch Schienennetz sind auf die Hauptstadt ausgerichtet. Der internationale Flugverkehr wird fast ausschliesslich über Moskau abgewickelt. Die Moskwa durchfliesst die Stadt in vielen Windungen. Sie ist durch einen schiffbaren Kanal mit der Wolga verbunden. Dadurch wird Moskau zur Hafenstadt mit Zugang zum Meer. Das wichtigste Verkehrsmittel der Stadt ist die Untergrundbahn. Die Stationen sind prunkvoll ausgestattet. Die Feinverteilung der Fahrgäste erfolgt über ein dichtes Netz von Buslinien.

In den Aussenbezirken der Stadt wohnen die Menschen in grossen, kahlen Häuserblocks, wie sie überall auf der Welt in den grossen Städten zu finden sind.

Hier ist auch die Industrie angesiedelt. Allerdings sind heute viele Anlagen in einem desolaten Zustand und in vielen Betrieben wird nicht mehr gearbeitet. Wie sich die Zukunft entwickeln wird, ist ungewiss.

1 Blick auf den Kreml
2 Moderne Wohnviertel
3 GUM
4 U-Bahn-Station

3

2

4

Sibirien – die Schatzkammer Russlands

Pflanzen- und Tierwelt

Die Waldfläche in der Taiga Sibiriens beträgt mehr als das Doppelte derjenigen der USA, einschliesslich Alaskas, nämlich 600 Millionen ha. Man schätzt die Holzreserven auf 62 Milliarden m³. Die Wälder liefern nicht nur Holz, sondern auch allerlei Beeren, Pilze und wertvolle Heilpflanzen. Die Vorräte belaufen sich auf mehrere hunderttausend Kilogramm jährlich, werden aber nur zu etwa 5 bis 7% genutzt.

Der unerhörte Reichtum an Pelztieren lockte schon früh die Jäger des zaristischen Russlands nach Sibirien. Vor allem die Zobel halfen die Schatztruhen der Zaren zu füllen. Bis heute besitzt Russland auf Zobelfelle praktisch das Monopol.

Der zweite wichtige Standpfeiler der Pelztierjagd ist die Bisamratte. Ihre Heimat ist ursprünglich Nordamerika. 1929 wurden einige tausend Tiere in Sibirien ausgesetzt. Bedeutend ist auch das Eichhörnchen. Weitere Tiere, die wegen ihres Pelzes gejagt werden, sind der Marder, das Hermelin, der Nerz, der Fuchs und der Polarfuchs, in nur geringem Masse der Braunbär, der Wolf und der Eisbär.

Die unkontrollierte Jagd brachte einige Arten zum Verschwinden, andere, wie der sibirische Tiger, sind vom Aussterben bedroht. Vermehrt werden deshalb Pelztiere gezüchtet. Allerdings ist man in Sibirien von einer tiergerechten Haltung weit entfernt. Von den wild lebenden Huftieren sind Elch, Rentier, Reh, Rothirsch Wildschwein und Moschustier für die Jagd bedeutend.

Wasser

Das Einzugsgebiet von Ob, Jenissei, Lena und Amur entspricht der Fläche der USA und beträgt rund 9 Millionen km². Der Wasserreichtum Sibiriens ist enorm. Doch die vollständige Nutzung der Wasserreserven ist praktisch unmöglich. Einerseits bereiten die grossen Abflussschwankungen Mühe, anderseits die lange Eisbildung in den Unterläufen der nach Norden fliessenden Flüsse. Trotz diesen Schwierigkeiten rechnet man mit einem unvorstellbaren Potenzial an hydroelektrischer Energie von drei Trillionen kWh.

Ein besonderes Juwel Sibiriens ist der Baikalsee. Angelegt in einer *tektonischen* Spalte, existiert er seit 25 Millionen Jahren. Er ist damit der älteste See der Erde. Der Seeboden reicht 1158 m unter den Meeresspiegel. Es handelt sich um die weltweit tiefste Stelle der kontinentalen Kruste. In ihm sind 23 000 km³ Wasser gespeichert. Wäre das Seebecken leer, bräuchte ein Fluss mit dem Wasserreichtum des Amazonas drei Jahre, um es zu füllen. Eine unglaublich reiche Pflanzen- und Tierwelt zeichnen ihn aus. Viele Arten sind endemisch, das heisst, sie kommen nur am Baikalsee vor. Früher war er glasklar und bis in grosse Tiefen mit Sauerstoff angereichert. Heute ist seine Wasserqualität wegen der grossen Menge an Industrieabwässern, die er aufnehmen muss, beeinträchtigt.

Bekannte Binnenseen

	Fläche km²	Tiefe m
Kaspisches Meer	371 001	995
Oberer See (USA/Kanada)	82 103	405
Viktoriasee (Ostafrika)	69 484	81
Aralsee (Kasachstan/ Usbekistan)	64 501	68
Tanganjikasee (Ostafrika)	32 893	1417
Baikalsee (Russland)	31 499	1620
Ladogasee (Russland)	17 703	225
Titicacasee (Peru/Bolivien)	8 288	281
Genfersee	581	310
Bodensee	539	252

1 Baikalsee
2 Taiga

Sibirien:
Sibir, sib = schlafen, ir = Erde, schlafende Erde

Fläche:	12,8 Mio. km² = 75% der Russischen Föderation = 9,4% des Festlandes der Erde
Bevölkerung:	ca. 32 Mio. (Der Anteil der Urbevölkerung beträgt heute weniger als 2%.)

Bodenschätze

Von grösstem Interesse sind – neben den Energielieferanten Erdöl, Erdgas und Kohle – Gold, Platin und Diamanten. Ihre Bedeutung liegt weniger beim unmittelbaren Produktionswert als bei ihrer Verwendbarkeit als internationales Zahlungsmittel.

Die Bodenschätze sind bis heute der eigentliche Motor des Erschliessungsprozesses geblieben. Drei Viertel aller Rohstoffe Russlands lagern in Sibirien. Viele Lagerstätten sind bereits entdeckt, aber noch lange nicht alle werden genutzt. Wissenschaftlich begründete Prognosen lassen die Entdeckung weiterer Vorkommen erwarten. Das Hauptproblem liegt nach wie vor bei der Erschliessung, die bis heute einen wirtschaftlich sinnvollen Abbau verhindert. Die Vorkommen sind oft weit abgelegen. Zudem bereitet es Mühe, die riesigen Distanzen zwischen dem Ort der Förderung, der verarbeitenden Industrie und dem Markt zu überwinden. Wegen der extremen Klimaverhältnisse ist die Bevölkerungsdichte trotz allen staatlich gelenkten Anstrengungen gering geblieben.

	Reserve in Sibirien	weltweite Reserve	jährliche Weltförderung
Erdöl	8 Mrd. t	140 Mrd. t	3–4 Mrd. t
Erdgas	44 000 Mrd. m³	142 000 Mrd. m³	2000–3000 Mrd. m³
Kohle	6 400 Mrd. t	20 000 Mrd. t	4–5 Mrd. t
Eisen	mehrere hundert Mrd. Tonnen		
Uran	vorhanden, aber keine Angaben erhältlich		

Land der Hoffnung – Land der Schmerzen

Seit der Erorberung durch die Russen im 16. Jahrhundert ist Sibirien ein Mythos, etwas Unfassbares, etwas Grossartiges und Geheimnisvolles. Viele zogen auf der Suche nach Freiheit und Abenteuer Richtung Osten. Sie wollten sich einen Teil vom sagenhaften Reichtum eines Landes sichern, dessen Name ihnen die Erfüllung aller Träume verhiess.

Die damaligen Siedler waren vor allem *Kosaken* und entlaufene Leibeigene. Die Leibeigenschaft russischstämmiger Siedler, unter dem zaristischen Russland ein fester Bestandteil der Gesellschaft, war nie auf Sibirien ausgedehnt worden. Auf der Jagd nach kostbaren Pelztieren, als Goldsucher oder als Ackerbauern und Viehzüchter genossen ehemalige Leibeigene zwar eine oft beschwerliche Freiheit, aber immerhin eine Freiheit, die ihnen westlich des Urals versagt geblieben wäre. Im Gegensatz dazu unterdrückten sie mit brutaler Gewalt die ansässige Urbevölkerung und scheuten auch nicht vor Völkermord zurück. Für viele weitere Millionen Menschen wurde Sibirien zum Ort der Verbannung und des Todes. Allein zwischen 1917 und 1954 verschwanden 25 Millionen Menschen in den russischen Konzentrationslagern, die man in ihrer Gesamtheit Gulag nennt. Kriminelle wie politisch Andersdenkende wurden gezwungen, ihren Blutzoll an die Erschliessung der schier grenzenlosen Weiten Sibiriens zu leisten.

Unvergleichliches Sibirien

Uns ist die Sprache der Vergleiche geläufig, doch keine Vergleiche können etwas über Sibirien aussagen. Es scheint als selbstständiger Planet existieren zu können, es enthält alles, was auf einem solchen Planeten in sämtlichen drei Naturreichen – auf der Erde, unter der Erde und im Himmel – vorhanden sein muss. Es ist unmöglich, sein eigentliches Leben, so mannigfaltig und unterschiedlich, mit bekannten Begriffen zu bezeichnen. Mit all dem, was es an Schlechtem und Gutem, an Erschlossenem und Unerschlossenem, an Vollbrachtem und Unvollbrachtem, Hoffnungerweckendem und Unzugänglichem enthält: Sibirien ist Sibirien, das seinen eigenen Namen führt, seinen Platz einnimmt und seinen Charakter geformt hat, keinem anderen ähnlich.

Valentin Rasputin, russischer Dichter, 1983

1 Sibirisches Dorf
2 Ob bei Nowossibirsk
3 Wasserleitungen in Dudinka
4 Sibirisches Strafgefangenenlager

Der respektlose Umgang mit der Natur

Die Erschliessung Sibiriens war zu allen Zeiten von zentraler Bedeutung: es ging um die Sicherung des Reiches, aber auch um eine grösstmögliche Machtentfaltung. Im 20. Jahrhundert lockten zusätzlich die unermesslichen Rohstoffvorkommen. Die Kolonisierung durch europäischstämmige Russen wurde verstärkt. Entlang der Transsibirischen Eisenbahn entstanden riesige, inselartige Industriekomplexe. Der Abbau von Rohstoffen und die Schwerindustrie bildeten die Schwerpunkte. Der Staat, der die Produktionsziele vorgab, legte mehr Wert auf Quantität als auf Qualität. Die Frage, ob die Natur und die Lebensqualität der Menschen unter den miserablen Produktionsbedingungen leide, wurde offiziell nicht gestellt.
Fährt man heute durch die besiedelten Gebiete, offenbart sich die ökologische Katastrophe. In den Kohlegebieten sind von der ehemaligen Taiga nur noch Schutthalden übrig geblieben. In den Schwerindustriezentren übertrifft die Schadstoffbelastung der Luft die Grenzwerte um ein Vielfaches. Oft riecht es nach Schwefeldämpfen oder nach Auspuffgasen, obwohl weit und breit kein Verbrennungsmotor auszumachen ist. Die Abwässer der chemischen Industrie werden nach wie vor ungereinigt in Seen und Flüsse geleitet. In manchen Städten muss das Trinkwasser als giftig bezeichnet werden. Vom ehemaligen Fischreichtum einiger sibirischer Flüsse ist nur wenig übrig geblieben.

Als geradezu katastrophal gelten die Verhältnisse in den Erdölfördergebieten. Gegen 10% des geförderten Erdöls gehen wegen Lecks in den *korrosionsanfälligen,* dünnen Pipelines verloren. Der Boden und das Wasser sind verseucht. Ölüberschwemmungen werden oft einfach mit Sand zugeschüttet.
Auch in der Atomindustrie zeigt sich unerbittlich, dass die Anlagen veraltet sind und man den Anforderungen an die moderne Technik nicht gewachsen ist. Weite Landstriche sind radioaktiv verseucht. Die Bevölkerung ist aufs Tiefste verunsichert und hat das Vertrauen in die staatliche Führung verloren.
Die Kindersterblichkeit wie auch die Zahl der Totgeburten steigt. Krankheiten der Atem- und Verdauungsorgane, Krebs, Vergiftungen und Bluthochdruck nehmen zu. Die Lebenserwartung ist gesunken.
Der Zusammenbruch der ehemaligen Sowjetunion macht den Menschen wirtschaftlich zu schaffen. Doch die Ausbeutung der Natur und die damit einhergehende Umweltbelastung sind ein wenig zurückgegangen.

5 Fischerdorf Ust Port am Unterlauf des Jenissei
6 Brand in einer Ölgewinnungsanlage
7 Silberfuchszucht, Ust Port
8 Abgestorbener Wald

5

7

6

8

Die Transsibirische Eisenbahn

Sibirien brachte in nur 300 Jahren ein selbstsicheres und freies Bauerntum hervor, das imstande war, die Menschen des Subkontinents mit Lebensmitteln zu versorgen. Lange vor dem Bau der Transsibirischen Eisenbahn entdeckte man Bodenschätze wie Silber, Kupfer und Blei. Doch der Aufbau einer Industrie scheiterte immer wieder. Es fehlte an Arbeitskräften und die Transportschwierigkeiten für grössere Gütermengen schienen unüberwindbar. Bis ins 18. Jahrhundert hinein dienten ausschliesslich die Flüsse als Verbindungswege. Erst Mitte des 18. Jahrhunderts entstand ein Landweg über Tjumen, Omsk, Krasnojarsk und Irkutsk zum Baikalsee und weiter bis zum Amur, der unter dem Namen «Moskauer Trakt» bekannt war. Diese «Strasse» war ein holpriger Naturweg, der im Winter mit Schlitten, im Sommer mit Kutschen befahren wurde. Wer im Frühling reiste, blieb oft im Morast stecken. Allein auf dem rund 1500 km langen Abschnitt zwischen Tomsk und Irkutsk bewältigten 16 000 Kutscher mit 80 000 Pferden den Gütertransport. Trotz den Schwierigkeiten fand ein reger Handel zwischen China, der Mongolei, Sibirien und Moskau statt. Gehandelt wurde hauptsächlich mit Tee und Seide aus China und Pelzen aus Sibirien.

Der Bau der Transsibirischen Eisenbahn, der längsten Bahnstrecke der Welt, brachte zu Beginn des 20. Jahrhunderts einen enormen Erschliessungsimpuls. Mit dem Bau wurde von beiden Seiten her, von Tscheljabinsk und Wladiwostok, 1891 begonnen. Die damals grösste Baustelle der Welt beschäftigte zeitweise 90 000 Arbeitskräfte. Mit Säge, Spitzhacke, Schaufel, Schubkarren und einigen aus Amerika importierten Baggern wurde unter den widrigsten Bedingungen gebaut. Der Permafrostboden, der sich im Frühjahr in eine einzige Sumpflandschaft verwandelt, erforderte einen aufwendigen Unterbau des Schienentrassees. Die Arbeiterschaft musste Legionen von Mückenschwärmen und Temperaturunterschiede von über 100 °C erdulden. Krankheiten wie Pest und *Cholera* rafften Tausende von Arbeitern dahin. Kriegerische Auseinandersetzungen führten öfters zur Zerstörung von neu gebauten Streckenabschnitten. Viele Arbeiter desertierten, da sie sich dem Ansturm der Schwierigkeiten nicht mehr gewachsen fühlten.

2

3

1

4

Und dennoch: Im Jahre 1916 konnte die 9297 km lange Strecke mit mehr als 80 Stationen zwischen Wladiwostok und Moskau eröffnet werden. Mehr als 2000 Brücken und Hunderte von Tunnels ermöglichen einen durchgehenden Schienenverkehr. Heute ist die Strecke auf Doppelspur ausgebaut und vollständig elektrifiziert. Für die Elektrifizierung mussten über 15 000 km Fahrleitung gezogen und 250 000 Masten gesetzt werden.

Angetrieben vom fanatischen Willen, Sibirien auch im Norden mit einer Eisenbahnlinie zu erschliessen, erteilte Iossif Stalin, *Diktator* der noch jungen Sowjetunion, in den Vierzigerjahren den Befehl, die «Grosse Nord-Magistrale» zu bauen. Sie sollte die Städte Salechard am Ob und Igarka am Jenissei verbinden. Unter den unmenschlichsten Bedingungen hatten Tausende von Verbannten die Hälfte der 1400 km langen Strecke gebaut, als 1953 Stalin starb. Da im Land des Permafrostes, der Schneestürme und der kurzen Sommer fertige Streckenabschnitte rasch verrotteten, brach man das wahnsinnige Projekt ab. Tausende von Menschen waren sinnlos gestorben.

1 Transsibirische Eisenbahn
2 Eisenbahnbrücke, Ob bei Nowossibirsk
3 Bahnhof (Nowossibirsk)
4 Wagenabteil
5 Die tote Bahn bei Igarka
6 Verrottete Brücke der «Grossen Nord-Magistrale»

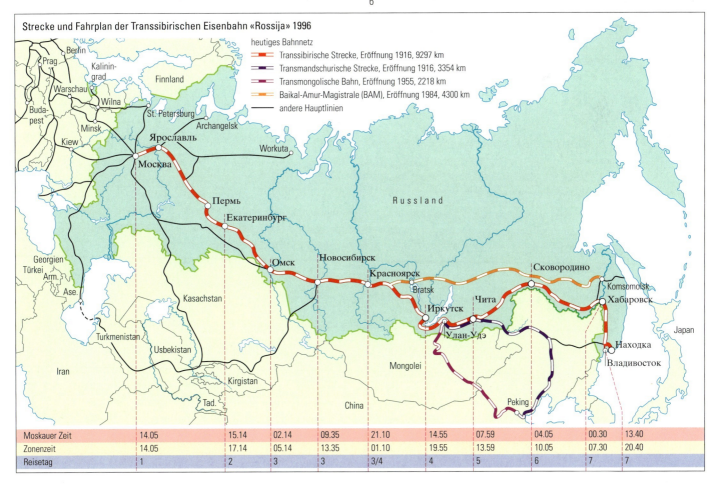

1 Pokhara mit Himalaya (Nepal)
2 Wuxi (China)
3 Kowloon (Hongkong)
4 beliebtes Getränk (Beijing)
5 Annapurna und Gabelhorn (Nepal)
6 Tropischer Kegelkarst (China)
7 Hongkong (China)
8 Rikschafahrer (Hongkong)
9 Alter Mann mit zwei Kormoranen (China)
10 Tadsch Mahal (Indien)
11 Grosse Mauer (China)
12 Mädchen an einem Volksfest (China)
13 Victoria-Station (Mumbai)
14 Markt (Indien)
15 Schlangenbeschwörer (Indien)
16 Guru (Indien)

Vom Kaisertum zum Kommunismus – Chinas Wandel im 20. Jahrhundert

China ist ein alter Kulturstaat. Schon lange vor uns kannten die Chinesen den Kompass und verstanden Stahl, Papier, Porzellan und Schiesspulver herzustellen. Sie züchteten als erste aus Wildgräsern Reis, gebrauchten den Pflug, bewässerten Felder und terrassierten Lössberge. Auch die Seidenraupenzucht und die Seidenweberei stammen aus China.

Während Jahrhunderten prägte eine starre Rangordnung – Grossgrundbesitzer und Beamte (Steuereinzieher), Bauern, Handwerker, Händler, Soldaten – die Gesellschaft des Kaiserreichs. Es herrschte ein Staatskult, bei welchem der Kaiser der oberste weltliche und religiöse, unanfechtbare Alleinherrscher war. Die wichtigste Zelle im Staat bildete die Grossfamilie. Auch über das Kaisertum hinaus ist dieses gesellschaftliche Grundmuster erhalten geblieben.

1911 wurde China Republik. Nach jahrzehntelangen inneren Wirren und einem langen Krieg gegen Japan (1937 bis 1945) wurde es unter dem Kommunisten Mao Tsetung zur Volksrepublik (1949).

Nach der reinen Lehre ist der Kommunismus eine Wirtschafts- und Gesellschaftsordnung, in der es nur Gemeinbesitz, also keinen Privatbesitz gibt. Alle Menschen sind sozial gleichgestellt. Die Einkommensunterschiede zwischen Führungskräften und Untergebenen sind gering. Die staatliche Macht wird von der kommunistischen Partei ausgeübt. Andere Parteien sind nicht zugelassen (Einparteiensystem).

Die Menschen in China sind straff in Gemeinschaften (Danweis) organisiert, die vom Staat kontrolliert werden. Für Individualismus bleibt nicht viel Platz. Die Danweis regeln die politischen, wirtschaftlichen und sozialen Angelegenheiten ihrer Mitglieder. So sind alle in jenem Betrieb Mitglied, in dem sie arbeiten – sei dies nun eine Fabrik, ein Dienstleistungsbetrieb oder eine Behörde. Selbstverständlich ist auch jeder und jede Mitglied der Danwei, die zum eigenen Wohnblock oder zum eigenen Wohnquartier gehört. Jeder Chinese und jede Chinesin kann verschiedenen Einheiten angehören.

1 Kindergruppe vor der Zeit der sozialistischen Marktwirtschaft
2 Die Grosse Mauer
3 Kindergruppe in neuester Zeit
4 Stadtbevölkerung, auf einem Betriebsausflug
5 Dorfbevölkerung
6 Medizinische Versorgung

Die allumfassende Fürsorge von Staat und Partei

Die Danwei ist die Kernzelle der chinesischen Gesellschaft, Gehilfe des Staates und Kokon für seine Bürger. Sie ist das Nest, in das die Chinesen hineingeboren werden, in dem sie ein Leben lang umsorgt, behütet, gegängelt und kontrolliert werden. Jeder Chinese und jede Chinesin ist Mitglied einer Danwei. Die Danwei gibt ihnen Arbeit, zahlt ihnen Gehalt, besorgt ihnen eine Wohnung, übernimmt die Arztkosten, organisiert die Freizeit, vermittelt einen Ehepartner, bestimmt, wann eine Frau ein Kind bekommen darf, sorgt für Kindergartenplatz sowie Schulerziehung und bezahlt schliesslich auch eine Rente. Ein Chinese möchte ein Hotel buchen, ein Flugticket oder eine simple Bahnkarte kaufen. Erst der Danwei-Ausweis, eine Art Personalausweis, ermöglicht ihm dies; meist verlangen die Leute am Schalter gar ein Empfehlungsschreiben der jeweiligen Einheit.

Entstanden ist das Danwei-System in den Fünfzigerjahren im Zuge der Verstaatlichung. Es ist eigentlich eine Renaissance der alten Clans im Kaiserreich. Die grossen Familienverbände waren in sich geschlossene Gebilde, die relativ *autark* lebten und produzierten – genau wie die Danweis heute.

Wer die Nestwärme der Danweis geniessen will, muss sich ganz und gar unterordnen. Persönliche Entfaltung ist unerwünscht und wird von vielen Chinesen auch gar nicht angestrebt.

Über jeden Chinesen ist eine Personalakte angelegt. Sie begleitet ihn von der Schule bis zum Tod. Aber keiner darf seine Akte je einsehen. Die Vorgesetzten vermerken darin ihr Urteil über den persönlichen Lebensstil genauso wie jenes über die politische Zuverlässigkeit. Einmal notierte Urteile dürfen nicht mehr revidiert werden. Wechselt jemand die Danwei, dann wechselt zuvor seine Akte.

Seit China den Weg der freien Marktwirtschaft eingeschlagen hat, gelten die Danweis plötzlich als Bremsklötze. Weil sie alle für sich autonome Einheiten sein wollen und die ganze Palette an Sozialleistungen anbieten, sind sie nicht konkurrenzfähig mit den knallhart geführten Privatbetrieben oder *Joint ventures*. Schon stehen die ersten Millionen Arbeitslosen auf der Strasse, abgespiesen mit einer Pension von umgerechnet etwa 10 Dollar pro Monat, ohne Anspruch auf Kranken- oder Altersversorgung – aus dem warmen Nest der Danweis in die rauhe Wirklichkeit der «sozialistischen Marktwirtschaft» gestossen.

Doch dem Einzelnen eröffnen sich neue Chancen. Tiao cao, «den Futtertrog wechseln» war noch nie so einfach. Früher konnte einen der Vorgesetzte an die Danwei fesseln, indem er die Personalakte zurückbehielt. Dem Personalchef eines modern geführten Betriebes ist es heute egal, ob einer seine Akte mitbringt.

nach Kai Strittmatter, NZZ Folio, Nr. 11, 1994

4

5

6

Die sozialistische Marktwirtschaft

Nach ihrem Sieg über die Nationalgardisten haben die Kommunisten 1949 die Grundeigentümer, Bauern und Fabrikbesitzer enteignet und den Boden und alle Produktionsstätten (Bauernbetriebe, Fabriken, Banken usw.) in staatlichen Besitz überführt.
Mit der Zeit begann die zentrale Planung die Weiterentwicklung der Wirtschaft ernsthaft zu behindern. Die Vorgesetzten besassen zu wenig Handlungsspielraum. Gute Ideen waren nur so lange gefragt, als sie sich an den Vorgaben und Vorstellungen der übergeordneten Stelle orientierten. Als dies die Regierung erkannt hatte, beschloss die Partei 1978 die «sozialistische Marktwirtschaft» einzuführen. Dieses für chinesische Verhältnisse kühne Konzept führte zu nachhaltigen Veränderungen in der Wirtschaft:

- Die zentralen Planungsstellen haben ihre Hauptaufgabe verloren: sie dürfen keinen direkten Einfluss mehr auf wirtschaftliche Aktivitäten ausüben. Der Unternehmensführung wird mehr Eigenverantwortung anvertraut. Seither ist sie verantwortlich für Gewinne und Verluste. Sie kann deshalb beispielsweise Arbeiter entlassen und anstellen. Sie kann auch die Löhne flexibler gestalten. Sie muss selber einen Kundenkreis aufbauen und den Verkauf organisieren.
- Man hat Sonderwirtschaftszonen mit Steuervergünstigungen eingerichtet, in denen der freie Markt erprobt wird. Vor allem Küstenzonen und Küstenstädte sind für ausländische Investoren geöffnet worden. Sie können zwar noch keine eigenen Projekte realisieren, sie können sich aber an chinesischen Projekten beteiligen *(Joint Venture)*. Diese Sonderwirtschaftszonen erfreuen sich eines rasanten Wachstums.
- Die meisten Preise werden den Kräften des freien Marktes übergeben.
- Eigentum und selbstständige Erwerbsarbeit werden zugelassen.
- Die einseitige Bevorzugung der Schwerindustrie ist aufgegeben worden. Dagegen wird die Leicht- und Konsumgüterindustrie gefördert, ebenso der Dienstleistungsbereich und der Ausbau der *Infrastruktur*.
- Das Einparteiensystem wird bis heute nicht in Frage gestellt, politische Demokratie nach westlichem Muster weiterhin abgelehnt.

Unselige Staatsbetriebe

Von den Staatsbetrieben arbeiten nach offizieller Lesart 45% mit hohen Verlusten und werden weiterhin mit enorm hohen *Subventionen* künstlich am Leben erhalten. Der Vizepremier hatte kürzlich zwar angekündigt, dass künftig auch mehr Staatsbetriebe in den Bankrott entlassen würden. Die meisten allerdings wolle man sanieren oder in Aktiengesellschaften umwandeln.
Doch Reformen der staatlichen Unternehmen, «die zu gesellschaftlichen oder wirtschaftlichen Unruhen» führen könnten, werde man hinausschieben. Damit wird erneut deutlich, dass die Regierung aus Angst vor einer noch höheren Arbeitslosigkeit vor wirklichen Reformen der Staatsindustrie zurückschreckt. Die Arbeitslosenquote in den Städten wird amtlich mit weniger als 3% angegeben, auf dem Lande jedoch auf über 150 Millionen Personen geschätzt. Dies stellt für die Führung ein hohes Risikopotenzial für soziale Unruhen dar, die aus dem Ruder laufen und letztlich die Alleinherrschaft der Kommunisten bedrohen könnten.

Otto Mann, NZZ, 18. Februar 1997

Aufbruch in die Welt des Konsums

Chinas Wirtschaft boomt. Die jährlichen Zuwachsraten beim Bruttoinlandprodukt (BIP) betrugen während der Neunzigerjahre mehr als 10% (Schweiz: 0,1%). Die Einkommen der Menschen steigen und mit ihnen die Wünsche nach Konsumgütern.

Die kommunistische Regierung hat beeindruckende Erfolge zur Verminderung der Armut erzielt. Doch um den Rückstand zum Westen aufzuholen, war man bereit, die Umwelt und die Bodenschätze ohne Rücksicht auszunutzen. Mit dem neuen Wirtschaftskonzept der sozialistischen Marktwirtschaft gerät die Natur erneut unter Druck. Wird es gelingen, die Fehler, die in den führenden Industriestaaten begangen wurden, zu vermeiden? Wird es gelingen, nach dem Prinzip der Nachhaltigkeit die Lebensqualität von 1,3 Milliarden Menschen zu verbessern?

Personenautos 1995

	Bevölkerung	Anzahl Autos
USA	263 Mio.	149 Mio.
Japan	125 Mio.	45 Mio.
Brasilien	159 Mio.	13 Mio.
Polen	38 Mio.	8 Mio.
Schweiz	7 Mio.	3 Mio.
China	1200 Mio.	10 Mio.
Totalbestand in der Welt		650 Mio.

Die neue Verkehrspolitik

Fahrräder sind in China an 60% aller Verkehrsunfälle beteiligt. Damit sei das traditionelle Fortbewegungsmittel zu einem ernsthaften Hindernis für die Modernisierung des städtischen Verkehrs geworden, schrieb der Regierungsberater Fang Jiamin in einem Zeitungsartikel. In China gibt es 350 Millionen Fahrräder – etwa eines auf vier Einwohner. Fang schlug vor, dass die Verkehrspolitik verstärkt auf öffentliche Busse, Taxis und Personenwagen setzen sollte.

agence presse, 1997

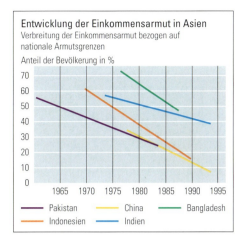

Entwicklung der Einkommensarmut in Asien
Verbreitung der Einkommensarmut bezogen auf nationale Armutsgrenzen
Anteil der Bevölkerung in %

Pakistan, China, Bangladesh, Indonesien, Indien

3

4

Energieverbrauch in ausgewählten Ländern 1995

	pro Kopf in kg SKE	Total in Mio. t SKE
China	976	1 170,7
USA	11 312	3 021,6
Kanada	10 913	320,9
Deutschland	5 650	461,0
Russland	6 767	1 004,7
Grossbritannien	5 315	309,9
Frankreich	5 309	308,6
Japan	5 105	638,5
Brasilien	912	144,9
Schweiz	4 401	31,7

SKE = Steinkohleeinheiten

Die vier begehrtesten Konsumgüter

- **Sechzigerjahre**
  Armbanduhr
  Fahrrad
  Nähmaschine
  Radio

- **Achtzigerjahre**
  Waschmaschine
  Farbfernseher
  Kühlschrank
  Kassettenrekorder

- **Neunzigerjahre**
  Telefon
  Eigentumswohnung
  Personenwagen
  Devisenkonto

1 Parfümerie (Beijing)
2 Computerfachgeschäft (Beijing)
3 Velofahrende
4 Beijing
5 Chinese mit Mobiltelefon

5

Das Dilemma der Familienplanung

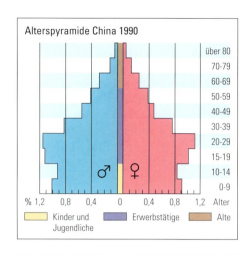

Alterspyramide China 1990

Werbung für die Ein-Kind-Familie

Gute Arbeitsleistungen statt Kindersegen befürwortet diese Karikatur, indem sie zeigt, dass die jüngere der beiden Schwestern mit ihren vielen Kindern schon älter wirkt als die noch jugendlich aussehende ältere Schwester, die mit einer Urkunde für ihre Arbeitsleistungen ausgezeichnet worden ist. Der Titel der Karikatur lautet: «Das Wiedersehen der Schwestern». Die vierfache Mutter sagt: «Wir haben uns schon lange nicht mehr gesehen, ältere Schwester.»
(Aus: Satire und Humor, 20. Juni 1979)

Kritik am verwöhnten Einzelkind

Das verwöhnte Einzelkind, mögliches Resultat des übertrieben fürsorglichen Erziehungsverhaltens in der Ein-Kind-Familie, wird in dieser Karikatur aus der Frauenzeitschrift «Zhongguo Funü» vom November 1979 dargestellt. Eltern und Grosseltern bedienen das Kind und schuften für es. Der Sprössling sitzt auf einem Thron, der die Form eines chinesischen Schriftzeichens mit der Bedeutung König, bzw. hier: «Herr des Hauses» hat. Der Titel der Karikatur lautet: «Der Chef einer Familie»

Seit 2000 Jahren ist China der bevölkerungsreichste Staat der Erde. In China leben so viele Menschen wie in Europa und Afrika zusammen. Die Bevölkerungsdichte liegt bei 125 E/km^2. Die regionalen Unterschiede sind jedoch enorm. In den westlich gelegenen Berg- und Wüstenregionen beträgt die Bevölkerungsdichte 7 E/km^2, in der fruchtbaren Ebene des unteren Yangtsetals 2500. China ist wie die meisten asiatischen Staaten ländlich geprägt. Nur 30% der Bevölkerung leben in Städten.

Der Bevölkerungsanteil Chinas an der Weltbevölkerung hat sich von 25% in den Sechzigerjahren auf 20,5% Mitte der Neunzigerjahre reduziert. Doch immer noch nimmt die chinesische Bevölkerung um 15 bis 20 Millionen Menschen pro Jahr zu, was etwa der Bevölkerung Australiens entspricht. Die chinesische Regierung glaubt, dass die optimale Bevölkerungsgrösse zwischen 700 und 800 Millionen Menschen liegt.

Stationen der chinesischen Bevölkerungspolitik

- Traditionelles, altes China: viele Kinder bedeuten Glück und Segen. Wer keine Nachkommen, vor allem aber keinen Sohn hat, verletzt seine Pflichten gegenüber den Ahnen.
- 1949: Die Kommunisten kommen an die Macht. Sie übernehmen die traditionelle Einstellung in Bezug auf die Bevölkerungspolitik. So sagte der erste kommunistische Führer Mao Tsetung: «Es ist eine ausgezeichnete Sache, dass China eine so grosse Bevölkerung hat. Sogar wenn sich die Bevölkerung auf ein Vielfaches erhöht, wird es trotzdem möglich sein, eine Lösung zu finden; die Lösung heisst Produktion.»
- 1957: Der Schwangerschaftsabbruch wird legalisiert.
- Sechzigerjahre: Massenarbeitslosigkeit und Hungersnöte plagen die Bevölkerung. Die chinesische Führung begründet die schwere Wirtschaftskrise unter anderem mit der geburtenfördernden Bevölkerungspolitik.
- Siebzigerjahre: Unter dem Begriff «Familienplanung» wird die staatliche Geburtenkontrolle aufgebaut. Der Staat propagiert die 2-Kind-Familie. Das Heiratsalter wird für die Männer auf 27, für die Frauen auf 25 Jahre hinaufgesetzt. In volkseigenen Betrieben beginnt man mit der Produktion der Antibabypille. In der Verfassung wird die Pflicht jedes Einzelnen festgeschrieben, sich den Zielen der Familienplanung unterzuordnen. Im Jahre 2000 sollten maximal 1,2 Milliarden Menschen in China leben.
- 1979: Die Regierung verfügt die Politik der Ein-Kind-Familie.

Wie die Ein-Kind-Familie durchgesetzt werden soll

- Ein-Kind-Familien werden mit Prämien, Sozialleistungen (z.B. Anrecht auf höhere Altersrenten) und einer besseren Wohnung belohnt.
- Ausserplanmässige Geburten werden bestraft, z.B. mit Geldstrafen, Lohnkürzungen, Ausschluss von Sozialleistungen.
- Einzelkinder haben Vorrang bei der Zuweisung von Kindergartenplätzen. Sie sind befreit von Schulgebühren und haben die besseren Berufschancen. Pro Monat erhalten sie einen finanziellen Beitrag an ihre Gesundheitsversorgung.
- Frauen im gebärfähigen Alter müssen sich monatlich untersuchen lassen. Die offizielle Anordnung lautet: «Treten Probleme auf, müssen sie sofort gelöst werden.»
- Die Danwei schickt regelmässig Familienplanerinnen in die jungen Familien, um mit den Frauen über Kinder und Schwangerschaft zu sprechen.
- Mittel zur Empfängnisverhütung werden gratis abgegeben.
- Schwangerschaftsabbrüche sind gratis.

1 Propaganda für die Ein-Kind-Familie
2 Ein-Kind-Familie

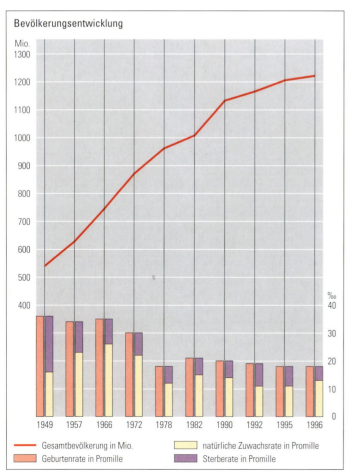

Rückschläge der Ein-Kind-Politik

Die Zentralregierung musste ihre straffe Bevölkerungspolitik etwas lockern, denn jährlich werden 3 bis 4 Millionen Babys «illegal» geboren:

- Etwa 80 Millionen meist junge Erwachsene befinden sich heute auf stetiger Wanderung. Sie suchen Arbeit und besseren Verdienst. Sie sind als «illegale» Kinder geboren und deshalb nicht registriert.
- Je geringer die Bildung und je ländlicher die Bevölkerung, desto schwieriger ist der Vollzug der Ein-Kind-Politik.
- Reiche Familien können es sich leisten, die Gesetze nicht zu beachten, da sie auf die staatlichen Zuschüsse nicht angewiesen sind.
- Seit die Bauernfamilien vermehrt für sich selbst und für den Markt produzieren dürfen, hat die Bedeutung von Kindern als zusätzliche Arbeitskräfte und als Absicherung für das Alter wieder zugenommen.
- Immer noch gilt ein Sohn als erstrebenswert. Deshalb wurden viele erstgeborene Mädchen getötet oder es wurde das Ein-Kind-Gebot einfach nicht beachtet. Heute darf eine Familie drei Versuche unternehmen, um den gewünschten Sohn zu erhalten.
- Die ethnischen Minderheiten sind von der Ein-Kind-Politik ausgenommen. In acht Jahren, von 1982 bis 1990, hat ihre Zahl von 60 auf 80 Millionen Menschen zugenommen.

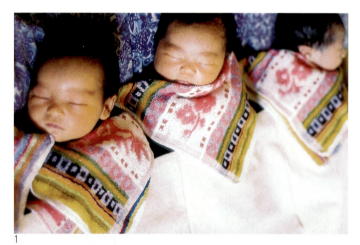

1

2

Es lebte noch und war ein Junge

Wang Ping hatte bereits eine siebenjährige Tochter, als sie zum zweiten Mal schwanger wurde. Als Stadtbewohnerin hatte sie wegen der Ein-Kind-Politik kein Recht auf ein zweites Kind. Wang Ping hätte bei den Beauftragten für Familienplanung in ihrer Fabrik eine weitere Schwangerschaft beantragen können, hätte jedoch keine Erlaubnis bekommen. «Mein Mann und ich hatten es gar nicht geplant», sagt Wang Ping. «Ich bin einfach schwanger geworden. Dann wollten wir es gerne behalten, weil unser erstes Kind an einer Knochenkrankheit leidet.»

Bis zum sechsten Monat konnte Wang Ping ihren dicken Bauch unter dem weiten Arbeitskittel verbergen. «Dann habe ich eine Ausrede erfunden. Ich habe gesagt, ich mache einige private Geschäfte, und habe Urlaub genommen.» Doch die Beauftragte für Familienplanung der Fabrik wurde misstrauisch. «Sie suchten mich in der ganzen Stadt», sagt Wang Ping. «Zuerst waren die Häscher erfolglos, doch dann holten sie meine siebenjährige Tochter von der Schule ab und schüchterten sie ein. Meine Tochter verriet ihnen schliesslich meinen Aufenthaltsort auf einem Bauernhof am Stadtrand.»

Im neunten Monat, drei Tage vor dem errechneten Geburtsdatum, wurde Wang Ping zur Abtreibung gezwungen. «Sie kamen und holten mich ab. Es waren mehr als ein Dutzend Leute, darunter die Beauftragten der örtlichen Kommission für Familienplanung unseres Stadtteils. Sie drohten, dass sie unserer ganzen Familie den Danwei-Ausweis wegnehmen würden, wenn ich nicht abtreiben lasse.» Ohne diesen Ausweis verlieren Chinas Arbeitnehmende das Anrecht auf soziale Leistungen wie Wohnungszuteilung, günstige Kindergarten- und Schulgebühren für die Kinder und die Zuteilung von billigen subventionierten Lebensmitteln wie Reis oder Mehl. «Im Spital stiess die Ärztin eine Giftspritze durch meinen Bauch, um mein Kind zu töten», erzählt Wang Ping unter Tränen. «Als das Kind endlich kam, lebte es noch. Es war ein Junge!»

Zwangsabtreibungen gegen Ende einer Schwangerschaft sind in Chinas Spitälern keine Seltenheit. «So etwas kommt hier nicht gerade jeden Tag vor, aber doch einmal im Monat», sagt eine leitende Spitalangestellte in einer südchinesischen Grossstadt. Peking bestreitet, dass der Staat Zwangsabtreibungen vornimmt. Doch besteht kein Zweifel, dass diese Praxis immer noch Bestandteil der rigorosen chinesischen Familienplanung ist. Die Familienministerin sieht das freilich anders: «Es ist die standfeste Politik der chinesischen Regierung, jegliche Art von Zwangsmassnahmen bei der Durchsetzung der Familienplanung zu verbieten.» Was im Westen als Zwang angesehen werde, sei in Wirklichkeit nur «Überredung».

Henrik Bork, Tages-Anzeiger, 11. April 1995

Die Schrift –
Wiege der kulturellen Einheit

3

Während in den meisten europäischen Sprachen 26 Buchstaben genügen, besteht die chinesische Schrift aus über 50 000 verschiedenen Schriftzeichen. Jedes Zeichen steht für ein Wort. Ein Kind muss in der Lage sein, etwa 1000 Schriftzeichen zu unterscheiden, bevor es einen einfachen Text lesen kann. Ein Erwachsener muss zwischen 3000 und 8000 Schriftzeichen kennen.

In China werden in den verschiedenen Regionen die unterschiedlichsten Dialekte gesprochen, die für die Bewohnerinnen und Bewohner anderer Gebiete nicht verständlich sind. Gleichwohl können sie alle dieselben Bücher lesen und verstehen, so, wie die arabischen Zahlen überall auf der Welt verstanden werden. Auch Texte, die viele tausend Jahre alt sind, sind heute noch mühelos lesbar, obwohl sich die Sprachen verändert haben. Tradition, Religion und Philosophie, einmal schriftlich festgehalten, blieben deshalb nahezu unverändert bis in die heutige Zeit erhalten.

Die Schrift wurde schon früh zum verbindenden Element innerhalb des riesigen chinesischen Reiches, und sie ist es bis heute geblieben. Für jene, die nach Macht und Einfluss streben, war es eine unabdingbare Voraussetzung, sie zu beherrschen. Man mass deshalb dem Erscheinungsbild der Schriftzeichen grosse Bedeutung zu, und es entstand sogar eine eigene Kunstrichtung, die Kalligrafie oder Pinselschrift.

Die chinesische Sprache ist arm an Lauten. Deshalb spricht man heute zahllose Zeichen gleich aus: im Lateinalphabet könnte man sie nicht mehr voneinander unterscheiden. Die Chinesen kennen jedoch vier verschiedene Tonhöhen, die einer Silbe eine andere Bedeutung geben und die zusätzlich gekennzeichnet werden müssen.

1 Neugeborene
2 Dorfschule
3 Kalligraf

Kleines chinesisches Wörterbuch

Bildzeichen

木 Baum	林 Wald	月 Mond	明 hell
日 Sonne	旦 Morgen	羊 Schaf	佯 täuschen
門 Tür	開 öffnen	田 Reisfeld	佃 Pächter
人 Mensch	囚 Gefangener	力 Kraft	男 Mann
耳 Ohr	聞 hören	雨 Regen	雷 Donner

Laut-/Sinn-Zeichen

Bedeutung	Aussprache	Zeichen	=	Ausspracheteil	+	Sinnteil	
Strasse	fāng	坊		方 fāng		土	Erde
Haus	fáng	房		方 fāng		户	Türflügel
spinnen	fǎng	纺		方 fāng		纟	Seide
loslassen	fàng	放		方 fāng		攵	Hand mit Stock

Die Zeichen ˉ ˊ ˇ und ˋ über dem Vokal geben einen der vier Tonhöhen an.

Häufige Begriffe in geografischen Namen unserer Atlanten

Mit Hilfe der folgenden Wörterliste lassen sich viele geografische Namen deuten:

Atlas	Pinyin[1]	Bedeutung	Atlas	Pinyin[1]	Bedeutung
fu	fŭ	Stadt	schang	shàng	oben
föng	fēng	Wind	si	xī	Westen
hai	hăi	Meer	sin	xīn	neu
han	hàn	trocken	ta	dà	gross
ho	hé	Fluss	ti	dĭ	Boden
hu	hú	See	tien	tiān	Himmel
hwang	huáng	gelb	tung	dōng	Osten
jang	yáng	Ozean	tschang	cháng	lang
kiang	jiāng	Strom	tscheng	chéng	Mauer
king	jīng	Hauptstadt	tschu	zhū	Perle
kuo	guó	Land, Staat	tschun	chūn	Frühling
kwan	guān	Festung	tschung	zhōng	Mitte
nan	nán	Süd	tsin	jīn	Furt
pe	bĕi	Nord	yü	yŭ	Regen
schan	shān	Gebirge	yün	yún	Wolke

[1] offizielle chinesische Schreibweise

Shanghai

Zu Beginn des 20. Jahrhunderts galt Shanghai als «Paris des Ostens». Die Hafenstadt am ostchinesischen Meer erstrahlte, wenn auch nur vordergründig und nur für die Reichen, in kolonialem Glanz. Westeuropäische Architektur in den Stilrichtungen des 19. und frühen 20. Jahrhunderts prägt auch heute noch die Stadt. In den Zwanziger- und Dreissigerjahren verglich man Shanghai mit Chicago und Kalkutta, aber auch mit den aus dem Alten Testament bekannten Städten Sodom und Gomorra.

Shanghai ist die heimliche Hauptstadt des Landes. Entwicklungen, die das ganze Land erfassen, treten hier zuerst in Erscheinung. In Shanghai wurde 1921 die kommunistische Partei gegründet. Später wurde es zur Hochburg der Kommunisten. Die Stadt galt als Symbol dafür, dass das kapitalistische «Krebsgeschwür der Ausbeutung» überwunden, die «parasitäre» Lebensweise ausgerottet sei. Nun ist die Stadt zur Speerspitze der «sozialistischen Marktwirtschaft» in China geworden. Shanghai soll die grösste Finanz- und Handelsmetropole Asiens werden. Deshalb werden ausländische Banken und Firmen mit Steuerermässigungen ermuntert, sich in der Stadt niederzulassen. Doch der Platz ist begrenzt und der Boden ebenso teuer wie in New York. Die Stadtplaner wollen deshalb in Pudong ein neues Wirtschaftszentrum entstehen lassen. Pudong liegt gegenüber dem alten Stadtkern, auf der anderen Seite des Flusses Huangpu. Es wurde bis anhin landwirtschaftlich genutzt und ist dünn besiedelt.

Der Wandel, den die Stadt erfährt, ist augenfällig: auf mehreren tausend Grossbaustellen wird sie vollständig umgestaltet. Tausende von Kränen sind im Einsatz. Wolkenkratzer schiessen wie Pilze aus dem Boden. Da die einheimischen Arbeitskräfte nicht ausreichen, holte man drei Millionen Menschen vom Land. Niemand glaubt allerdings, dass sie in ihre Heimat zurückkehren werden, wenn der Bauboom vorüber ist.

Während zu Zeiten Maos noch kaum ein Privatauto in den engen Strassen Shanghais anzutreffen war, steht die Stadt heute täglich von morgens bis abends kurz vor dem totalen Verkehrszusammenbruch. Mehrere hunderttausend Autos zwängen sich zwischen Millionen von Velofahrenden durch die Strassenschluchten. Man will das Chaos eindämmen, indem man auf drei Ebenen Autobahnen durch die Stadt zieht. Dadurch müssen Tausende von Menschen umgesiedelt werden. Die 1993 eingeweihte Yangpu-Brücke demonstriert eindrücklich das Tempo der Veränderungen. In nur 29 Monaten wurde sie gebaut. Die sechsspurige Fahrbahn schwebt 48 Meter über der Wasseroberfläche. Mit ihren 681 Metern Spannweite gilt sie bis anhin (1997) als längste Schrägseilhängebrücke der Welt.

In der Kernstadt leben mehr als 8 Millionen Menschen, in der Agglomeration sind es mehr als 15 Millionen. Die Wohnverhältnisse sind sehr bescheiden und eng. Eines der neuen Einfamilienhäuschen am Stadtrand mit einer Grundstücksfläche von 100 Quadratmetern kostet umgerechnet mindestens 500 000 US-Dollar (1994).

1 Uferpromenade
2 Gasse in der Altstadt
3 Hafen
4 Stadtautobahn
5 Bautätigkeit in Pudong

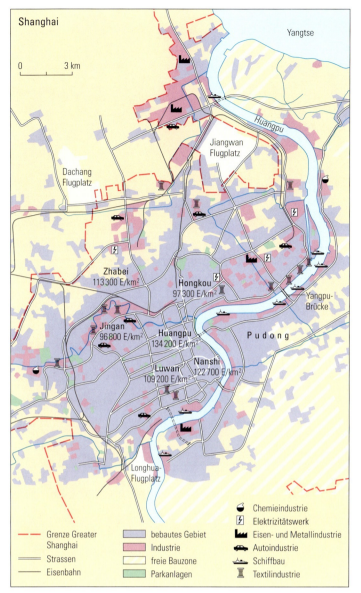

3

4

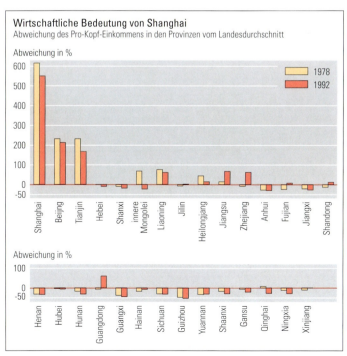

5

Hongkong

Wer Hongkong sagt, meint in der Regel Victoria und Kowloon. Hongkong umfasst aber, korrekt betrachtet, die Insel Hongkong, die Halbinsel Kowloon, die New Territories und 235 grösstenteils unbewohnte Inseln.

Hongkong ist einzigartig. Das hat weniger mit der beeindruckenden Skyline zu tun, welche vielen modernen Weltstädten ähnlich ist. Vielmehr üben die ungewöhnliche Geschichte und der steile Aufstieg zur reichsten Stadtregion der Welt eine grosse Anziehungskraft aus. Jährlich wird Hongkong von 10 Millionen Touristen besucht, die das zollfreie, riesige Warenangebot besonders schätzen.

Bis zum 1. Juli 1997 war Hongkong britische Kronkolonie. Königin Victoria hatte 1898 das Gebiet am Perlflussdelta für 99 Jahre gepachtet. Sie hatte die *strategisch* äusserst günstige Handelslage erkannt, denn hier kreuzten sich schon damals wichtige Schifffahrtswege.

Am 1. Juni 1997 war die britische Zeit Hongkongs abgelaufen. Das Gebiet wurde ordnungsgemäss an China zurückgegeben. Gemäss einem britisch-chinesischen Abkommen wird es für weitere 50 Jahre als so genannte Sonderwirtschaftszone sein wirtschaftliches und soziales System beibehalten.

Trotz dieser Zusicherungen haben sich viele Hongkong-Chinesen frühzeitig um einen ausländischen Pass bemüht. Besonders beliebt sind die australische, die US-amerikanische und die kanadische Staatsbürgerschaft. So pendeln viele der wohlhabenderen Einwohnerinnen und Einwohner zwischen Hongkong und ihrem zweiten, viele tausend Kilometer weit entfernten Wohnsitz hin und her. Alle Brücken niederreissen mögen sie nicht, denn trotz allem lieben sie ihre Tradition und die Atmosphäre, die ihnen nur eine chinesische Stadt vermitteln kann.

In Hongkong leben etwa 6,2 Millionen Menschen (1995). Die durchschnittliche Bevölkerungsdichte in den Städten beträgt 24 000 E/km², doch in einigen Distrikten erreicht sie 200 000 E/km². Um Platz für die City im hügeligen Gelände zu schaffen, wurden weite Bereiche der Uferzone aufgeschüttet. In den New Territories entstanden New Towns, die den Bevölkerungsdruck etwas mildern konnten. Die sozialen Unterschiede sind unglaublich gross. Gleichwohl ist die politische Atmosphäre erstaunlich stabil, denn die meisten Chinesen empfinden gegenüber ihren reicheren Mitmenschen kaum Neid. Wer reich

1 Dichtes Wohnen
2 Reis- und Gemüseanbau in den New Territories
3 Oberster Gerichtshof (Victoria)
4 Hongkong Island, Badebucht
5 Hongkong
6 Strassenmarkt
7 Fisch- und Entenzuchtanlagen (New Territories)

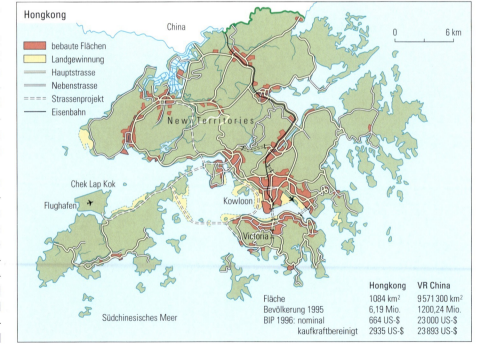

ist, geniesst uneingeschränktes Ansehen. Im Übrigen ist die Familie nach traditionellem chinesischem Prinzip für das Wohlergehen ihrer Mitglieder zuständig. Eine umfassende Altersvorsorge oder soziale Absicherungen gibt es nicht. Hingegen legt Hongkong grossen Wert auf die Bildung und Ausbildung der Kinder und Jugendlichen. Man ist sich bewusst, dass das *Know-how* die wichtigste *Ressource* ist, um auf dem Weltmarkt auch in Zukunft bestehen zu können.

In den Fünfzigerjahren verlor Hongkong seine Bedeutung als wirtschaftliches Einfallstor zu China. Die Grenzen zwischen China und Hongkong wurden geschlossen. Nun war Hongkong gezwungen, eine exportorientierte Industrie aufzubauen. In äusserst flexiblen Klein- und Mittelbetrieben wurden vorerst Kleider und andere Textilien für den Weltmarkt produziert. In den Siebzigerjahren kamen elektrische und elektronische Erzeugnisse, Plastikspielzeug, Uhren und Präzisionsinstrumente hinzu.

Mit dem wirtschaftlichen Aufstieg der Stadt stiegen auch die Löhne und die Preise für Immobilien und Grundstücke. Bald galt Hongkong nicht mehr als billige Produktionsstätte. Als 1978 die Grenzen zwischen Hongkong und China wieder geöffnet wurden, verlagerten viele Betriebe ihre Arbeitsplätze ins chinesische Hinterland, vor allem in die Provinz Guangdong.

Heute ist Hongkong in erster Linie ein Finanz- und Handelszentrum. Forschung und Entwicklung neuer Technologien sind wichtige Wirtschaftszweige geworden. Die lokale Regierung investiert laufend in die *Verkehrsinfrastrukturen*: Hochleistungsstrassen und ein modernes Schnellbahnsystem bewältigen den Regionalverkehr. Dank dem Containerhafen und dem neuen Flughafen Chek Lap Kok ist Hongkong einer der bedeutendsten Verkehrsknoten der Welt. Hongkong ist gewillt, seine beiden grössten Konkurrenten in Ostasien – Shanghai und Singapur – aus dem Feld zu schlagen.

5

6

4

7

Tibet

2

Tibet blieb lange Zeit eine für den Westen geheimnisumwobene Welt. Nur wenigen Abenteurern gelang es, das Land zu bereisen. Erst in neuerer Zeit sind Reisen für durchschnittliche Touristen möglich geworden.

«Das Dach der Welt», wie Tibet in der Literatur oft bezeichnet wird, ist von weitläufigen Hochplateaus und grandiosen Gebirgslandschaften geprägt. Das Gebiet umfasst rund 1,2 Millionen km², was etwa einem Viertel des gesamten chinesischen Territoriums entspricht. Die mittlere Höhe beträgt 4000 m über Meer. Von drei Seiten ist es von den höchsten Bergketten der Welt umschlossen.

Haupterwerbszweige bilden der Ackerbau und die Viehzucht. Auf den Ackerflächen, die auf 3500 bis 4000 m über Meer angelegt sind, produzieren die Bauernfamilien vor allem Gerste. Wichtigstes Nutztier der nomadisierenden Viehzüchter ist der Yak. Die zahmen, zotteligen Tiere, die der bitteren Kälte standhalten können, liefern Milch, Fleisch und Wolle, aus der auch die Zelte hergestellt werden. Neben dem Yak werden auch Ziegen und Schafe gehalten. Erst seit der chinesischen Besetzung ist der tibetische Speiseplan mit Gemüse bereichert worden. Nahrungsmittel wie Zwiebeln, Tomaten, Chilischoten und Bohnen waren so fremd, dass die Tibeter damals verwundert meinten, die Chinesen ernährten sich von Gras wie die Tiere.

Die wirtschaftliche Nutzung des waldreichen Südostens Tibets interessiert vor allem die Chinesen, was in weiten Gebieten bereits zu übermässiger Abholzung geführt hat.

Der Yak

Ein Besucher beschrieb die Nützlichkeit des Yaks wie folgt: «Yak-Butter im Tee, Yak-Fleisch im Eintopf, Yak-Molke auf unseren Tellern, wunderbar geschmacksintensiver Yak-Joghurt als Nachtisch, Yak-Wollmäntel über unseren Schultern, Yak-Wollteppiche zu unseren Füssen – und nach dem Mittagessen reitet man auf Yaks durch das vor Yaks wimmelnde Tal, sitzt auf Yak-Ledersätteln, zieht an Yak-Lederzügeln und macht schliesslich eine Fahrt in einem Boot aus Yak-Haut.»

Länder der Erde, China, 1984

1

3

In den letzten drei Jahrzehnten ist auch der Tourismus zu einem wichtigen Wirtschaftsfaktor geworden, obwohl immer wieder politische Unruhen zur Sperrung Zentraltibets geführt haben.

Die Tibeter sind ein tiefreligiöses Volk, welches sich an der ursprünglichen Lehre des Buddhismus orientiert. Gleichwohl betonen Tibetreisende, dass die Tibeter keineswegs ein verklärtes, vom weltlichen abgewandtes Volk seien.

Von den 2,4 Millionen Menschen, die heute in der «autonomen Region Tibet» leben, sind etwa 1,7 bis 1,9 Millionen Tibeter. Bei den übrigen Bewohnerinnen und Bewohnern handelt es sich meist um *Han-Chinesen*, die vor allem in den wenigen Städten des Landes leben. So ist das Bevölkerungswachstum Lhasas von 20 000 Einwohnern 1950 auf rund 200 000 Einwohner 1995 auf die chinesische Einwanderung zurückzuführen. Im Gebiet des historischen Tibets kommen auf 6 Millionen Tibeter bereits 7 Millionen Chinesen.

Tibeter und Chinesen

Ein Vergleich	Tibeter	Han-Chinesen
Beschäftigte in		
– Landwirtschaft	89%	4%
– Industrie und Bergbau	5%	49%
– Handel und Dienstleistungen	6%	47%
Geburtenrate	2,5%	1,4%
Sterberate	0,7%	0,6%
Säuglingssterblichkeit	9%	4%
Lebenserwartung	62 Jahre	69 Jahre
Analphabetenquote	50 bis 70%	19%

1 Nomaden
2 Mount Shishapagma
3 Bauer mit geschmücktem Yak-Gespann beim Pflügen
4 Alltag in einem tibetischen Dorf
5 Kloster in der Nähe von Lhasa

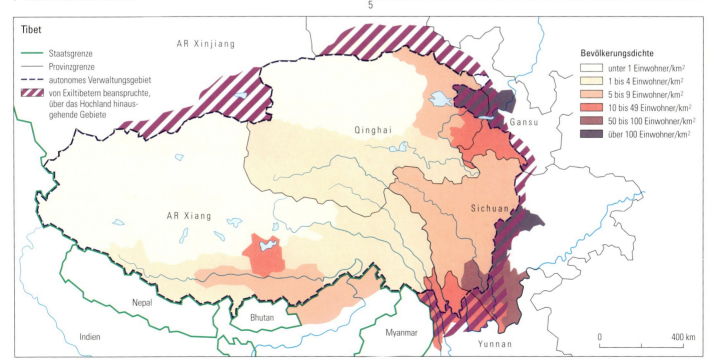

Der gewaltlose Widerstand

Die Frage nach der Einhaltung der Menschenrechte durch die Zentralregierung in Beijing stellt sich in Tibet mit aller Schärfe. 1950 marschierten kommunistische Truppen im bis dahin unabhängigen Reich ein. Die Chinesen stellten kurz und bündig fest, dass Tibet in historischer Zeit Teil des chinesischen Kaiserreichs gewesen sei. Für sie ist damit bis heute die Besetzung Tibets ausreichend begründet. Sie verstehen ihren Einmarsch aber auch als Befreiung Tibets von feudalen, mittelalterlichen Strukturen, als Befreiung von Leibeigenschaft und Unterdrückung des einfachen Volkes durch die Klöster, aber auch als Befreiung vom «Aberglauben», womit sie den Buddhismus meinen. Wohl zu Recht weisen die Chinesen darauf hin, dass es in der langen Zeit der nationalen Selbstständigkeit, also vor der *Annexion* durch China, weder Autostrassen noch Brücken gegeben hat. Seither, so die offiziellen Angaben, sind dank den Chinesen 22 000 km Strassen gebaut worden; sie verbinden mehr als siebzig Städte, grössere Orte und Bezirke miteinander. Entlang der Strassen sieht man heute Strom- und manchmal auch Telefonleitungen.

Anderseits führt die chinesische Besetzung immer wieder zu blutigen Auseinandersetzungen. Besonders gefährlich war die Zeit der Kulturrevolution (1965 bis 1969), als die Chinesen versuchten, den grossen Einfluss der Religion und ihrer Repräsentanten endgültig zu zerschlagen. Viele Klöster und kostbare Kulturgüter wurden zerstört. Bis heute, so schätzt man, sind etwa 1,2 Millionen Tibeter im direkten Kampf, durch Folterungen oder Hinrichtungen getötet worden.

Der oberste Führer der Tibeter, der Dalai-Lama, floh bereits 1959 ins benachbarte Indien, um von dort aus für die Freiheit Tibets und gegen den Völkermord mit friedlichen Mitteln zu kämpfen. Viele tausend Tibeter sind ihm seither ins *Exil* gefolgt.

Die Armut ist nach wie vor allgegenwärtig

In den Dörfern ist von «Fortschritt» nicht viel zu sehen, denn die Armut des alten Tibets haben weder der Kommunismus, die Kulturrevolution noch die schrankenlose Wirtschaftsliberalisierung der letzten Jahre auslöschen können. Bettelei, zum Teil durch den Tourismus provoziert, ist in Klöstern wie auf Märkten an der Tagesordnung. Häufig vertreten ist der einachsige Volkstraktor «Dreitausend», der 3000 Yuan, rund 450 Franken, kostet. Die übrigen Arbeitsgeräte, Sense, Dreschflegel, Holzrechen, könnten dem vergangenen Jahrhundert entstammen. Manche Kinder haben auch in der herbstlichen Kälte nichts als ein schmutziges Hemdchen am Leibe. Die Alphabetisierungsrate liegt weit unter dem chinesischen Durchschnitt. Genauso ist es mit der Kindersterblichkeit, die auf dem «Dach der Welt» mehr als doppelt so hoch ist wie im übrigen China.

Anders ist die Lage in der Hauptstadt Lhasa. Auch dort sind bettelarme Leute zu sehen, die etwa im Potala, wo früher der Dalai-Lama residierte, singend und mit primitivem Werkzeug die Erde feststampfen – für weniger als einen Franken am Tag. Solche Baubrigaden kommen aus den Dörfern. Vor einem kleinen chinesischen Restaurant, wo das Essen günstiger ist als nebenan im «Holiday Inn», stehen zerlumpte Kinder und spähen mit Adleraugen auf die Esstische. Sobald ein Gast aufsteht, stürzen sie sich auf die Reste und kippen sie in Schalen und Plastiksäcke.

Aber wer einen Job in der Stadt hat, allenfalls noch einen mitverdienenden Ehepartner, kann an einem kleinen Boom teilnehmen, der in der warmen Jahreszeit fast 100 000 «Wanderhändler» aus dem Inneren Chinas anzieht. Familien mit drei oder vier Einkommen legen ihren Verdienst zusammen und kaufen Konsumgüter von der Thermosflasche bis zum Leichtmotorrad.

Der tibetischen Familie Tamotsang geht es gut, viel besser als zehn Jahre zuvor, als manche Lebensmittel noch rationiert waren. Das Ehepaar verdient zusammen 500 Yuan im Monat, rund 85 Franken. Das sind 150 Yuan mehr, als ein Arbeiter in der mit deutscher Hilfe betriebenen «Lhasa Leather Factory» am Stadtrand erhält. Für den Fernseher, über dem ein grosses Bild des Dalai-Lama hängt, haben die Tamotsangs 1000 Yuan bezahlt, die Staatswohnung mit zwei Schlafzimmern kostet nur 100 Yuan Miete im Jahr. Dazu kommen noch 200 Yuan Schulgelder für die drei Söhne. «Zwei zu viel», sagen sie und lächeln über den Verstoss gegen die staatliche Familienpolitik, für den sie mit 1000 Yuan pro Sohn bestraft wurden. Heute würden sie umsonst davonkommen, weil die Tibeter endlich ganz in die «Wärme der grossen sozialistischen Familie» aufgenommen werden sollen.

nach Frankfurter Allgemeine, 21. Oktober 1994

1

1 Blick über das Dach des Jokhang-Tempels zum Potala-Palast
2 Nomadin bei ihrer Jurte, dem typischen Rundzelt
3 Strassenszene in Lhasa
4 Chinesisches Militär

Das langsame Sterben einer Zivilisation

Als wir Lhasa am Morgen verliessen, fiel uns die militärische Präsenz der Chinesen überall auf: Wir wurden am Ausgang der Stadt, auf der zur Landstrasse führenden Brücke und beim etwa 20 km entfernten Rastplatz von Uniformierten kontrolliert und begegneten auf dieser kurzen Strecke einem halben Dutzend mit Tarnplanen bedeckten Fahrzeugen, von denen jedes eine grosskalibrige Kanone zog.

In der zu einer Geschäftszone gewordenen Innenstadt Lhasas hat sich in den zwei Jahren, die seit unserem letzten Besuch vergangen sind, die Zahl der chinesischen Schilder vervielfacht. Die unzähligen kleinen Läden, Bars, Musiklokale, Imbissstände und Bordelle sind mit chinesischen Schriftzeichen gekennzeichnet. Es wäre sinnlos, an das Lhasa, das wir auf unserer ersten Reise vor zwölf Jahren entdeckten, zurückzudenken. Diese mittelalterliche heilige Stadt existiert nicht mehr. Potala, der Palast des Dalai-Lama, der Jokhang-Tempel, das wichtigste Heiligtum des tibetischen Buddhismus, und die Norbulingka, die Sommerresidenz des Dalai-Lama, sind praktisch die einzigen Überreste, die letzten Spuren des untergehenden Tibets.

China treibt die vor ein paar Jahren begonnene Angleichung erbarmungslos voran. Dies zeigt sich im täglichen Leben sehr deutlich. Das Fernsehprogramm stammt zwar vom so genannten tibetischen Fernsehen, aber dieses sendet fast ausschliesslich in chinesischer Sprache. Die Kinder gehen zwar zur Schule, doch die Lehrerin stammt aus China, und es wird meistens auf Chinesisch unterrichtet. Der grösste Teil der jungen Erwachsenen kennt das eigene Alphabet nicht. Eine Ausnahme bilden einzig die paar wenigen, die sich allen Gefahren zum Trotz in eine der in Indien lebenden *Exilgemeinschaften* begaben, um sich hier mit ihrer Sprache und Geschichte vertraut zu machen. Die geografischen Namen werden nach und nach bis zur Unkenntlichkeit verändert, um zu erreichen, dass sie schliesslich aus dem kollektiven Gedächtnis verschwinden. Sogar die Namen der berühmten Klöster werden ans Chinesische angeglichen und sind in ihrer neuen Form manchmal kaum mehr zu erkennen. Dies führt mit der Zeit unmerklich zur Verdrängung der tibetischen Sprache. Der Tod der Sprache bedeutet aber das Ende des Andersseins, der eigenen Identität. Es geht in Tibet – begleitet vom ohrenbetäubenden Schweigen der Weltmeinung – ein eigentlicher kultureller *Genozid* vor sich.

Dann gibt es noch eine weitere Art – eine ebenso wirksame wie tückische – wie man ein fremdstämmiges Gebiet wie Tibet angleichen kann: man überschwemmt es mit Einwanderern und macht die Tibeter mit Absicht zu einer randständigen Minderheit im eigenen Land.

nach Claude B. Levenson, Tages-Anzeiger, 14./15. Dezember 1996

Der Buddhismus

Vor etwa 2500 Jahren erkannte der indische Fürstensohn Siddhartha Gautama, dass aller Luxus das Leid in der Welt – insbesondere Alter, Krankheit, Tod – nicht beseitigen kann. Mit 29 Jahren verliess er seinen Palast, verzichtete auf allen Luxus, um als Bettelmönch die Wahrheit des Lebens zu finden. Die Legende berichtet, dass er unter einem Feigenbaum in Bodh-Gaya schliesslich die Erleuchtung erfuhr, die ihn zum Buddha machte. Buddha wird allgemein übersetzt mit «der Erleuchtete», «der Erwachte».

Siddhartha begann zu lehren und stiftete eine der grossen Weltreligionen. Der Buddhismus beeinflusst seit jener Zeit die Kulturen und die Gesellschaften grosser Teile Asiens. Heute bekennen sich rund 450 Millionen Menschen zum Buddhismus.

Der Buddhismus kennt keinen Schöpfergott, da nach seiner Erkenntnis alles aus dem natürlichen Gesetz von Ursache und Wirkung entsteht. Dieses Gesetz kann man als eine Art Naturgesetz für geistige Belange verstehen. Nach diesem Gesetz bestimmt ein Mensch seine Zukunft durch Gedanken, Worte und Handlungen selbst. Die Gesamtheit der so angehäuften geistigen Energie wird als Karma bezeichnet. Gutes Karma wird mit einer guten Wiedergeburt belohnt, schlechtes Karma mit einer schlechten. Das Karma kann sich bereits auch im jetzigen Leben entfalten. Die Ursache für alles Glück und Leid, das ein Mensch während seines Lebens erfährt, liegt in ihm selbst begründet.

Das Rad der Wiedergeburten kann durchbrochen werden, indem man die volle Erleuchtung, den Zustand der Allwissenheit, auch Zustand der Buddhaschaft genannt, erreicht. Damit ist der Weg ins Nirwana, in den Zustand ewigen Glücks, frei.

Für die Buddhisten ist ein Mensch die Welt und die Welt ist der Mensch. Wenn die Welt oder ein Teil davon leidet, leidet auch der Mensch. Wenn der Mensch leidet, leidet die Welt. Wenn ein Mensch der Welt Schaden zufügt, fügt er sich und den andern Wesen Schaden zu. Wenn er die Welt ausbeutet, beutet er sich selbst aus! Alle Wesen der Erde sind Teil des Kosmos und tragen den Kosmos in sich. Sie sind gleich wie der Kosmos aufgebaut. Die Strukturen und Abläufe im *Makrokosmos* wiederholen sich bis in die Winzigkeit des *Mikrokosmos*.

Fundamentalistische Strömungen sind dem Buddhismus fremd. Im Gegenteil: Buddhisten bevorzugen immer den mittleren Weg. Den verschiedenen Religionen der Welt begegnen die Buddhisten mit Respekt, denn jeder Mensch soll jene Religion wählen, die ihm die Überwindung aller geistigen Krankheit ermöglicht. Niemals würde ein buddhistischer Lehrer unaufgefordert lehren. Nur die Bitte um Belehrung erlaubt ihm, seine Erkenntnisse weiterzugeben.

Obwohl der Buddhismus im Kern eine *atheistische* Religion ist, verehren die Menschen persönliche Schutzheilige, Gottheiten und Geister. Selbst Kenner vermögen sich kaum einen Überblick über ihre Anzahl, Funktionen und Namen zu verschaffen.

Der Buddhismus hat zwar in den verschiedenen Ländern unterschiedliche Ausgestaltungen erfahren, doch überall sind die Mönchsgemeinden die wichtigsten Hüter der buddhistischen Tradition. Da in Tibet ein geistiger Führer den Titel «Lama» trägt, wird im Westen der tibetische Buddhismus oft auch als Lamaismus bezeichnet. Der Dalai-Lama ist der oberste geistige Führer Tibets. Früher, als Tibet noch nicht von China besetzt war, hatte er auch die weltliche Führung inne. «Dalai-Lama» bedeutet: Grosser Priester, dessen Weisheit so tief gründet wie der Ozean. Für die Nachfolge des Dalai-Lama wird ein Knabe bestimmt, der als Wiedergeburt eines früheren Dalai-Lama gilt. Die meisten Dalai-Lamas der Vergangenheit stammten aus einfachen Familien.

Buddhastatue

Der Hinduismus

Der Hinduismus hat seine Wurzeln in Indien, und im Wesentlichen ist er auch immer auf den Subkontinent beschränkt geblieben. Insgesamt wird die Zahl der Hindus auf 700 Millionen geschätzt, wovon 650 Millionen (ca. 80% der indischen Bevölkerung) in Indien leben.

Seit dem 1. Jahrhundert n. Chr. breitete sich der Hinduismus aus. Es gibt keinen Religionsgründer, der eine bestimmte Lehre als richtig erkannt und weitergegeben hätte. Im Gegensatz zu anderen grossen Weltreligionen handelt es sich nicht um eine abgeschlossene Lehre. Immer wieder können neue Ideen als richtig befunden und in den bestehenden Glauben eingebaut werden. Deshalb ist die Anzahl der religiösen Texte und Lehrbücher sehr umfangreich. Es gibt unzählige Glaubensrichtungen, in denen bestimmte Götter bevorzugt angebetet werden.

Der Hinduismus kennt Tausende verschiedener Gottheiten. Die bekanntesten Götter sind Brahma (Weltenschöpfer), Vishnu (Welterhalter), und Shiva (Weltzerstörer). Die drei Götter werden oft als verschiedene Erscheinungsformen ein und derselben Gottheit angesehen. Ganesha, der Gott mit dem Elefantenkopf, ist einer der meistverehrten Götter, weil er die Hürden des Lebens beseitigen kann.

Die Verehrung der Götter mittels Opfergaben – manchmal auch Blutopfern – findet in den Tempeln statt. Man glaubt, dass die Götter direkt in den Bildern und Statuen verkörpert sind.

Die Zeit besteht nicht aus Vergangenheit, Gegenwart und Zukunft. Sie wird vielmehr als zyklisch wiederkehrende Zeitalter aufgefasst, deren Symbol das Rad ist. Das Universum ist ein unteilbares Ganzes, wovon der Mensch ein Teil ist. Die Hindus glauben, dass die Schöpfung ein ewiges, statisches Gebilde sei und der Wechsel der Zeiten blosse Illusion. Was im *Mikrokosmos* erscheint, existiert bereits im *Makrokosmos* und umgekehrt.

Die Erlangung der Reinheit ist eines der höchsten Ziele der Hindus. Um diese zu erreichen, kann man Techniken des Yoga anwenden oder Pilgerfahrten zu den unzähligen Wallfahrtsorten unternehmen. Im Ganges, dem heiligsten Fluss Indiens, beten und waschen sich jährlich viele Millionen Inder, um sich die Seele zu reinigen. Vor allem aber muss ein Hindu sein alltägliches Leben den Regeln entsprechend gestalten. Da die Hindus an die Seelenwanderung (Samsara) glauben, wird das jetzige Leben als Folge der vorangegangenen Leben aufgefasst. Wer sich ein besseres zukünftiges Leben wünscht, hat in seinem aktuellen Leben die Möglichkeit, sich dieses zu erarbeiten. Andernfalls kann er auch als Tier wiedergeboren werden. Diese Wirkungskette von Ursache und Folge wird als Karma bezeichnet.

Das Kastenwesen ist der gesellschaftliche Ausdruck dieser Auffassung. Es ist hierarchisch aufgebaut. An der Spitze stehen die Brahmanen, die Angehörigen der Priesterkaste. Aus ihnen gehen auch die Lehrer (Guru) hervor, die als heilige Männer angesehen werden. Mit den Kriegern, den Kaufleuten und den Dienern bilden sie die vier Hauptkasten. Die unterste soziale Schicht bilden die Kastenlosen oder Unreinen.

Die Kasten sind in unzählige Unterkasten aufgeteilt. Die Menschen einer Kaste besitzen denselben Beruf, denselben sozialen Rang, leben nach denselben Regeln, sprechen die gleiche Sprache und verehren dieselben Gottheiten. Ein Mensch wird mit der Geburt in seine Kaste hineingeboren. Damit sind seine Rolle, sein Status, seine Identität und seine Möglichkeiten für das ganze Leben festgelegt.

Ein Hindu-Leben wird von zahlreichen sakralen Riten begleitet. Geburt, Namensgebung, Heirat und Tod sind die wichtigsten Ereignisse, die gefeiert werden. Aber auch erstes Essen, erstes Haareschneiden usw. werden nach traditionellen Bräuchen begangen.

1 Hinduistische Götterwelt auf einem Tempeldach
2 Guru-Stunde

Erfolge und Misserfolge der Grünen Revolution in einem indischen Dorf

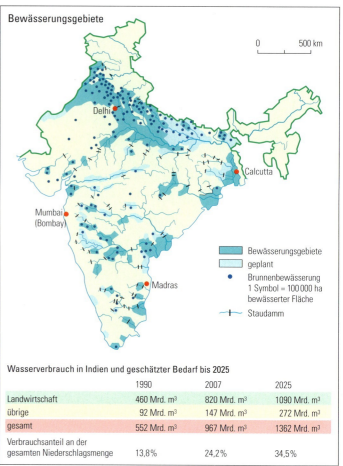

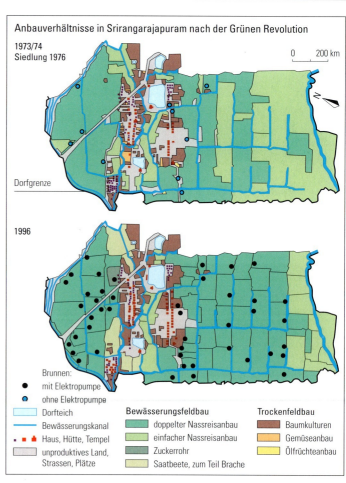

Mit der Grünen Revolution sind neue, hochertragsreiche Reissorten nach Indien gekommen. Neben der Zugabe von Dünger und Schädlingsbekämpfungsmitteln wurde eine verlässliche Wasserversorgung immer wichtiger.

Im Dorf Srirangarajapuram an der südindischen Ostküste im Cauvery-Delta konnten sich nur Grossbauern, welche mehr als 5 ha Reisland besassen, Pumpen, Bohrbrunnen und den Anschluss an das Stromnetz leisten (Kosten: 1975 etwa 10 000 Rupien; Tagesverdienst eines Landarbeiters etwa 4 Rupien). Die gesamte Reisanbaufläche stieg vorerst von 120 auf 180 ha an. Die Erträge konnten von 1500 kg/ha auf durchschnittlich 2300 kg/ha gesteigert werden. Zwischen 1966 und 1996 wurde die Reisproduktion des Dorfes von 180 Tonnen auf 345 Tonnen nahezu verdoppelt.

Der Anteil der Kleinbauern an diesem Erfolg war anfänglich sehr bescheiden. Sie mussten das Wasser bei den vermögenderen Nachbarn kaufen – oder auf zusätzliche Reisernten verzichten. Besonders ausgeprägt machte sich das zunehmende Ungleichgewicht zwischen armen und reichen Bauern in Notzeiten bemerkbar: als 1987/88 der Monsunregen ausblieb, konnten diese Bauern keinen Reis anbauen, weil ihnen das Wasser fehlte.

Heute ist das Ungleichgewicht zwischen armen und reichen Bauern dank dem Eingreifen des Staates etwas abgeschwächt. Zum Beispiel wird inzwischen der Strom für die Pumpenbewässerung gratis geliefert. Kauf und Betrieb von Motorpumpen sind nun auch für Kleinbauern erschwinglich.

Die Folgen der stark ausgedehnten Bewässerungswirtschaft sind ein zunehmendes Absinken des Grundwasserspiegels, weitverbreitete Versalzungserscheinungen und hohe Defizite der staatlichen Elektrizitätswerke.

In ökologischer Hinsicht ist die Grüne Revolution in Srirangarajapuram an ihre Grenzen gestossen. Ob der wirtschaftliche Fortschritt des Dorfes gehalten werden kann, steht in Frage. Der Staat möchte die Stromsubventionierung streichen. Andere soziale Unterstützungsprogramme, wie etwa jene für die Kaste der Unberührbaren, stehen unter politischem Druck. Eine weiter gehende Mechanisierung der Landwirtschaft steht bevor, was die Existenz der Landarbeiterschaft bedroht.

1 Mann vor seiner Hütte
2 Bauernvilla
3 Einfaches Bauernhaus

Die Grüne Revolution frisst ihre Kinder

Das Dorf Pilana liegt 50 Kilometer ausserhalb der Hauptstadt Delhi in Uttar Pradesh. Die Hälfte der 9000 Einwohner gehört zur Kaste der Tyagi, einer Untergruppe der Brahmanen. Ihre Angehörigen sind allerdings schon vor langer Zeit zu Bauern geworden. Ihnen gehören 80% des Landes. Der Rest der Bevölkerung setzt sich aus niedereren Kasten, «Unberührbaren» und Muslimen zusammen. Schon früh kam die Grüne Revolution zum Tragen.

Im Dorf ist man stolz, ein öffentliches Telefon zu haben, eine Bank, eine landwirtschaftliche Genossenschaft, eine Trinkwasserversorgung, eine Gesundheitsstation. Die Häuser sind nicht mehr aus Lehm, sondern fest und aus Ziegelsteinen. Auch die Dorfstrassen sind mit Ziegelsteinen gepflastert. Und natürlich hat Pilana Strom und damit auch Fernsehanschluss. Es gibt drei Primarschulen und sogar eine Sekundarschule.

Der Dorfvorsteher betont denn auch vor allem die Erleichterungen, die die Grüne Revolution gebracht hat: «Früher mussten wir die Felder mühsam mit den Ochsen pflügen. Jetzt gibt es 40 Traktoren im Dorf. Früher mussten wir nächtelang mit Kübeln Wasser aus dem Kanal schöpfen, um die Felder zu bewässern. Jetzt tun elektrische Pumpen diese Arbeit für uns. Wir können vieles kaufen, was wir uns früher nicht leisten konnten: Seife, Fernseher, Radios, Kleider, die man früher mühsam selber weben musste, Velos, Uhren, Tee, Zahnpasta, Schuhe aus Plastik.»

Doch heute sind die guten Zeiten vorbei: Die Ausgaben für Dünger haben sich verfünffacht. Die Produktion und das Einkommen der Bauern stagnieren, wenn sie nicht gar zurückgehen. Die Bodenfruchtbarkeit auf den Feldern nimmt rapid ab. Da der Grundwasserspiegel immer weiter absinkt, müssen die elektrischen Pumpen tiefer in den Schacht versenkt werden. Vielerorts hat die unsachgemässe Bewässerung zur Versalzung und Vernässung der Böden geführt. Auch mit den neuen, ertragreicheren Sorten gibt es Probleme, Die neuen Sorten zeigen Anfälligkeiten für bisher unbekannte Krankheiten.

Ein Dorfbewohner meint: «Wir können den Lebensstandard nicht mehr aufrechterhalten, an den wir uns gewöhnt haben.» Sorgen macht ihm weniger die langfristige Verschlechterung der Böden als die unmittelbare Zukunft seiner drei Söhne. «Die kommende Generation kann nicht mehr von der Landwirtschaft leben. Nur noch im äussersten Notfall würde ein Junge heute noch Landwirtschaft betreiben.» Daran schuld ist freilich nicht nur die Stagnation nach den raschen Verbesserungen, die die Grüne Revolution gebracht hat, sondern mehr noch die Aufteilung der im Schnitt noch vier Hektaren grossen Höfe unter die nächste Generation.»

nach Andreas Bänziger, Tages-Anzeiger, 21. März 1991

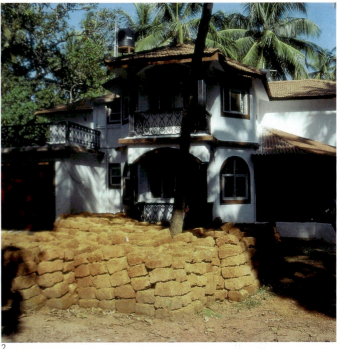

Nachhaltige Entwicklung – Kerala geht andere Wege

1

In Kerala, einem der 25 Teilstaaten Indiens, leben rund 30 Millionen Menschen. Mit 750 Einwohnern pro Quadratkilometer zählt der Staat zu den dichtest besiedelten Gebieten der Welt.

Noch vor fünfzig Jahren war in Kerala das Bevölkerungswachstum innerhalb Indiens am grössten, die sozialen Verhältnisse katastrophal. Heute ist Kerala ein Vorbild für all jene Länder und Regionen, die sich vorgenommen haben, ihr Land nach den Prinzipien der nachhaltigen Entwicklung in die Zukunft zu führen.

Indische Staaten im Vergleich
Lebensqualität und BSP (1991)

	HDI	BSP (in Rupien)
Andhra Pradesh	0,34	5570
Assam	0,25	4230
Bihar	0,13	2904
Gujarat	0,55	6425
Haryana	0,60	8690
Karnataka	0,47	5555
Kerala	0,77	4618
Madhya Pradesh	0,19	4077
Maharashtra	0,64	8180
Orissa	0,21	4068
Punjab	0,71	9643
Rajasthan	0,23	4361
Tamil Nadu	0,49	5078
Uttar Pradesh	0,12	4012
West-Bengalen	0,42	5383
Indien	0,40	5424

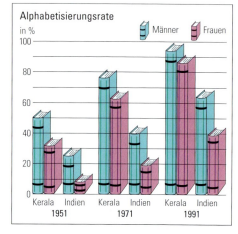

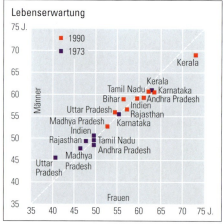

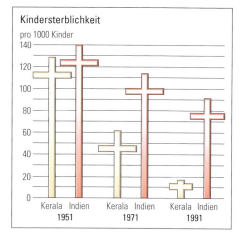

2

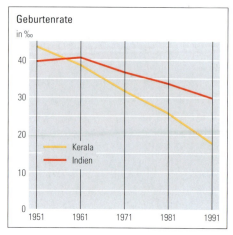

1 Strassenmarkt
2 Mädchen
3 Teepflückerin
4 Frauenalltag
5 Genossenschafterinnen
6 Mittagessen im Kinderhort

Was wurde in Kerala anders gemacht?

- Es wurden freie, demokratische Wahlen eingeführt. Alle wichtigen Parteien wurden in die Regierungsverantwortung miteinbezogen.
- Der Staat führte eine umfassende Landreform durch. Grossgrundbesitzer, die ihr Land nicht selbst bewirtschafteten, wurden enteignet und der Boden Landarbeiter- und Kleinbauernfamilien zugesprochen.
- Der Zugang zu Landwirtschaftskrediten, insbesondere für Frauen, wurde erleichtert.
- Die Wohnstätten, die zu einem grossen Teil nur gepachtet waren, gingen in den vollständigen Besitz jener Bauernfamilien über, die sie auch bewohnten.
- Für die ärmsten Bevölkerungsschichten wurden menschengerechte Wohnstätten erstellt.
- Die Staatsausgaben für Schulbildung und Gesundheit wurden massiv erhöht. Dabei wurden die Mädchen gezielt gefördert.
- Die zulässige Arbeitszeit wurde auf sechs bis acht Stunden pro Tag verkürzt und die Arbeitspausen gesetzlich geregelt.
- Für die aus dem Erwerbsleben ausscheidenden Menschen richtet der Staat eine Pension ein.
- Für ihre wichtigsten landwirtschaftlichen Erzeugnisse erhalten die Bauernfamilien staatlich festgesetzte, faire Preise. Damit die Produkte dennoch günstig auf dem Markt angeboten werden können, werden sie vom Staat *subventioniert*.
- Der gesetzlich festgeschriebene Mindestlohn ist der höchste in ganz Indien.
- Die Kinder erhalten in den Schulen eine gesunde Mahlzeit pro Tag.

Kerala kann seinen Weg trotz enormen Widerständen feindlich gesinnter Kreise durchsetzen.

4

5

3

6

Das Maikaal-Projekt – eine Chance für Bio-Baumwolle

Heute genügt es nicht mehr, dass ein Kleidungsstück aus Baumwolle ist, um es als natürlich und naturnah einzustufen. Denn der weitaus grösste Teil der Baumwolle wird in Monokulturen unter Zugabe von Pflanzenschutzmitteln und Dünger produziert. Diese bringen ein erhöhtes Gesundheitsrisiko für die auf den Feldern arbeitenden Menschen, meist Frauen, mit sich. Bei der Verarbeitung bis zum Kleidungsstück kommen unzählige Chemikalien zum Einsatz, was bei den Arbeiterinnen und Arbeitern oft Hautallergien verursacht. Ein weiterer Kritikpunkt sind die häufig schlechten sozialen Bedingungen, unter denen gearbeitet werden muss. Nicht selten ist sogar Kinderarbeit mit im Spiel.

Seit Generationen bauen die Bauernfamilien im zentralindischen Staat Madhya Pradesh Baumwolle an. Sie sichert ihre Existenz. Da diese Pflanze aber den ohnehin kargen Boden stark auslaugt, mussten die Bauern für eine befriedigende Ernte immer mehr Dünger und Schädlingsbekämpfungsmittel einsetzen. Krankheiten und Allergien waren die Folge. Einen gewichtigen Faktor in diesem Teufelskreis spielen die Banken: Sie gewähren nur Kredite, wenn das Geld zu 50% in Chemikalien umgesetzt wird. Die Ernte eines «chemielosen» Bauern ist ihnen zu unsicher.

Trotz dieses wenig ermutigenden Umfeldes hat sich 1992 der Schweizer Garnhändler Patrick Hohmann in den Kopf gesetzt, in Madhya Pradesh Bio-Baumwolle zu produzieren. Zuerst baute er zusammen mit seinem indischen Partner in der Provinzstadt Indore eine hochmoderne Spinnerei – die Maikaal-Spinnerei. Dann suchte er Bauern, die bereit waren, ihre Baumwollproduktion auf Bio-Produktion umzustellen. Nach nur 5 Jahren beteiligten sich bereits 800 Bauernfamilien mit einer Fläche von rund 1500 ha am Projekt. Sie werden von Fachleuten gratis beraten.

Die Umstellung auf den biologischen Anbau war nur möglich, weil die Betreiber des Maikaal-Projekts den Bauernfamilien Kredite zur Verfügung stellen. Diese können deshalb von den Banken unabhängig produzieren. Es wurde auch ein Sonderfonds eingerichtet, der Ertragseinbussen, die aus Missernten entstehen, ausgleicht. Aus diesem Fonds werden ebenfalls Beiträge an Wasserleitungen, Häckselmaschinen und Brunnen gewährt.

> «Wenn man sieht, dass zum Beispiel ein Bauer in Indien seine Felder mit dem Abwasser aus einer Färberei bewässert, und wenn man weiss, was da alles drin ist, dann geht uns das einfach etwas an. Wenn ich schon etwas mache, dann will ich wenigstens versuchen, es so ökologisch und so verantwortungsvoll zu machen, wie es zur heutigen Zeit geht.»
>
> Patrick Hohmann, 1997

1

2

Vom Baumwollfeld bis in den Handel

Es ist Ende November, die Zeit der Baumwollernte. Wie in der Schweiz hat auch in Indore die kühlste Jahreszeit begonnen. Doch die knapp über 30 Grad werden nur als angenehm kühl empfunden, wenn man weiss, dass über 50 Grad im Mai die Gegend in einen glühenden Kessel verwandeln.

Am Rande eines Baumwollfeldes trifft sich eine Schweizer Delegation mit einer indischen Bauernfamilie. Die Männer und Frauen aus der Schweiz wollen sich ein Bild machen vom Förderprojekt Maikaal für biologischen Baumwollanbau.

Während die indischen Frauen die Baumwolle von Hand pflücken, suchen die Männer den Kontakt zu den Besuchern: «Bio ist arbeitsaufwendiger. Man muss zum Beispiel Kompost machen, die Chemie ist immer fixfertig. Und sehen Sie, zwischen den Baumwollsträuchern pflanzen wir Mais und Chili, um Nützlinge anzuziehen. Wir haben auch Schädlingsfallen aufgestellt. Wir pflanzen Hecken und Bäume, damit Vögel darin nisten und die Schädlinge fressen. Ausserdem ist Brennholz bei uns knapp. Deshalb verwenden die Frauen oft getrockneten Kuhmist zum Feuern. Den Dung der Tiere benötigen wir aber dringend für die Felder. Wenn die Baumwolle geerntet ist, pflanzen wir auf diesen Feldern Weizen und Soja.»

Die Familie verkauft die Baumwolle an die Spinnerei, das bringt Bargeld ins Haus. Seit sie mit dem natürlichen Anbau von Baumwolle begonnen hat, ist die Ernte kleiner geworden. Trotzdem spart sie Geld: Die teuren Chemikalien und *Pestizide* braucht es nicht mehr. Zudem erhält sie als Bio-Prämie für die Baumwolle einen Mehrpreis von 25 Prozent auf den aktuellen Marktpreis.

Die Spinnerei lässt die Baumwolle zuerst von einer Fabrik entkörnen, bevor sie selber die Baumwolle zu Fäden verspinnt. Nach dem Entkörnen und Verspinnen tritt die Baumwolle einen 1000 km langen Weg in die Färberei an. Der Maschinenpark stammt aus Italien und Deutschland. Nach modernster Technik wird das Garn mit schwermetallfreien Farben aus der Schweiz eingefärbt. Die Abwässer werden in Klärbecken gereinigt und zu 80 Prozent für den Färbeprozess wieder verwendet. Der Rest fliesst in die Bananenplantage, die zum Firmengelände gehört.

Ein Teil des Garns wird in Indien, ein anderer Teil in der Schweiz zu Baumwolltextilien wie Socken, Unterwäsche, Nachtwäsche, T-Shirts und Pullis verarbeitet. Bei der Konfektionierung werden nur natürliche Zutaten für Faden, Knöpfe, Etiketten und Elaste verwendet. Damit die Wäsche auch mit unbehandelter Baumwolle die gewünschte Elastizität aufweist, muss sie dichter gestrickt werden. Die Strickapparate arbeiten deshalb länger an einem Kleidungsstück, das aus Bio-Baumwolle hergestellt wird, als an einem aus behandelter Baumwolle.

Bio-Baumwollwäsche ist teurer als herkömmlich hergestellte Wäsche. Damit die Preise in der Schweiz aber trotzdem konkurrenzfähig sind, werden sie vom Grossverteiler, der sie in seinen Läden verkauft, *subventioniert*.

coop-Aktuell, 1996, und
MTW, Schweizer Fernsehen, 1997

3

4

5

1 Baumwollsetzlinge, Maikaal-Projekt
2 Insektenfalle, Maikaal-Projekt
3 Beratung, Maikaal-Projekt
4 Frisch gepflückte Baumwolle
5 Strickerei, Maikaal-Projekt

Vom Baumwollanbau

Ansprüche der Baumwolle
- subtropisches bis tropisches Klima
- im Durchschnitt 19 bis 25 °C
- etwa 200 frostfreie Tage im Jahr
- viel Feuchtigkeit während des Wachstums, d. h. sorgfältige künstliche Bewässerung
- kein Regen unmittelbar vor und während der Ernte
- nährstoffreicher, z. B. vulkanischer Boden

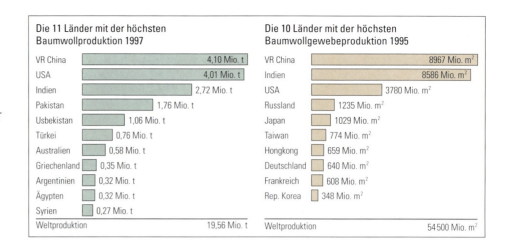

Die 11 Länder mit der höchsten Baumwollproduktion 1997

VR China	4,10 Mio. t
USA	4,01 Mio. t
Indien	2,72 Mio. t
Pakistan	1,76 Mio. t
Usbekistan	1,06 Mio. t
Türkei	0,76 Mio. t
Australien	0,58 Mio. t
Griechenland	0,35 Mio. t
Argentinien	0,32 Mio. t
Ägypten	0,32 Mio. t
Syrien	0,27 Mio. t
Weltproduktion	19,56 Mio. t

Die 10 Länder mit der höchsten Baumwollgewebeproduktion 1995

VR China	8967 Mio. m²
Indien	8586 Mio. m²
USA	3780 Mio. m²
Russland	1235 Mio. m²
Japan	1029 Mio. m²
Taiwan	774 Mio. m²
Hongkong	659 Mio. m²
Deutschland	640 Mio. m²
Frankreich	608 Mio. m²
Rep. Korea	348 Mio. m²
Weltproduktion	54 500 Mio. m²

Anbau, Ernte und Verarbeitung der Baumwolle

Baumwollpflanze
- einjährig: 1 bis 1,5 m hoch
- mehrjährig: bis 2,5 m hoch

Baumwollkapsel

Baumwollkapsel

Baumwollfasern

Baumwollballen

Baumwolle
Der Wert der Baumwolle hängt, neben Feinheit und Reissfestigkeit, Farbe und Reinheit ihrer Fasern, vor allem von der Faserlänge (Stapellänge) ab:
- bis 22 mm: kurzstapelig
- 22 bis 29 mm: mittelstapelig
- über 29 mm: langstapelig

Ernte
Ein Arbeiter pflückt von Hand etwa 70 bis 80 kg im Tag. Maschinen (Riesenstaubsauger) leisten viel mehr, sind aber teuer. Sie rentieren nur auf grossen Plantagen.

Entkernung
Die Entkernungsmaschine trennt die Fasern von den Samen. Sie wurde 1793 in den USA erfunden und machte die Grossproduktion von Baumwolle möglich.

Samen
Baumwollsamen machen ²/₃ des Ernteguts aus. Sie enthalten 20% Öl. Aus den Samen wird Speiseöl, Seife, aber auch Ölkuchen für Tierfutter hergestellt.

Ölkuchen

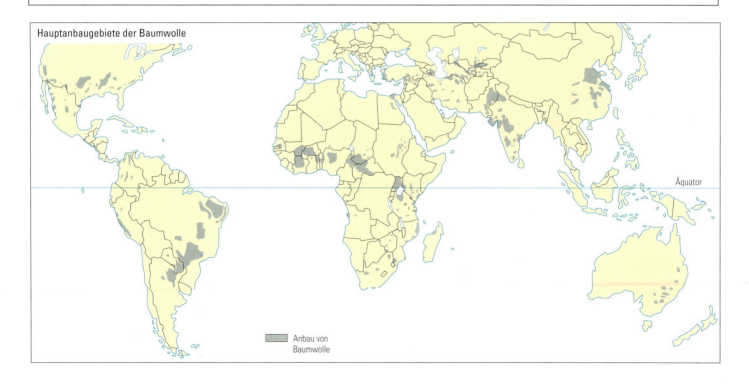

Hauptanbaugebiete der Baumwolle

Teppiche aus Nepal

Gaur May Tmang's Familie ist arm. Sie hat acht Geschwister, von denen keines die Schule besucht hat. Sie erzählt: «Unsere Familie besitzt ein winziges Stück Land in einem Dorf, etwa zehn Busstunden von Katmandu entfernt. Wir hatten niemals genug zu essen. Ich habe früher im Haushalt und auf dem Feld mitgearbeitet. Ich musste Feuerholz und Trockenfutter sammeln, nach meinen jüngeren Geschwistern schauen, das Vieh weiden lassen, das Ackerland bepflanzen, es von Unkraut befreien und ernten.

Als ich elf Jahre alt war, kam ein Dorfbewohner zu meinen Eltern und erzählte ihnen, dass ich in Katmandu gutes Geld mit dem Weben von Teppichen verdienen könnte. Ich war sehr aufgeregt – nicht nur, weil ich die Hauptstadt sehen, sondern auch der Not daheim entfliehen würde.

Drei Monate lang wurde ich in der Fabrik ausgebildet. Zu dieser Zeit erhielt ich keinen Lohn, jedoch zu essen und einen Schlafplatz. Das war eine sehr harte Zeit. Obwohl ich mich mittlerweile daran gewöhnt habe, schmerzt es immer noch, wenn ich meine Hände zwischen den straffen Fäden des Webstuhls hin- und herbewege.

Der Arbeitstag beginnt gegen sechs Uhr in der Früh. Wir haben Strom, sodass wir früh anfangen und spät aufhören können. Wir hören meistens um zehn Uhr abends auf, haben aber zwischendurch zweimal eine Stunde Pause. Die erste Pause ist um elf Uhr, damit wir zu Mittag essen können; die zweite ist um sieben Uhr abends – fürs Abendessen. Unser angemieteter Schlafraum ist ganz in der Nähe, sodass uns genügend Zeit bleibt, das Mahl vorzubereiten und zu essen. Ich habe oft Rückenschmerzen und Husten. Im Winter sind meine Hände ganz trocken, und die Arbeit am Webstuhl tut sehr weh. Manchmal bekomme ich Fieber und kaufe mir Medikamente in einer Apotheke.

Ich bekomme im Monat 500 Rupien (16 Franken). Zu dritt stellen wir im Monat zwei Teppiche her. Wir haben gehört, dass jeder Teppich in anderen Ländern für über 10 000 Rupien verkauft wird.

Ich teile ein Zimmer mit fünf anderen Mädchen und bezahle monatlich 50 Rupien dafür. Dazu kommen noch Kosten für Nahrungsmittel, Brennstoff, Bekleidung und Medizin. Da bleibt nicht mehr viel zum Sparen übrig. Mein Vater kommt alle vier Monate nach Katmandu und holt das ersparte Geld ab.

Seitdem ich vor zwei Jahren hier anfing, bin ich nicht mehr daheim gewesen. Das Leben ist hier einfacher; hier bin ich mit meinen Freunden zusammen. Hin und wieder gehen wir ins Kino. Ich möchte schon gerne wieder nach Hause, aber nur wenn ich reich bin. Mein Vater sagte mir, er werde bald meine jüngere Schwester nach Katmandu bringen. Ich freue mich auf sie. Wir können dann zusammen unsere Familie unterstützen.»

Südasien 1–2/95

1 Mädchen bereiten Knüpffäden vor
2 Knabe beim Teppichweben
3 Teppich aus Nepal, Yak-Motiv

Fluch und Segen des Monsuns in Bangladesh

Bangladesh liegt im Delta der drei grossen Flüsse Ganges, Brahmaputra und Meghna. Das gesamte Gewässernetz umfasst 240 Flüsse mit einer Gesamtlänge von 24 000 km. Ein Drittel des Landes liegt weniger als 10 m über dem Meeresspiegel. Obwohl es eine der fruchtbarsten Regionen der Welt ist, leben 80% der Menschen in absoluter Armut.

Jährlich, zur Zeit des Monsuns, wenn auch die Schneeschmelze im Himalaya in vollem Gange ist, liegen mindestens 30% des Landes unter Wasser. Bricht der Monsun sintflutartig über das Delta herein und strömt das Wasser tagelang vom Himmel, kommt es zu katastrophenartigen *Schichtfluten*. Dann können bis zu 80% des Landes überschwemmt sein. Treten die Flüsse über die Ufer, werden die Felder mit wertvollem Schlamm gedüngt. Man schätzt, dass jährlich 1,5 bis 2 Milliarden Tonnen dieses Naturdüngers auf die Felder geschwemmt werden. In guten Jahren sind dank einem guten Zusammenspiel von harter Arbeit, Flussüberschwemmungen und neuen Hochertragssorten drei Reisernten möglich: Im trockenen Winter wird eine Reissorte gepflanzt, die trockene Böden bevorzugt; zur Vormonsunzeit wird auf höher gelegenen Flächen eine Reissorte gepflanzt, die zwar in feuchten Böden gut gedeiht, aber stehendes Gewässer nicht toleriert; die lokalen Reissorten gelten als Monsunspezialisten und wachsen mit steigendem Wasserstand in den überfluteten Feldern. Heute kann sich Bangladesh in normalen Jahren mit Reis selbst versorgen.

Sind die Felder überflutet, legen die Bauern ihre Werkzeuge für den Ackerbau beiseite und holen die Fischernetze hervor. Fische bieten eine zusätzliche Einnahme und bedeuten für viele Menschen die einzige Eiweissquelle für ihre Nahrung.

Monsunzeit ist auch Reisezeit. Denn das stark erweiterte Gewässernetz bietet weit bessere Verkehrsverbindungen an als das Strassennetz während der Trockenzeit. Dazu ist es deutlich bequemer, mit dem Boot zu reisen, als zu Fuss lange Märsche mit Sack und Pack zurückzulegen.

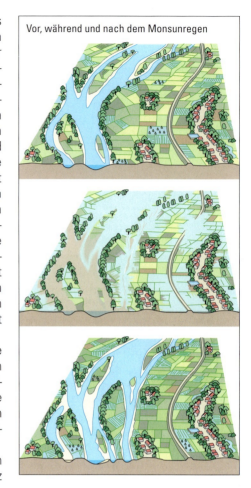

Vor, während und nach dem Monsunregen

1 Bangladesh zur Monsunzeit

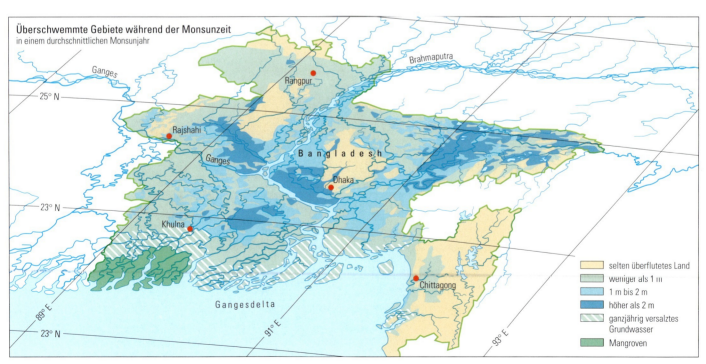

Überschwemmte Gebiete während der Monsunzeit in einem durchschnittlichen Monsunjahr

- selten überflutetes Land
- weniger als 1 m
- 1 m bis 2 m
- höher als 2 m
- ganzjährig versalztes Grundwasser
- Mangroven

Doch das Bild der in Eintracht mit der Natur lebenden Menschen trügt. Es muss ergänzt werden mit den immer wiederkehrenden Hochwasserkatastrophen. Häuser, manchmal ganze Dörfer werden von den Fluten fortgespült. Die Erosion nagt am fruchtbaren Land. Tausende von Menschen sterben, Millionen werden obdachlos. Besonders schlimm wird es, wenn ein Taifun über das Land fegt. Dabei ist es weniger der Wind, der die Menschen das Fürchten lehrt, sondern vielmehr die Meeresfluten, die über das Land hereinbrechen.

Seit Jahrzehnten arbeitet Bangladesh zusammen mit Fachleuten aus aller Welt an einem Flutaktionsplan. Er umfasst den Bau und die Ausbesserung von Dämmen entlang der Flüsse und im Küstenbereich, Uferbefestigungen und die Entwicklung von Frühwarnsystemen. Ein Projekt beschäftigt sich mit der Errichtung von *Poldern* nach dem Vorbild der Niederlande.

Die lange Projektdauer deutet daraufhin, dass grosse Probleme bei der Umsetzung zu überwinden sind.

- Der Bau von Dämmen ist sehr teuer.
- Wasserschutzbauten erfordern zwangsläufig Landenteignungen. Doch in einem dichtbesiedelten Land – in Bangladesh beträgt die Bevölkerungsdichte 800 E/km^2 – wo jeder kultivierbare Flecken bereits genutzt wird und für die Mehrzahl der Menschen zur Existenzsicherung beiträgt, führen Landenteignungen zu Unmut.
- Man muss Wege finden, wie man die betroffenen Menschen in die Projekte mit einbeziehen und so reine «Ingenieur-Lösungen» vermeiden kann.
- Wie stark sollen die Flüsse eingedämmt werden? Kann man auf die Düngerwirkung des Flussschlamms verzichten? Gibt es Zwischenlösungen? Welche Vorsichtsmassnahmen müssen ergriffen werden, damit im Falle von Deichbrüchen noch grössere Katastrophen vermieden werden können?
- Wie kann man die Fischerei und die damit verbundene Nahrungsquelle erhalten?

Bangladesh leidet nicht nur an zu viel, sondern auch an zu wenig Wasser

Bangladesh lebt vom Wasser. Die gewaltigen Flusssysteme des Ganges und des Brahmaputra machen das Land zu einem der grössten Süsswasserreservoire der Welt. Immer wieder aber zeitigen Überschwemmungen und Flutwellen katastrophale Folgen. Zur Bedrohung wird auch ein politischer Konflikt: Die meisten Flüsse von Bangladesh fliessen zuerst durch Indien, das seinem Nachbarn immer mehr das Wasser abgräbt.

Bereits sind 18 Flüsse, die aus Indien oder durch Indien nach Bangladesh fliessen, gestaut worden. Am schlimmsten steht es um den Ganges, dem sechstgrössten Flusssystem der Welt. Die Wassermenge ist in den letzten Jahren während der Trockenzeit massiv zurückgegangen. Letztes Jahr waren es nur noch 240 m^3/s gegenüber fast 2000 vor den Dammbauten. Der Ganges wird in den Hugli umgeleitet, den Fluss, an dem Kalkutta liegt. «Es geht einzig und allein darum, den Hugli durchzuspülen, damit der Hafen von Kalkutta nicht versandet», sagt ein Experte.

Wenn Indien das Flusswasser während der Trockenzeit für sich beansprucht, wird in Bangladesh die Bewässerung der Felder prekär. Noch schlimmer sind die Folgen im Südwesten, wo das Süsswasser des Ganges das hereindrängende Salzwasser des Ozeans zurückhält. Doch heute ist der Ganges während der Trockenzeit nicht mehr stark genug, um diese Aufgabe zu erfüllen. Eine weiträumige Versalzung ist unvermeidbar.

Andreas Bänziger, Tages-Anzeiger, 28. Juni 1994

1

Reis ernährt die Menschheit

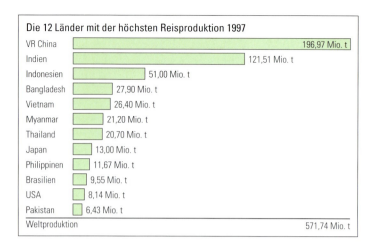

Die 12 Länder mit der höchsten Reisproduktion 1997

VR China	196,97 Mio. t
Indien	121,51 Mio. t
Indonesien	51,00 Mio. t
Bangladesh	27,90 Mio. t
Vietnam	26,40 Mio. t
Myanmar	21,20 Mio. t
Thailand	20,70 Mio. t
Japan	13,00 Mio. t
Philippinen	11,67 Mio. t
Brasilien	9,55 Mio. t
USA	8,14 Mio. t
Pakistan	6,43 Mio. t
Weltproduktion	571,74 Mio. t

Reis ist das bedeutendste Nahrungsmittel. Sowohl in Elendshütten als auch in Luxushotels wird er gern gegessen. Mengenmässig wird zwar mehr Weizen angebaut, doch ein grosser Teil davon dient als Futtermittel für das Vieh. Für die Menschen ist Reis das verdaulichste Getreide. Leider gilt der weisse Reis, dem die nährstoffreichen und vitaminhaltigen Spelze entfernt wurde, als höherwertiger und sauberer als der braune Naturreis. Bei Menschen, die sich hauptsächlich von weissem Reis ernähren, treten deshalb häufig Mangelkrankheiten auf.
Die ersten Reiskulturen wurden in China im unteren Yangtsetal vor mehreren tausend Jahren angelegt. Von dort breitete sich der Anbau über ganz Süd- und Ostasien aus. Heute wird Reis auch in Europa, den beiden Amerika und Afrika produziert.
Die Reispflanze gedeiht am besten in tropischen und subtropischen Gebieten mit wechselfeuchtem Klima auf vulkanischer Erde. Vor der Grünen Revolution wurden die meisten Reisfelder nur einmal im Jahr bepflanzt. Kurz vor Einsetzen der Regenzeit wurde gesät. Während der Regenzeit wächst, blüht und reift der Reis. Nach der Regenzeit wurde geerntet. Die schnell wachsenden Hochertragssorten und die Ausdehnung der künstlich bewässerten Flächen erlauben heute auf demselben Acker zwei bis drei Ernten jährlich.
Etwa 85% des Reises wird in Nassfeldkulturen angebaut. Der Rest gedeiht im Trockenfeldbau, also ohne künstliche oder natürliche Überschwemmung der Böden. Aber auch auf den trockenen Böden muss der Reis immer mit genügend Wasser versorgt werden. Deshalb eignen sich die Berghänge der immerfeuchten Tropen besonders für den Trockenlandreis.

Die Reisesser (kg/Kopf)

Myanmar	186	China	96
Laos	176	Indien	64
Bangladesh	130	Europa	10

1 Reisterrassen (Nepal)
2 Reisterrassen (Bali)
3 Reisfeld (Bali)

Von der Aussaat bis zur Ernte: Beispiel Java

1. Anlegen des Saatbeetes
Das Saatgut wird auf trockenem Boden ausgebracht, danach bis zu einem Wasserstand von etwa 3 Zentimeter überflutet. Während 20 bis 25 Tagen keimen die Sprösslinge.

2. Bodenbearbeitung
Zuerst teilt der Bauer die Felder ein und legt kleine Erddämme an. Er repariert die Kanäle und reinigt sie. Ist das Feld gross genug, pflügt er mit Hilfe eines Wasserbüffels den Boden. Kleinere Felder werden gehackt.

3. Pflanzen
Die Frauen setzen die etwa 20 Zentimeter hohen, jungen Reispflanzen in die überfluteten Felder um. Das Wasser steht etwa 5 Zentimeter hoch.

4. Pflanzenpflege
Der Bauer gleicht den Wasserstand laufend den Bedürfnissen der Pflanzen an. Das Wasser steht aber nie höher als 5 Zentimeter. In diese Bearbeitungsphase gehören auch Düngen, Spritzen und Unkraut jäten.

5. Ernten
Ist der Reifeprozess nahezu abgeschlossen, entwässert man die Felder, damit die Böden wieder trocknen. Kurz danach, 110 bis 120 Tage nach der Aussaat, können die Frauen mit der Ernte beginnen. Einige Tage vor Beginn der Ernte wird ein Ernteopfer dargebracht. Ohne Ernteopfer kann nicht geerntet werden.

6. Weiterverarbeitung der Reisernte
Die Reisrispen lässt man in der Sonne trocknen, um sie anschliessend zu dreschen. In der Reismühle wird der Reis zuerst geschält (von Spelzen entfernt) und dann «poliert», d.h. er wird zu weissem Reis weiterverarbeitet, indem man die Kleie entfernt.

1

2

3

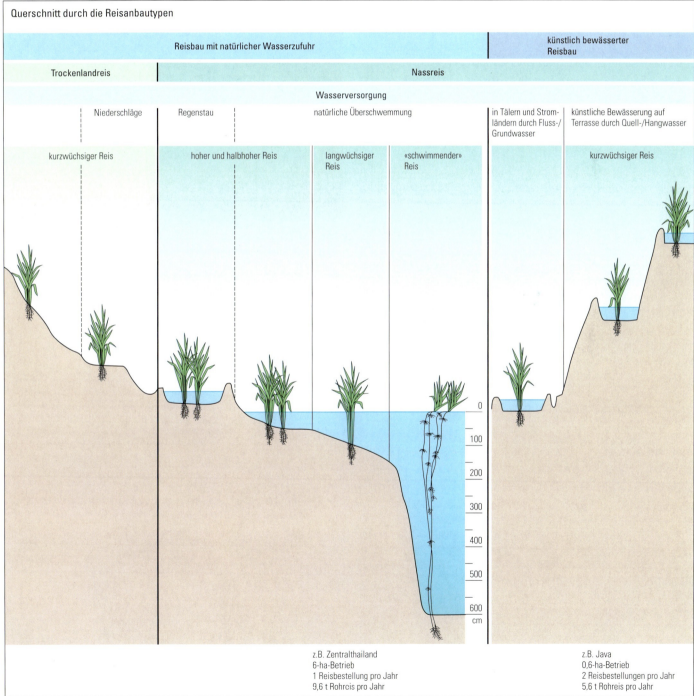

Querschnitt durch die Reisanbautypen

Reisbau mit natürlicher Wasserzufuhr				künstlich bewässerter Reisbau	
Trockenlandreis	Nassreis				
Wasserversorgung					
Niederschläge	Regenstau	natürliche Überschwemmung		in Tälern und Stromländern durch Fluss-/Grundwasser	künstliche Bewässerung auf Terrasse durch Quell-/Hangwasser
kurzwüchsiger Reis	hoher und halbhoher Reis	langwüchsiger Reis	«schwimmender» Reis		kurzwüchsiger Reis

z.B. Zentralthailand
6-ha-Betrieb
1 Reisbestellung pro Jahr
9,6 t Rohreis pro Jahr

z.B. Java
0,6-ha-Betrieb
2 Reisbestellungen pro Jahr
5,6 t Rohreis pro Jahr

Die Parabel von der Trockenzeit

Die Bauern eines philippinischen Dorfes waren zusammengekommen, um über ihre Erfahrungen und Probleme zu beraten. Die Reisernte war gerade abgeschlossen. Es war eine gute Ernte gewesen. Es gab eigentlich nichts, über das sie sich beschweren könnten. Aber sie wünschten sich, mehr Wasser zur Verfügung zu haben.

Das Dorf hatte keine Bewässerungsanlagen. So hing der Ernteertrag von den Niederschlägen ab, die jeweils im Juni einsetzten. Deshalb konnten sie nur eine Reisernte pro Jahr einbringen. In der Trockenzeit wuchsen weder Reis noch Gemüse.

«Was würde passieren, wenn wir die Trockenzeit abschaffen», fragte ein Bauer. «Wir könnten eine zweite Ernte einbringen», antwortete ein anderer. «Auch wenn wir nur zusätzliches Gemüse ernten könnten, es wäre doch immerhin etwas», stimmten die andern ein. Ein alter Mann fragte, auf welche Weise man die Trockenzeit abschaffen wolle, immerhin sei dies kein leichtes Unterfangen. «Nun, lasst uns Gott fragen», antwortete ein jüngerer Bauer. «Nur er kann uns helfen und uns Regen während des ganzen Jahres schicken.»

Gesagt, getan! Und wider Erwarten stimmte Gott ihrem Anliegen zu. Die Bauern konnten es kaum glauben. Von nun an würde es keine Trockenzeit mehr geben, statt dessen sehr viel Regen und viele Möglichkeiten, mehr Pflanzen anzubauen.

Die Bauern richteten, so schnell sie konnten, ihre Felder her. Nun konnten sie das ganze Jahr über pflanzen und ernten. Binnen zweier Jahre brachten sie fünf Reisernten ein. Ausserdem hatten sie viele verschiedene Gemüsearten geerntet. Sie fühlten sich, als wenn sie dem Paradies nahe wären.

Im dritten Jahr aber galt es, den Preis zu zahlen. Die Felder wurden von Scharen von Insekten zerstört. So etwas hatten die Bauern zuvor noch nicht gesehen. Die Reisfelder waren verwüstet und das Gemüse wurde von unzähligen kleinen Tieren vernichtet.

Die Bauern erinnerten sich an Gott. «Lasst uns Gott fragen, was passiert ist. Wir wollten doch nur die Abschaffung der Trockenzeit, aber keine Katastrophe!» Und Gott sprach: «Ihr hattet mich um die Abschaffung der Trockenzeit gebeten. Ohne Feuchtigkeit sterben die meisten Insekten und werden so auf natürliche Weise kontrolliert. Jetzt entscheidet selbst, was ihr wirklich wollt – mehr Ernten oder weniger Insekten?» Die Bauern beugten ihre Köpfe. «Gott, gib uns die ursprünglichen Jahreszeiten zurück, sodass sich Trocken- und Regenzeit abwechseln.»

Und seitdem wechseln sich auf der Erde die trockene und die nasse Jahreszeit wieder ab.

Zum Beispiel Reis, 1993

1

2

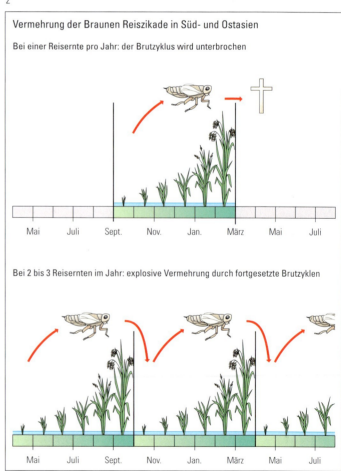

Von Tigern, Drachen und einer Leitgans

Mitsui will Handy-Netz in Indonesien aufbauen

Toyota importiert Motoren aus Indonesien für japanische Fertigung

Toshiba steigert Chip-Produktion in Thailand

Marubeni baut Industriepark auf den Philippinen

Casio produziert Digitalkameras in Malaysia

Mitsubishi gründet Investment-Fonds in Singapur

Ost- und Südostasien, mit Japan an der Spitze, verzeichnete in den Achtziger- bis Mitte der Neunzigerjahre einen wirtschaftlichen Wachstumsprozess, der sich mit keiner bis anhin dagewesenen Entwicklung in irgendeiner Region der Welt vergleichen lässt.

Japan, das sich erst 1898 nach über 250-jähriger Isolation öffnete, ist heute nach den USA und Deutschland die drittstärkste Handelsmacht der Welt. Als einziger Staat der Region zählt es zu den entwickelten Industrienationen. Seine Nachbarländer haben die wirtschaftliche Aufholjagd erst viel später, nämlich in den Achtzigerjahren, angetreten, eine Aufholjagd, die durch eine Wirtschaftskrise in der zweiten Hälfte der Neunzigerjahre jäh abgebremst wurde. Einige dieser Staaten gehören heute denoch zu den Schwellenländern. Gesamthaft zählt der ost- und südostasiatische Raum mit Europa und den USA zur sogenannten «Triade», dem mächtigsten Wirtschaftsdreieck der Welt. Eine Ausnahme bildet das kommunistisch regierte Nordkorea, das als einziges aller ostasiatischen Länder seit Jahren einen für die Menschen lebensbedrohenden wirtschaftlichen Niedergang erlebt.

Nachdem sich Japan unter den grössten Industrienationen eingereiht hatte, dehnte es seine wirtschaftliche Tätigkeit auf die gesamte Region aus. Japanische Firmen begannen in einer Reihe von Ländern Industrien, ausgestattet mit japanisch-westlicher Technik, aufzubauen. Deshalb wird auch oft das Bild der Wildgansformation herangezogen: Japan fliegt als Leitgans voraus und weist den Nachbarländern die Richtung zu grösserem und schnellerem Wirtschaftswachstum. Doch die betroffenen Länder sind mit diesem Vergleich nicht einverstanden. Sie sehen sich eher als Kormorane, die im Dienste ihres japanischen Herrn Fische fangen müssen. Nur wenn dieser die disziplinierenden Ringe um den Hals lockert, dürfen sie auch ab und zu einen Fisch gegen den eigenen Hunger hinunterschlucken.

1 Reissetzlinge werden umgepflanzt
2 Reis, reife Ähren

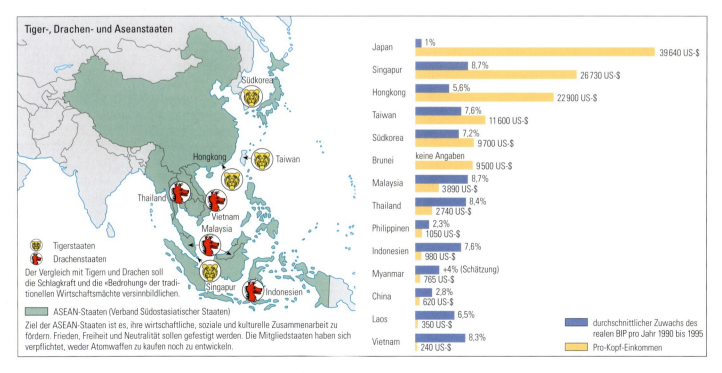

Bildung verleiht gesellschaftliches Ansehen

Wenn ein Volk wie Südkorea mit sechsjähriger Schulpflicht zu 95% seine Kinder freiwillig zwölf Jahre zur Schule schickt, dann ist das für uns eindrucksvoll. Nach der Schule wird die Weiterbildung an der Universität angestrebt. Im Kampf um die begehrten, aber begrenzten Studienplätze kommt es zu Lernanstrengungen, die uns im Westen unbekannt und unbegreiflich sind.
Wer aber keinen universitären Studienplatz bekommt, ist von einer Spitzenkarriere im Staat oder in der Wirtschaft bereits ausgeschlossen.

Geografie heute, 133/1995

Kluft zwischen Reich und Arm wird grösser

Eine thailändische Studie über die sozialen Kosten der raschen wirtschaftlichen Entwicklung Thailands hat festgestellt, dass in den vergangenen 30 Jahren nur wenige merklich vom Wachstum der thailändischen Wirtschaft profitiert haben.
Eine wohlhabende Gruppe von nur 10% der Bevölkerung bezog 40% des Volkseinkommens, weitere 10% konnten immerhin 17% vom Kuchen sichern. Aber die übrigen 80% der Bevölkerung haben praktisch keinen Vorteil aus der Steigerung des Volkseinkommens gehabt.

Südostasien aktuell, März 1996

Einkommen und Arbeitszeit von Arbeiterinnen in ausgewählten Ländern

	Nettoeinkommen pro Jahr in Fr.	Wöchentliche Arbeitszeit Std.	*Kaufkraft:* Notwendige Arbeitszeit für den Kauf von 1 kg Reis in Minuten
Bangkok	3 600	48	22
Hongkong	17 600	48	8
Kuala Lumpur	4 400	44	11
Manila	3 500	48	63
Shanghai	1 550	44	81
Seoul	12 500	49	25
Singapur	10 200	38	12
Tokio	31 600	39	22
Zürich	31 700	41	7
New York	27 300	39	8
Mexiko City	2 300	48	37

Strassenkinder

Die Zahl der Strassenkinder in Bangkok ist in wenigen Jahren von 13 000 auf 20 000 gestiegen. Diese Kinder haben ihre «broken homes» verlassen, um eine der Beschäftigungen zu suchen, die vom Verkauf von Blumen und Zeitungen über das Fensterputzen bis hin zur Prostitution reichen.

Südostasien aktuell, März 1996

1 Immobilienboom
2 Geschäftsleute
3 Strassenkinder stehen um Essen an

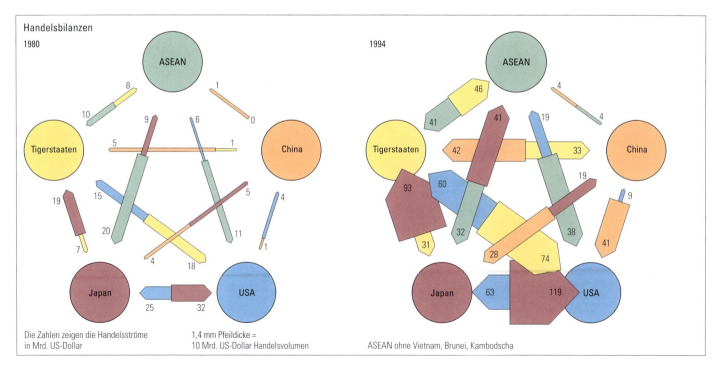

Handelsbilanzen 1980 / 1994
Die Zahlen zeigen die Handelsströme in Mrd. US-Dollar
1,4 mm Pfeildicke = 10 Mrd. US-Dollar Handelsvolumen
ASEAN ohne Vietnam, Brunei, Kambodscha

Die Musterschüler liegen am Boden

Jahrelang galten die südostasiatischen Tiger-Staaten als Muster der Marktwirtschaft. Jetzt ist das asiatische Wirtschaftswunder wie ein Kartenhaus zusammengebrochen. Die Wirtschaft Thailands, Malaysias, Indonesiens und Südkoreas steckt in einer tiefen Krise. Wie konnte dies geschehen?

Inländische, aber immer mehr auch ausländische Banken haben leichtsinnig Geld an Firmen ausgeliehen, die in den vermeintlich unaufhaltsam nach oben strebenden Ländern Südostasiens investierten. Allerdings wurde ein Grossteil des Geldes in Immobilien angelegt, wo die Renditen zwar höher sind als in der Landwirtschaft und der Industrie, aber nichts zum Wachstum der Produktion beitragen. Als die Exporte stagnierten, wuchsen die Defizite der Staatshaushalte, bis die Schulden nicht mehr versteckt werden konnten.

Hinter den fantastischen Wachstumsraten verbarg sich viel Betrug, *Vetternwirtschaft* und politische *Korruption*. Scharfe Gesetze verhinderten die Aufklärung durch Presse und Opposition. Die Regierungen pflegten einen autoritären Stil, Wahlen wurden manipuliert, und ein grosser Teil des Volkseinkommens floss in die Schatullen einflussreicher Familien. Die Kosten des Booms bezahlten vor allem die Frauen und Kinder, die in den Textil- und Elektronikindustrien, den Schuh- und Jeansfabriken gerade so viel verdienten, wie sie zur Ernährung und Übernachtung in Massenquartieren brauchten. Lange Arbeitstage, schlechte Bezahlung, drakonische Arbeitsvorschriften, psychologischer Druck und körperliche Bestrafung sind die Kehrseite einer Politik, die ausländisches Kapital anzulocken vermochte.

Aus dem südostasiatischen Kollaps sind Lehren zu ziehen. Lügen gestraft werden all jene, die einer schrankenlosen Globalisierung das Wort reden. Es ist offensichtlich nicht wahr, dass der absolut freie Austausch von Waren und die deregulierten Geldströme von selbst Wachstum und Wohlstand für alle erzeugen. Der weltumspannende Markt ist offensichtlich nicht fähig, weltweit Wohlstand zu erzeugen und zu verteilen. Die Deregulierer und Globalisierer hatten ihre Chance. Der freie Fall Südostasiens hat sie ins Unrecht versetzt. Das heisst aber keineswegs, dass die Welt in nationalstaatlichen *Protektionismus* oder gar in staatliche Planwirtschaft zurückfallen soll. Vielmer sind neue Regeln gefragt, die transnational sein müssen. Nur dann können Kapital und Grossfirmen gezwungen werden, nicht nur immer höhere Gewinne für wenige, sondern auch sozialen Nutzen für alle abzuwerfen.

nach Frankfurter Allgemeine, 10. Januar 1998 /
Tages-Anzeiger, 10. Februar 1998

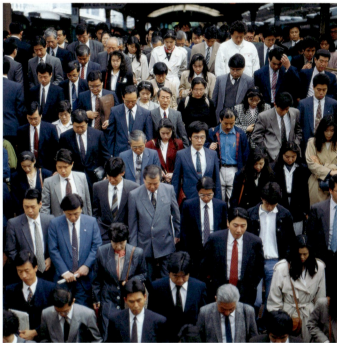

Tokio

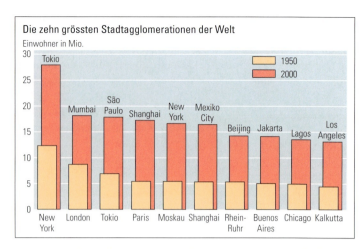

Edo, das «Tor zum Fluss», bestand am Ende des 16. Jahrhunderts aus einigen schäbigen Fischerhütten. Die Umgebung war sumpfig, feucht und ungesund. Trotzdem beschloss Tokugawa Ieyasu, ein japanischer Kriegsherr, gerade hier sein Hauptquartier aufzuschlagen. Er erkannte die *strategisch* günstige Lage des Ortes: er war leicht zu verteidigen, hier führte der wichtigste Handelsweg von Norden nach Süden vorbei, und die Bucht bot einen gewissen Schutz vor den gefürchteten Taifunen. Heute sind die ehemaligen Sümpfe von einem unendlich erscheinenden Häusermeer überzogen, in dessen geografischem Zentrum der Kaiserpalast eine grüne Oase bildet.

Tokio ist als Hauptstadt Japans das politische, wirtschaftliche und kulturelle Zentrum des Landes. Auf nur zwei Prozent der Landesfläche wird fast ein Drittel des Bruttosozialproduktes erwirtschaftet. Zwei Drittel aller grossen japanischen Unternehmen haben hier ihren Hauptsitz. Von den ausländischen Firmen haben nahezu 90% Tokio als Standort gewählt. Die Tokioter Börse ist eine der wichtigsten der Welt. Der Hafen, obgleich nicht der grösste in Japan, zählt zu den 15 grössten der Welt. Die beiden internationalen Flughäfen Haneda und Narita fertigen zusammen jährlich 70 Millionen Passagiere ab. Die 106 Universitäten bieten 600 000 Studierenden einen Ausbildungsplatz, das sind 40% aller Studienplätze des Landes. Wer gar an der renommierten Nobel-Universität Todai sein Studium abschliessen kann, dem ist ein Top-Job in der Politik oder in der Wirtschaft so gut wie sicher. In Tokio ist aber auch die künstlerische Elite des Landes zu Hause. Hier konzentrieren sich die berühmtesten Theater, Museen und Galerien Nippons. In der internationalen Kulturszene nimmt Tokio einen der vordersten Ränge ein.

Heute ist Tokio die grösste und menschenreichste Metropole der Welt. Selbst die Kernstadt reicht bis weit ins Meer hinaus. Die sieben Izu-Inseln gehören ebenso dazu wie die Insel Oshima mit ihrem aktiven Vulkan eine halbe Flugstunde vom Stadtzentrum entfernt. Zusammen mit einer Reihe von Städten über Nagoya bis nach Osaka bildet es eine riesige Bevölkerungsagglomeration, eine Megalopolis. Natürlich gehören Wolkenkratzer auch hier zur Skyline. Gleichwohl breitet sich hinter den verschiedenen mit Hochhäusern überbauten Zentren eine Stadtlandschaft aus, die uns Europäern in durchaus erträglichen Dimensionen erscheint. Obwohl es in Tokio achtmal weniger Parkanlagen gibt als in New York und zwölfmal weniger als in London, ist die gesamte Grünfläche erstaunlich hoch. Fast zu jedem Haus gehört auch ein Gärtchen und sei es auch bloss 3 m² gross.

Für den Fremden ist die Orientierung über weite Strecken schwierig, weil keine erkennbaren Strukturen die Stadt gliedern. Viele Strassen und Gässchen besitzen nicht einmal Namen. Die Häuser sind zwar nummeriert, doch leider nicht unbedingt in mathematischer Reihenfolge: Neben dem Haus Nr. 7 kann durchaus Haus Nr. 2 stehen, gefolgt von Haus Nr. 4.

Allein in einem Radius von 50 km vom Zentrum aus leben 32 Millionen Menschen. In der Kernstadt mit ihren 581 km² Festlandfläche beträgt die Bevölkerungsdichte 13 770 E/km² (Stadt Zürich: 3900 E/km²). Um der Stadt

1

Wachstum zu ermöglichen, hat man schon früh Land entlang des Ufers aufgeschüttet.

Als in den Siebziger- und Achtzigerjahren die Bodenpreise explodierten, trieb es die Menschen auf der Suche nach günstigerem Wohnraum hinaus aus der Stadt. Ihre Arbeitsplätze befinden sich aber immer noch im Zentrum. Für die meisten von ihnen ist mehr als eine Stunde pro Arbeitsweg zur Alltäglichkeit geworden. Manchmal sind es auch vier Stunden, die jemand für einen Arbeitsweg in Kauf nehmen muss. Ein leistungsfähiges öffentliches Verkehrsnetz mit Schnellbahn, Untergrundbahn und Bus und natürlich das Auto ermöglichen den täglichen Pendlerverkehr zu bewältigen. Das Strassennetz wird laufend ausgebaut. Es scheint, als scheuten die Japaner keine Kosten, das wachsende Bedürfnis nach noch mehr Mobilität zu befriedigen. So verbindet neuerdings eine 16 Milliarden Franken teure unterirdische Schnellstrasse quer durch die 15 km breite Bucht den Süden und den Norden Tokios. Dem Verkehr verdankt die Stadtbevölkerung auch die Smogglocke, die nur während der Taifunzeit im Herbst für wenige Tage weggeblasen wird.

Seit das rasante Wirtschaftswachstum auch in Japan ein vorläufiges Ende gefunden hat, wachsen die bis anhin unbekannten «Kartonstädte» in der Innenstadt unaufhaltsam an. Sie werden hauptsächlich von Arbeitslosen bewohnt. Die Japaner kennen kein staatliches Versicherungssystem wie wir Europäer, das im Krankheitsfall, bei Arbeitslosigkeit und im Alter den sozialen Abstieg abzufedern vermag. Erstaunlich ist, dass auch die von der Gesellschaft ausgeschlossenen Menschen peinlichst danach trachten, selbst in der Enge ihres Kartons, sich und die unmittelbare Umgebung sauber zu halten.

Tokio liegt auf der Naht von drei tektonischen Platten, die sich unaufhörlich gegeneinander verschieben. Es ist deshalb extrem erdbebengefährdet. Das letzte grosse Erdbeben im Jahre 1923 hat zwei Drittel der Stadt in Schutt und Asche gelegt und 140 000 Tote gefordert. Die Verlegung der Hauptstadt in eine erdbebensicherere Zone ist deshalb immer wieder Gegenstand von heftigen Diskussionen.

1 Strassenszene in Tokio
2 Tokio
3 Stosszeit
4 Leben im Karton

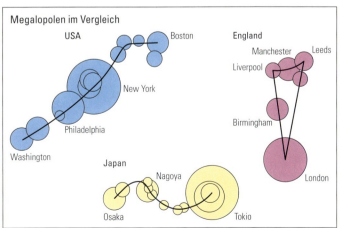

Megalopolis

Als Megalopolis bezeichnet man eine ausgedehnte Stadtlandschaft von mehreren aneinander gereihten Grossstädten. Ein grosser Teil der Verkehrsströme (Personen, Güter, Informationen) eines Landes konzentriert sich auf eine solche Stadtlandschaft. Die dazu gehörenden Städte stehen deshalb in einem sehr engen Beziehungsgeflecht zueinander.

Megalopolen im Vergleich

Erdbeben – Möglichkeiten der Schadensbegrenzung

Weltweit bebt die Erde jährlich mindestens 50 000-mal. Die Menschen nehmen davon etwa 5000 Erdbeben auch ohne Seismograf wahr. Durchschnittlich 500 Beben richten Schäden an Bauwerken an. Angesichts der Zahl der Todesopfer müssen 5 bis 10 Erdbeben als Katastrophe bezeichnet werden.

Ein Mensch auf freiem Feld wird mit grösster Wahrscheinlichkeit durch ein Erdbeben kaum gefährdet. Er wird mit dem Schrecken davonkommen. Im höchsten Masse gefährdet sind Menschen in Siedlungen, Städten und im Verkehr: Häuser und Brücken stürzen ein, Feuer bricht aus. Hangrutsche und Felsstürze werden ausgelöst und blockieren Strassen und Bahnlinien.

Seit Jahren bemüht sich die Wissenschaft, eine Methode zu finden, die es erlaubt, Erdbeben exakt vorherzusagen. Bis heute haben die Anstrengungen noch zu keinem befriedigenden Resultat geführt. Viele Fachleute glauben, dass die zuverlässige Vorhersage von Erdbeben – wenn überhaupt – erst in ferner Zukunft möglich sein wird.

Umso mehr werden Anstrengungen unternommen, die zerstörerischen Auswirkungen von Erdbeben zu mildern. Japan, das in höchstem Masse erdbebengefährdet ist, hat einen umfassenden Massnahmenplan entwickelt. Einmal pro Jahr wird die Bevölkerung über die Medien ausführlich informiert. Sie wird darüber aufgeklärt, wie sie sich vorbeugend und im Ernstfall verhalten soll:

- Die Leute werden ermahnt, Notvorräte, insbesondere Wasser, anzulegen.
- Katastrophenübungen, an denen die ganze Bevölkerung teilnehmen muss, werden abgehalten.
- Für Überlebensstrategien werden Kurse angeboten.
- Für den Bau neuer Häuser gelten spezielle Bauvorschriften.
- Gas- und Benzinleitungen müssen so installiert werden, dass sie der Ausbreitung von Feuer entgegenwirken.

Erdbebensichere Bauweise

Der Bau von erdbebensicheren Häusern hat grosse Fortschritte gemacht. Im Gegensatz zu früher wählt man heute eine möglichst flexible Bauweise. Die starren Bauten, die den Erdbebenstössen trotzen sollten, wurden zugunsten von gefahrlos verformbaren Konstruktionen aufgegeben. Diese können gewaltige Kräfte aufnehmen und in weniger schädliche Schwingungen umsetzen. Die Idee ist der Natur abgeschaut: Getreidehalme können auch stärkere Winde heil überstehen. Sie geben den Kräften nach, denen sie ausgesetzt sind, ohne dabei zu brechen. Die Bauweise mit stahlverstärkten Betonskeletten oder mit Stahlrahmen entsprechen nach heutigem Wissen den Anforderungen nach Flexibilität am besten. Selbst Hochhäuser, welche nach diesem Prinzip erbaut sind, überstehen in der Regel Erdbeben nahezu ohne Schaden.

Das Gebäude sollte im festen Gestein verankert sein, da lockeres Material während eines Erdbebens «verflüssigt» werden kann und ausserdem die Erschütterungen noch verstärkt.

Erdbebensicheres Bauen auf sandigem Boden

Loser, sandiger Boden mit einem hohen Wasseranteil, grosse Hohlräume.

Durch ein Erdbeben verändern die Teilchen ihre Lage, Wasser wird nach oben ausgepresst.

Die Hohlräume zwischen den Teilchen werden kleiner, der Boden sackt ab.

1

2

Feuer

Feuer, meist eine Folge geborstener Gasleitungen, bricht bereits unmittelbar nach Beginn eines Erdbebens aus. Innert kürzester Zeit stehen die betroffenen Häuser in Flammen. Für die Feuerwehr kann es nur noch darum gehen, die weitere Ausbreitung des Brandes zu verhindern. Als Löschmittel kommt praktisch nur Wasser in Frage, da andere Mittel wie Chemikalien die Menschen noch mehr gefährden würden. Da in diesem Fall der Wasserverbrauch rapide ansteigt, droht bei den meisten katastrophenartigen Erdbeben das städtische Wassernetz zusammenzubrechen. Oft sind auch die Zufahrtswege blockiert oder verschüttet.

Im pazifischen Raum wohnen die meisten Menschen aus traditionellen und finanziellen Gründen immer noch in Holzhäusern. Diese sind weder speziell erdbebensicher noch feuersicher. Während Holzhäuser von aussen her abbrennen, brennen Häuser aus Stahl, Beton und Stein von innen her aus. Diese Materialien leiten die Hitze besser ins Hausinnere, wo die erhitzte Luft das Mobiliar in Brand setzen kann.

Katastrophenhilfe

Nach einem Erdbeben ist das Chaos in einer Stadt fast unvermeidlich. Die zuständigen Behörden versuchen sich so schnell als möglich ein Bild über den entstandenen Schaden zu machen. Sie müssen herausfinden, wo wer welche Hilfe benötigt. Oft ist das Kommunikationsnetz zusammengebrochen, die Strassen sind verschüttet, Menschenmassen versuchen in Panik aus der Stadt zu fliehen. Der Einsatz von Helikoptern ist möglicherweise wegen des dichten Rauchs, der sich durch die Feuersbrünste entwickelt hat, zu gefährlich. In dieser Situation ist die Organisation der Katastropheneinsatztruppen schwierig, und meist vergehen viele Stunden, bis die Hilfe an Ort und Stelle tatsächlich angelaufen ist. Ist es schliesslich soweit, stehen die medizinische Versorgung der Verwundeten und die Versorgung der Menschen mit Nahrung und geeigneten Unterkünften im Vordergrund.

Für die Verschütteten sind die ersten Stunden, wenn nicht Minuten, entscheidend über Leben und Tod. Auf staatliche Hilfe können sie nicht warten. Am schnellsten helfen können jene Menschen, die bereits vor Ort sind. Im Normalfall sind dies die Nachbarn. Deshalb wird der Ausbildung der Bevölkerung für den Ernstfall – einer Art Zivilschutz – grosse Bedeutung beigemessen.

Das Bergen von Verschütteten muss behutsam erfolgen. Grosse, schwere Maschinen können die Trümmerberge erschüttern und noch weiter verdichten. Sie würden auch Staub aufwirbeln und damit die Frischluftzufuhr gefährden. Verschüttete mit sonst guten Überlebenschancen müssten den Erstickungstod erleiden.

1 Stahlskelettbau (Tokio)
2 Stahlskelettbau (Tokio)
3 Feuer (Kobe 1995)
4 Erdbeben (Kobe 1995)
5 Katastropheneinsatz (Kobe 1995)
6 Umgekippte Autobahn (Kobe 1995)

3

4

5

6

1 Kimberley Ragged Range
2 Space Center (Canberra)
3 Sydney
4 Oper, Sydney
5 Queensland
6 Strassenschild im Outback
7 Chinatown, Sydney
8 Sydney
9 Ayers Rock
10 Aborigine mit Didgeridoo
11 Küste Victorias, die zwölf Apostel
12 Aborigines verkaufen Malereien
13 Kunstwerk der Aborigines
14 Great Barrier Riff
15 Koala
16 Bumerange
17 Alter Aborigine
18 Känguru
19 Junge mit Videokamera

131

Ausbruch aus der Isolation

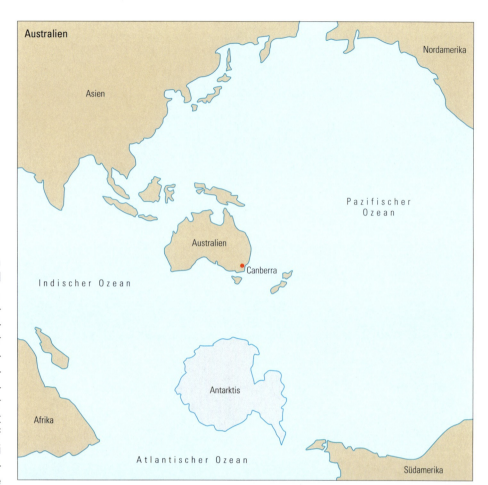

Als einziger Kontinent liegt Australien vollständig auf der Südhalbkugel und abseits der grossen Schifffahrtswege. Die Distanzen zu den wichtigen Handelspartnern in Westeuropa und Nordamerika sind enorm. Die von der Natur begünstigten Lebensräume liegen auf der von der übrigen Welt abgekehrten Seite des Kontinents, entlang der Südostküste und an der Südwestküste. Nahezu 85 Prozent des 18-Millionen-Volkes leben hier auf 5 Prozent der Landfläche, rund zwei Drittel in den Millionen-Städten Sydney, Melbourne, Brisbane, Adelaide und Perth. Mit fast 90 Prozent städtischer Bevölkerung ist Australien der Kontinent mit dem höchsten Verstädterungsgrad. Das Landesinnere dagegen ist von grossen, nahezu menschenleeren Wüsten, Halbwüsten und Trockensavannen bedeckt.

Die ersten Siedler kamen 1788 nach Australien. Es waren Sträflinge, die deportiert wurden, weil die britischen Gefängnisse überfüllt waren. Nach einigen Jahrzehnten voller Schwierigkeiten wurde Australien ein wichtiger Lieferant für Wolle und Weizen im Landwirtschaftssektor, für Gold, Silber, Diamanten, Kohle, Eisenerz, Bauxit und Buntmetallerze (Blei, Zink, Zinn, Kupfer) im Bergbau. Obwohl es stets gelang, mit wenig Arbeitskräften und modernster Technik einen hohen Grad an *Produktivität* zu erreichen, blieb Australien vor allem ein Rohstofflieferant, der vom Weltmarkt abhängig ist und unter dessen Preisschwankungen leidet.

Der Auf- und Ausbau der verarbeitenden Industrie ist schwierig, da der inländische Markt klein ist, der Weg zu den grossen und zahlungskräftigen Abnehmern im Norden aber weit.

Ein grosser Teil der *Halbfabrikate* muss importiert werden. Obwohl der Ausbildungsstand im Vergleich zu den führenden Industrieländern hintendrein hinkt, sind die Löhne hoch.

Das *Know-how* für viele Industrieprodukte, die Australien trotz allen Schwierigkeiten heute produziert, lieferten hauptsächlich die USA und Grossbritannien. Ebenso stammt ein grosser Teil des Geldes, das für den Aufbau von Unternehmen nötig ist, aus diesen beiden Ländern, neuerdings auch aus Japan.

Als Grossbritannien 1972 der damaligen Europäischen Gemeinschaft beitrat und Australien wegen der hohen europäischen Schutzzölle seinen wichtigsten Handelspartner verlor, entschied es sich, neue Partner im pazifischen Raum zu suchen. Seither werden Japan und die «Vier kleinen Tiger» für die Wirtschaft Australiens immer wichtiger. Mit dem Aufkommen des Grossraumflugzeugs ist der Tourismus zu einer bedeutenden Einkommensquelle geworden. Bestens eingerichtete Freizeitzentren entlang der Küste und Nationalparks im Landesinneren sorgen für einen zunehmenden Touristenstrom aus Asien, Europa und Nordamerika.

4

5

Die Marktstellung Australiens 1995

Landwirtschaft

Bestand an Schafen	121 Mio. Stück	1. Rang
Wolle	0,7 Mio. Tonnen	1. Rang
Getreide	27 Mio. Tonnen	12. Rang

Bergbauproduktion

Bauxit	43 Mio. Tonnen	1. Rang
Blei	0,5 Mio. Tonnen	1. Rang
Diamanten	44 Mio. Karat	1. Rang
Zink	1 Mio. Tonnen	2. Rang
Eisenerz	145 Mio. Tonnen	3. Rang
Gold	255 Tonnen	3. Rang
Silber	1045 Tonnen	4. Rang
Steinkohle	147 Mio. Tonnen	6. Rang
Kupfer	0,4 Mio. Tonnen	8. Rang

Industrieproduktion

Eisen	7 Mio. Tonnen	14. Rang
Stahl	8 Mio. Tonnen	19. Rang

1 Trockensavanne
2 Sydney
3 Strand in Sydney
4 Modern ausgestattete Giesserei einer Goldmine
5 Schafherde in Westaustralien

3

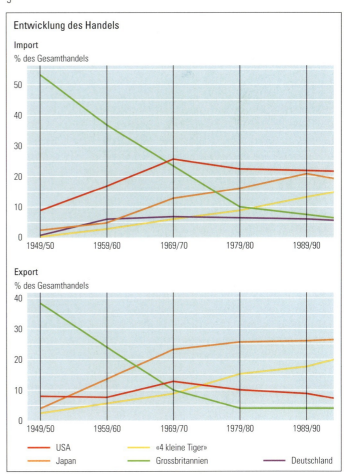

Entwicklung des Handels

Import
% des Gesamthandels

Export
% des Gesamthandels

— USA   — «4 kleine Tiger»
— Japan   — Grossbritannien   — Deutschland

Das Leben im Outback

Die Familie Braitling lebt seit drei Generationen auf ihrer Ranch «Mount Doreen» 400 km nordwestlich von Alice Springs. Vom roastbeefroten Tafelberg aus, der sich in der Nähe über die Ebene erhebt, überblicken die Braitlings Haus und Hof. Das Flugfeld lässt sich erkennen und die Stichstrasse, die wie ein Sonnenstrahl durch den Busch schneidet. Ein Wohnwagen und drei Häuser stehen da, auf einer Ranch so gross wie ein Viertel der Schweiz.

Die 10 000 Rinder, das Kapital der Ranch, sind selbst vom Flugzeug aus nur schwer auszumachen. In Kleingruppen ziehen sie, kaum behelligt von Menschen, durch den Busch. Alles Schlachtvieh: kaum einer in der Gegend hält Milchkühe. Irgendwie hat sich das nie eingebürgert. Zu viel Kleinarbeit!

Vierzig meist künstlich angelegte, durch Generatoren und Windräder, neuerdings auch mit Sonnenenergie betriebene Brunnen halten das Vieh am Leben. Wenn sich die Tiere in der Trockenzeit dort sammeln, wird eine eiserne Reuse davorgesetzt. So kommen sie ans Wasser, aber nicht mehr zurück. Dann braucht man sie nur noch in ein Labyrinth von Pferchen zu scheuchen und abzugreifen. Die Arbeit ist nicht ungefährlich. «Wenn die in Spanien mit unseren Stieren kämpften», glaubt Shane Braitling, «gäbe ich den Toreros keine drei Minuten. Unsere sind wirklich wild. Die haben nie zuvor einen Menschen gesehen.» Die meisten der ausgewachsenen Tiere werden in einem 50 m langen Lastwagen zur Eisenbahn nach Alice Springs geschafft, in Adelaide geschlachtet und von dort in alle Welt verschifft.

Bis vor vier Jahren war «Mount Doreen» nur über Sprechfunk mit der Telefonzentrale in Alice Springs verbunden. Als das Telefon auf die Ranch kam, mussten sich die Bewohner erst einmal abgewöhnen, nach jedem Satz ein «over» anzuhängen. Die Braitlings haben nun eine höhere Telefon- und eine niedrigere Benzinrechnung. Wofür sie früher das Flugzeug nahmen, genügt jetzt oft das Fax.

Heute ist der fliegende Postbote gekommen und hat ein Säckchen übergeben. Bescherung auf «Mount Doreen»! Für Sophie, die 10-jährige Tochter, gibts ein Blumenkleid, per Katalog bestellt. Und Grüsse von ihrer englischen Brieffreundin. Nun schreibt Sophie zurück, Weihnachten hätten sie 50 Grad gehabt. Und sie sei vom Pferd gefallen und hätte sich eine Platzwunde an der Stirn zugezogen. Dr. Nigel habe sie mit 6 Stichen genäht. Allerdings habe sie ein paar Stunden warten müssen... Dr. Nigel ist einer von insgesamt 24 «Flying Doctors», die das Outback Australiens medizinisch versorgen. Auf 14 über den Kontinent verteilten Basen stehen den Ärzten etwa 40 Flugzeuge zur Verfügung.

Mit dem Postflugzeug sind auch die Plastiktaschen der «School of the Air» gekommen. Sie heisst so, weil das Lehrmaterial ein- und die Hausaufgaben ausgeflogen werden und weil jede Klasse täglich 20 Minuten per Funk unterrichtet wird. «Seid ihr alle da?» fragt die Lehrerin in Alice Springs, und dann melden sich zehn Kinder aus einem Umkreis von 1000 Kilometern.

Viele in der Klasse kennen sich nur über ihre Stimmen. Einmal im Jahr werden Ferienlager veranstaltet, damit die Kinder wenigstens etwas in Gesellschaft kommen.

Sophie war noch nie auf einer Geburtstagsfeier und sie ist auch noch nie mit einem Lift gefahren. Für ihren Bruder gibt es keine Rugbyspiele, für sie keine Klavierstunden. Aber welches Stadtkind, meint Sophie, hatte je eine Schlange auf dem Kopfkissen oder hat gesehen, wie ein Termitenschloss von einem Ameisenheer erobert wurde? Doch das Leben wird sich für Sophie demnächst radikal ändern, dann nämlich, wenn sie auf ein Internat geht.

nach Stefan Schomann, Geo Special, Australien, Nachdruck 25, 1996

Als «Outback» bezeichnen die Australier die grossen, äusserst spärlich besiedelten Weiten des Kontinents. «Outback» bedeutet das Gleiche wie «Busch», und für viele beginnt dieser gleich hinter den grossen Städten.

1 Farm in Queensland
2 Termitenhügel in der Feuchtsavanne
3 Alice Springs
4 Alice Springs, Aboriginefrau
5 Royal Flying Doctor Service
6 Lehrerin der «School of the Air»

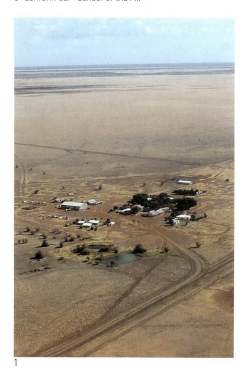

1

2

3

4

Alice Springs: ein Missverständnis. Die Touristen glauben sich im Outback, weil die Erde rot ist wie auf Tennisplätzen und ihnen Steaks in der Grösse von Türvorlegern aufgetischt werden. Die Farmer halten es wegen des absoluten Mangels an Alternativen für eine Stadt, hat es doch Verkehrsampeln und eine winzige Fussgängerzone. Für Australien erfüllt es die gleiche Funktion wie Hawaii für den Pazifik: damit nicht nichts ist.

Geo Spezial, Australien, Nachdruck 25, 1996

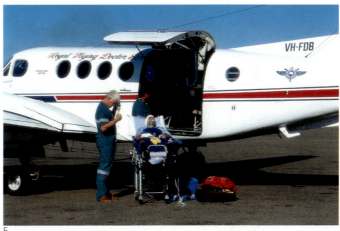

5

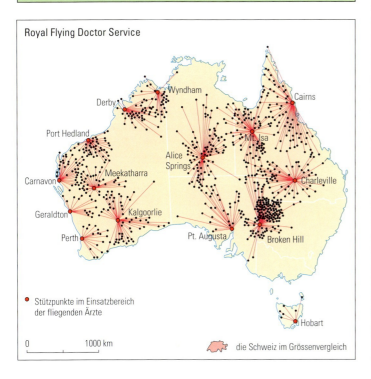

Royal Flying Doctor Service

• Stützpunkte im Einsatzbereich der fliegenden Ärzte

0 1000 km

die Schweiz im Grössenvergleich

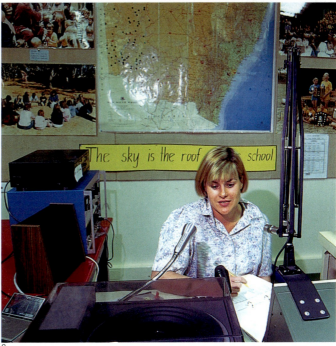

6

1 Hotelanlage
2 Dubai
3 Scheichs
4 Wüste, Oman
5 Moderne Architektur
6 Suk
7 Tradition und Moderne
8 Innenhof einer Moschee
9 Mädchen in der Schule
10 Universität, Marokko
11 Islamische Architektur
12 Strassenszene, Marokko
13 Traditionell gekleidete Frauen
14 Frau mit Tschador
15 Distanztafel

Der Islam

Der Islam entstand im 7. Jahrhundert auf der Arabischen Halbinsel. Die brennend heisse Wüste bestimmte das soziale und kulturelle Leben der Bevölkerung. Sie bestand vorwiegend aus nomadisierenden Beduinen, deren Leben durch eine starke Stammesverbundenheit geprägt war. Durch den Islam geschah eine grundsätzliche Wandlung. Die stolzen, individualistischen Beduinen unterstellten sich einer übergeordneten Macht. Unter Muhammads Führung schlossen sie sich zu einer politischen Einheit zusammen, die vom islamischen Gemeinschaftsbewusstsein getragen wurde.

Muhammad wurde in Mekka im Jahre 570 n. Chr. als armes Kind einer hochangesehenen Sippe geboren. Sein Vater starb vor seiner Geburt und seine Mutter, als er sechsjährig war. Dann wurde er von seinem Grossvater Abdalmuttalib erzogen.

Muhammads Biographien erzählen, dass Muhammad in seinem 40. Lebensjahr durch einen Engel die ersten göttlichen Offenbarungen übermittelt wurden, als er sich zu Andachtsübungen in die Einsamkeit zurückgezogen hatte. Zuerst erschrak er sehr und fürchtete sich. Doch bald erkannte er, dass er eine Botschaft von Gott empfangen hatte, die er seinen Mitmenschen weitergeben sollte. Von da an hörte er die Stimme regelmässig bis an sein Lebensende (632 n.Chr.). Die Stimme übermittelte ihm Gottes Botschaft Wort für Wort. Er prägte sich jedes Wort genau ein, um die Offenbarungen seinen Mitmenschen weitergeben zu können. Eine immer grösser werdende Zahl von Anhängern begann sich um Muhammad zu scharen. Sie hörten von ihm die Worte Gottes, die für sie neu und überzeugend waren. Dieser neue Glaube gefiel aber den Mekkanern gar nicht, sie fürchteten um ihre Privilegien und begannen, Muhammad und seine Anhänger zu schikanieren. Schliesslich blieb den Muslimen nichts anderes übrig, als nach Medina auszuwandern. Die Auswanderung nach Medina, Hidjra genannt, geschah im Jahre 622 n. Chr. Dieses Jahr wurde dann als Ausgangspunkt für die islamische Zeitrechnung gewählt.

Gott

Als jüngste der drei monotheistischen Religionen setzt der Islam das Judentum und Christentum voraus. Der Gott der Juden und Christen ist zugleich der Gott der Muslime. Im Islam wird Gott (arabisch: Allah) als der Einzige, Allmächtige, Allbarmherzige begriffen. Gott weiss und lenkt alles. Er ist der Herr, der Mensch ist sein Diener. Jeder Mensch ist für seine Taten selbst verantwortlich. Am Tag des Jüngsten Gerichts muss er sich allein vor Gott stellen.

Koran

Gemäss der islamischen Glaubenslehre übermittelte Gott dem Propheten Muhammad die letzte Offenbarung, die in ihrer Gesamtheit den Koran bildet. Deshalb ist der Koran für die Muslime das unmittelbare, unverfälschte Wort Gottes, an dem nichts verändert wurde.

Islamisches Recht

Der Islam ist eigentlich eine Soziallehre, da Religion und Gesellschaft – aber nicht die Politik – eng miteinander verbunden sind. Dies zeigt sich deutlich im islamischen Recht (arabisch: Scharia), das bezweckt, dem Muslim den Weg zum ewigen Heil zu zeigen. Der Wirkungsbereich der Scharia beinhaltet Bereiche der Hygiene, Fragen der Höflichkeit, allgemein ethische Fragen wie auch Fragen des religiösen Rituals. Sie befasst sich mit dem Personalrecht wie Ehe,

1

Familie und Scheidung, mit dem Erbrecht, Eigentum- und Besitzrecht, Schuldverhältnissen, Prozessrecht, Strafrecht. Sie umfasst also alle Aspekte des öffentlichen und privaten Lebens eines Menschen. Als prägende Kraft des islamischen Lebens widerspiegelt sie die Einheitlichkeit der islamischen Kultur.

Rechtsgelehrte legen das im Koran offenbarte Gesetz aus. Die tatsächliche Rechtspraxis der islamischen Staaten kommt aber in unterschiedlichem Ausmass der Scharia nach.

Die fünf Pfeiler des Islam

Der Islam verlangt von seinen Gläubigen nicht nur Lippenbekenntnisse, vielmehr fordert der Glaube auch Gehorsam Gott gegenüber. Der Wille zum Gehorsam drückt der Muslim durch das Ausführen der kultischen Pflichten aus, welche die «fünf Pfeiler des Islam» genannt werden:

1. Die erste Pflicht ist das Glaubensbekenntnis: «Es gibt keinen Gott ausser Gott, und Muhammad ist der Gesandte Gottes». Mit diesem Bekenntnis übernimmt der Muslim eine ganze Reihe von religiösen und sozialen Pflichten, die sein ganzes Leben prägen.

2. Die zweite Pflicht ist das rituelle Gebet, das fünfmal täglich zu vorgeschriebenen Zeiten verrichtet wird. Vor dem Gebet wird die rituelle Waschung vorgenommen, damit der Gläubige gereinigt vor Gottes Angesicht tritt. Das Gebet kann alleine verrichtet werden, doch ist es sehr empfehlenswert, dieses gemeinsam auszuführen. Besonders das Mittagsgebet am Freitag wird in der Mo-

schee verrichtet, da es als der gemeinsame Akt der Gemeinde gilt.
3. Die dritte Pflicht ist das Fasten während des Monats Ramadan. Das Fasten besteht darin, dass von der Morgendämmerung bis Sonnenuntergang weder gegessen noch getrunken wird; d.h., es darf nichts über die Lippen kommen. Der Fastentag beginnt, sobald man «einen schwarzen von einem weissen Faden unterscheiden kann», und endet, sobald die Sonne ganz untergegangen ist. Weil der Islam das reine Mondjahr vorschreibt, fällt der Fastenmonat der Reihe nach in alle Jahreszeiten. Zum Fasten sind aber nur Muslime verpflichtet, die dazu geistig und körperlich imstande sind. Entschuldigt sind alte oder kranke und schwer arbeitende Menschen, schwangere und stillende Frauen.
Anschliessend an den Monat Ramadan wird während dreier Tage das Fest des Fastenbrechens gefeiert. Es ist ein grosses Freuden- und Volksfest.
4. Die vierte Pflicht ist die Zakat-Abgabe, eine Steuer, die von wohlhabenden Leuten an bedürftige Personen abgegeben wird. Zakat ist kein Almosen, denn die unterstützten Personen haben nach islamischem Recht ein Anrecht darauf.
5. Die fünfte Pflicht ist die Pilgerfahrt, die jeder erwachsene, gesunde Muslim, Mann wie Frau, mindestens einmal in seinem Leben ausführen sollte, sofern dies finanziell möglich ist. Die Pilgerfahrt findet jedes Jahr während sechs Tagen im 12. Monat des islamischen Kalenders statt, d.h. ungefähr zwei Monate nach dem Ramadan. Der Ablauf ist genau festgelegt und an bestimmte Riten gebunden.
Den Abschluss der Pilgerfahrt bildet das Opferfest, auch das «grosse Fest» genannt, das vier Tage dauert. Der Höhepunkt der Feier ist ein grosses Festmahl.
Im Islam geht es nicht allein um die äusseren Frömmigkeitsübungen, sondern vielmehr um die richtige Einstellung und den tiefen inneren Glauben (iman), der sich im festen Vertrauen auf Gott ausdrückt.

Sunniten und Schiiten

Nach dem Tod des Propheten spaltete sich der Islam in zwei Gruppen: Sunniten und Schiiten. Die beiden Gruppen waren sich nicht einig, wer der rechtmässige Nachfolger des Propheten ist. Erst später bildeten sich auch unterschiedliche religiöse Vorstellungen. Weltweit gibt es etwa 1,2 Milliarden Musliminnen und Muslime. Die Mehrzahl (etwa 90%) gehört zu den Sunniten. Der Rest der Muslime sind Schiiten; sie leben vor allem im Iran, Libanon, Irak, Jemen, Afghanistan und Indien.

Peter Moll, 1998

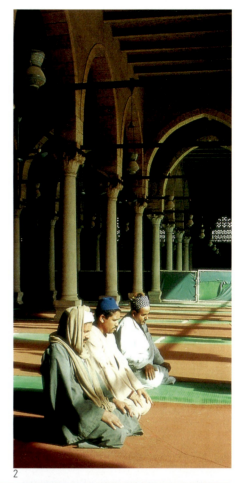

1 Frau in traditioneller Tracht
2 Männer beim Gebet (Kairo)
3 Moschee (Dubai)

In der Medina von Fès

1

Die orientalischen Städte sind einander sehr ähnlich. Die Architektur der Häuser, die Gestaltung der Strassen und Plätze gründen in den Gegensatzpaaren «öffentlich» und «privat», «aussen» und «innen», «männlich» und «weiblich». Während die öffentlichen Aussenräume, wie der Basar oder das Café, das Reich der Männer sind, so sind die privaten Innenräume das Reich der Frauen.

Vor diesem Hintergrund sind auch die verwinkelten, dunklen Gässchen, die von den grösseren Verkehrswegen abzweigen und in die Wohnviertel führen, zu verstehen. Es sind nur enge, hohe Mauergänge. Das Haustor ist die sorgsam bewachte Grenze zwischen dem privaten Bereich des Wohnens und dem halbprivaten der Sackgasse, denn es gilt Frauen und Kinder vor neugierigen Blicken oder gar unliebsamen Eindringlingen zu schützen. Das Innere der noblen Häuser ist oft prachtvoll und mit viel Geschmack ausgestattet. Es gibt viele Räume, da Männer und Frauen getrennt leben. Die Wohnungen sind auf die Innenhöfe ausgerichtet, durch welche auch die Durchlüftung der Häuser erfolgt. Die ärmeren Familien dagegen leben auf engstem Raum beisammen. Es ist nichts Aussergewöhnliches, wenn sich zwei, drei oder vier Familien eine Wohnung teilen.

In der Mitte der *Medina*, um die grosse Moschee, liegen die grössten Basare oder Suks. Die schmalen Gassen sind mit Schattengittern aus Bambus bedeckt, hie und da mit Reben überrankt. In unmittelbarer Nähe der Moschee kann man Kerzen und Weihrauch, Gewürze, duftende Öle und Essenzen kaufen. Auch die Buchhändler und Buchbinder befinden sich in ihrer Nachbarschaft, ebenso die Tuchhallen. Im äusseren Umkreis der *Medina* folgen weitere Handels- und Gewerbzweige. Sie sind streng zunftmässig nach Warengattungen und Gewerben eingeteilt. Es gibt Gassen, wo nur Fleisch, Geflügel und Fisch verkauft werden. In anderen werden ausschliesslich Gewürze, Früchte, Datteln, Bohnen, Salz, Zucker und Mehl angeboten.

Gleich daneben liegen die Viertel, wo die Schuster, die Schneider, die Sattler und all die andern Handwerker in offenen Werkstätten arbeiten und ihre Waren verkaufen. Gewerbezweige, die auf grössere Arbeitsflächen angewiesen sind und Verunreinigung verursachen, wie die Färber, haben sich fern der Stadtmitte niedergelassen. Die Töpfer mit ihren kuppelförmigen Öfen findet man längs der Stadtmauer. Die Gerber haben am untern Lauf des Flusses ihre Gruben.

Der *Medina* ist das jüdische Viertel oder die «Mellah» angegliedert. Es ist durch Tore von der übrigen Stadt abtrennbar. Die Juden verdienten ursprünglich ihren Lebensunterhalt als Wechsler, Bankleute und als Gold- und Silberschmiede. Den Muslims selbst ist es streng verboten, Zins zu nehmen, und an der Verarbeitung von Gold und Silber haftete nach ihrer Auffassung ein Makel. Die Gassen der Mellah haben ein anderes Aussehen als jene im muslimischen Teil der Stadt. Die Häuser sind blau getüncht und durch grosse vergitterte Fenster und Balkone nach der Strasse offen.

2

1 Fès
2 In der Medina von Fès
3 Islamische Baukunst
4 Stadttor
5 Felltransport mit dem Maulesel
6 Basar
7 Färberei

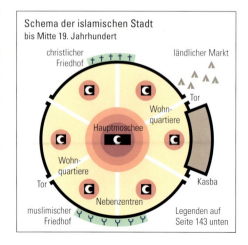

Schema der islamischen Stadt bis Mitte 19. Jahrhundert

Legenden auf Seite 143 unten

3

5

4

6

7

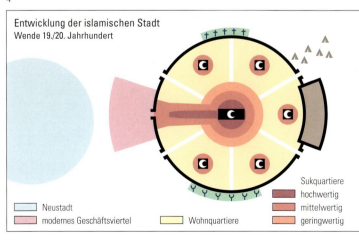

Entwicklung der islamischen Stadt
Wende 19./20. Jahrhundert

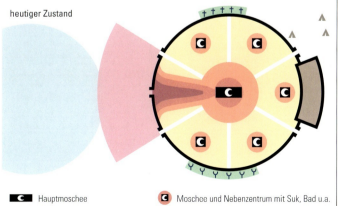

heutiger Zustand

- Neustadt
- modernes Geschäftsviertel
- Wohnquartiere
- Sukquartiere: hochwertig, mittelwertig, geringwertig
- Hauptmoschee
- Moschee und Nebenzentrum mit Suk, Bad u.a.

143

Der Basar –
Herz der orientalischen Stadt

Auf dem Basar bieten Handwerker und Händler ihre Waren feil. Die enge Beziehung zwischen Alltag und Religion wird hier besonders deutlich. Die traditionelle Basar-Gesellschaft fusst auf den Werten Frömmigkeit, Ehrlichkeit und Solidarität. Immer noch schliessen die meisten Kaufleute ihre Verträge mit einem Handschlag ab. Schriftliche Vertragswerke und Rechtsanwälte brauchen sie nicht. Selbst in Goldsuks kann man noch oft erleben, dass der Besitzer seinen vollständig offenen Laden nur symbolisch mit einer Schnur schliesst, wenn er zum Beten in die Moschee geht. Es ist völlig undenkbar, dass einer den anderen bestiehlt. Werden dennoch Wächter eingestellt, so geschieht dies als Schutz vor fremden Eindringlingen.

Ausser bei den Grundnahrungsmitteln unterstehen die Waren, die auf dem Basar angeboten werden, keinen festen Preisen. Natürlich gibt es auch keine Informationen darüber – im Fernsehen oder in den Zeitungen etwa – wo welche Güter zu welcher Qualität und zu welchem Preis zu haben sind. Masse und Gewichte sind nicht vereinheitlicht. Marktforschung muss jeder für sich selbst betreiben. Deshalb geht einem Geschäftsabschluss meist ein Feilschen um den Preis voraus. Möge auch die Wortwahl etwas variieren, das Ritual ist immer dasselbe. Es geht in einer ersten Phase des Gesprächs darum, familiäre oder freundschaftliche Bande zu suggerieren. Deshalb werden auch Fremde meist mit «Vater», «Schwester», «Onkel» oder «Tochter» angesprochen. Erst in der zweiten Phase ringt man um den Preis der Ware. Hohe Würdenträger allerdings bezahlen lieber Wucherpreise, als sich auf ein Wortduell einzulassen, welches unter ihrer Würde liegt.

1 Geflügelverkäufer
2 In der Medina von Marrakesch
3 Basar in der Altstadt von Bahrain

Geschäft ist Geschäft,
aber Freundschaft und Allah sind zugegen

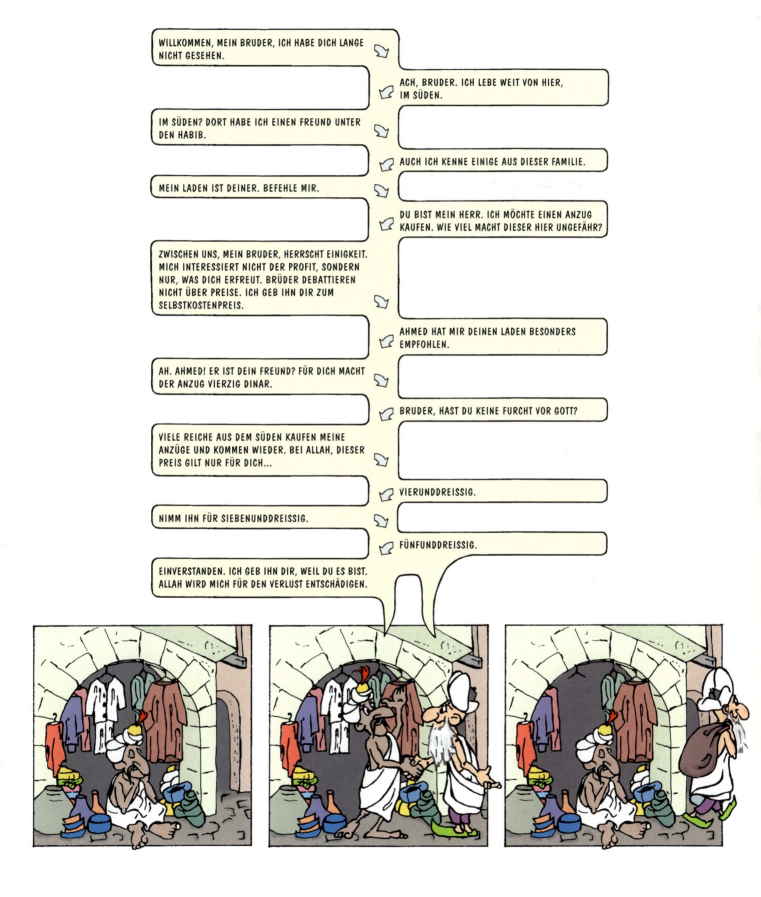

Oasen

Die Oasen sind Inseln in einem Meer ohne Wasser. Keine andere Siedlungsform ist in sich so geschlossen wie sie. Nirgendwo sonst verläuft die natürliche Grenze zwischen Leben und Tod derart scharf und deutlich erkennbar wie in den Oasen. Vor Gefahren können die Oasenbewohner kaum flüchten. Wer sich für das Leben in der Oase entschieden hat, dem fordert das Leben Beharrungsvermögen ab, aber auch die Bereitschaft, ein hartes Leben zu führen. Wachsen junge Leute heran, die diese Bedingungen nicht mehr annehmen, ist der Fortbestand der Oase gefährdet. Es ist daher kein Zufall, dass Oasengesellschaften oft sehr straff organisierte religiöse Gemeinschaften sind, die das einigende Band des gemeinsamen Glaubens zusammenhält.

In der Oase müssen die Gärten ständig durch Schutzanlagen gegen den Sand und den Wind verteidigt werden. Aber den schweren Sandstürmen, die eigentliche Sandorkane sind, vermag keine dieser Anlagen zu trotzen. Dann bleibt den Bauernfamilien nichts anderes übrig, als Beet um Beet, Garten für Garten auszugraben, den Sand in Schüsseln und Körben, als Kopflast, mit dem Esel oder gelegentlich auch mit dem Traktor aus der Oase hinauszuschaffen.

In den Häusern, die während des Tages zwölf Stunden lang von der Sonne aufgeheizt wurden, herrscht nachts oft eine unerträgliche Hitze. Die Menschen versuchen dann, auf den Dachterrassen oder im Sand vor dem Haus ein paar Stunden Schlaf zu finden. Mosquitos, die in den Wassertümpeln der Oase ihre Brutstätten haben, können unter Umständen eine Oasennacht zur Qual werden lassen und die *Malaria* verbreiten. *Bilharziose*, eine Krankheit, die durch einen Wurm hervorgerufen wird, dessen Larven sich direkt durch die Haut eines badenden Menschen boren, ist häufig. Dank der modernen Medizin kann sie aber heute geheilt werden.

Die Kontakte der Oasenmenschen reichen viel weiter in die Welt hinaus, als man auf den ersten Blick annehmen möchte. Doch für den Alltag ist die Gemeinschaft begrenzt. Freundschaften und Feindschaften können sich nur zwischen den Oasenbewohnern entwickeln. In einer Oase sind alle mit allen irgendwie verwandt, befreundet oder verfeindet. Wer eine Ehe eingehen möchte, muss seine Wahl unter einer beschränkten Anzahl möglicher Partner oder Partnerinnen treffen. Rivalitäten und Generationenkonflikte sind unvermeidlich. Die Oasenbewohner müssen ihre Streitigkeiten ohne den oft helfenden Rat von Aussenstehenden lösen. Doch dauert ein Zwist in der Regel nicht lange, denn keine andere menschliche Gemeinschaft – ausgenommen diejenige der Nomaden in der Wüste – ist derart auf Gedeih und Verderben von ihrem inneren Zusammenhalt abhängig.

nach Peter Fuchs, Die Menschen der Wüste, 1993

Die «moderne» Oase

Einige Oasen sind heute elektrisch erschlossen, zum Teil werden sie auch mit Erdgas versorgt. Viele sind an asphaltierte Strassen angeschlossen und besitzen einen kleinen Flugplatz. Auto, Telefon, Fernsehen, Radio, Kühlschrank und Zeitung gehören heute zum Alltag von grossen Oasenstädten.

Dank der modernen Zeit ist auch die medizinische Versorgung besser geworden. Mehr Kinder überleben die ersten, besonders kritischen Lebensjahre. In vielen Oasenstädten ist es deshalb eng geworden. Die vielen jungen Leute, vor allem die Männer, die ihre Heimat verlassen, können den Bevölkerungsdruck kaum mildern. Es wird immer schwieriger, ein ausreichendes Auskommen zu finden, da die traditionellen Oasenprodukte wie Datteln und Teppiche unter Preiszerfall leiden. Gleichzeitig werden die Importprodukte, auf die keiner mehr verzichten will, immer teurer.

Die Oasenbewohner sehen sich heute mit nahezu allen Problemen der modernen Welt konfrontiert. Gleichzeitig sind ihnen die ursprünglichen, für Oasen typischen Lebens- und Umweltbedingungen erhalten geblieben oder haben sich gar noch verstärkt.

1 Todra-Tal, Oase (Marokko)
2 Oase Taghit (Algerien)
3 Fellachen beim Pflügen (Ägypten)
4 Fellachenmädchen (Ägypten)
5 Schaduf (Algerien)
6 Bewässerungskanal in der Oase Tanuf (Oman)

Wasser ist kostbarer als Erdöl

Nur wenige Oasen sind ohne das Zutun von Menschen entstanden, etwa dort, wo eine Quelle entspringt, wo ein *Fremdlingsfluss* – wie der Nil – die Wüste durchquert oder wo das Grundwasser besonders hoch steht und von den Pflanzenwurzeln erreicht werden kann. Der weitaus grösste Teil ist in jahrhundertelanger, harter Arbeit von den Menschen dank ausgeklügelter Bewässerungstechniken geschaffen worden.

Da das Wasserangebot immer begrenzt war und auch heute noch begrenzt ist, müssen die Menschen einer Oase darauf achten, dass es gerecht unter den Familien verteilt wird. Der Verteilmechanismus ist äusserst kompliziert. Eine nur auf mündlicher Abmachung beruhende Verteilung würde leicht zu Streitereien führen. Deshalb vermuten viele Historiker, dass die Schrift ihren Ursprung in den Oasenkulturen hat.

Der Wasserbedarf der Felder oder das Gefälle der Bewässerungskanäle muss berechnet werden. Diese Notwendigkeit hat wahrscheinlich zur Entstehung der Mathematik geführt. Darüber hinaus wurden bedeutende technische und wissenschaftliche Leistungen von den Oasenbewohnern erbracht, indem sie die Wasserfördertechniken weiter entwickelt haben.

Die Gärten und Äcker bedürfen aber nicht nur einer gut durchdachten Bewässerung. Ebenso wichtig ist das regelmässige Durchspülen der Böden. Denn die hohe Verdunstung bewirkt, dass das Wasser im Boden an die Oberfläche steigt. Die Salze, die im Wasser gelöst sind, verdunsten nicht,

6

sondern werden an der Bodenoberfläche angereichert. Der Boden droht zu versalzen. Deshalb führen Entwässerungskanäle das überschüssige Wasser ab. Meist wird es an der tiefsten Stelle der Oase in einer sumpfigen Salzpfanne gesammelt.

Heute haben vielerorts Motorpumpen die alten Bewässerungstechniken abgelöst. Daher ist die Fördermenge, aber auch die Anbaufläche stark angestiegen. Es wird mehr Wasser gefördert, als in den Grundwasserkörper nachfliessen kann. Während ausserhalb der Oasen, in denen derartiger Raubbau betrieben wird, der Grundwasserspiegel sinkt, steigt er in den Gärten selbst bedrohlich an.

5

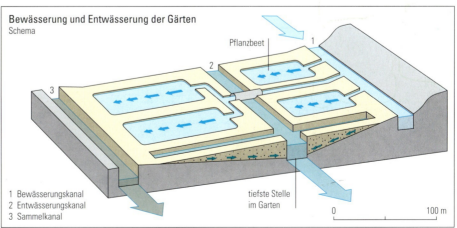

Bewässerung und Entwässerung der Gärten
Schema

1 Bewässerungskanal
2 Entwässerungskanal
3 Sammelkanal

tiefste Stelle im Garten

0   100 m

Oasentypen der Sahara
Schemas

Flussoasen
Das Wasser eines gestauten Flusses wird mit Hilfe eines Stauwehrs, eines Schachts oder eines Göpelwerks über einen Staudamm oder einen Erdkanal, der heute auch teilweise ausbetoniert ist, in die Gärten geleitet. Meist wird in diesen Oasen zusätzlich Grundwasser gefördert.

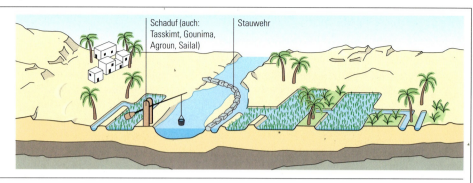

Quelloasen
Am Fuss von Gebirgen oder Gesteinsstufen können natürliche Quellen zutage treten. Die Ableitung zu den Oasen erfolgt auf dieselbe Weise wie in den Flussoasen. Auch in diesen Oasen muss das Quellwasser meist mit Grundwasser ergänzt werden.

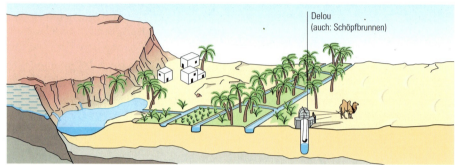

Foggaraoasen
Die unterirdisch angelegten Galerien sammeln das Wasser einer wasserführenden Schicht. Foggaras sind sehr aufwendig im Unterhalt. Die senkrecht an die Oberfläche führenden Schächte erleichtern den Verantwortlichen den Zugang zum Kanal, der peinlich sauber gehalten wird. Da die Instandhaltung viel Geld und Arbeit kostet, drohen die Foggaras zu zerfallen.

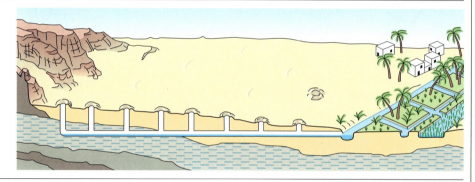

Grundwasseroasen
Oberflächennahes Grundwasser wird mit dem Schaduf gefördert, während Delou und Göpelwerk die Förderung von Grundwasser aus 50 bis 60 m Tiefe ermöglichen.

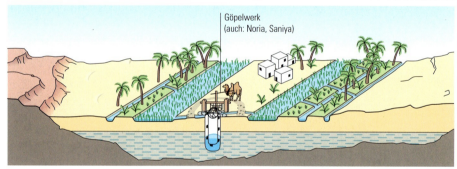

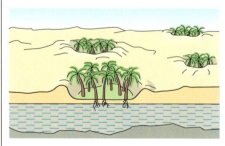

Ghout (auch: Beurda)
Am Rande von Ergs lagert der Grundwasserkörper oft extrem flach unter der Bodenoberfläche. Dank trichterartigen Vertiefungen (Ghout) können Palmwurzeln das Grundwasser erreichen.

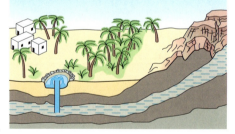

Artesische Brunnen
Seit dem Mittelalter kennt man die Kunst, artesische Brunnen anzulegen. Man durchsticht zu diesem Zweck eine Tonschicht, die wie ein Deckel über gespanntem, unter Druck stehendem Grundwasser liegt. Dank der Entspannung des Drucks steigt das Wasser von selbst auf.

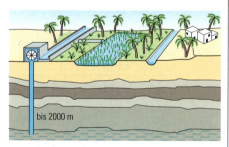

Tiefbrunnen
Das Wasser, das bisweilen aus Schichten von mehr als 2000 m Tiefe gefördert wird, ist zum Teil so alt wie die Menschheit. Es ist fossiles Wasser. Mächtige Pumpen erlauben die Nutzung dieses fossilen Wassers in grossem Stil.

1

5

2

6

3

7

4

1 Ghout (Marokko)
2 Schaduf (Ägypten)
3 Delou (Mali)
4 Göpelwerk (Ägypten)
5 Wasserräder
6 Wasserverteilrechen
7 Motorpumpe mit Traktor angetrieben (Ägypten)

Oasenkulturen

Im Handel mit den Nomaden bieten die Oasenbewohner Datteln, Gemüse, Früchte und Salz gegen Fleisch, Milch, Zucker, Tee, Fett, Stoffe und Geräte aller Art. Während früher die Selbstversorgung stärker im Vordergrund stand, produzieren sie heute vielerorts dank moderner Anbau- und Bewässerungstechniken sowie schneller Transportmittel auch Gemüse für den Export.

Die traditionellen Oasengärten werden in drei Etagen kultiviert. Die Palmhaine bilden das schattenspendende Dach. Darunter gedeihen verschiedene Obstbäume, wie Zitrus- , Aprikosen-, Feigen-, Mandel- und Olivenbäume. Die unterste Ebene dient dem Anbau von Tomaten, Zwiebeln, Karotten, Bohnen, Auberginen und Kartoffeln. Von den Getreiden ist vor allem die Gerste beliebt.

Die Dattelpalme ist der Charakterbaum der Oase. Eine bewässerte und gedüngte Palme kann jährlich eine Ernte von 150 kg Datteln liefern. Wenn sie 40 bis 80 Jahre alt ist, trägt sie am meisten Früchte. Dattelpalmen können bis zu 200 Jahre alt werden. Sie gelten als die salzresistentesten Nutzpflanzen. Erst wenn das Wasser, mit dem sie getränkt werden, einen Salzgehalt von mehr als 4 Prozent aufweist, gehen sie ein. «Gewöhnliche» Nutzpflanzen tolerieren einen Salzgehalt von nur 0,1 Prozent.

Dattelpalmen sind zweihäusig, d.h., es gibt männliche und weibliche Palmen. Die weiblichen Pflanzen werden von Hand bestäubt, um einen guten Ertrag zu erzielen. Im Alter von drei bis fünf Jahren kann eine weibliche Palme befruchtet werden. Bei der Befruchtung, die im Frühjahr vorgenommen wird, muss ein Teil des männlichen Blütenstandes auf die weibliche Rispe gebracht werden. Die Ernte findet im Herbst statt. Dabei lässt man die abgeschnittenen Fruchtstände auf ausgebreitete Tücher und Matten fallen. Bei besseren Sorten werden sie an einem Seil in die Tiefe geleitet. Einige Dattelsorten geniesst man bei vollständiger Reife im frischen, weichen Zustand. Die meisten Arten werden aber vor vollendeter Reife abgenommen, in der Sonne ausgereift und getrocknet.

1 Datteln in der Oase Douz (Tunesien)
2 Beduine mit Dromedar
3 Tuareg beim Tee trinken (Niger)
4 Tuaregkinder
5 Beduinenfrau beim Melken (Sinai)

1

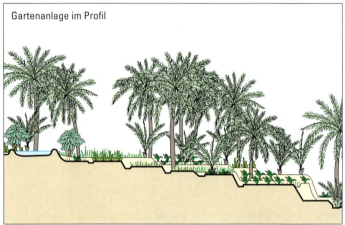
Gartenanlage im Profil

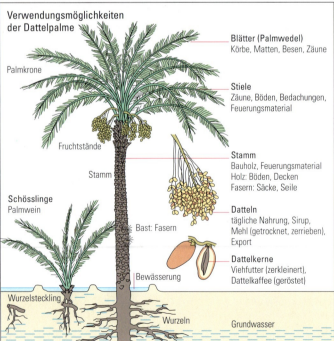
Verwendungsmöglichkeiten der Dattelpalme

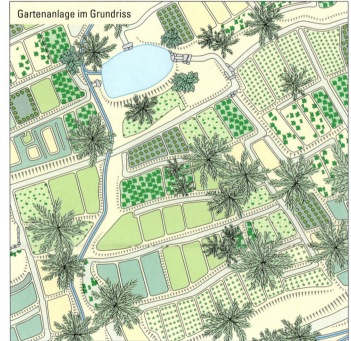
Gartenanlage im Grundriss

Einsame Wanderer in der Wüste – die Nomaden

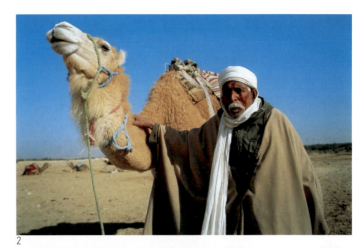
2

Die Nomaden sind wandernde Viehzüchter am Rande von Trockengebieten. Die Herde steht im Mittelpunkt jeder Nomadenfamilie. Vom Wohl der Tiere und von der Grösse der Herde ist das Leben oder das Überleben der Familie abhängig. Je grösser die Herde ist, desto grösser ist die Chance, dass bei einer Seuche, einer Trockenheit oder einem Krieg eine genügende Anzahl Tiere überlebt. Diese Tiere ermöglichen der Nomadenfamilie, wieder ein Herde aufzubauen. Die optimale Grösse einer Herde ist vom Wasser- und dem Weideangebot, aber auch von der Zahl der zur Verfügung stehenden Hirten abhängig.

Die Herde der Nomaden besteht aus Kamelen und Ziegen. Die Nomaden, die hauptsächlich in der Sahelzone wandern, besitzen auch Rinder und Schafe. Da die verschiedenen Tiere unterschiedliche Fähigkeiten, Fress- und Trinkgewohnheiten haben, müssen die Herden gesondert und in geeigneten Gebieten geweidet werden.

3

Kamele brauchen weiträumige Weidegebiete, die sie oft als Einzelgänger durchstreifen. Dank ihrem hervorragenden Orientierungssinn finden sie immer wieder zum Lager zurück. Ziegen, die vor allem wegen ihrer Milch gehalten werden, fressen nur junges Gras, Blätter von Büschen und Früchte von Akazien. Sie haben einen schlechten Orientierungssinn und verlaufen sich daher oft. Rinder können wie die Kamele über mehrere hundert Kilometer wandern. Sie müssen aber täglich zur Tränke geführt werden. Schafe dienen als Wolllieferanten. Gemolken werden sie selten. Sie wandern sehr langsam. Zum Tierbestand gehören auch Esel, die die kleinen Transporte im Alltag übernehmen.

4

Die Nomaden beobachten aufziehende Wolkenfelder sehr genau, um allfälligen Regenfällen nachzuziehen. Die seltenen Niederschläge lassen die Weiden sehr rasch ergrünen. Ist das Gras abgeweidet, ziehen die Nomaden weiter. Um eine Überweidung zu vermeiden, muss ihr Wandergebiet sehr gross sein.

Nomaden sind auch Händler. In Karawanen durchqueren sie die Wüste. In den *Salinen* und Oasen tauschen sie Milch, Fleisch aus Eigenproduktion und Waren, die sie in vegetationsreicheren Regionen erworben haben, gegen Salz, Datteln, Gemüse und Früchte. Salz und Datteln lassen sich mit gutem Gewinn an den Randzonen weiter verkaufen oder gegen Getreide, Tee, Zucker, Kleider und Geräte für den Eigengebrauch eintauschen.

5

Das Leben einer Nomadenfamilie

Wer in einer Nomadengesellschaft überleben will, muss seinen Körper beherrschen können. Er muss Durst ertragen und einen beschränkten Wasservorrat gut einteilen können. Die Hirten müssen oft tagelang mit einer Handvoll Datteln auskommen. Die Kinder werden schon von klein auf an die kalten Wüstennächte gewöhnt. Ein Baumwollhemdchen muss als Kleidung genügen, obwohl die Temperaturen nachts unter den Gefrierpunkt fallen können.

Die Familienangehörigen leben die meiste Zeit getrennt. Während der Ehemann auf Handelsreise ist, betreut einer der Söhne die Kamelherden im Norden, ein anderer Sohn die Rinderherden im Süden. Ein dritter Sohn kümmert sich um die Schafherde. Die Betreuung der Ziegen obliegt den Frauen und Töchtern. Sie verarbeiten die Milch und verkaufen ihre Produkte auf dem nächsten Markt. Ohne die grosse Selbstständigkeit der einzelnen Familienmitglieder wäre die an die Natur angepasste Wirtschaftsform der Nomaden nicht möglich.

Innerhalb der Verwandtschaft herrscht ein grosses Mass an Solidarität. Damit die weit verstreute Verwandtschaft gepflegt werden kann und die Familienbande halten, besuchen sich die Nomaden häufig. Gemeinsam veranstalten sie Feste und führen religiöse Riten durch.

Die Autorität der Älteren ist unangetastet. Die Kinder haben sich ein Leben lang den Anordnungen der Eltern widerspruchslos zu fügen. Bei der Partnerwahl müssen viele Regeln eingehalten werden. Die traditionelle Arbeitsteilung zwischen Mann und Frau wird als unveränderbar betrachtet. Der Tagesablauf, der Jahresablauf, ja selbst der Lebenslauf der Menschen richtet sich nach den Bedürfnissen der Herden. Für individuelle Freiheiten ist in einer Nomadenfamilie kein Platz.

Das Kamel

Ohne das Kamel – in Nordafrika und im Vorderen Orient ist es das einhöckrige Dromedar – wäre das nomadische Leben in der Wüste unmöglich. Es dient als Reit- und Lasttier und liefert Milch, Fleisch und Leder. Der getrocknete Kot findet als Heizmaterial Verwendung.

Das Kamel ist ein äusserst anspruchsloser und robuster Weggefährte der Menschen. Während zwei Wochen kann es ohne Wasser auskommen, um dann in kürzester Zeit an einem Brunnen seinen Flüssigkeitsbedarf wieder wettzumachen. Es trinkt bei solchen Gelegenheiten etwa 180 Liter Wasser. Auch salzhaltiges Wasser kann es gut vertragen. Seine roten Blutkörperchen speichern das Wasser und können dabei bis auf das zweihundertfache anschwellen. Selbst in der grössten Hitze kann es schnell laufen und dazu noch eine Last von 250 kg tragen. Es schwitzt nicht und dämmt so den Flüssigkeitsverlust ein. Die Körpertemperatur kann, ohne dass es Schaden nimmt, bis auf 42 °C ansteigen.

Sein Fetthöcker schützt den Leib vor übermässiger Sonneneinstrahlung. Gleichzeitig dient er dem Tier als Vorratskammer auf den langen Wanderungen. Seine tellerförmigen gespreizten Fussballen verhindern das Einsinken in den Sand. Dank einer dicken Hornschwiele ist es gegenüber heissem Boden unempfindlich.

Die langen, dichten Wimpern und ein starker Tränenfluss schützen die Augen vor feinen Sandkörnern. Die Nüstern kann es bei einem Sandsturm verschliessen. Mit seiner gespaltenen Oberlippe gelingt es ihm, selbst dornige Zweige abzureissen. Mit viel Speichel kann es die härtesten Pflanzenteile zermahlen.

Heute hat das Kamel in wirtschaftlicher Hinsicht stark an Bedeutung verloren. Als Statussymbol hat es aber seinen Wert behalten.

Sprichwort

Gott hat hundert Namen. Die Menschen kennen nur 99 Namen. Allein das Kamel kennt alle hundert Namen. Und das ist auch der Grund, warum das Kamel diesen heiligen und überlegenen Ausdruck hat.

Der langsame Niedergang der Nomadenkultur

In der vorkolonialen Zeit besass jeder Stamm Gebiete, in welchen er über die Weide- und Brunnenrechte verfügte. In seinem eigenen Interesse achtete er darauf, dass keine Übernutzung stattfand. Die Oasenbewohner, meist als Sklaven gehalten, erleichterten den Nomaden das Leben. Sie waren zuständig für den Anbau von Früchten und Gemüse und sorgten bei Bedarf für Unterkunft und Wohlergehen ihrer Herrschaft.

Als zur Zeit der Kolonisierung die Landrechte aufgehoben wurden, begannen verschiedene Stämme gemeinsam dieselben Weiden zu nutzen. Das Interesse an einer nachhaltigen Bewirtschaftung sank. Wenn nicht die eigenen Tiere das letzte Grashälmlein fressen, so würden dies andere tun, war die Devise.

Die Gründung neuer Staaten in Nordafrika hatte zur Folge, dass die Nomaden Steuern abliefern mussten. Dazu brauchten sie Geld. Sie mussten ihre Herden vergrössern, damit sie einige Tiere zur Tilgung der Steuerforderungen verkaufen konnten. Das Überweidungsproblem nahm drastisch zu. Hätten sich die Nomaden immer an die neuen nationalstaatlichen Grenzen gehalten, wären sie von lebenswichtigen Märkten und Weiden abgeschnitten worden. Sie nahmen in der Regel lieber in Kauf, die neuen Gesetze zu verletzen.

Um die Nomaden unter staatliche Kontrolle zu zwingen, versuchte man sie sesshaft zu machen. Doch Ackerbau gilt als minderwertig, weil man mit viel Arbeit wenig verdient. Ackerbau haben früher ihre Sklaven betrieben. Sesshaftigkeit bedeutet deshalb sozialer Abstieg.

Dem Nomadenhändler ist durch die Anlage von Strassen harte Konkurrenz erwachsen. Die Produkte werden mit Lastwagen schneller und billiger quer durch die Wüste transportiert.

Gleichwohl wehren sich die Nomaden gegen die Versuche, sie sesshaft zu machen. Deshalb kommt es in manchen Regionen immer wieder zu Nomadenaufständen.

1 Karawane in der Sahara
2 Berberfrau beim Hüten der Schafe (Tunesien)
3 Berberfrauen beim Brunnen (Marokko)
4 Berberfrauen verkaufen Silberwaren
5 Kamelporträt
6 Traditionelle und moderne Transportmittel (Abu Dhabi)

5

6

Ölreiche Länder mit Zukunft

Einnahmen aus Erdöl 1994

	Einwohner in Mio.	Total Export in Mrd. US-$	davon Erdöl, Erdgas und Erdölprodukte
Saudi-Arabien	17,5	46,4	90%
Kuwait	1,7	10,3	95%
Algerien	28	9,9	97%
Libyen	5,2	7,9	90%
Ägypten	57,6	5,7	43%
Oman	2,1	5,4	77%
Iran	65,8	19,1	77%
Irak	20	16,8 (1989)	> 95% (1989)

Die ersten Erdölfunde wurden in Vorderasien Anfang unseres Jahrhunderts gemacht (1908 bei Schuschter, 1922 bei Kirkuk). Der Irak und der Iran waren damals die führenden Erdölländer. Später wurde man auch am Südrand des Persischen Golfs fündig (Kuwait, Saudi-Arabien, Bahrein, Qatar, Vereinigte Arabische Emirate u.a.).

Anteil der Erwachsenen, die lesen und schreiben können 1994

Ägypten	51%
Tunesien	65%
Libyen	75%
Algerien	60%
Jordanien	86%
Syrien	70%
Kuwait	78%
Irak	57%
Iran	69%

Von den 10 Ländern mit den grössten bekannten Erdöllagerstätten der Welt liegen drei auf der Arabischen Halbinsel. Allein in Saudi-Arabien lagern 26% der derzeit bekannten Reserven, im Nahen Osten 67%, in der ganzen arabisch-persischen Welt gegen drei Viertel.

Der plötzliche Erdölreichtum hat den Anbruch einer neuen Zeit herbeigeführt, aber gleichwohl die alten Traditionen nicht verdrängen können. Dieser Widerspruch ist täglich sichtbar. Büros und Geschäfte, ausgerüstet mit modernster Computertechnologie, schliessen fünfmal täglich, damit die Angestellten ihre Gebete verrichten können. Mehr als eine halbe Million junger Menschen, darunter ein Drittel Frauen, besuchen Universitäten im In- und Ausland, um ihre Heimatländer auf den neuesten Stand von Wissenschaft und Technik zu bringen. Gleichzeitig ist der Anteil der Menschen, die lesen und schreiben können erstaunlich niedrig. Zwar haben mancherorts Stahlbetonhochhäuser die Lehmziegelbauten ersetzt, doch immer noch führen Männer unter ihren langen Gewändern Dolche mit und Frauen zeigen sich in der Öffentlichkeit nur verschleiert.

1 Mädchen in der Computerausbildung (Marokko)
2 Scheich mit Handy
3 Islamische Bank (Bahrain)
4 Ölplattform im Meer, Offshore-Produktion (Dubai)
5 Geologen unter dem Bohrturm
6 Abfackeln von Erdgas

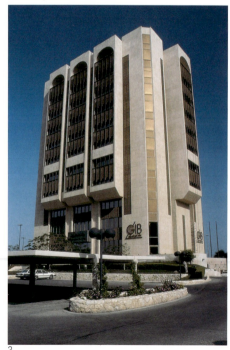

Das Erdöl

1. Entstehung

Im Laufe der Erdgeschichte hat sich die Verteilung von Land und Wasser immer wieder verändert: Festland versank, Meeresboden stieg auf und wurde zu Land. In den *Schelfgebieten* wimmelte es zu gewissen Zeiten von *Plankton*. Nach dessen Absterben im sauerstoffarmen Wasser sank es als Faulschlamm auf den Meeresboden ab und wurde von festem Material überlagert. Unter höheren Temperatur- und Druckverhältnissen entstanden allmählich Erdöl und Erdgas.

2. Wanderung und Konzentration

Unter undurchlässigen Schichten (z.B. Ton, Salz) sammelten sich Erdöl, Erdgas und Restwasser in sogenannten «Speichergesteinen» (poröse Sandsteine, stark zerklüfteter Kalk oder Dolomit).

Nicht selten sammelten sich bei günstigem Schichtverlauf grössere Mengen der leichten und darum langsam aufsteigenden Erdölprodukte aus einer weiteren Umgebung auf kleinem Raum. Derartige Gesteinsstrukturen bezeichnet man als «Erdölfallen».

4

5

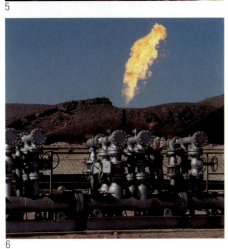
6

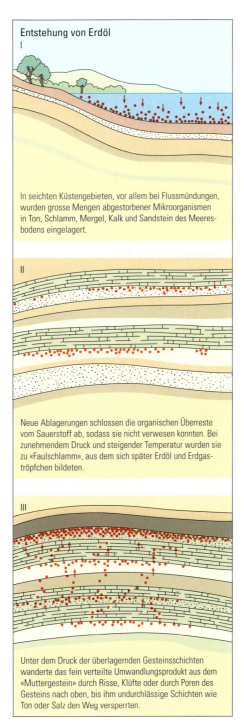

Entstehung von Erdöl

I — In seichten Küstengebieten, vor allem bei Flussmündungen, wurden grosse Mengen abgestorbener Mikroorganismen in Ton, Schlamm, Mergel, Kalk und Sandstein des Meeresbodens eingelagert.

II — Neue Ablagerungen schlossen die organischen Überreste vom Sauerstoff ab, sodass sie nicht verwesen konnten. Bei zunehmendem Druck und steigender Temperatur wurden sie zu «Faulschlamm», aus dem sich später Erdöl und Erdgaströpfchen bildeten.

III — Unter dem Druck der überlagernden Gesteinsschichten wanderte das fein verteilte Umwandlungsprodukt aus dem «Muttergestein» durch Risse, Klüfte oder durch Poren des Gesteins nach oben, bis ihm undurchlässige Schichten wie Ton oder Salz den Weg versperrten.

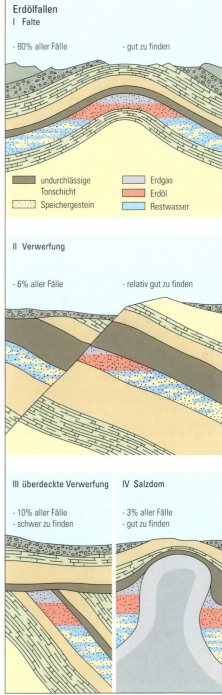

Erdölfallen

I Falte
- 80% aller Fälle
- gut zu finden

- undurchlässige Tonschicht
- Speichergestein
- Erdgas
- Erdöl
- Restwasser

II Verwerfung
- 6% aller Fälle
- relativ gut zu finden

III überdeckte Verwerfung
- 10% aller Fälle
- schwer zu finden

IV Salzdom
- 3% aller Fälle
- gut zu finden

3. Suche nach Erdöl

Hinweise auf Erdöl an der Erdoberfläche, wie Gasaustritte oder Asphaltvorkommen, sind selten; meistens müssen Erdölfallen mit physikalischen Methoden (Magnetismus, Erdanziehung, *Seismik*) aufgespürt werden. Den endgültigen Nachweis über Lage und Ausmass eines Vorkommens vermag erst eine Bohrung zu erbringen. Dies erfordert, besonders in schwer zugänglichen Gebieten, meist einen gewaltigen Aufwand an technischen und finanziellen Mitteln.

4. Bohrungen

Beim heute üblichen Rotations-Bohrverfahren frisst sich der Drehbohrer, der am untern Ende eines Stahlrohrs befestigt ist, Schicht um Schicht in die Tiefe. Im Bohrturm stehen Verlängerungsrohre, die von Zeit zu Zeit oben aufgeschraubt werden müssen. Zum Auswechseln des Bohrers, was alle paar Stunden geschehen muss, wird das ganze Gestänge mit einem Flaschenzug wieder nach oben gezogen und Rohr um Rohr auseinandergeschraubt.

Der Antrieb des Bohrers erfolgt über den sogenannten Drehtisch auf der Arbeitsplattform des Turms. Durch das Gestänge wird zur Kühlung des Bohrers so genannter Bohrschlamm in die Tiefe gepresst; die aus dem Bohrloch zurückfliessende Flüssigkeit wird laufend nach Ölspuren untersucht.

1 Bohrturm in der Wüste
2 Drehtisch auf der Arbeitsbühne eines Bohrturms
3 Abgenützte Bohrmeissel

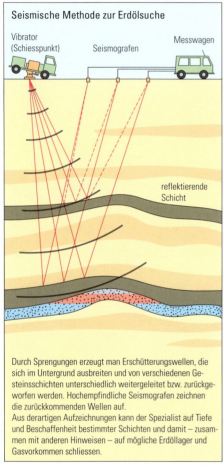

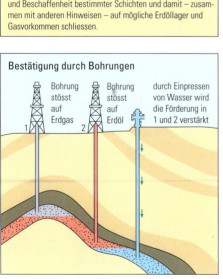

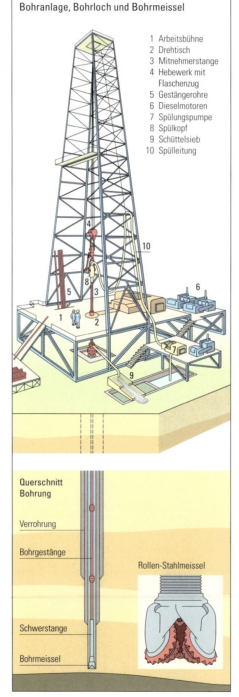

1

2

3

5. Produktion

Ist man fündig geworden, wird der Turm abgebrochen. Über dem Bohrloch wird ein kompliziertes System von Absperrventilen, der sogenannte «Christbaum», angebracht. Fliesst das Öl nicht unter eigenem Druck an die Erdoberfläche, muss man Pumpen einsetzen. Vielfach wird auch Wasser oder Gas in die Umgebung des Erdöllagers eingepresst. Oft wird das Öl mit Hitze (Dampf) oder Chemikalien dünnflüssig gemacht, um das Ausfliessen zu erleichtern.

5

6

4

6. Transport

Erdöl wurde anfänglich in Holzfässern transportiert. Aus jener Zeit stammt auch das heute noch gebräuchliche Hohlmass für Mineralöl: 1 Fass = 1 Barrel = 42 US-Gallonen = 159 Liter. Der Transport des Rohöls vom Bohrort zur Raffinerie oder zum Verschiffungshafen erfolgt fast ausschliesslich durch Pipelines. Pipelines sind stählerne, meist in die Erde versenkte Rohrleitungen. Das Öl wird mit einem Druck von 80 bar und einer Geschwindigkeit von 5 km/h durch die Rohre gepumpt.

7. Verarbeitung

Vor dem Verbrauch muss das Erdöl in Raffinerien gereinigt und in verschiedene Produkte wie z. B. Flug- und Autobenzin, Dieselöl oder Heizöl aufgespalten werden. Bei diesen Prozessen entstehen viele Nebenprodukte, die wieder Ausgangsstoffe für die petrochemische Industrie sind. Raffinerien liegen deshalb vor allem in den industrialisierten Verbraucherländern, entstehen aber heute auch in den Erdölfördergebieten.

7

Wachsende Konkurrenz aus Kanada?

Insgesamt verfügt das nördliche Alberta im so genannten Athabasca-Becken und in den Gebieten von Cold Lake, Peace River und Wabasca über 1,7 Trillionen Fass Schweröl; dabei lohnt sich der Abbau von rund 300 Milliarden Fass. Das bedeutet, dass in einem Gebiet anderthalbmal so gross wie die Schweiz mehr Erdöl vorhanden ist als im gesamten Nahen Osten. Mit modernster Technologie ist man nun daran, dem Boden das Erdöl abzuringen.

NZZ, 5. Dezember 1997

4 Öltanker
5 Christbaum
6 Pipeline
7 Raffinerie

Jerusalem

Der Name der Stadt, Jerusalem, kommt aus dem Hebräischen und bedeutet so viel wie: die Stadt des Friedens. Die Moslems nennen sie: El Quds, die Heilige. Allerdings hat sie im Verlaufe ihrer mehr als 5000-jährigen Geschichte diesem Namen wenig Ehre gemacht. Über dreissig Kriege wurden ihretwegen geführt. In der neueren Zeit ist der Konflikt zwischen Juden und Arabern einer der Brennpunkte des weltweiten Geschehens. Sie streiten sich darüber, wem die Stadt gehöre. Beide Seiten vertreten bisweilen verbissen ihren Anspruch. Die Auseinandersetzungen haben schon viele Todesopfer gefordert.

Bis 1967 war die Stadt geteilt. Im Sieben-Tage-Krieg eroberten die Israelis den jordanischen Ostteil. 1980 erklärte das israelische Parlament, die Knesset, ganz Jerusalem, also auch den arabisch bewohnten Ostteil, zur Hauptstadt. Seit der Wiedervereinigung, die bis heute von den Vereinten Nationen (UNO) nicht anerkannt wird, ist die Stadt enorm gewachsen. Lebten 1967 in beiden Teilen zusammen etwa 260 000 Menschen, waren es Ende 1993 bereits 567 000. In der Altstadt, welche ein Gebiet von nur einem Quadratkilometer umfasst, wohnen mehr als 20 000 Menschen.

Jerusalem lebt allein von seiner religiösen Bedeutung. Es wird jährlich von einigen tausend Touristen und Gläubigen besucht. Sowohl für die Juden wie für die Moslems als auch die Christen ist die Stadt heilig. Zentrales und umstrittenes Heiligtum ist der Tempelberg. Hier erbaute Salomo ab etwa 960 v. Chr. den ersten Tempel. Auf der Baustelle arbeiteten 160 000 Menschen. Sie erschufen ein für die damalige Zeit riesiges Gebäude. Im Tempel wurden viele Schätze und Heiligtümer aufbewahrt, unter anderem die Bundestafeln, auf der Gott die Zehn Gebote eingemeisselt haben soll.

587 v. Chr. wurde der Tempel zerstört. Herodes der Grosse, dem man den Massenmord an Säuglingen zur Zeit der Geburt Christi anlastet, liess den Tempel noch herrlicher und noch grösser wieder aufbauen. Über und über soll er mit Gold verkleidet gewesen sein. 70 n. Chr. brannten römische Legionen den Tempel im Siegesrausch vollständig nieder. Nur die westliche Mauer, heute als Klagemauer bekannt, ist erhalten geblieben. Heute stehen im heiligen Bezirk des Tempelbergs der prachtvolle Felsendom und die Al Aqsa-Moschee, beides islamische Gotteshäuser. Sie wurden in der Zeitwende vom 7. zum 8. Jahrhundert erbaut.

1 Jerusalem
2 Felsendom
3 Klagemauer

Das Judentum

Das Judentum gehört zu den bedeutenden Religionen, obgleich nur etwa 13 Millionen Menschen auf der ganzen Welt jüdisch sind. Nur in Israel stellen die Juden mit 5,5 Millionen die Mehrheit der Bevölkerung. Die beiden grössten Gemeinschaften ausserhalb Israels befinden sich mit 5 Millionen Menschen in den USA und mit 1,8 Millionen in der Russischen Föderation.

Jude oder Jüdin ist man durch Geburt, sofern die Mutter eine Jüdin ist. Eine Taufe wird nicht vollzogen; doch am 8. Lebenstag werden die Knaben beschnitten. Ein *atheistischer* Jude bleibt ein Jude, während ein Christ, der sich zum Atheismus bekennt, eben kein Christ mehr ist. Wer sich ehrlich mit dem Judentum auseinandersetzt, seinen Glauben, Sitten und Gesetze versteht und nach ihnen leben will, kann zum Judentum übertreten. Obwohl man die Juden nicht einer *Ethnie* zuordnen kann – es gibt weisse, schwarze und asiatische Juden – spricht man vom jüdischen Volk, dem Volk Israels, was so viel wie «Gottes besonderes Volk» bedeutet.

Die jüdische Religion war die erste Religion, die nur einen Gott kannte (Monotheismus). Das Christentum und der Islam, ebenfalls monotheistische Religionen, entstanden viel später und haben ihre Wurzeln im Judentum.

Gott ist nicht nur der Weltenerschaffer, er ist auch der Weltenlenker. Mit Abraham, dem Urvater, hat Gott einen ewigen Bund geschlossen, der in der Folge auf alle seine Nachkommen übertragen wird: Das Volk Israel verpflichtet sich, den einen Gott anzuerkennen und ihm zu dienen. Im Gegenzug wird ihm das Land Kanaan (Israel) zugesprochen. Die Juden glauben, dass eines Tages der Messias kommen und das Reich Gottes auf Erden erschaffen wird. Die Zehn Gebote, in denen die Grundregeln des Zusammenlebens formuliert sind, wurden dem Vok Israel am Berg Sinai von Gott verkündet und auf den Bundestafeln niedergeschrieben.

Die wichtigsten Schriften sind in der hebräischen Bibel zusammengefasst. Sie ist mit dem Buch, das die Christen als Altes Testament kennen, identisch. Das wichtigste Buch der hebräischen Bibel ist die Thora, die aus den fünf Büchern Mose besteht. Der zentrale Gedanke findet sich bei 3. Mose 19.18: «Liebe deinen Nächsten, denn er ist wie du.» Die Auslegung der Thora steht den Rabbinern, den jüdischen Gelehrten, zu und erfolgte über viele Jahrhunderte nur mündlich. Im frühen Mittelalter wurden die verschiedenen rabbinischen Überlegungen und die daraus resultierenden Gesetze im Talmud niedergeschrieben. Ihre Gottesdienste feiern die Juden in der Synagoge. Am Sabbat, dem 7. Tag der Woche, ist Ruhetag. Da die Juden die Woche mit dem Sonntag beginnen, fällt der Sabbat auf den Samstag.

Praktizierende Juden halten sich an bestimmte Speisegesetze. Sie essen alle Gemüse, Früchte und Getreide, Fleisch von Wiederkäuern, die gespaltene Hufe besitzen, Geflügel, Fische mit Schuppen und Flossen, niemals aber Fleisch vom Schwein, Kamel, Esel oder Pferd. Die Tiere müssen durch Schächten getötet werden. Dabei wird mit einem überaus scharfen Messer ohne jegliche Scharten durch einen Schnitt die Halsschlagader und die Luftröhre durchtrennt. Das Tier verliert das Bewusstsein und die Schmerzempfindung. Der Genuss von Blut ist generell verboten, denn Blut ist Symbol des Lebens. Mahlzeiten mit gleichzeitig Fleisch und Milchprodukten sind ebenfalls verboten. Ein Rahmschnitzel wird sich deshalb ein Jude, der die Speisegesetze beachtet, niemals schmecken lassen.

Die beiden höchsten Feiertage sind das Neujahrfest «Rosch Haschnà» und der Versöhnungstag «Jom Kippur». Die drei Wallfahrtsfeste, Pessach im Frühling, Schawuot im Sommer und Sukkòt im Herbst, sind anders als die hohen Feiertage ausgesprochen fröhliche Feste. An ihnen war früher die Pilgerfahrt zum Tempel in Jerusalem vorgeschrieben. Pessach erinnert an den Auszug Israels aus der ägyptischen Sklaverei. Im Altertum kennzeichnete Pessach auch den Beginn der Gerstenernte. Schawuot, das Wochenfest, erinnert an die Offenbarung der Zehn Gebote am Sinai. Sukkòt, das Laubhüttenfest, fällt mit dem Beginn der Regenzeit im Mittelmeergebiet zusammen und dauert ebenfalls eine Woche. Es erinnert an die Wüstenwanderung der Israeliten. Der jüdische Kalender kennt neben den biblischen Festen noch eine Reihe weiterer fröhlicher und trauriger Tage.

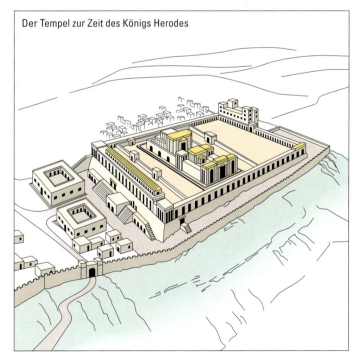

Der Tempel zur Zeit des Königs Herodes

Afrika südlich der Sahara

Sahara

Senegal

Kapverdische Inseln

Kap Verde

Niger (4160 km)

Kainji-stausee

Voltastausee

Pfefferküste Elfenbeinküste Goldküste Bucht von Benin

Bi
Principe
São Tomé

Pagalu

Ascension

St. Helena

SÜDATLANTIK

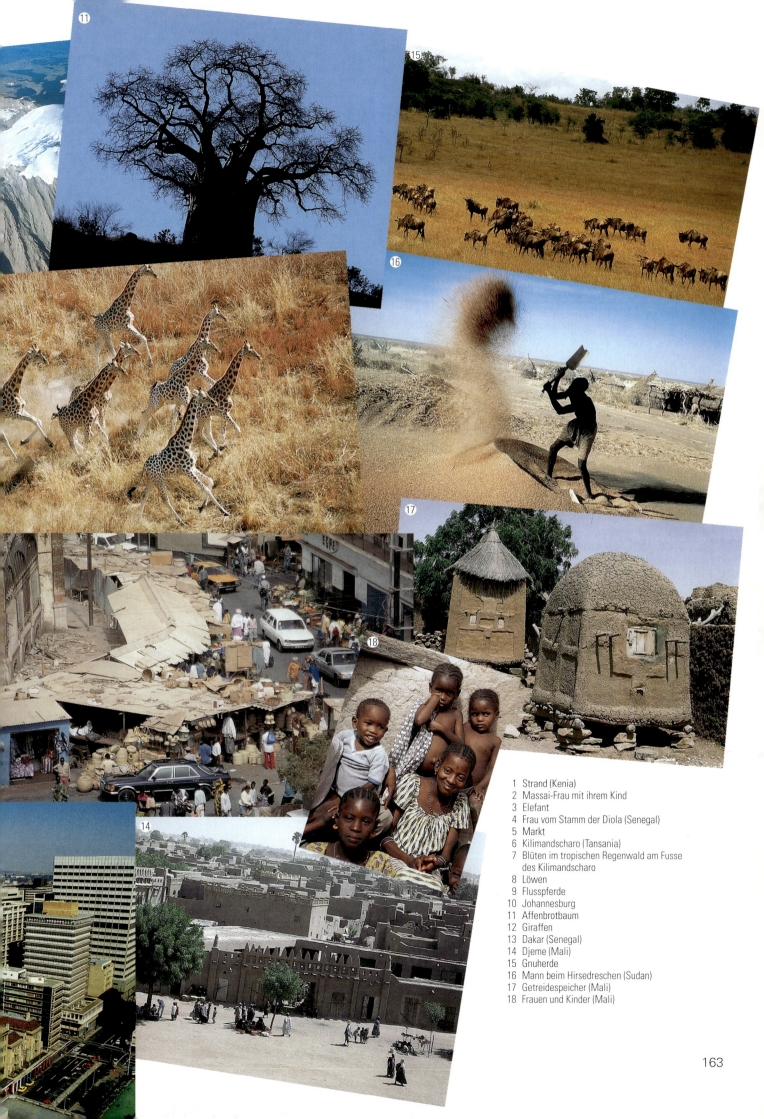

1 Strand (Kenia)
2 Massai-Frau mit ihrem Kind
3 Elefant
4 Frau vom Stamm der Diola (Senegal)
5 Markt
6 Kilimandscharo (Tansania)
7 Blüten im tropischen Regenwald am Fusse des Kilimandscharo
8 Löwen
9 Flusspferde
10 Johannesburg
11 Affenbrotbaum
12 Giraffen
13 Dakar (Senegal)
14 Djeme (Mali)
15 Gnuherde
16 Mann beim Hirsedreschen (Sudan)
17 Getreidespeicher (Mali)
18 Frauen und Kinder (Mali)

Die Wüste rückt vor

1

An ihrem Südrand geht die Sahara in die Sahelzone über. Hier treffen nomadisierende Berber und Araber die sesshaften, schwarzen Bauernvölker zum Warenaustausch.
Die Sahelzone erstreckt sich als etwa 300 km breiter Landschaftsgürtel im Bereich der Trocken- und Dornsavanne von Westen nach Osten quer durch Afrika. Lange Trockenzeiten von 7 bis 10 Monaten mit Winden aus Nordosten (Harmattan) wechseln mit einer kurzen Regenzeit bei Südwestwinden. Für die Pflanzen sind Regenmengen von 200 bis 700 mm im Jahr sehr knapp. Von Süden nach Norden nimmt die Trockenheit zu.
Seit vielen Jahren wird beobachtet, dass sich die Wüste nach Süden ausbreitet. In den letzten zweihundert Jahren hat sie sich etwa 170 km in den Sahel hineingefressen. Pro Jahr rechnet man mit einem Vorrücken von knapp einem Kilometer. Dabei gehen etwa 1,5 Millionen ha landwirtschaftliche Nutzfläche verloren. Bereits sind 90% des Weidelandes und 80% des unbewässerten Ackerlandes – zumindest von schwachen Verwüstungsprozessen – betroffen.
Die Weltöffentlichkeit verknüpft den Sahel mit Rückständigkeit, Armut und immer wiederkehrenden Hungerkatastrophen. In der Statistik tauchen alle Sahelländer unter den dreissig ärmsten Ländern der Welt auf.

Sahara (arab.) = gelbe, verbrannte Erde
Sahel (arab.) = Ufer, Randzone
Sudan (arab.: bilad es soudan) = Land der Schwarzen

1 Am Rande der Wüste
2 Zerstörte Grasnarbe bei der Tränke

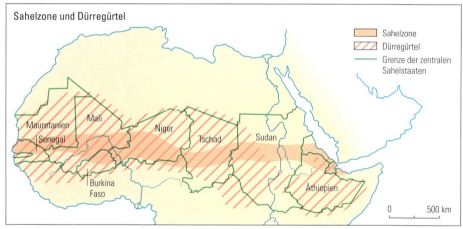

Sahelzone und Dürregürtel

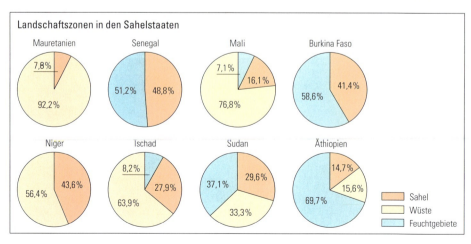

Landschaftszonen in den Sahelstaaten

Auf der Suche nach den Ursachen

Die vorkoloniale Zeit

Die Sahelländer haben eine glanzvolle, wirtschaftliche und kulturelle Vergangenheit. Seit dem 7. Jahrhundert entwickelten sich im Zusammenhang mit den transsaharischen Handelskarawanen die grossen Sahelreiche. Die Königreiche verfügten über ein gut entwickeltes Staatswesen. Die Menschen waren wohlhabend. Sie lebten in *patriarchalischen* Grossfamilien oder Clans. Die leistungsfähige Wirtschaft stützte sich auf einen lukrativen Handel vor allem mit Gold und Salz. Man schätzte und nutzte die Vorzüge eines freien Warenaustausches über die Reichsgrenzen hinweg. Das Handwerk blühte. Die Landwirtschaft war gut organisiert. Man baute nicht nur für den Eigenbedarf an, sondern trachtete danach, Überschüsse zu produzieren. Wichtigstes Anbauprodukt war die Hirse. Produziert wurde nach den Regeln des Wander- und Regenfeldbaus, zum Teil machten sich die Bauern aber auch ein gut entwickeltes Bewässerungssystem zunutze. Neben den Ackerbauern betrieben Nomaden und Halbnomaden Viehzucht.

Das damalige Klima entsprach etwa den heutigen Verhältnissen. Da man wusste, dass immer wieder Trockenperioden zu Nahrungsmittelknappheit führten, baute man Getreidespeicher und legte Vorräte an. Über die Vorräte verfügte ausschliesslich die Gemeinschaft. Die Kontrollen waren sehr streng. Reichten ausnahmsweise die Vorräte nicht aus, um eine längere Trockenzeit zu überstehen, konnte man immer noch aus Mali, das damals als Brotkorb des Sahel galt, Getreide und andere Nahrungsmittel beziehen. Gleichwohl kam es immer wieder zu Hungersnöten, die aber eine Ausnahme bildeten und nicht wie heute ein Dauerzustand waren.

Die Bevölkerungszahl war wesentlich kleiner als heute. Erstaunlicherweise waren aber Städte mit mehr als 100 000 Einwohnern bedeutend zahlreicher. Verschiedene Völker mit unterschiedlichen Religionen lebten meist friedlich nebeneinander.

Die Zeit des Niedergangs

Mit der Entdeckung der Neuen Welt verloren die sahelischen alten Reiche an Macht und Einfluss, weil die europäischen Königshäuser nicht mehr auf das afrikanische Gold angewiesen waren. Dafür begann die Jagd nach Menschen. Einheimische, schwarze Sklavenjäger unterstützten den Menschenhandel der Weissen, da sie ebenfalls erheblichen Profit daraus ziehen konnten. Es gab sogar Königreiche (z.B. das Aschantireich und das Königreich Dahomey), welche ihre Einkünfte aus dem Sklavenfang bezogen. In der Folge begannen sich die Völker gegenseitig zu bekämpfen, und es brachen blutige Kriege aus.

Die ehemals hoch stehenden Kulturen fielen zurück in archaische Stammeskulturen, in welchen das Misstrauen und die Intoleranz gegenüber anderen Stammesangehörigen dominierte. Der Zusammenbruch der Wirtschaft war nicht mehr aufzuhalten. Die Menschen kehrten zurück zur *Subsistenzwirtschaft*. So kam es seit dem 17. Jahrhundert immer wieder zu grossen Hungersnöten und Epidemien.

Mit der Errichtung des französischen Kolonialreiches ging eine Befriedung der Stämme einher. Gleichzeitig wurden aber die Menschen dazu gezwungen, statt Getreide und Gemüse für den Eigenbedarf, Nutzpflanzen für den Weltmarkt zu produzieren. Die Franzosen, die Kolonialherren der Sahelzone, befanden, dass der Sahel ideal für den Baumwoll- und Erdnussanbau sei.

Gleichzeitig wurde das Geldsystem eingeführt. Mit dem Geldsegen kam auch der Steuerfluch. Damit eine Familie die Steuern bezahlen konnte, blieb ihr gar nichts anderes übrig, als Produkte zu produzieren, die sie gegen Geld tauschen konnte. In Mali reichte 1929 die Produktion von fünf bis zehn Kilogramm Baumwolle aus, um die Steuer einer erwachsenen Person (ab 15 Jahre) zu bezahlen. Im Jahre 1960, dem letzten Jahr der französischen Herrschaft, waren vierzig Kilogramm nötig. Die einheimische Nachfolgeregierung verlangte 1970, mitten in einer mehrjährigen grossen Hungersnot, ein Steueräquivalent von 48 Kilogramm Baumwolle.

Die erzwungene Intensivierung des Anbaus ging mit der Übernutzung und gar Zerstörung weiter Gebiete einher. Das immer tiefere Pflügen für den Anbau von Baumwolle hat zu schwer wiegenden Erosionsschäden geführt. Da die Böden schneller austrockneten, hatte es den Anschein, als ob es weniger geregnet hätte. Die Ausweitung der Exportproduktion drängte die Anbauflächen für einheimische Nahrungsmittel immer weiter zurück. Ackerflächen, die man früher mehrere Jahre der Brache überliess, wurden nun ununterbrochen bearbeitet, bepflanzt und abgeerntet. Neues, bis anhin unerschlossenes Land, wurde unter den Pflug genommen – vielfach mit Hilfe von Brandrodung.

Die Folgen dieser Misswirtschaft sind offensichtlich. Die Wüste breitet sich aus und Hungersnöte sind alltäglich geworden.

2

Die Menschen im tropischen Regenwald

Pygmäen

Wie alle Regenwaldgebiete ist der afrikanische Regenwald sehr dünn besiedelt. Die frühesten Bewohner gehören zum kleinwüchsigen Volk der Pygmäen. In abgelegenen, nur sehr schwer zugänglichen Regionen leben sie mehrheitlich von der Jagd, vom Sammeln pflanzlicher Nahrung, Honig und Termiten und vom Fischfang. Vorratshaltung betreiben sie nicht. Im feuchtheissen Klima des tropischen Regenwaldes ist dies auch nicht möglich, weil die Vorräte rasch verderben würden. Ausserdem bietet der Wald Früchte, Nüsse, essbare Blätter und Fleisch in ausreichenden Mengen zu jeder Jahreszeit. Menschen, die diese Wirtschaftsform betreiben, zählt man zu den Wildbeutern. Darüber hinaus tauschen sie mit benachbarten Hackbauern Waren, zum Beispiel Fleisch, Häute und Elefantenzähne gegen Bananen, Maniok, Palmöl, Werkzeuge und Pfeilspitzen.

Pygmäen leben in Familien, Sippen (zwei bis drei Familien) oder Clans (mehrere Sippen). Sie wechseln den Wohnort, sobald sich das natürliche Nahrungsangebot in ihrem Umkreis erschöpft hat. Einfache, aus Ruten und Palmblättern gebaute Hütten bieten ihnen Unterschlupf.

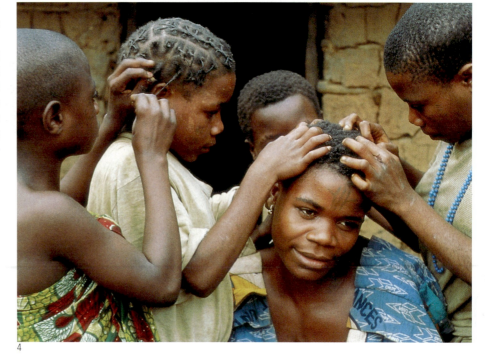

1 Pygmäen
2 Pygmäe mit seiner Beute
3 Pygmäenkinder
4 Körperpflege
5 Weisse Frau und Pygmäenfrau mit Kind
6 Abtransport von tropischem Rundholz
7 Pygmäenfamilie unterwegs

Ein bedrohter Lebensraum – Aka-Pygmäen im Regenwald

Seit Urzeiten leben Waldbewohner im Kongobecken; sie jagen und sammeln Wild, Honig und Pflanzen und tauschen einen Teil davon gegen Maniok und andere Feldfrüchte von sesshaften Bauern. Heute jedoch wird der tropische Wald zunehmend zerstört. Im Naturschutzgebiet Dzanga-Sangha der Zentralafrikanischen Republik kämpft ein Projekt seit 1990 gegen die industrielle Holzfällerei und ihre Folgen. Während im Nationalpark alle menschlichen Eingriffe verboten sind, erlaubt das Gesetz im angrenzenden Waldreservat Selbstversorgung der Lokalbevölkerung sowie geregelte Holzwirtschaft als Einnahme für den Staat.

Holzeinschlag und Strassen zum Abtransport der Stämme gefährden jedoch auch die fernsten Winkel des Waldes. Dort bauen die Aka seit Generationen ihre Jagdlager, leben ihre Tradition – nebst Nahrungsbeschaffung auch Heilkunst und Zeremonien – und vermitteln diese an die Kinder. Nach einem längeren Waldaufenthalt wirken alle gesund und wohlgenährt, obschon der Jagdertrag durch kommerzielle Wilderei der zahlreich zugewanderten Holzarbeiter und ihren Familien bereits empfindlich gesunken ist. In den Siedlungen an der Hauptstrasse, wo die Aka im Zuge der wirtschaftlichen und gesellschaftlichen Umwälzungen vermehrt leben, bietet sich hingegen ein oft erbärmliches Bild. Ansteckende Krankheiten wie *Tuberkulose*, Lepra und neuerdings auch Aids breiten sich aus. Mit eigenen Mitteln gelingt keine Heilung, und zur dürftigen medizinischen Versorgung in der Region haben sie noch wenig Zugang. Und obwohl viele Aka-Eltern ihre Kinder für eine bessere Zukunft zur Schule schicken, geben diese den Unterricht wegen Hunger und Diskriminierung oftmals wieder auf.

Akute Probleme sind Unterdrückung und wirtschaftliche Ausbeutung. Dorfchefs dulden, dass Aka-Pygmäen für ein vermeintliches oder tatsächliches Vergehen öffentlich geschlagen werden. Feldbauern geben Waren auf Kredit ab und bringen Aka so in ihre Abhängigkeit. Für ein wenig Palmwein oder Maniokschnaps, für Zigaretten oder ein abgetragenes Kleidungsstück müssen Männer und Frauen tagelang auf Feldern arbeiten – ohne zusätzliches Entgelt. Ihren eigenen Familien fehlen sie dann als Nahrungslieferanten. Weit unterhalb der gesetzlichen Mindestbezahlung arbeiten Männer im Taglohn bei der europäischen Holzfirma, um im Wald die wertvollen Mahagonibäume zu suchen. Mit Bestürzung stellen einige fest, dass sie dadurch selbst an der Zerstörung ihrer Umwelt teilhaben. Dasselbe gilt, wenn sich Aka-Männer gegen ihre Gruppeninteressen an der illegalen Jagd der Feldbauern betätigen und dabei oftmals von Wildhütern gefasst und bestraft werden. Im Gegensatz dazu versucht das Projekt die Anerkennung der speziellen Naturkenntnisse dieser Bevölkerungsgruppe zu fördern, indem geregelte Arbeit für Waldführer, Fährtenleser und Pflanzenkenner bei Wildereipatrouillen, Forschungen oder im Tourismus vergeben wird.

Lokal und landesweit stösst die Lage der Aka kaum auf Interesse. Zwar sollen sie laut der Regierungspolitik in die nationale Entwicklung integriert werden. Doch solange sie sich auf der sozialen Rangliste ganz unten befinden – sie gelten als rückständig und minderwertig –, werden sie den mächtigen Einflüssen von aussen immer stärker unterliegen und ihre Lebensgrundlagen verlieren. Das Dilemma ihrer kulturellen Identität zwischen Tradition und Anschluss an die Moderne ist ein Schicksal, das sie mit vielen andern Naturvölkern der Welt teilen. Ihre Anliegen müssen dringend aufgegriffen und hörbar gemacht werden!

Daniela Renner

5

6

7

Wanderfeldbau im tropischen Regenwald

Die Bantuvölker, die im Regenwald leben, betreiben Wanderfeldbau, auch Brandrodungsfeldbau oder «shifting cultivation» genannt. Es handelt sich dabei nicht nur um eine Agrarform, sondern vielmehr um eine Kulturform der Regenwaldvölker. Sie wissen seit Jahrhunderten, wie sie mit dem Wald umgehen müssen, ohne ihm Schaden zuzufügen.

Bevor der Boden bepflanzt werden kann, muss der Wald gerodet werden. Dies ist Sache der Männer. Sie schlagen das Unterholz mit dem Haumesser oder mit der Axt. Am Ende der niederschlagsärmsten Zeit zünden sie die Bäume, die sie durch Entfernen von Rindenteilen zum Absterben gebracht haben, zusammen mit dem geschlagenen Unterholz, den Ästen, Zweigen und Blättern an. Die Asche, die dabei anfällt, düngt den Boden. Grössere Baumstrünke lassen sie stehen, weil diese die Bodenerosion verhindern und den Grundstock für die Wiederbewaldung bilden. Oft werden auch ganze Bäume verschont, da sie als Schattenspender für empfindliche Nutzpflanzen dienen.

Die Frauen bestellen die Felder. Mit dem Grabstock oder mit der Hacke graben sie Pflanzlöcher für Mais oder Maniok, Süsskartoffeln (Bataten), Kürbisse oder Bananen. Der Einsatz von Pflug und Zugtieren ist nicht üblich. Dank dieser Technik bleibt die empfindliche Bodenkrume weitgehend unversehrt. Der Anbau dient dem täglichen Bedarf. Vorratshaltung ist nicht nötig. Bei Siedlungen in Flussnähe ergänzen Fische die tägliche Nahrung. Sie werden mit dem Speer gejagt oder mit Netz und Reuse gefangen. Rinderhaltung ist im tropischen Regenwald wegen der weiten Verbreitung der Tsetsefliege unmöglich. Sie ist die Überträgerin der Schlafkrankheit, gegen welche das Vieh nicht resistent ist.

Der Maniok ist eines der wichtigsten Nahrungsmittel der selbstversorgenden Hackbauern. Er erinnert als Pflanze an die Kartoffel; in seiner Bedeutung als Nahrungsmittel entspricht er etwa unserem Brot. Die Maniokknollen enthalten viel Stärke, aber auch eine Spur giftiger Blausäure. Erst durch das Schaben der gereinigten Knollen und durch langes Wässern und gutes Auspressen der letzten giftigen Flüssigkeitstropfen wird das Produkt geniessbar. Maniok isst man meist in Form sonnengetrockneter Fladen oder als körnige Suppeneinlage.

Da die Bodenfruchtbarkeit schon nach wenigen Ernten nachlässt, sind ständig neue Rodungsflächen zu schaffen. Die alten werden aufgegeben und rasch von so genanntem Sekundärwald mit dichterem Unterwuchs überwuchert. Bis sich der urspüngliche dunkle Regenwald erneuert hat, vergehen über hundert Jahre. In der ursprünglichsten Form des Wanderfeldbaus wurden auch die Siedlungen verlegt.

1

2

3

4

1 Abgebranntes Stück Wald
2 Vorbereiten der Brandrodung
3 Feld von Wanderfeldbauern
4 Feldarbeit
5 Junger Hackbauer
6 Runddorf
7 Dorfszene
8 Dorffest

Wanderfeldbau – keine Lösung für die Zukunft

Für den Regenwald ist der Wanderfeldbau nur bei einer sehr geringen Bevölkerungsdichte von maximal 30 Personen pro Quadratkilometer nachhaltig. Für 1 t Getreide müssen bis zu 300 t Biomasse – bei geringer Bevölkerungsdichte zwar nur vorübergehend – geopfert werden. Die Hackbauern können mit einer relativ sicheren Ernte von 1 t pro ha und Saison rechnen. Der Arbeitsaufwand pro ha ist kaum grösser als bei jeder anderen Produktionsform.

Die Kultur der Wanderfeldbauern

Die bäuerische Bevölkerung des afrikanischen Regenwaldes ist wahrscheinlich erst vor etwa 400 Jahren in ihren heutigen Lebensraum eingedrungen. Man vermutet, dass die Menschen aus der offenen Savannenlandschaft dorthin verdrängt wurden. Ihre Lebensweise ist jenen der Savannenvölker in vielem sehr ähnlich.

Die Siedlungen und Anbauflächen liegen fast immer in der Nähe grösserer Flüsse. Die geschlossenen Dörfer bestehen aus festgefügten Häusern oder Hütten, die aus Pfählen, Latten, Reisig und Lehm aufgebaut und mit einem Schilf- oder Blätterdach gedeckt sind. Die Gebäude stehen in der Regel beidseits eines Pfades oder sind um einen zentralen Platz gruppiert. Sie sind einfach eingerichtet und meist in Wohn- und Schlafraum unterteilt. Als Haustiere hält man Hühner und Hunde, gelegentlich auch ein Schwein.

Die Bantuvölker leben in Grossfamilien. Diese sind für die Erziehung und Ausbildung der Kinder selber verantwortlich. Daneben sind aber die Bindung an die Dorfgemeinschaft und das Stammesbewusstsein sehr stark. Die Autorität des Häuptlings wird anerkannt. Man liebt Gemeinschaftsfeiern mit rhythmischer Musik. Trommel, Bogengitarre, Klimper und Harfe sind die üblichen Musikinstrumente. Weit verbreitet ist der Glaube an Geister, die in der Natur, in Menschen oder in Gegenständen wohnen. Macht über diese Geister hat nur der Medizinmann.

5

6

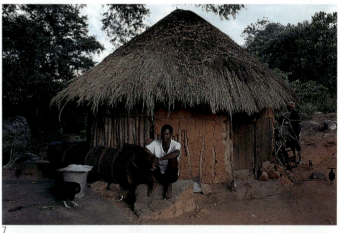
7

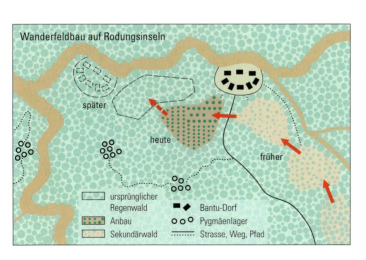

8

Die Situation der Afrikanerinnen aus europäischer Sicht

Das «Vaterland der Würde», so lässt sich der Name von Burkina Faso übersetzen. In diesem Land gibt es, laut Statistik, 130 Traktoren. Mehr Traktoren kann sich das Zehnmillionenvolk nicht leisten, mehr braucht es auch nicht. Den Rest erledigen die Frauen.

Frühmorgens, zwei Stunden nach Sonnenaufgang, sind in der Savanne Frauen, nur Frauen auszumachen. Das jüngste Kind auf den Rücken gebunden, treiben sie mit der Hacke die ersten Furchen in die rote Erde. Frauen jäten Unkraut. Sie stehen Schlange am Brunnen, um in Blechkübeln und bunten Kanistern Wasser auf dem Kopf nach Hause zu tragen. Wie sie es von ihren Müttern gelernt haben. Manche Gefässe fassen 15, andere wohl 25 Liter Wasser.

Saat und Ernte für den Eigengebrauch – die *Subsistenzwirtschaft* – ist fast allein die Domäne der Frau. Ihr Lohn? Sie darf kein eigenes Land besitzen, sie darf keines erben. Warum das so ist? Der Präfekt von Pagatenga, dem kleinen Dorf, eine Autostunde von der Hauptstadt Ouagadougou entfernt, versteht kaum die Frage: «Der Junge kommt immer zurück zur Familie, das Mädchen geht irgendwann. Was sie erwirbt, kriegt der Mann, den sie heiratet. Das lohnt doch nicht.» Töchter gehen seltener zur Schule als Söhne, Mütter sind häufiger unterernährt als Väter. In Burkina Faso sind 97% der Bäuerinnen Analphabetinnen.

Fati Derra ist 31 Jahre alt, «so ungefähr», sagt sie. Wie fast alle hier in Pagatenga betet sie bei Sonnenaufgang zu Allah. Sie fegt die Hütte, verknotet das Kopftuch über der Stirn und bricht auf zum Brunnen. Sie hat Glück, das Wasserloch ist nur einen Kilometer entfernt. Und es hat geregnet. Der Eimer, den sie aus der Tiefe zieht, wird voll sein. So muss sie heute vielleicht nur dreimal zum Brunnen laufen und zurück zum Hof, der wie eine Festung zwischen den Feldern steht: Nur die runden Strohdächer der fünf Hütten überragen die Mauern aus grauem Lehm.

Ihr Mann hat zwei Frauen. Manchmal sei es schwierig, sagt Fati Derra, vor allem in den Nächten, in denen er bei der anderen schläft und sie auf der Matte in ihrer Lehmhütte liegt, allein mit ihren vier Kindern. Fati bereitet das Mittagsmahl in russschwarzen Töpfen über einem Steinofen. Das Brennholz hat sie schon einen Tag zuvor gesammelt. Sie rührt aus Hirse und Mais einen Brei, kocht aus Bohnenblättern und Gemüseresten eine grüne Sauce. Die Sonne steht fast senkrecht über ihr, wenn sie das Essen aufs Feld bringt, wo der Mann und der älteste Sohn arbeiten. «Eine Stunde etwa» dauere der Fussmarsch. «An den Tagen, an denen ich koche, muss ich alles geben. Wenn das Essen gelingt, liebt er mich mehr.»

Nach dem Essen muss Fati waschen, wieder Wasser holen, die Kinder waschen, zum Abendessen ein paar Erdnüsse richten oder etwas Mais und Gemüse – dann kommt die Nacht.

In Burkina Faso bringt jede Frau im Durchschnitt mehr als sieben Kinder zur Welt. Sieben von acht Frauen leiden an Blutarmut. Kinder unter fünf Jahren stellen die Hälfte der Toten. Dennoch wird die Bevölkerung sich innerhalb der nächsten dreissig Jahre verdoppeln.

«Noch mehr Kinder», sagt Fati und kräuselt die feuchte Stirn, «will ich eigentlich nicht. Es tut so weh.» Der Geburtsschmerz wird durch die Beschneidung der Mädchen noch verstärkt, aber das erwähnt sie nicht. «Wenn du zu viele Kinder hast, verlierst du immer welche.» Von Familienplanung hat sie zwar gehört, aber sie nimmt keine Verhütungsmittel. Warum nicht? Sie zögert: «Kinder sind Gottes Wille. Das sagt auch mein Mann.»

nach Christian Wernicke, Die Zeit Nr. 37, 8. September 1995

1

2

3

Wie eine Afrikanerin die Schweizerinnen sieht

Die gebürtige Kenianerin Zeedah Meierhofer-Mangeli, 38 Jahre alt, lebt seit 17 Jahren in der Schweiz. Ihre Erfahrungen bringt sie auf den Punkt: «Die Schweizer haben alles, was sie wollen. Es ist paradox: Sie wollen es sauber, und es ist sauber. Sie wollen viel arbeiten, und sie können viel arbeiten. Sie wollen Geld, und sie haben Geld. Sie können sich alles leisten – und trotzdem wirken sie unglücklich. Ich sah ein Paar vor einem Schaufenster stehen, in dem ein wunderschönes Kleid ausgestellt war. ‹Schau, wie schön›, sagte die Frau zu ihrem Mann. Er nahm sie am Arm und zog sie weg: ‹Das ist nichts für dich›. Die Schweizer haben Angst zu geben und zu teilen. Wenn wir Frauen gemeinsam einkaufen gehen und einer gefällt etwas, hat aber kein Geld, dann sagt eine andere: ‹Das kaufe ich dir...›, auch wenn wir es uns nicht wirklich leisten können.

Nach der Geburt meiner ersten Tochter habe ich unter der Einsamkeit gelitten: Die Schwiegermutter besuchte mich nicht, wie ich es von Afrika her kenne, mein Mann war im Militär, die Nachbarn kamen nur kurz vorbei. Niemand brachte einen Topf mit Pouletfleisch oder einen Brei, niemand massierte mich, das Kind wurde nicht von einer Gemeinschaft begrüsst.

Die schweizerische Familie ist klein, Vater, Mutter, Geschwister, und die Beziehungen sind oberflächlich. Ich kenne Leute, die ihre Grossmutter während Jahren nie besuchen. In meiner Gesellschaft ist das ganz anders: Wenn du eine Mutter hast, hast du auch Tanten. Alle Freundinnen und gleichaltrigen weiblichen Verwandten deiner Mutter sind deine Tanten. Als Mutter habe ich eine disziplinierende Rolle und setze Dinge durch, die ich wichtig finde. Die Tanten bieten den Ausgleich und können schwierige Situationen entspannen. In Afrika wurde ich dazu erzogen, älteren Menschen gegenüber Respekt zu zeigen. Ich würde meinen Eltern oder Schwiegereltern nie widersprechen. Ebenso erwarte ich von meinen Kindern, dass sie mich respektieren. Ein Erwachsener in der Schweiz sucht seine Eltern auf, um Geld zu leihen. Aber er würde sie nie um einen Rat bitten. In meiner Gesellschaft gelten alte Menschen als weise. Mit dem Alter nimmt ihre Macht zu.

In der Schweiz sagt man, wir Afrikanerinnen hätten keine Rechte in Afrika. Doch wenn ich mich mit den Schweizerinnen vergleiche, muss ich sagen: Ich bin selbstbewusster als die meisten von ihnen. Eine Schweizerin muss auch bei kleinen Unternehmungen ihren Mann um Erlaubnis fragen, selbst wenn sie eigenes Geld verdient. Ich kann meinen Mann zwar informieren, wenn ich will. Aber ihn fragen, ob ich überhaupt darf? Nie. Wir Afrikanerinnen sind meist vom Mann finanziell unabhängig. Das gibt Macht. Da liegt der grosse Unterschied zwischen einer Schweizerin und einer Afrikanerin. Die Männer, die mit Ausländerinnen aus Afrika oder Asien verheiratet sind, denken, sie hätten eine dumme Frau zuhause.

Wir Afrikanerinnen sind im Gegensatz zu den Schweizerinnen gewohnt, für uns zu sein. In meiner Gesellschaft leben Frauen und Männer sozial getrennt. Die Frauen haben ihre eigenen Räume, Themen, ihre eigenen Freundschaften, und sie haben ihre Geheimnisse. In der Schweiz haben die Männer zwar auch ihre Männerrunden, doch die Frauen sitzen mit ihren Kindern allein zuhause.

Ich beobachte, wie die Schweizerinnen nach Gleichberechtigung streben, und sehe: Sie wollen sein wie die Männer und dasselbe tun. Wir hingegen wollen das nicht. Die Afrikanerin hat keine politische Macht, sie strebt aber auch nicht danach, denn sie hat eine klar definierte Rolle, für die sie geschätzt wird. Wir sind gerne Frauen.»

nach Claudia Roth, du-Doppelheft Dezember 95, Januar 96

4

5

6

1 Frauenarbeit (Niger)
2 Hungernde Mütter mit ihren Kindern (Äthiopien)
3 Frauen auf dem Weg zum Markt
4 Senufofrau mit ihrem Kind (Ghana)
5 Dogonfrau mit ihren Kindern (Mali)
6 Massaifrau (Kenia)

Massentourismus in Kenia

Kenia hat das ganze Jahr hindurch Saison. Es gibt jedoch zwei Regenzeiten: die «lange» von Ende März bis Mitte Juni und die «kurze» von Ende Oktober bis Anfang Dezember. In dieser Zeit können aufgeweichte Strassen Safaris einschränken, doch anderseits profitiert man dann von Preisnachlässen.

Der Urlaub beginnt meist am modernen Flughafen von Nairobi. Die Stadt selbst lebt und arbeitet nach westlichem Vorbild und betreut Touristen gut. Doch bald kehrt man der Stadt den Rücken zu und bricht zur Safari auf. Damit verlässt man die Moderne und stellt die Uhren um Jahrhunderte zurück, wenn man am Turkanasee die Stelle sucht, an der die Wiege der Menschheit stand.

Überall in Kenia stösst man auf die Spuren der Frühgeschichte. Unmittelbar nördlich der Hauptstadt zum Beispiel steht man plötzlich am Rande des Grossen Ostafrikanischen Grabenbruchs (Rift Valley), Resultat tektonischer und vulkanischer Tätigkeit. Der Mount Kenia mit seiner kleinen Schneehaube wacht über die fruchtbarsten Anbaugebiete des Landes.

Kenia befindet sich nach einem Wort Teddy Roosevelts überall noch im «Eiszeitalter», in der Zeit der Säugetiere – am sichtbarsten in 42 Nationalparks und Wildreservaten, in denen sich die Tiere in unverfälschten Urlandschaften halten konnten.

Die spektakulärsten sind das Maasai Mara Game Reserve, in das jährlich zwei Millionen Tiere aus der Serengeti angezogen kommen, der Amboseli-Nationalpark am Fusse des Kilimandscharo und der riesige, unberührte Tsavo-Nationalpark, der sich fast bis zur Küste hinzieht. Im Norden liegen Bergwälder, nachts von den Lichtern der berühmten Lodges beleuchtet. Dahinter erstrecken sich die Tierreservate des Samburu-Landes und jene entlang des Tana Rivers. Noch weiter nördlich folgt, im Grabenbruch selbst, eine Kette wilder Seen: Naivasha, Elementaita, Nakuru (der als grossartigstes Vogelschutzgebiet der Welt gilt), Borgoria, Baringo und Turkana, das legendäre «Jademeer».

Im Westen kommt man durch «Massai-Land» zum Victoria-See und dem Stammland des Nilvolkes. Nicht zuletzt lockt ein 480 km langer, grossartiger Küstenstreifen, an dem sich seit Sindbad, dem Seefahrer, seit dem Mittelalter kaum etwas geändert hat. Auf Lamu und in anderen abgelegenen Orten scheint die Zeit stillgestanden zu sein; das 18. Jahrhundert ist hier noch lebendig.

Mombasa, der wichtigste Umschlagplatz, hat sich zur modernen Stadt gemausert, obwohl in der Araberstadt die Atmosphäre der Sultane noch zu spüren ist. Im Süden und Norden Mombasas sind supermoderne Freizeitzentren an Stränden entstanden, die es mit den schönsten der Welt aufnehmen können.

Apa Guides, Kenia, 1996

1 Nairobi (Kenia)
2 Hotelanlage (Kenia)
3 Massaimänner (Tansania)
4 Blick auf den Kilimandscharo

Die Schattenseite

Der Einfluss der vermeintlich reichen Weissen auf die einheimische Kultur ist unübersehbar. Vor allem die Jugendlichen, die die europäischen Besucher als Vorbild betrachten, begehren Prestigeobjekte wie Jeans, Uhren oder Kameras. Da das Geld für deren Erwerb meist fehlt, gehen manche den Weg des geringsten Widerstandes, begeben sich in Prostitution und Bettelei oder sie driften gar in die Kriminalität ab.

Anderseits weckt das oft hemmungslose Fotografieren, die Missachtung der Traditionen, etwa durch lockere Bekleidung, immer häufiger aggressive Gefühle gegenüber jenen, die sich offenbar alles leisten können. Trotz der relativ guten Verdienstmöglichkeiten in den Hotels wird sehr wohl wahrgenommen, dass die weissen Gäste ausschliesslich von schwarzen Einheimischen bedient werden. Das Aufkeimen von Fremdenhass wird zu einem ernsthaften Problem. Auch der wirtschaftliche Nutzen muss relativiert werden: die Hälfte der Deviseneinnahmen wird für den Import von Gütern ausgegeben, die zur Bedarfsdeckung der Touristen benötigt werden und um die touristischen Infrastruktureinrichtungen zu verbessern und instand zu halten.

Was zu viel ist, ist zu viel

Der expandierende Tourismus in Kenia droht die schönsten und besten Schutzgebiete des Landes gründlich zu zerstören. Ein Grossteil der Besucher bucht eine Safari in die Reservate. Die Kapazität der dortigen Unterkünfte ist längst an der oberen Grenze angelangt. Mehr als 70 Kleinbusse und Geländewagen pro Tag sind im Amboseli-, Maasai Mara-, Nairobi-Nationalpark und am Nakurusee nicht ungewöhnlich. Die Fahrer der Safari-Unternehmen brausen meist rücksichtslos durch den Busch, zerstören die empfindliche Grasnarbe, walzen Sträucher nieder und fahren so nahe an die begehrtesten Tierarten heran, dass diese tagsüber kaum noch ungestörte Minuten haben.

Richtig reisen, Du Mont, Ostafrika, 1997

5 Amboseli-Nationalpark (Kenia)
6 Junge Afrikaner
7 Frühstück im Hotel

Diamanten-Fieber

Die Jwaneng-Mine befindet sich in Botswana, am Rande der Kalahari-halbwüste. Sie ist eine der drei Tagbau-Diamantenminen, denen das Land alles verdankt, was es an Fortschritt aufzuweisen hat: Strassen, Elektrizität, Wasserversorgung und ein Pro-Kopf-Einkommen, das annähernd so gross ist wie das der Republik Südafrika. Der Erlös der Exporte stammt zu 80% aus der Diamantenförderung.

2500 Männer arbeiten hier in einem 24-Stunden-Schichtbetrieb von Montag bis Samstag. Aus jeder Tonne Gestein werden im Schnitt 1,5 Karat oder 0,3 g Diamanten gewonnen. Die Ausbeute beläuft sich auf 25 000 Karat pro Tag. Dafür müssen 16 000 t Erdreich abgetragen werden, was einem Güterzug von 5 Kilometern Länge entspricht.

Die bedeutendsten Diamantenländer 1993
(ohne synthetische Diamantenproduktion)
Produktion in Mio. Karat

Australien	41,9
Russland	16,0
Zaire	15,6
Botswana	14,7
Südafrika	10,3
Brasilien	1,3
Namibia	1,1
VR China	1,1
Angola	0,9

1 Sieben von Steinen
2 Jwaneng-Mine
3 Arbeiter in Diamantenmine
4 Frau sortiert Rohdiamanten
5 Rohdiamanten
6 Geschliffene Diamanten
7 Diamantenmine «Big Hole» (Kimberley, Südafrika)

Nichts als Kohlenstoff

Diamanten bestehen ausschliesslich aus Kohlenstoff. Ein Rohdiamant kann ein ungeübtes Auge leicht mit einem Stück Glas verwechseln. Doch in Facetten geschliffen ist der Diamant ein herrlich funkelnder Stein und das härteste Mineral der Erde. Sein Name, der aus dem Griechischen stammt, bedeutet «unbezwinglich».

Diamanten bilden sich unter sehr hohem Druck und gewaltiger Hitze in achtzig oder mehr Kilometer Tiefe in Vulkanschloten, zylinderförmigen Röhren in der Erdkruste. Die berühmtesten derartigen Diamanten-Fundstellen befinden sich in der Republik Südafrika in der Nähe von Kimberley (Kimberlit-Schlote).

Den Wert eines Diamanten ermisst man nach der Farbe, dem Schliff, der Reinheit und dem Karat (Gewicht).

Diamanten sind ein Symbol für Luxus. Sie sind die beliebtesten aller Edelsteine. Man kann zwar heute Diamanten in bemerkenswerter Qualität kostengünstig herstellen. Doch werden diese künstlichen Steine nur in der Industrie eingesetzt, wo besonders hartes Material gefordert ist, z.B. bei Bohrkernen oder Schleifscheiben.

Karat ist nicht Karat

Das Karat ist das Wertmass für Edelmetalle und Edelsteine. Für Diamanten und andere Schmucksteine entspricht ein Karat 0,2 g.

Bei Goldschmuck gibt das Karat den Anteil an reinem Gold an. Ein 24-karätiges Schmuckstück besteht aus reinem Gold. Goldschmuck mit 18 Karat besteht aus einer Goldlegierung mit einem Goldanteil von 75% ($^{750}/_{1000}$), 14-karätiger Schmuck besitzt einen Goldanteil von 58,5% ($^{585}/_{1000}$).

Der lange Weg zur Gleichwertigkeit von Schwarz und Weiss

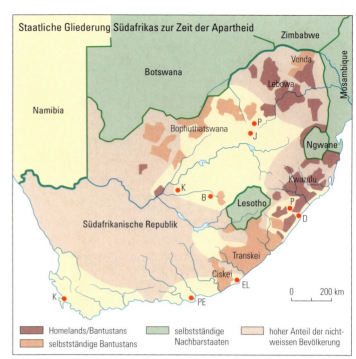

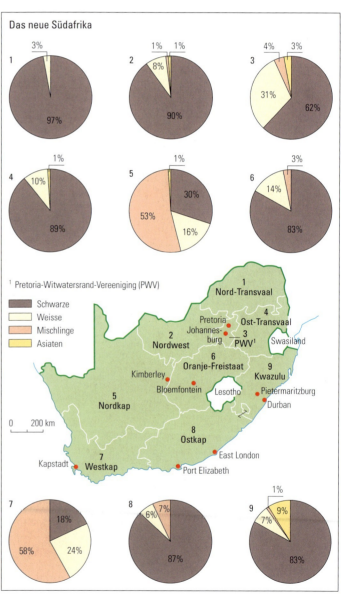

In Südafrika sind weit mehr Europäer eingewandert als im ganzen übrigen Afrika. Um 1650 gründeten die Holländer (Buren) Kapstadt als Versorgungsstation für ihre Schiffe auf dem Seeweg zu ihren Kolonien in Südostasien. Zusammen mit später eingewanderten Europäern anderer Nationen besiedelten und kultivierten sie das damals von Buschmännern und Hottentotten bewohnte Gebiet. Später rückten sie ins Landesinnere vor und stiessen auf Bantuvölker, die schon früher vom tropischen Afrika herkommend eingewandert waren. Eine Zeit langer und blutiger Auseinandersetzungen nahm ihren Lauf.

Obwohl die Weissen in der Gesamtbevölkerung nur eine kleine Minderheit stellen, gelang es ihnen lange Zeit, die wirtschaftliche und politische Macht auszuüben. Die schwarze Bevölkerung hielt man für lernunfähig, faul und hinterlistig. Ab 1948 verfolgte die weisse Regierung die vollständige Trennung der schwarzen und weissen Bevölkerung. Eine solche Politik der Rassentrennung wird «Apartheid-Politik» genannt. Die Weissen waren der Ansicht, dass die «Rassen» so verschieden seien, dass eine Gleichberechtigung nicht gerecht wäre. Im Grunde fürchteten sie aber um ihren Einfluss und ihre Privilegien.

Den Schwarzen wurden eigens für sie reservierte Regionen (Homelands) und Siedlungen (Townships) zugewiesen. Sie, die bis anhin vielfach mit den Weissen im selben Quartier gelebt hatten, mussten ihre Häuser verlassen. Sie durften nicht mehr dieselben Einrichtungen benutzen wie die Weissen, schwarze und weisse Kinder nicht dieselbe Schule besuchen. Die zur Umsiedlung gezwungenen Menschen wurden entwurzelt, zahlreiche Gemeinschaften zerstört. Das Auseinanderreissen der Gemeinschaften und der sozialen Netze war eine der Hauptursachen für das eskalierende Gangstertum in Südafrika.

Die Unterdrückung der schwarzen Bevölkerungsmehrheit durch eine weisse Minderheit hatte auch allgemeine Unruhen, Strassenschlachten und Kleinkriege zwischen den verschiedenen *Ethnien* zur Folge.

Schliesslich gelang – nicht zuletzt dank der Einsicht vieler Weisser – die Abkehr vom Apartheidsystem. Eine neue Staatsverfassung garantiert die Gleichwertigkeit und Gleichberechtigung aller Menschen – unabhängig von ihrer Hautfarbe. 1994 wurde nach 342 Jahren die weisse Vorherrschaft beendet: In den ersten allgemeinen und freien Wahlen wurde der erste schwarze Präsident Südafrikas, Nelson Mandela, gewählt.

Ein neues Gesetz schafft noch keine neuen Verhältnisse

Für viele hat sich die Lage seit der Abschaffung der Apartheid kaum verändert. Von der schwarzen Bevölkerungsmehrheit leben immer noch mehr als 40% in absoluter Armut. 1996 hatten nur 27% der schwarzen Bevölkerung Zugang zu sauberem Wasser, in ländlichen Gebieten waren es 8%. Allerdings soll bis ins Jahr 2000 niemand mehr weiter als 200 Meter bis zur nächsten Wasserstelle gehen müssen, versprach der Wasser- und Forstminister. Millionen Haushalte haben auch keinen Strom. In den städtischen Gebieten sind mindestens sieben Millionen Menschen obdachlos oder leben in unzumutbaren Unterkünften. Ein Arzt betreut im Durchschnitt 6400 Patienten. 19% der Erwachsenen können weder lesen noch schreiben. Das durchschnittliche Pro-Kopf-Einkommen der weissen Südafrikanerinnen und Südafrikaner (6700 US-Dollar) ist zehnmal so hoch wie das der schwarzen (690 US-Dollar). Während ein als Weisser geborener Mensch mit einer Lebenserwartung von 73 Jahren rechnen darf, beträgt diejenige der schwarzen Bevölkerung nur 57 Jahre. Einem Überangebot an schlecht ausgebildeten Arbeiterinnen und Arbeitern steht eine weisse Minderheit an qualifizierten Kadern gegenüber. Auch heute noch wird für die Ausbildung eines weissen Kindes viermal mehr Geld ausgegeben als für jene eines schwarzen.

1 Soweto, Johannesburg (Südafrika)
2 Schwarze und weisse Kinder gemeinsam in einer Klasse

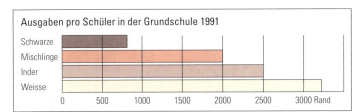

Ausgaben pro Schüler in der Grundschule 1991

Verschiedene Wirklichkeiten im heutigen Schulalltag

In einer Schule im Süden von Johannesburg sind zwei Drittel der 1100 Schülerinnen und Schüler schwarz. Die Apartheid scheint vergessen.
Es ist Turnstunde. Auf dem Sportplatz vor der Schule tummeln sich einige hundert schwarze und weisse Kinder. Ein weisses und ein schwarzes Kind stolpern gegeneinander, purzeln lachend ins gelbbraune Wintergras. Dann zupfen sie sich gegenseitig die trockenen Halme aus den Haaren, klopfen sie von der Schuluniform.

nach Tages-Anzeiger, 24. September 1996

Um den Rückstand aus der Vergangenheit aufzuholen, werden wir mindestens zehn Jahre brauchen. 1994 musste jede Lehrperson in der östlichen Kapprovinz in schwarzen Schulen 56 Kinder unterrichten. In den weissen Schulen der westlichen Kapprovinz kamen auf jede Lehrperson nur 20 Kinder.
Wir schätzen, dass in der Provinz Gauteng 30% aller Kinder in schulfähigem Alter nicht in der Schule sind. Es gibt bei uns 60 000 Schüler und Schülerinnen in Schulen, die für diese Kinder gar keine Räume haben. 30% aller Schulen in Gauteng haben keine Toilette, 30% haben keinen Strom. Wir können den Kindern, die bisher nicht zur Schule gehen, nicht einfach sagen: «Kommt in den Unterricht!», solange wir sie nicht unterbringen können.

Die Bildungsministerin der Provinz Gauteng, Mary Metcalfe, in einem Interview 1996

Antarktika

Südgeorgien

Südsandwich-Inseln

Bouvet-Insel

SÜDATLANTIK

Prinz-Edward-Inseln

Crozet-Inseln

Kerguelen

Neuschwabenland

Königin-Maud-Land

Enderby-Land

American Highland

INDISCHER OZEAN

Kontinent ohne Staat

Antarktika umfasst das Festland rings um den Südpol samt den angrenzenden *Schelfgebieten* des Weddell- und Rossmeers. Als Antarktis umschreibt man einen bedeutend grösseren Raum, meist die ganze Polarregion innerhalb des südlichen Polarkreises. Antarktika ist der kälteste, trockenste, leerste und unwirtlichste aller Kontinente. Auf ihm breitet sich die grösste Eiswüste der Erde aus. Erst gegen Ende des 19. Jahrhunderts wurden die genaueren Umrisse dieses letzten oder «Siebenten Kontinents» bekannt. Der Norweger Amundsen und der Engländer Scott erreichten als Erste in den Jahren 1911 und 1912 kurz nacheinander den Südpol.

Antarktika ist eine grosse, gebirgige Landmasse, die von Inlandeis überdeckt wird. Die Eisoberfläche erreicht in der Mitte des Kontinents Höhen von 3000 bis 4000 m ü. M. An einzelnen Stellen steigt die Südpolarlandschaft sogar auf über 5000 m ü. M. an. Das Inlandeis, bis 4000 m mächtig, fliesst langsam nach allen Seiten gegen das Meer hin ab.

An der Küste geht es in *Schelfeis* über, das auf dem Meer schwimmt und im untern Teil aus gefrorenem Meerwasser besteht. Tafelförmige Eisberge lösen sich unter der Wirkung von Eisnachschub und Gezeiten davon ab. Die Jahresmitteltemperaturen erreichen in Küstennähe –10 bis –20 °C, auf dem zentralen Plateau gar –50 °C. Im Winter registriert man nicht selten Tagesmittelwerte von –70 °C. Die tiefste je gemessene Temperatur beträgt –90 °C. Schneestürme (Blizzards) mit Windgeschwindigkeiten bis zu 300 km/h bestimmen fast täglich das Wetter.

Nur rund 2% des antarktischen Festlands sind eisfrei. Trotz der Unwirtlichkeit ist Leben möglich. So trifft man vor allem auf Insekten, Moose und Flechten. Entlang eines schmalen Küstensaums leben Robben, Pinguine und Seevögel in ihren Kolonien. Während es gelungen ist, die Robben wirksam zu schützen, werden die Wale, die ehemals reichen Fischbestände und die Krustentiere nach wie vor von verschiedenen Fischereinationen übermässig ausgebeutet.

Völkerrechtlich gesehen ist Antarktika ein staatenloses Gebiet. Sieben Staaten beanspruchen jedoch Teile davon. Umstritten ist vor allem der Raum, der Südamerika am nächsten liegt. Allerdings ist keiner dieser Staaten in der Lage, den beanspruchten Sektor auch tatsächlich zu kontrollieren.

Im Jahre 1959 unterzeichneten die USA, die damalige Sowjetunion und zehn weitere Länder (Argentinien, Australien, Belgien, Chile, Frankreich, Grossbritannien, Neuseeland, Norwegen, Japan, Südafrika) einen Vertrag, wonach die Antarktis ausschliesslich für friedliche Zwecke genutzt werden darf. Südlich des 60. Breitenkreises sind militärische Expeditionen, Militärstützpunkte, Kernwaffentests und Raketenversuche untersagt. Hingegen sichern die Antarktisverträge die freie wissenschaftliche Forschung und die wissenschaftliche Zusammenarbeit. Viele weitere Staaten haben in der Zwischenzeit den Antarktisvertrag unterzeichnet. Dadurch ist die Antarktis zu einem internationalen wissenschaftlichen Laboratorium, vielleicht sogar zu einem Übungsfeld überstaatlicher Zusammenarbeit geworden. Schwerpunkt der Forschung bildet der Schutz der antarktischen Umwelt.

1 Eisberg
2 König-Georg-Insel
3 Königspinguinkolonie
4 Eisberge
5 Gletscherzunge und Packeis
6 Forschungsschiff
7 Forschungsstation
8 See-Elefant

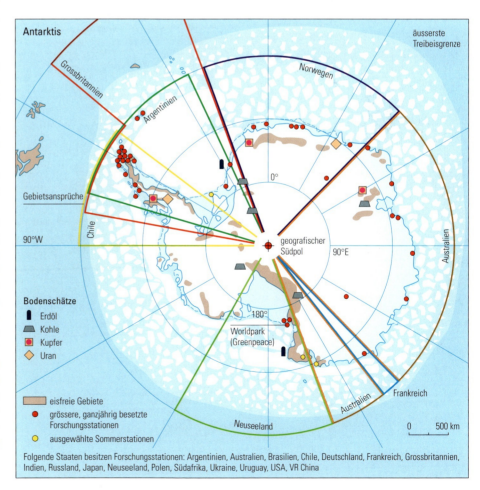

Folgende Staaten besitzen Forschungsstationen: Argentinien, Australien, Brasilien, Chile, Deutschland, Frankreich, Grossbritannien, Indien, Russland, Japan, Neuseeland, Polen, Südafrika, Ukraine, Uruguay, USA, VR China

Die natürlichen Grundlagen

Die Gestalt der Erde

Die Erdform

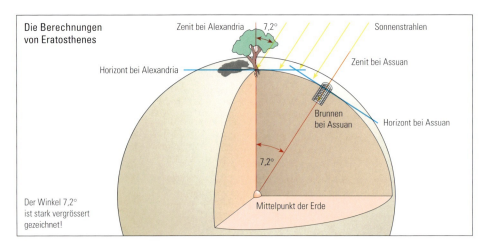

Die Berechnungen von Eratosthenes

Der Winkel 7,2° ist stark vergrössert gezeichnet!

Schon 550 Jahre v. Chr. lehrte der griechische Mathematiker und Astronom Pythagoras, dass die Erde eine Kugel sei. Nur 300 Jahre später berechnete Eratosthenes von Kyrene in Alexandria erstmals den Erdumfang recht genau.

Aufgrund alltäglicher Beobachtungen ist es nicht schwierig, auf die Kugelgestalt unseres Planeten zu schliessen.

- sichtbare Krümmung der Meeresoberfläche
- ein Schiff, das sich entfernt, scheint hinter dem Horizont zu verschwinden
- begrenzte Sicht über Seen
- wäre die Erde eine Scheibe, ginge die Sonne auf der ganzen Erde gleichzeitig auf und unter
- bei verschiedener geografischer Breite verändert sich die Sternhöhe
- bei einer Mondfinsternis wirft die Erde einen kreisförmigen Schatten

Im 17. Jahrhundert kam Isaak Newton zum Schluss, dass die Erde keine reine Kugel darstellen könne. Nach seinen Überlegungen müsste sie ein an den Polen abgeplattetes Ellipsoid sein. In der Zwischenzeit wissen wir, dass die Erde nur in der südpolaren Region um 25,8 m abgeplattet ist. Am Nordpol ist sie gegenüber der idealen Kugelform um 19 m überhöht. Die Erde weist noch eine Fülle weiterer Unregelmässigkeiten auf. Ihre Gestalt ist mathematisch nicht genau festzulegen. Man vergleicht die wahre Gestalt der Erde mit einer Birne, deren Stiel am Nordpol ansetzt. Die unregelmässige Form der Erde bezeichnet man als Geoid.

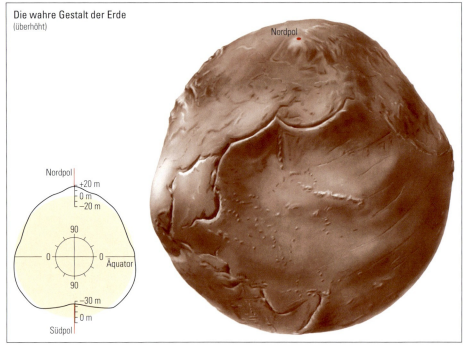

Die wahre Gestalt der Erde (überhöht)

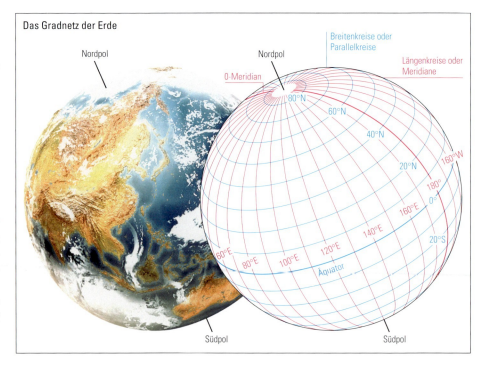

Das Gradnetz der Erde

Die Weltkarte

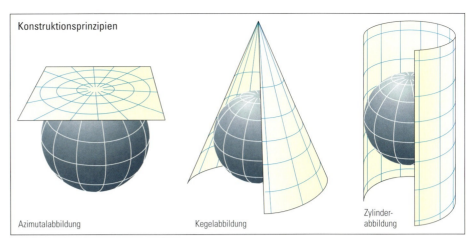

Konstruktionsprinzipien

Azimutalabbildung   Kegelabbildung   Zylinderabbildung

Wir sind es gewohnt, die Erde und ihre Kontinente auf ebenen Weltkarten zu betrachten. Solche Kartenbilder haben unsere Vorstellung von der Lage der Kontinente, ihrer Form und ihrer Grösse geprägt. Ist aber die so gewonnene Anschauung richtig?

Es gibt verschiedene Möglichkeiten der Darstellung. Jede von ihnen hat ihre Vor- und Nachteile. Keine Karte bildet die Erdoberfläche gleichzeitig längen-, flächen- und winkeltreu ab wie der Globus. In jeder ebenen Darstellung grösserer Gebiete sind gewisse Teile verzerrt, denn von jeder der genannten drei Forderungen kann jeweils nur eine ganz erfüllt werden. Bei der Abbildung kleinerer Erdausschnitte ist es möglich, gleichzeitig zwei oder alle drei Eigenschaften annähernd zu erfüllen. Will man jedoch ganze Kontinente oder noch grössere Gebiete darstellen, muss man sich, je nach Verwendungszweck der Karte, für eine der drei Eigenschaften entscheiden.

Bei der Herstellung der modernen Karten wird das Koordinatennetz der Erde auf eine Ebene abgebildet. Je nach Konstruktionsprinzip entsteht eine Azimutal-, Zylinder-, oder Kegelprojektion. Vielfach werden auch zwei oder mehr Prinzipien miteinander vermischt. Form und Abstand der Meridiane und der Parallelkreise verraten in der Regel das Konstruktionsprinzip und das Mass der Verzerrung.

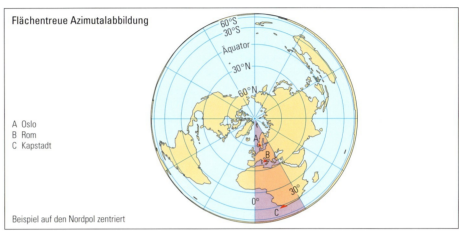

Flächentreue Azimutalabbildung

A Oslo
B Rom
C Kapstadt

Beispiel auf den Nordpol zentriert

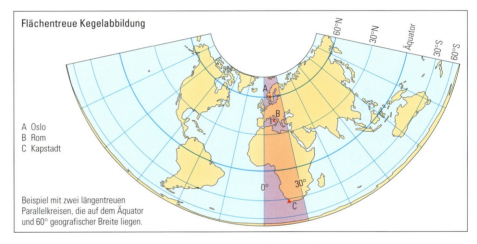

Flächentreue Kegelabbildung

A Oslo
B Rom
C Kapstadt

Beispiel mit zwei längentreuen Parallelkreisen, die auf dem Äquator und 60° geografischer Breite liegen.

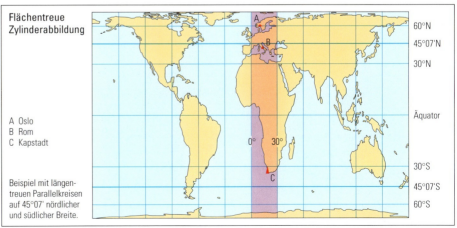

Flächentreue Zylinderabbildung

A Oslo
B Rom
C Kapstadt

Beispiel mit längentreuen Parallelkreisen auf 45°07' nördlicher und südlicher Breite.

Land und Wasser

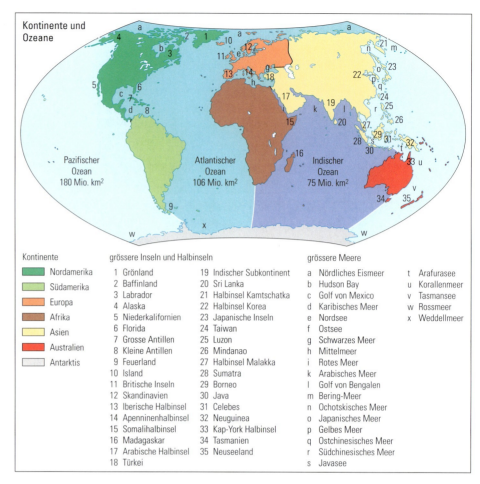

Land und Wasser sind nicht gleichmässig auf der Erdoberfläche verteilt. Mehr als zwei Drittel nehmen Ozeane und Meere ein. Die Landmassen sind einseitig auf eine Halbkugel konzentriert. Interessanterweise dominieren zwei Höhenstufen, nämlich diejenigen von –200 m bis +1000 m und von –4000 m bis –6000 m.

Die Kontinente bestehen hauptsächlich aus «leichteren» Silicium-Aluminium-Verbindungen und weisen deshalb eine geringere Dichte auf als die Ozeanböden mit ihren «schwereren» Silicium-Magnesium-Verbindungen. Zusammen bilden Kontinente und Ozeanböden die Erdkruste. Die einzelnen Krustenteile «schwimmen» auf einer zähflüssig-plastischen Magmamasse wie Eisblöcke auf dem Wasser. Da die kontinentale Kruste viel mächtiger ist (bis 150 km) als die ozeanische Kruste (bis 10 km), tauchen die Kontinente tiefer ins Magma ein, ragen aber auch viel höher darüber hinaus auf.

Kontinente und Ozeane

Pazifischer Ozean 180 Mio. km²
Atlantischer Ozean 106 Mio. km²
Indischer Ozean 75 Mio. km²

Kontinente:
- Nordamerika
- Südamerika
- Europa
- Afrika
- Asien
- Australien
- Antarktis

grössere Inseln und Halbinseln:
1 Grönland
2 Baffinland
3 Labrador
4 Alaska
5 Niederkalifornien
6 Florida
7 Grosse Antillen
8 Kleine Antillen
9 Feuerland
10 Island
11 Britische Inseln
12 Skandinavien
13 Iberische Halbinsel
14 Apenninenhalbinsel
15 Somalihalbinsel
16 Madagaskar
17 Arabische Halbinsel
18 Türkei
19 Indischer Subkontinent
20 Sri Lanka
21 Halbinsel Kamtschatka
22 Halbinsel Korea
23 Japanische Inseln
24 Taiwan
25 Luzon
26 Mindanao
27 Halbinsel Malakka
28 Sumatra
29 Borneo
30 Java
31 Celebes
32 Neuguinea
33 Kap-York Halbinsel
34 Tasmanien
35 Neuseeland

grössere Meere:
a Nördliches Eismeer
b Hudson Bay
c Golf von Mexico
d Karibisches Meer
e Nordsee
f Ostsee
g Schwarzes Meer
h Mittelmeer
i Rotes Meer
k Arabisches Meer
l Golf von Bengalen
m Bering-Meer
n Ochotskisches Meer
o Japanisches Meer
p Gelbes Meer
q Ostchinesisches Meer
r Südchinesisches Meer
s Javasee
t Arafurasee
u Korallenmeer
v Tasmansee
w Rossmeer
x Weddellmeer

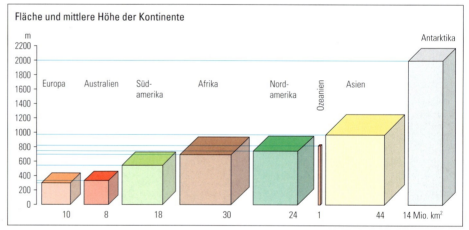

Fläche und mittlere Höhe der Kontinente

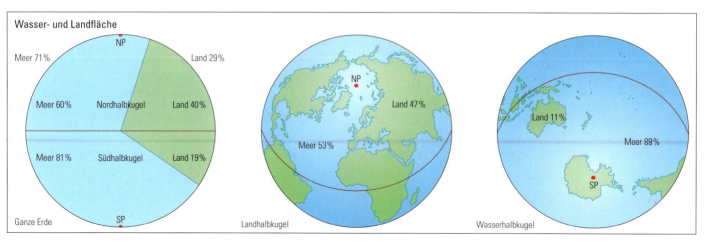

Wasser- und Landfläche

Ganze Erde: Meer 71 % / Land 29 %; Nordhalbkugel: Meer 60 % / Land 40 %; Südhalbkugel: Meer 81 % / Land 19 %

Landhalbkugel: Land 47 % / Meer 53 %

Wasserhalbkugel: Land 11 % / Meer 89 %

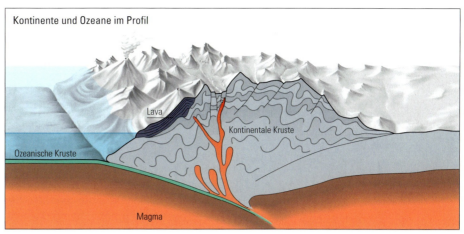

Kontinente und Ozeane im Profil

Lava
Kontinentale Kruste
Ozeanische Kruste
Magma

Die höchsten Erhebungen der Kontinente

Europa	Montblanc	4807 m
Nordamerika	Mount McKinley	6198 m
Südamerika	Aconcagua	6959 m
Asien	Mount Everest	8848 m
Australien	Mount Kosciusko	2230 m
Afrika	Kilimandscharo	5895 m
Antarktis	Mount Vinson	5140 m

Die grössten Tiefen der Ozeane

Pazifik	Marianengraben (Witjastiefe)	11034 m
Atlantik	Puerto-Rico-Graben (Milwaukeetiefe)	9219 m
Indik	Sundagraben (Planettiefe)	7455 m

Seen und Binnenmeere, die unter dem Meeresniveau liegen

	Seeboden	Seespiegel
Aralsee (Kasachstan/Usbekistan)	– 15 m	+ 53 m
Huronsee (Nordamerika)	– 53 m	+176 m
Vänersee (Schweden)	– 56 m	+ 44 m
Michigansee (USA)	–105 m	+176 m
Ontariosee (Nordamerika)	–169 m	+ 75 m
Lago Maggiore (Schweiz/Italien)	–179 m	+193 m
Comersee (Italien)	–211 m	+199 m
Ladogasee (Russland)	–221 m	+ 4 m
Oberer See (Nordamerika)	–222 m	+183 m
Gardasee (Italien)	–281 m	+ 65 m
Mjösensee (Norwegen)	–322 m	+121 m
Tanganjikasee (Ostafrika)	–645 m	+772 m
Totes Meer (Israel/Jordanien)	– 793 m	–394 m
Kaspisches Meer	–1023 m	– 28 m
Baikalsee (Russland)	–1158 m	+455 m

Gebiete, die unter dem Meeresniveau liegen

	Tiefe
Oase Siwa (Libysche Wüste)	– 32 m
Salinas Grandes (Argentinien)	– 40 m
El-Faijum-Senke (Ägypten)	– 45 m
Salton Sea (Kalifornien)	– 73 m
Death Valley (Kalifornien)	– 85 m
Danakiltiefland (Äthiopien)	–116 m
Kattarasenke (Libysche Wüste)	–134 m
Turfansenke (Sinkiang)	–154 m

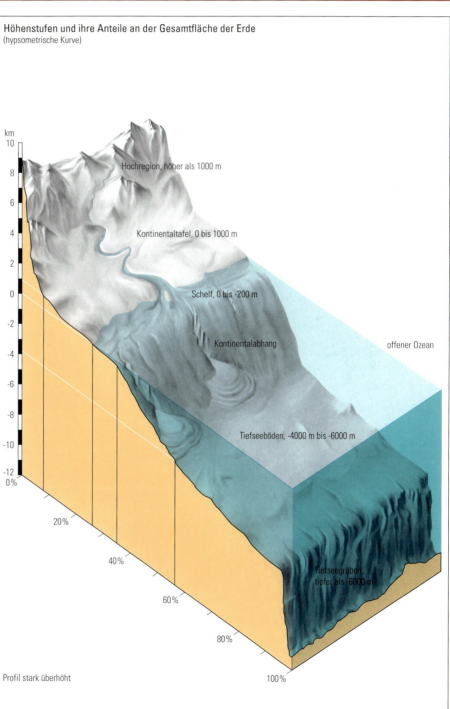

Höhenstufen und ihre Anteile an der Gesamtfläche der Erde
(hypsometrische Kurve)

Hochregion, höher als 1000 m
Kontinentaltafel, 0 bis 1000 m
Schelf, 0 bis -200 m
Kontinentalabhang
offener Ozean
Tiefseeböden, -4000 m bis -6000 m
Tiefseegräben, tiefer als -6000 m
Profil stark überhöht

Die Geburt der Ozeane

In ihren Anfängen, vor etwa 4,5 Milliarden Jahren, war die Erde eine Kugel aus einer glühendheissen Flüssigkeit. Aus den leichteren Mineralen, die obenauf schwammen, entstanden während des langsamen Abkühlungsprozesses die ersten Gesteine. Die schweren Metalle sanken tief ins Erdinnere und bildeten dort einen festen Kern.

Vor 4 Milliarden Jahren war die Erde zu einem nackten, steinigen Planeten geworden. Sie besass immer noch keine Atmosphäre und auch kein Wasser.

Zahlreiche Vulkane spien Wasserdampf, Kohlendioxid, Ammoniak und Methan aus. Diese Stoffe sammelten sich um die Erde an und bildeten eine Gashülle. Die Anziehungskraft der Erde verhinderte ihr Entweichen in den Weltraum. Doch bis eine genügend dichte Atmosphäre aufgebaut war, wurde die Erdoberfläche von vielen Millionen rotierender Gesteinsklumpen aus dem All bombardiert, in zunehmendem Masse auch mit Eiskometen aus der kalten Zone des Sonnensystems. Beim Aufprall schmolz das Eis zu Wasser. Es füllte die Krater, welche beim Einschlag entstanden waren. Da die Erde noch sehr heiss war, verdampfte das Wasser rasch wieder. Der Wasserdampf stieg auf, kühlte in den oberen Atmosphärenschichten ab und bildete Wolken, welche ihre Wasserfracht wieder auf die Erde niederprasseln liessen. So regnete es in einem viele tausend Jahre dauernden Abkühlungsprozess fast ununterbrochen. Als die Oberfläche kühl genug war, entstanden die ersten bleibenden Tümpel. Schliesslich bildeten sich Seen und Ozeane. Vor etwa 3,5 Milliarden Jahren regte sich in ihnen das erste Leben.

1 Die Erdoberfläche vor 4,5 Mrd. Jahren
2 Die Erdoberfläche vor 4 Mrd. Jahren

1

2

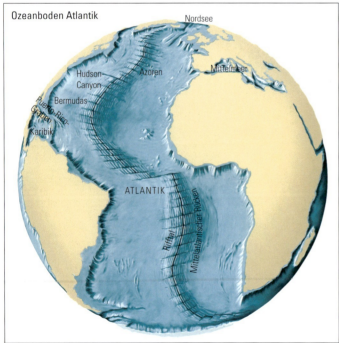

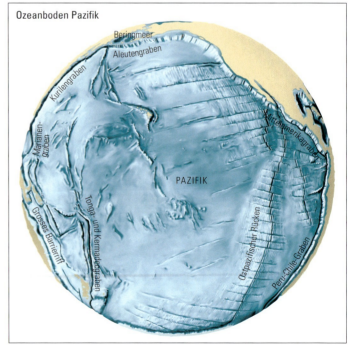

Das Ozeanwasser

Das Wasser in den Ozeanen unterscheidet sich vom Süsswasser auf den Kontinenten durch seinen Salzgehalt. Er beträgt im Mittel 35‰ (auf 1000 kg Meerwasser kommen etwa 35 kg Salz). Im Toten Meer mit seiner ausserordentlich hohen Verdunstungsrate misst man einen Salzgehalt von 220‰. Der Salzgehalt von Flüssen und Seen beträgt weniger als 0,5‰.

Der grösste Teil des Meersalzes entspricht unserem Kochsalz (NaCl). Andere Meersalze sind Verbindungen von Kalium, Kalzium, Magnesium und Schwefel. Die Salze stammen hauptsächlich von den Böden und Gesteinen der Kontinente. In den Ozeanen finden wir neben den Salzen fast alle bekannten chemischen Elemente, so auch schätzungsweise 10 Millionen Tonnen Gold.

Die Ozeane beziehen ihre Wärmeenergie hauptsächlich von der Sonne, wenig stammt vom untermeerischen Vulkanismus. Das Wasser wird nur an der Oberfläche bis in 2 bis 3 m Tiefe erwärmt. Dank dem Durchmischungseffekt der Wellen wird die Wärme bis in eine maximale Tiefe von 500 m transportiert. Darunter beträgt die Wassertemperatur weniger als 10 °C. Mehr als die Hälfte des gesamten Ozeanwassers ist kälter als 2,3 °C.

Wegen des Salzgehaltes gefriert das Ozeanwasser erst bei −2 °C. Dabei gefriert vor allem das Wasser selbst, während das Salz ausfällt und in tiefere Wasserschichten absinkt. Ozeanwasser gefriert flächendeckend in den Polarregionen zu Packeis.

Die Eisberge dagegen stammen von grönländischen oder antarktischen Gletschern, die sich ins Meer hinausschieben und von Zeit zu Zeit abbrechen (kalben). Im Gegensatz zum Packeis bestehen sie aus Süsswasser. 1987 löste sich im antarktischen Ross-Schelf ein Brocken so gross wie der Kanton Bern. Ein Jahr zuvor driftete ein Eisgigant von der halben Grösse der Schweiz im Weddellmeer. Die Eisberge Grönlands nehmen sich dagegen wie Winzlinge aus. Doch auch diese Kolosse können ohne weiteres 1 Million Tonnen wiegen. Inuits, die mit ihren Kajaks Eisbergen entlang fahren, tauchen ihre Paddel möglichst leise ins Wasser und wagen kaum zu sprechen. Sie wissen, dass morsche Eisberge bei der geringsten Erschütterung auseinanderbrechen können, was ihren Tod bedeuten würde. Gelegentlich driftet ein Eisberg mit dem kalten Labrador-Strom nach Süden und schmilzt erst im warmen Wasser des Golfstromes. Da sich das Wasser beim Gefrieren um 9% ausdehnt, ragt ein Eisberg mit einem Neuntel seines Volumens aus dem Wasser. Die grösste Dichte erreicht es im flüssigen Zustand bei 4 °C. Diese Anomalie ermöglicht erst Leben.

Eisberg

Meeresströmungen

Wie riesige Flüsse durchfliessen die Meeresströmungen die Ozeane rund um den Erdball. Sie werden durch die Wärmeunterschiede, die Erddrehung und die Schubkräfte der ständig gleichgerichteten Winde angetrieben.
Da das Wasser ein ausgezeichneter Wärmespeicher ist, transportieren die Oberflächenströmungen Wärme von den heissen Zonen in die polaren Regionen. Ohne Meeresströmungen wären die Tropen deutlich wärmer, die Polarregionen aber um einige Grade kälter. Zum Beispiel sind dank dem Golfstrom die Häfen Norwegens und Russlands bis nach Murmansk das ganze Jahr eisfrei, während die Häfen im südlicher gelegenen Labrador vor Nordamerika mehrere Monate vereist sind.
Erreichen die Oberflächenströmungen die Polargebiete, reichert sich ihr Wasser mit Sauerstoff und mit wertvollen Nährstoffen an. Es kühlt ab und sinkt in die Tiefe, wo es in Tiefenströmen zum Äquator zurückfliesst. Dank diesem Wasser ist Leben in den tiefsten Regionen der Ozeane möglich. Die Tiefenströmungen fliessen zwar zehnmal langsamer als die Oberflächenströmungen, dafür übertrifft ihre mitgeführte Wassermasse jene um ein Vielfaches.

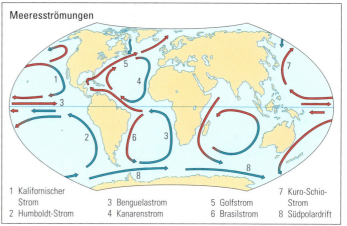

1 Kalifornischer Strom
2 Humboldt-Strom
3 Benguelastrom
4 Kanarenstrom
5 Golfstrom
6 Brasilstrom
7 Kuro-Schio-Strom
8 Südpolardrift

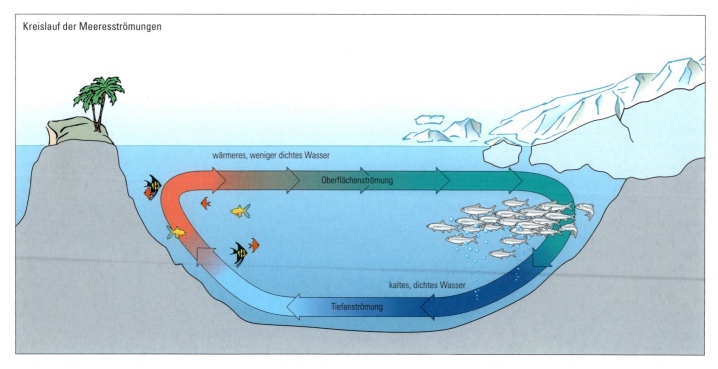

Kreislauf der Meeresströmungen

Meeresablagerungen

Herkunft und Entstehung des roten Tiefseetons

Sterben kalkschalige Meeresorganismen, wie Algen, Muscheln, Schnecken, ab, sinken sie zu Boden. Die Schalen bestehen nicht nur aus Kalk, sondern enthalten einen Anteil von 1 bis 2% eisenhaltiger Mineralsalze. Während sich der Kalkanteil in einer Tiefe von mehr als 5000 m vollständig im Wasser löst, werden die unlöslichen Mineralsalze auf dem Tiefseeboden angereichert und bilden den Tiefseeton. Das darin enthaltene Eisen oxidiert (Rost) und verleiht dem Ton die rote Farbe.

Geröll, Sand und Ton

Die Flüsse transportieren jährlich mehr als 20 Milliarden Tonnen Geröll, Sand und Tonteilchen in die *Schelfmeere*. Zuerst werden die groben Gerölle abgelagert, während die Strömung den Feinanteil weit hinausträgt. Die *Molasseschichten* des Schweizerischen Mittellandes (Nagelfluh und Sandstein) lassen deutlich den Sortiermechanismus erkennen.

Werden die locker aufeinander geschichteten Schlammmassen ähnlich einer schief gebauten Holzbeige instabil, rasen sie als Trübeströme den Kontinentalabhang hinunter. Die *Flyschgesteine* in den Alpen sind aus solchen ehemaligen Trübeströmen entstanden.

Die ausgedehnten Flächen des Tiefseebodens unterhalb von 5000 m sind von rotem Ton bedeckt. Es dauert tausend Jahre, bis sich eine Tonschicht von nur einem Millimeter gebildet hat.

Die wasserreichsten Flüsse

Amazonas	6300	km³/Jahr
Zaire (Kongo)	1250	
Orinoco	1100	
Ganges/Brahmaputra	971	
Chang Jiang (Yangtsekiang)	921	
Mississippi	580	
Jenissei	560	
Lena	514	
Rio de la Plata	470	
Mekong	470	

Die Flüsse mit der grössten Sedimentfracht

Ganges	1670	t/Jahr
Huang He (Gelber Fluss)	1080	
Amazonas	900	
Chang Jiang (Yangtsekiang)	478	
Irrawaddy	285	
Rio Magdalena	220	
Mississippi	210	
Orinoco	210	
Hung He (Roter Fluss)	160	
Mekong	160	

1 Die «Golden Hind», Freibeutergaleone von Francis Drake, 1577, Nachbau

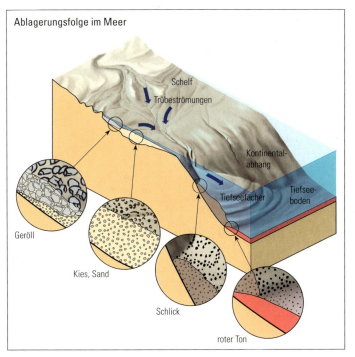

Ablagerungsfolge im Meer

Molasseablagerungen im Schweizer Mittelland

Kalk

Das bedeutendste gesteinsbildende *Sediment* ist der Kalk. Die Flüsse führen den Ozeanen jährlich viele Millionen Tonnen gelösten Kalk zu. Wenn Meerwasser verdunstet, entsteht vor allem im Flachwasserbereich eine Übersättigung an Kalziumkarbonat ($CaCO_3$). Der Kalk fällt aus und sinkt zu Boden. Dort wird er als Kalkschlamm angereichert. Unter 5000 m wird der Druck so gross, dass das Kalciumkarbonat im Wasser vollständig gelöst wird und kein Kalk mehr ausfällt.

Auch kalkschalige Lebewesen sind in hohem Masse an der Bildung von Kalksedimenten beteiligt. Etwa 2 Milliarden Tonnen Organismenreste sinken jährlich auf den Grund der Ozeane. Doch meist lassen sich biologische und chemische Ablagerungen nicht scharf voneinander trennen.

Ausserdem bauen Korallen, Schwämme und wenige Algenarten Riffe auf. Riffe entstehen bevorzugt in klarem, lichtdurchflutetem Wasser. Die Temperatur darf nicht unter 21°C absinken. Deshalb ist ihre Verbreitung auf die tropischen Gewässer beschränkt. Nur Rotalgen können auch in den kälteren nördlichen Breiten Riffe bilden.

Das Barrier-Riff vor Australien ist 1930 km lang und das grösste lebende Riff. Ein ringförmiges Korallenriff nennt man Atoll. Korallenriffe sind über 50 Millionen Jahre lebensfähig. Ihr Zuwachs beträgt etwa 1 m in 100 Jahren.

1 Kalkgebirge auf Kreta
2 Korallenriff
3 Atoll (Malediven)
4 Wallriff (Polynesien)

Korallen

Festsitzende Hohltierchen, durch ein Skelett aus Kalk gestützt, Tierstöcke bildend

Lebensbedingungen:
– klares, reines Salzwasser
– Wassertemperatur nie unter 18 °C
– Tiefe nicht unter 50 m
– genügend Wasserzufuhr durch Wellenschlag

1

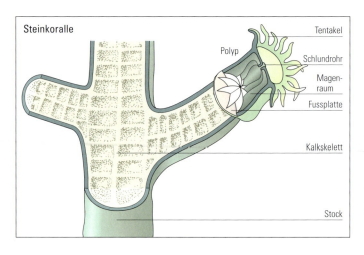

2

Verhaltenskodex für Sporttaucher

Unter der Meeresoberfläche liegt eine herrliche, von Tieren und Pflanzen bevölkerte Welt, und als Taucher geniesst du das Privileg, deine natürliche Umgebung verlassen zu können und die Eindrücke dieses ganz andersartigen Lebensraums auf dich wirken zu lassen.
Trage besonders Sorge zu den Korallenriffen. Sie reagieren schon bei geringen Veränderungen empfindlich.

- Wenn du tauchen lernen willst, mache eine seriöse Ausbildung in einer Tauchschule, die sich für den Schutz der Meere einsetzt.
- Verzichte auf den Kauf von Korallen, Muscheln, Seepferdchen, Schnecken oder ausgestopften Schildkröten.
- Vermeide jede Berührung mit dem Meeresgrund und halte genügend Abstand zu den Korallen. Wirble möglichst wenig Staub auf. Sedimente schaden den Korallen.
- Fixiere deine Taucherausrüstung so, dass keine Schläuche oder Instrumente an Korallen hängen bleiben oder über den Grund schleifen.
- Benutze so wenig wie möglich Blei und versuche ständig, das Gewicht weiter zu reduzieren.
- Tauche in warmen Gewässern nicht mit Handschuhen. Sie schützen nur dich, aber nicht die Korallen.
- Nimm keine scheinbar toten Muscheln, Schnecken oder Korallen aus dem Meer; sie werden fast immer von vielen Kleinlebewesen bewohnt.

3

4

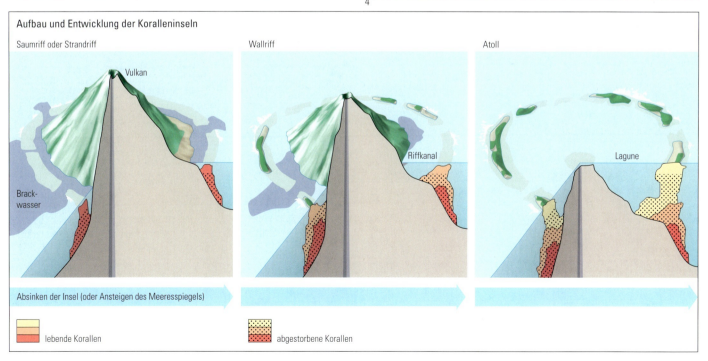

Aufbau und Entwicklung der Koralleninseln

Saumriff oder Strandriff — Vulkan — Brackwasser

Wallriff — Riffkanal

Atoll — Lagune

Absinken der Insel (oder Ansteigen des Meeresspiegels)

lebende Korallen — abgestorbene Korallen

Plattentektonik

Die Theorie der Kontinentalverschiebung

Der geistige Vater der modernen *Geologie* ist der Astronom, Klimaforscher und *Geologe* Alfred Wegener. Als er 1910 eine Weltkarte betrachtete, fiel ihm auf, dass die Ränder von Afrika und Südamerika wie Teile eines Puzzles gut ineinander passen. Intuitiv wurde ihm klar, dass die beiden Kontinente einmal vereint gewesen sein mussten. Ihre heutige Lage kann man nur erklären, wenn man annimmt, dass sie sich einst getrennt und dann verschoben haben.

Gleichzeitig wurden von anderen Forschern verblüffende Übereinstimmungen von Klimazeugnissen und *Relikten* aus der Pflanzenwelt der Karbon-Zeit (vor 365 bis 290 Millionen Jahren) auf weit voneinander entfernten Kontinenten der Südhalbkugel beschrieben. Nur Wegeners Kontinentalverschiebungstheorie konnte mögliche Zusammenhänge aufzeigen. Doch seine Überlegungen wurden von den meisten Wissenschaftern bis in die Fünfzigerjahre abgelehnt. Erst als man die aufregende Entdeckung eines weltumspannenden, ozeanischen Gebirges machte, griff man auf Wegeners Theorie zurück, verfeinerte sie und entwickelte die Theorie der Plattentektonik. Seine wissenschaftliche Leistung kann mit derjenigen von Nikolaus Kopernikus und Charles Darwin verglichen werden.

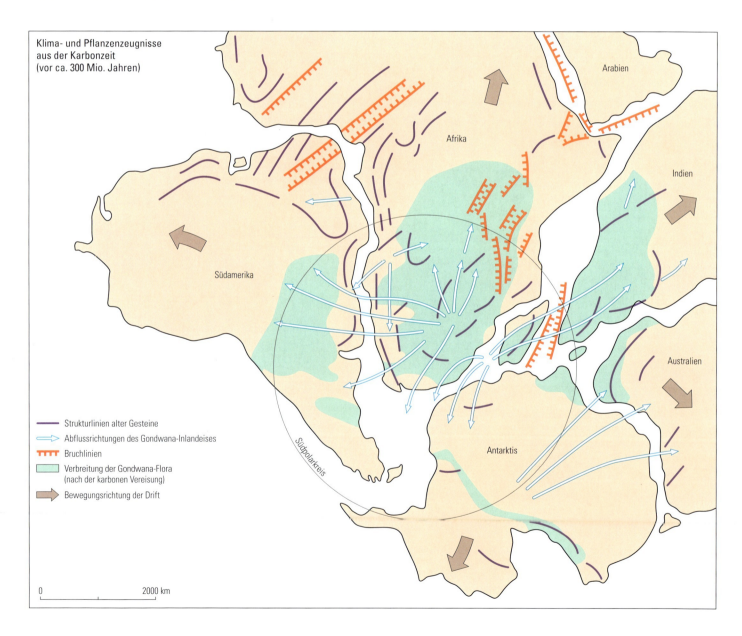

Tatsachen, die sich beweisen lassen

noch flüssig ist, richten sich die Minerale nach dem Erdmagnetfeld aus. Da dieses immer wieder ändert, gibt die Ausrichtung der Minerale Aufschluss über die Bewegungen des Ozeanbodens in den vergangenen Jahrmillionen.

Gegenstück des Mittelozeanischen Rückens bildet das System der Tiefseegräben. Sie sind mehrere Hundert Kilometer lang, etwa 40 Kilometer breit und bis 11 000 Meter tief. In ihrer Nähe ist die Erdkruste besonders unruhig.

Streifenmuster des Erdmagnetismus auf dem Ozeanboden

Das untermeerische Gebirge im Atlantik ist seit der Verlegung von Telefonkabeln im 19. Jahrhundert bekannt. Im Ost-Pazifik stiess man mittels *Echoloten* ebenfalls auf derartige Gebirge. Diese bilden eine nie unterbrochene, 60 000 Kilometer lange vulkanische Kette auf der Erdoberfläche. Während man auf den Kontinenten Gesteine mit einem Alter von nahezu 4 Milliarden Jahren findet, sind die Ozeanböden nicht älter als 200 Millionen Jahre. Aufgrund von Untersuchungen an magnetisierten Eisenteilchen des Ozeanbodens erkannte man, dass alle paar Millionen Jahre eine Polumkehr stattfindet: Der magnetische Nordpol wird zum magnetischen Südpol und umgekehrt.

Das Streifenmuster des Ozeanbodens entsteht bei der Abkühlung der ausfliessenden Lava. Solange sie

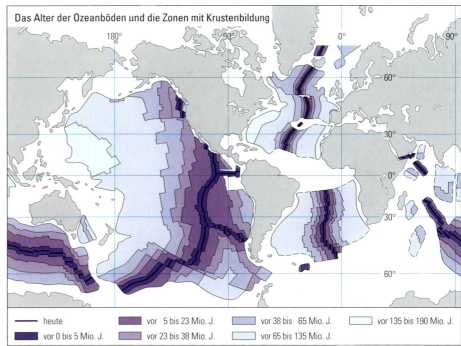

Das Alter der Ozeanböden und die Zonen mit Krustenbildung

— heute
■ vor 0 bis 5 Mio. J.
■ vor 5 bis 23 Mio. J.
■ vor 23 bis 38 Mio. J.
■ vor 38 bis 65 Mio. J.
□ vor 65 bis 135 Mio. J.
□ vor 135 bis 190 Mio. J.

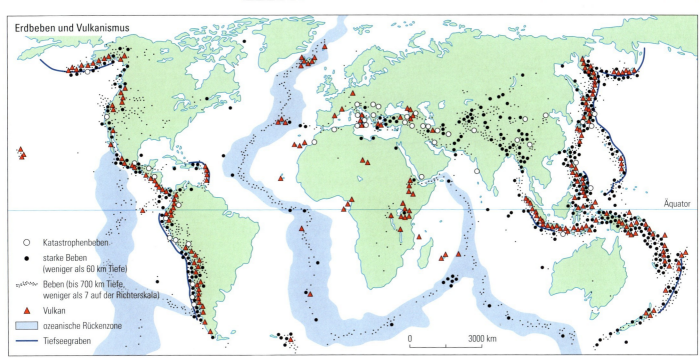

Erdbeben und Vulkanismus

○ Katastrophenbeben
● starke Beben (weniger als 60 km Tiefe)
⋯ Beben (bis 700 km Tiefe, weniger als 7 auf der Richterskala)
▲ Vulkan
■ ozeanische Rückenzone
— Tiefseegraben

Unruhe an den Plattenrändern

Alfred Wegener glaubte, die Kontinente würden sich durch die Ozeane pflügen wie Eisbrecher durch gefrorenes Eis. Heute weiss man, dass die Erdkruste aus lauter starren Platten besteht. Der Mittelozeanische Rücken, die Tiefseegräben, die Hochgebirge und die grossen Grabenbruchsysteme bilden die auffälligsten Plattenränder. Man unterscheidet ozeanische und kontinentale Platten.

Man stellt sich vor, dass die Platten auf dem Magma schwimmen wie Eisschollen auf dem Wasser. Da ihre Bewegungsrichtung nicht einheitlich ist, verschiebt sich auch ständig ihre relative Lage. Einige Platten driften aufeinander zu, andere driften voneinander weg und einige gleiten aneinander vorbei. Der Fliessuntergrund der Platten, das Magma, ist viel zähflüssiger als Wasser. Daher ist der Strom, auf dem die Platten mitgezogen werden, sehr langsam. Mit Hilfe von Satelliten ist es heute möglich, diese Geschwindigkeit direkt zu messen. Sie beträgt wenige Millimeter bis mehrere Zentimeter pro Jahr.

Der Mittelozeanische Rücken ist die Naht, an der Magma ausfliesst. Hier wird Erdkruste neu gebildet. Auf den Kontinenten setzt sich diese Naht in grossen Grabenbruchsystemen fort. Enorme Dehnungskräfte reissen die Kruste auseinander. Es entstehen neue Vulkane als Vorboten eines zukünftigen Mittelozeanischen Rückens. Beispiele für solche Grabenbrüche sind die Oberrheinische Tiefebene oder die Ostafrikanischen Gräben.

Im gleichen Ausmass wie neuer Ozeanboden am Mittelozeanischen Rücken entsteht, wird entlang von Subduktionszonen («Abtauchzonen») ozeanische Kruste verschluckt. Subduktionszonen entstehen, wenn zwei Platten miteinander kollidieren. Die Tiefseegräben sind solche Subduktionszonen. Sie entstehen im Kollisionsbereich von zwei Ozeanplatten oder einer Ozeanplatte mit einer Kontinentalplatte. Treffen zwei Ozeanplatten aufeinander, bildet sich entlang des Tiefseegrabens eine Inselkette (z.B. Neuseeland). Bei der Kollision einer Ozeanplatte mit einer

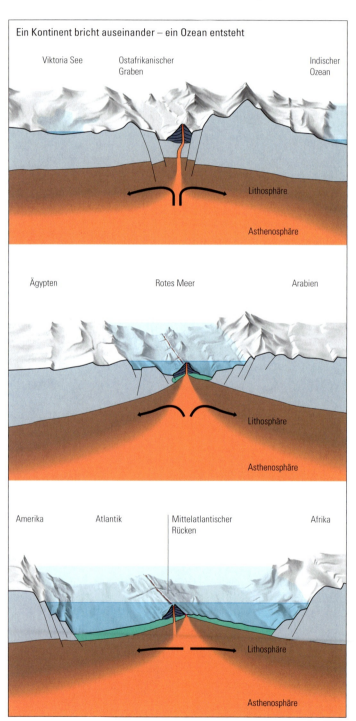

1

Kontinentalplatte entsteht ein Inselbogen (z. B. Japan) mit einem Randmeer oder der Kontinentalrand wird zu einem Küstengebirge gestaucht (z. B. Anden). Der Ozeanboden wird zum Abtauchen gezwungen. Treffen aber zwei Kontinente aufeinander, verkeilen sich die Gesteinspakete ineinander und türmen sich zu Gebirgen auf (z. B. Alpen, Himalaya). Die Subduktionszone ist unsichtbar.

Einzelne Plattenränder schleifen aneinander vorbei. Dabei bauen sie Spannungen auf, die sich von Zeit zu Zeit als Erdbeben entladen. Es wird weder neue Kruste gebildet, noch wird Kruste verschluckt. Vulkane fehlen.

1 Vulkanausbruch am Kamtschatka (Halbinsel Kamtschatka, Russland)
2 Kobe nach dem Erdbeben von 1995 (Japan)
3 San-Andreas-Verwerfung (Kalifornien)

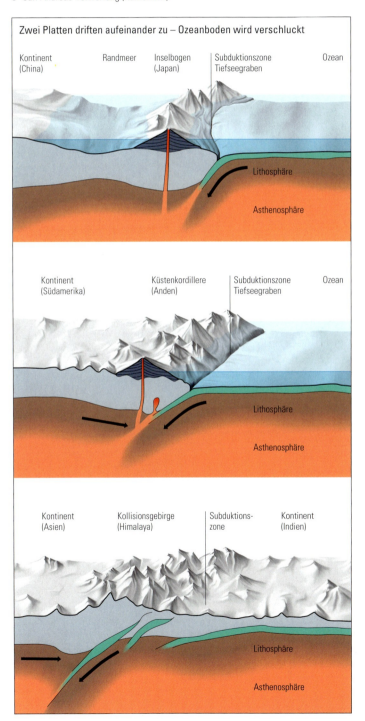

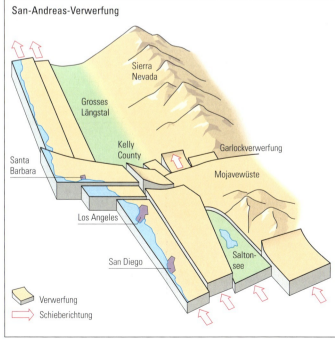

Die äussere Schale der Erde

Welche Bedingungen müssen erfüllt sein, damit die Platten auf dem darunter liegenden Material schwimmen können? Wie muss man sich den Aufbau der Erde vorstellen? Wichtige Hinweise zur Beantwortung dieser Fragen liefert die Erdbebenkunde (Seismologie). Man kann künstlich erzeugte Erdbebenwellen durch das Erdinnere schicken und in einem weit verzweigten Netz von Erdbebenstationen an der Erdoberfläche wieder auffangen. Dort misst man Geschwindigkeit und Stärke. Der Verlauf der Erdbebenwellen lässt Rückschlüsse auf die Dichte des Materials in den verschiedenen Tiefen zu. Die beobachteten Dichteunterschiede wiederum führten zur allgemein anerkannten Vorstellung vom Schalenbau der Erde.

Kontinentale Kruste und ozeanische Kruste bilden zusammen mit dem obersten, starren Teil des Oberen Mantels die Lithosphäre (Lithos, griech. = Gestein). Während die Gesteinspakete der Kruste klar von jener des Mantels abgegrenzt werden können, stellt man sich den Übergang an der unteren Lithosphäre zur zähplastischen, heissen Asthenosphäre fliessend vor.

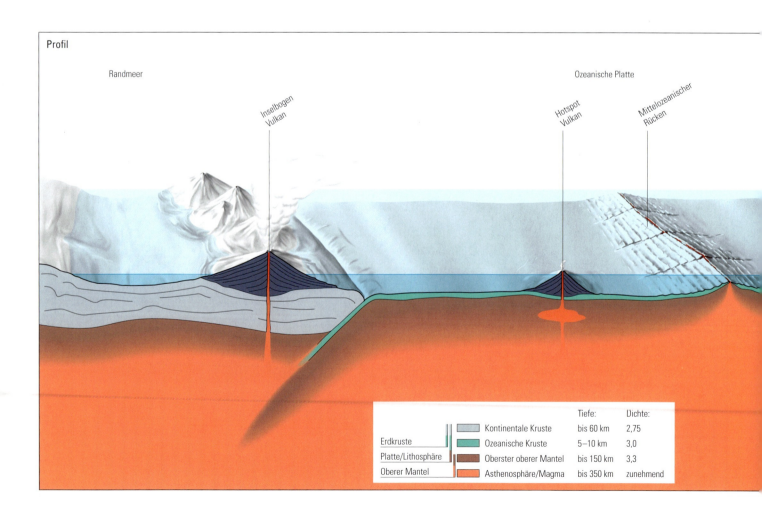

		Tiefe:	Dichte:
Erdkruste	Kontinentale Kruste	bis 60 km	2,75
	Ozeanische Kruste	5–10 km	3,0
Platte/Lithosphäre	Oberster oberer Mantel	bis 150 km	3,3
Oberer Mantel	Asthenosphäre/Magma	bis 350 km	zunehmend

Der Motor der Plattenwanderung

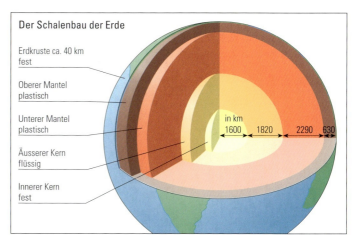

Als Hauptantriebskraft für die Verschiebung der Kontinente vermutet man *Konvektionsströme* in der Asthenosphäre. Man stellt sich ihre Funktionsweise ähnlich vor wie die Windzirkulation. Heisses und leichteres Material steigt auf, wird unter den starren Platten (Lithosphäre) seitlich weggedrängt, kühlt ab und sinkt schliesslich ins Erdinnere zurück.

Die Energie für die Windzirkulation liefert die Sonne. Jene der *Konvektionsströmungen* stammt aus den Tiefen des Erdinnern. Sie wird hauptsächlich durch den Zerfall radioaktiver Elemente frei.

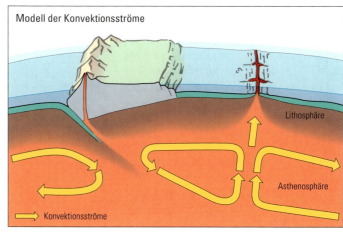

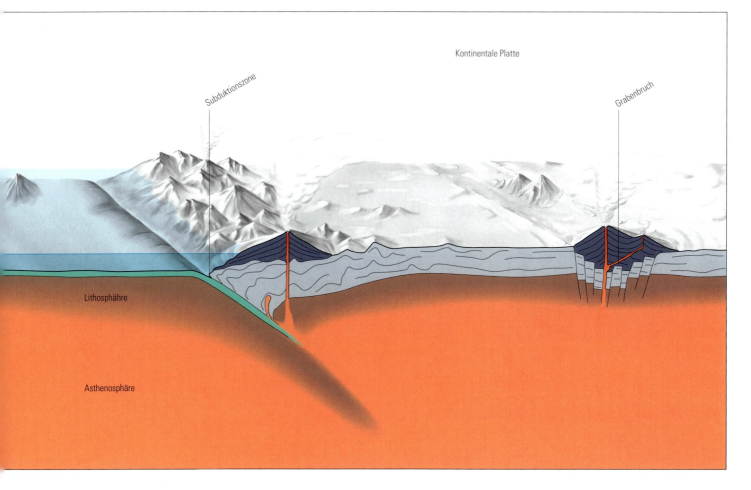

Heisse Flecken unter der Kruste

Natürlicher Zerfall radioaktiver Elemente

Beim natürlichen Zerfall radioaktiver Elemente wird dauernd und ohne äusseren Einfluss Energie in Form von Strahlung und Wärme frei: Uran zerfällt zu Blei, Rubidium zerfällt zu Strontium. Die instabilen Atomkerne der radioaktiven Elemente wandeln sich durch Ausschleudern eines Teils ihrer Masse und Energie in stabile Kerne um. Ihr Zerfall verläuft unterschiedlich rasch.
Der Zerfall von natürlichen radioaktiven *Isotopen* und Elementen erlaubt es Geologen, das Alter von Gesteinen zu bestimmen.

Kohlenstoffmethode:
Das Isotop C-14 zerfällt zu Stickstoff
(Halbwertszeit 5600 Jahre)
Kalium-Argon-Methode:
Das Isotop K-40 zerfällt zu Argon
(Halbwertszeit 12,5 Mrd. Jahre)
Rubidium-Strontium-Methode:
Das Isotop Rb-87 zerfällt zu Strontium
(Halbwertszeit 47 Mrd. Jahre)
Uranmethode:
Das Uran-Isotop 238 zerfällt zu Blei
(Halbwertszeit 4,5 Mrd. Jahre)
Das Uran-Isotop 235 zerfällt zu Blei
(Halbwertszeit 0,7 Mrd. Jahre)

In Atomkraftwerken entstehen fortlaufend grosse Mengen radioaktiver Isotope, die in der Natur nicht oder dann nur in ganz geringen Mengen vorkommen.

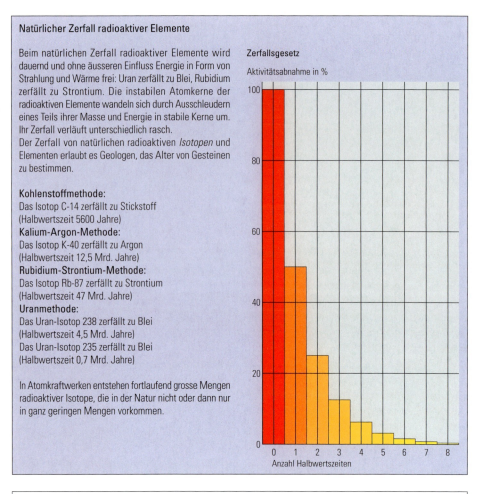

Zerfallsgesetz — Aktivitätsabnahme in % / Anzahl Halbwertszeiten

Mitten im Pazifik gibt es eine Anzahl vulkanischer Inselgruppen, die ähnlich einer Perlenschnur aneinandergereiht sind. Das Alter der Vulkane und der Grad der Abtragung deuten darauf hin, dass die Pazifische Platte im Laufe der Zeit über einen fest im Mantel verankerten heissen Fleck, einen Hotspot, hinweggezogen ist.
Hotspot-Vulkane findet man überall auf der Erdoberfläche: in der Tiefsee ebenso wie auf den Kontinenten. Wird ein Hotspot vom Mittelozeanischen Rücken überlagert, führt dies zu besonders intensiver Vulkantätigkeit, wie zum Beispiel auf Island. Das Muster, das die Hotspots in der Kruste hinterlassen, hilft mit, die Plattenbewegungen viele Millionen Jahre zurückzuverfolgen.

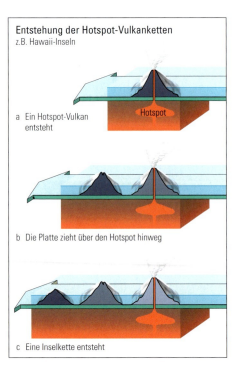

Entstehung der Hotspot-Vulkanketten
z.B. Hawaii-Inseln
a Ein Hotspot-Vulkan entsteht
b Die Platte zieht über den Hotspot hinweg
c Eine Inselkette entsteht

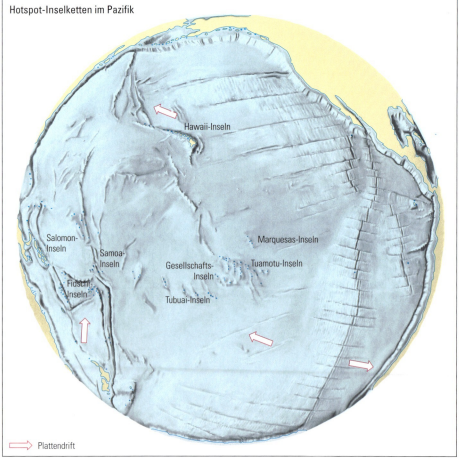

Hotspot-Inselketten im Pazifik

Plattendrift

204

Die Wanderroute der Kontinente

a — vor 750 Mio. Jahren, Rodinia

b — vor 550 Mio. Jahren

Die *Geologen* gehen heute übereinstimmend davon aus, dass vor etwa 280–180 Millionen Jahren ein Superkontinent, genannt Pangäa, existierte. Pangäa bedeutet die «All-Erde».
Vor etwa 180 Millionen Jahren brach Pangäa in einen Nordkontinent und einen Südkontinent auf. Der Nordkontinent bestand aus Nordamerika und Eurasien. Er wird Laurasia genannt. Der Südkontinent bestand aus Afrika, Australien, Indien und der Antarktis. Man nennt ihn Gondwana.
Erst später, vor etwa 140 Millionen Jahren, trennte sich Nordamerika von Eurasien. Gondwana zerfiel ebenfalls. Die «neuen» Kontinente drifteten allmählich in ihre gegenwärtige Lage. In dieser Zeit entstanden auch die heutigen Hochgebirge.
Vermutlich begann die Wanderung der Kontinente nicht erst mit dem Auseinanderbrechen von Pangäa. Vielmehr darf man annehmen, dass plattentektonische Prozesse schon früher abliefen. Man ist heute dabei, die Wanderroute vor der Zeit Pangäas zu rekonstruieren. Als ziemlich sicher gilt es, dass vor 750 Millionen Jahren schon einmal ein Superkontinent, genannt Rodinia, existiert hatte. Auch er ist zerbrochen. Die Bruchstücke hatten sich viele Millionen Jahre später zu Pangäa wieder vereint.
Viele Indizien sprechen für einen Zyklus, der sich alle 500 Millionen Jahre wiederholt.

c — vor 420 Mio. Jahren

d — vor 260 Mio. Jahren, Pangäa

e — vor 180 Mio. Jahren

f — vor 135 Mio. Jahren

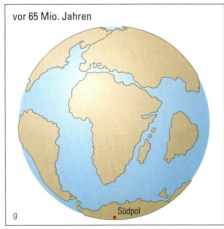
g — vor 65 Mio. Jahren

h — heute

Erde und Sonne

Die Bewegungen der Erde

Schon vor 2000 Jahren erkannten Eratosthenes und Aristarch von Samos den naturwissenschaftlich richtigen Sachverhalt über die Bewegungen von Sonne und Erde. Doch ihre Erkenntnisse gerieten in Vergessenheit. Erst Nikolaus Kopernikus griff im 16. Jahrhundert die alten griechischen Studien wieder auf und entwickelte auf deren Grundlage das heliozentrische Weltbild: Die Sonne bildet den Mittelpunkt der Planetenbahnen. Die Erde kreist, wie die anderen Planeten auch, um die Sonne (Revolution). Gleichzeitig dreht sie sich um ihre eigene Achse (Rotation). Galileo Galilei gelang es, diese Theorie zu beweisen. Da die Kirche kein Verständnis für derart ketzerische Ideen hatte, musste Galilei seine Lehren widerrufen. Bis zu seinem Tode im Jahr 1642 war er unter Hausarrest gestellt. Zur selben Zeit erkannte auch Johannes Kepler die Richtigkeit des heliozentrischen Weltbildes. Seine Leistung bestand darin, die Bewegungsdynamik der Planeten in physikalischen Gesetzen auszudrücken.

1, 2, 3, 4 New York
5, 6, 7, 8 Zürich
9, 10, 11 Singapur

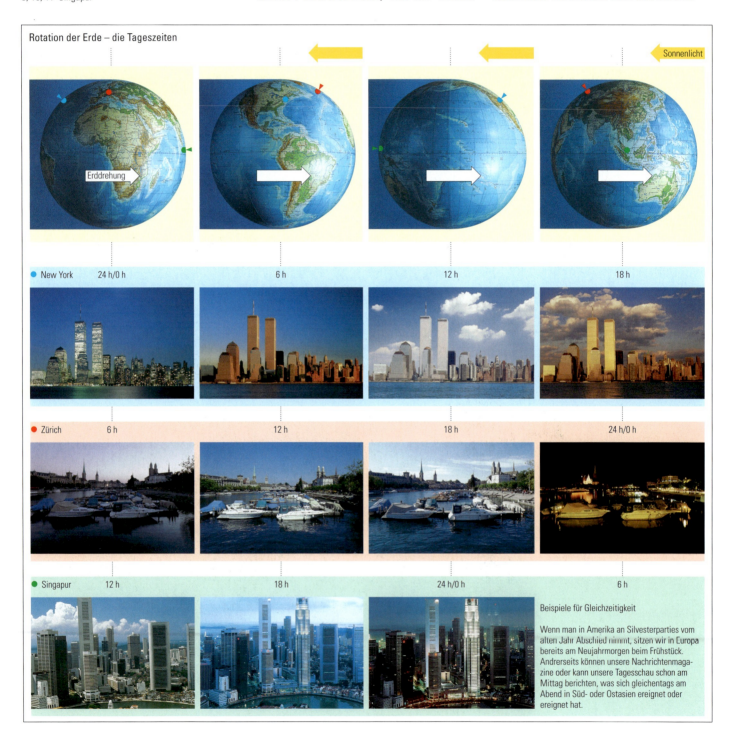

Rotation der Erde – die Tageszeiten

Sonnenlicht

Erddrehung

● New York   24 h/0 h   6 h   12 h   18 h

● Zürich   6 h   12 h   18 h   24 h/0 h

● Singapur   12 h   18 h   24 h/0 h   6 h

Beispiele für Gleichzeitigkeit

Wenn man in Amerika an Silvesterparties vom alten Jahr Abschied nimmt, sitzen wir in Europa bereits am Neujahrmorgen beim Frühstück. Andrerseits können unsere Nachrichtenmagazine oder kann unsere Tagesschau schon am Mittag berichten, was sich gleichentags am Abend in Süd- oder Ostasien ereignet oder ereignet hat.

Zeit und Datum

Eigentlich müsste jeder Ort genau dann Mittag, d.h. 12 Uhr, haben, wenn die Sonne ihren täglichen Höchststand erreicht hat. Ein solches System mit *Ortszeit* wäre heute praktisch undurchführbar. Man hat sich um 1920 auf eine Ordnung mit *Zonenzeit* geeinigt. Alle Orte innerhalb einer Zeitzone schreiben dabei die gleiche Zeit. Der Zeitunterschied von Zone zu Zone beträgt genau eine Stunde. In der Schweiz kennt man schon seit 1894 die sogenannte Mitteleuropäische Zeit (MEZ).

Die *internationale Datumsgrenze* (IDG) soll verhindern, dass beim Umkreisen der Erde ein Tag gewonnen oder verloren wird. Beim Überschreiten dieser Linie muss ein Tag abgezogen bzw. weitergeschrieben werden. Oder anders begründet: auf der Erde schreibt man immer gleichzeitig zwei Daten (mit täglich einer Ausnahme!). Die beiden Tage werden immer durch die «Mitternachtslinie» und die Datumsgrenze voneinander getrennt.

Reise um die Erde in achtzig Tagen
Jules Verne

«Phileas Fogg hatte die Reise um die Erde in achtzig Tagen geschafft!... Phileas Fogg hatte seine Wette gewonnen! Und nun kommt die Frage: Wieso meinte er, es sei der 21. Dezember, als er in London ausstieg, wo es doch erst Freitag, der 20. war? Der neunundsiebzigste Tag seiner Reise, genauer gesagt, anstatt der achtzigste?

Phileas Fogg war ostwärts der Sonne entgegengefahren und gewann jedesmal, wenn er einen Meridian überquerte, vier Minuten auf seiner Marschtabelle. Nun gibt es aber dreihundertsechzig Längengrade. Mal vier ergibt das genau vierundzwanzig Stunden! Er hatte einen Tag – ohne sich darüber klar zu sein – gewonnen. Phileas Fogg sah in dieser Zeit die Sonne achtzigmal im Zenit; seine Kollegen in London sahen sie in derselben Zeit nur neunundsiebzigmal!»

Flugplan (Zonenzeiten)

Zürich →	Singapur →	Sydney
ab 20.45	an 17.35* ab 20.45*	an 7.10**
Sydney ab 16.15	Singapur an 21.05 ab 23.30	Zürich an 6.05*

Zürich →	Bangkok →	Kuala Lumpur
ab 13.00	an 5.45* ab 8.40*	an 11.45*
Kuala Lumpur ab 8.30	Bangkok an 9.35 ab 11.30	Zürich an 18.00

Zürich →	Honolulu	
ab 10.40	an 21.00	* 1 Kalendertag später
Honolulu ab 21.00	Zürich an 17.00*	** 2 Kalendertage später

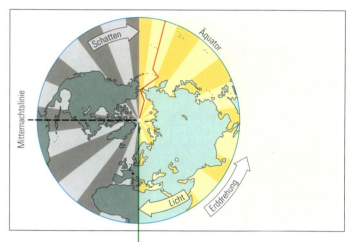

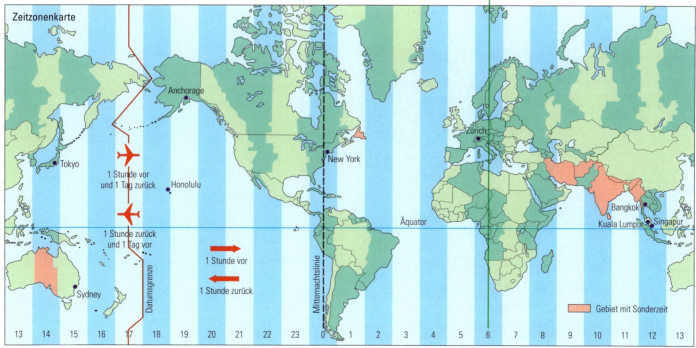

Die Strahlung der Sonne

Im Erdboden wird das kurzwellige Licht in langwellige Wärmestrahlung umgewandelt und wieder an die Atmosphäre abgegeben. Auf diese Weise wird die Luft von unten her erwärmt. Es entstehen Luftdruckunterschiede und damit Winde, welche das Wetter in seiner Gesamtheit antreiben.

Wasserdampf, Kohlendioxid und Ozon sind im wesentlichen dafür verantwortlich, dass nicht alle Wärme zurück ins Weltall gestrahlt wird und die Erde zu einem Eisplaneten erstarrt. Sie absorbieren die Wärme und bewirken den natürlichen Treibhauseffekt.

Die Erde empfängt von der Sonne unentwegt Strahlungsenergie. Den sichtbaren Teil der Strahlung bezeichnen wir als Licht. Die grösste Strahlungs-Intensität herrscht im blaugrünen Bereich, die grösste Wärme-Intensität aber im Infrarotbereich.

Auf dem Weg durch die Atmosphäre auf die Erdoberfläche wird der grösste Teil der Strahlung ausgefiltert. Dabei übernimmt die Ozonschicht der Stratosphäre eine besonders wichtige Funktion für das Leben auf der Erde. Sie wirkt wie eine gute Sonnenbrille und *absorbiert* einen grossen Teil der gefährlichen UV-Strahlung.

In der Troposphäre *absorbieren*, *reflektieren* und zerstreuen die Wolken und Luftteilchen einen weiteren Teil des Lichtes. Schliesslich erreicht nur etwa die Hälfte des Lichtes, das bis zur Tropopause durchgedrungen ist, den Erdboden.

Der Anteil an Licht, der an der Erdoberfläche *reflektiert* wird, nennt man Albedo. Schnee zum Beispiel besitzt eine grosse Albedo von 85%, bei dunklen Steinen kann die Albedo nahezu 0% betragen. Im Durchschnitt beträgt die Albedo der Erdoberfläche nur gerade 4%.

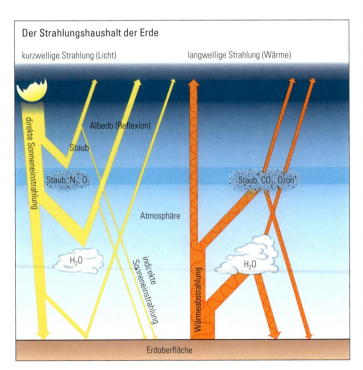

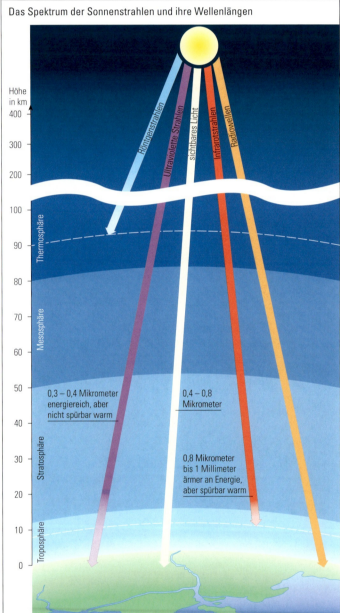

1 Mikrometer = 1/1 000 000 Meter = 1/1000 Millimeter; 1 mm = 1000 Mikrometer

Menschen, die sich intensiver Sonneneinstrahlung aussetzen, merken oft zu spät, dass sie sich einen Sonnenbrand eingehandelt haben. Die Intensität der kurzen Strahlen haben sie nicht unmittelbar, sondern erst nach und nach aufgrund der Hautreaktion zu spüren bekommen. Man sagt deshalb oft, UV-Strahlen seien «kalt».

Weshalb ist der Himmel blau?

Das Sonnenlicht besteht aus allen Farben. Den Beweis für diese Tatsache erbrachte 1666 Isaac Newton. Mit einem *Glasprisma* fächerte er weisses Licht in die verschiedenen Farben auf. Nun wurde auch klar, wie ein Regenbogen entsteht. Die Sonnenstrahlen werden an Wassertröpfchen gebrochen, in die *Spektralfarben* zerlegt und *reflektiert*. Je grösser die Regentropfen sind, desto farbiger erstrahlt der Regenbogen.

Auf dem Weg zur Erdoberfläche muss das Sonnenlicht nicht nur das Weltall, sondern auch die tausendfach dichtere Atmosphäre durchqueren. Während aber ein Betrachter im Weltraum den Himmel dunkelviolett sieht, erscheint er uns auf der Erde bei Tag hellblau. Dies hängt mit den Sauerstoff- und Stickstoffteilchen der Luft zusammen. An deren Oberfläche wird das Licht nach allen Seiten gestreut, jedoch nicht alle Farben gleich stark. Da der blaue Anteil am stärksten gestreut wird, erscheint uns der Himmel blau. Ohne die Atmosphäre wäre der Himmel auch tagsüber schwarz.

Wasserdampf und Verunreinigungen streuen das gesamte Licht besser als Sauerstoff und Stickstoff, weil die Teilchen grösser sind. Kleinere Wolken oder der Himmel über einer Smogglocke erscheinen deshalb weiss.

Auf dem Weg zur Erde wird also dem Licht viel Blau «entzogen». Deshalb erscheint uns die Sonne gelb und nicht weiss.

Wenn am Morgen oder am Abend der Einfallswinkel der Sonne klein ist, müssen die Strahlen einen grösseren Weg durch die Atmosphäre zurücklegen, bis sie die Erdoberfläche erreichen. Blau durchdringt die Atmosphäre am schlechtesten, dafür wird es am besten gestreut. Das rote Licht, auf der anderen Seite des sichtbaren Spektrums, vermag hingegen die Atmosphäre am besten zu durchdringen, es wird am schlechtesten gestreut. Auf dem Weg zur Erdoberfläche wird am besten Blau, dann Grün, schliesslich Gelb ausfiltriert. Wenn die Sonnenstrahlen abends oder am frühen Morgen ein mächtiges Luftpaket durchdringen, dominiert schliesslich der rote Farbanteil. Die Sonne erscheint uns rot.

Der Regenbogen in der Mythologie

Der Regenbogen war für die Menschen schon immer eine faszinierende Erscheinung. Ihm kommt in der Religion vieler Völker eine bestimmte Bedeutung zu. Bei manchen Indianerstämmen stellt er die Brücke zwischen Himmel und Erde dar. Auf ihr steigen die Götter herab zur Erde, auf ihr schreiten die Toten ins Jenseits. Bei den arabischen Völkern symbolisiert der Regenbogen den Kriegsbogen des Wettergottes. Im Alten Testament gilt er als sichtbares Zeichen des wiederhergestellten Bundes zwischen Gott und den Menschen nach der Sintflut. Im Neuen Testament stellt er den Lichtschein um den Thron Gottes dar.

Die Beleuchtungszonen

Wie viel Sonnenenergie jeder Ort der Erdoberfläche erhält, ist vom Einfallswinkel der Strahlen und der Zeitdauer der Bestrahlung abhängig. Der Wechsel zwischen Tag und Nacht, die Neigung der Erdachse in Verbindung mit der Revolution, die geografische Breite, aber auch die Wetterverhältnisse steuern die Strahlungsmenge.

Der wechselnde Sonnenstand hat verschieden lange Wege der Strahlen durch die Atmosphäre zur Folge. Mit unterschiedlichem Einfallswinkel verändert sich die Menge an Energie, die einer bestimmten Fläche zugeführt wird. Entsprechend entwickeln sich die Wärme und die Lufttemperaturen.

Der Unterschied zwischen äquatorialen und polaren Gebieten ist viel bedeutender als die jahreszeitliche Schwankung an einem bestimmten Ort. Die niederen Breiten um den Äquator erhalten wegen des steileren Einfallwinkels der Sonnenstrahlen weit mehr Energie als die polaren Regionen. Obwohl dort die Sonne im Sommer nicht untergeht, vermag dies den Energierückstand auf die höheren Breiten nicht wettzumachen. Der Einfallswinkel der Strahlen bleibt klein, und im Winter verschwindet die Sonne gar für längere Zeit unter dem Horizont.

1 Nördliches Eismeer (kanadische Arktis)
2 Nadelwald in Nordschweden
3 Baskenland bei St-Jean (Frankreich)
4 Illimani im Hoggar (Südalgerien)
5 Sonnenuntergang über dem tropischen Regenwald Westafrikas (Kamerun)

Man unterscheidet deshalb verschiedene Beleuchtungszonen, auch mathematische Klimazonen genannt. Sie verlaufen rund um die Erde, parallel zum Äquator und zu den Breitenkreisen. Ihnen entsprechen charakteristische Sonnenbahnen und Tageslängen.

Die tatsächlichen Temperaturverhältnisse und die Vegetationsformen weichen von diesem mathematischen Modell zum Teil erheblich ab. Zum Beispiel werden im äquatorialen Bereich fünfzig Prozent der Sonnenstrahlen von den Wolken abgefangen, bevor sie den Erdboden erreichen. Die Wüstengebiete hingegen sind praktisch das ganze Jahr hindurch wolkenfrei und erhalten nahezu die grösstmögliche Menge an Strahlungsenergie.

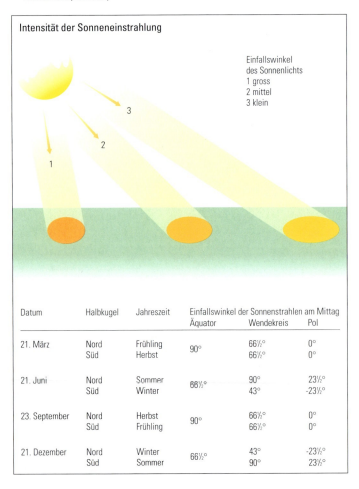

Intensität der Sonneneinstrahlung

Einfallswinkel des Sonnenlichts
1 gross
2 mittel
3 klein

Datum	Halbkugel	Jahreszeit	Einfallswinkel der Sonnenstrahlen am Mittag		
			Äquator	Wendekreis	Pol
21. März	Nord	Frühling	90°	66½°	0°
	Süd	Herbst		66½°	0°
21. Juni	Nord	Sommer	66½°	90°	23½°
	Süd	Winter		43°	-23½°
23. September	Nord	Herbst	90°	66½°	0°
	Süd	Frühling		66½°	0°
21. Dezember	Nord	Winter	66½°	43°	-23½°
	Süd	Sommer		90°	23½°

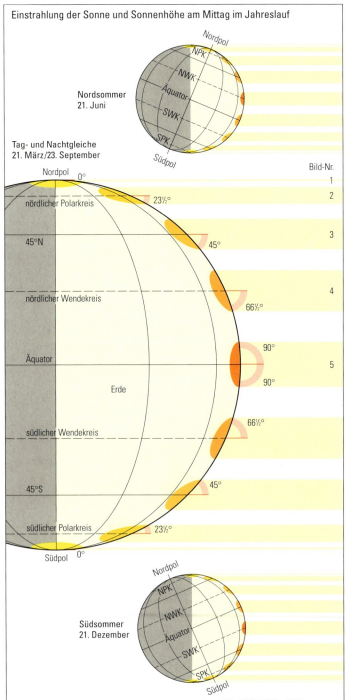

Einstrahlung der Sonne und Sonnenhöhe am Mittag im Jahreslauf

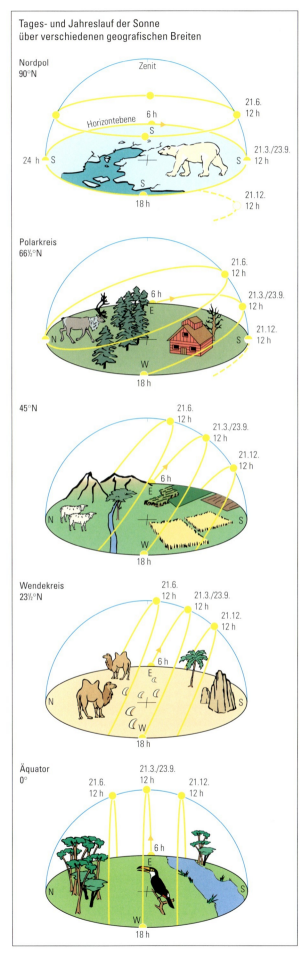

Tages- und Jahreslauf der Sonne über verschiedenen geografischen Breiten

Nordpol 90°N

Polarkreis 66½°N

45°N

Wendekreis 23½°N

Äquator 0°

1

2

3

4

5

Die Jahreszeiten

Die Erde bewegt sich im Laufe eines Jahres auf einer elliptischen Bahn um die Sonne. Die stets gleiche Ausrichtung der Erdachse hat zur Folge, dass die Erde auf ihrer Jahresumlaufbahn der Sonne abwechselnd ihre Nord- oder ihre Südhalbkugel etwas stärker zuwendet. Die Länge von Tag und Nacht, aber auch die Einstrahlung und somit die Temperaturen passen sich diesem Jahresrhythmus an.

Die Neigung der Erdachse und die Umlaufbahn um die Sonne bewirken die Jahreszeiten. In den gemässigten Breiten bis in die Polarzone hinein unterscheidet man vier ausgeprägte Jahreszeiten. Je näher wir zu den Polen kommen, desto kürzer werden Herbst und Frühling.

An den Polen unterscheidet man nur noch das Sommerhalbjahr, in dem die Sonne nie unter dem Horizont verschwindet, und das Winterhalbjahr, in welchem die Nacht höchstens von etwas Dämmerlicht unterbrochen wird.

Innerhalb der tropischen Zone spielen für die Jahreszeiten der Wechsel zwischen Regen- und Trockenzeiten die entscheidendere Rolle als der Jahresgang der Temperatur.

Am Äquator sind Tag und Nacht jahraus, jahrein gleich lang, das Wetter wiederholt sich täglich und die Jahresschwankung der Temperatur ist nur sehr geringfügig.

Die zwölf Fotos auf Seite 215 zeigen die gleiche Landschaft in allen Monaten eines Jahres (links oben Januar, rechts unten Dezember).

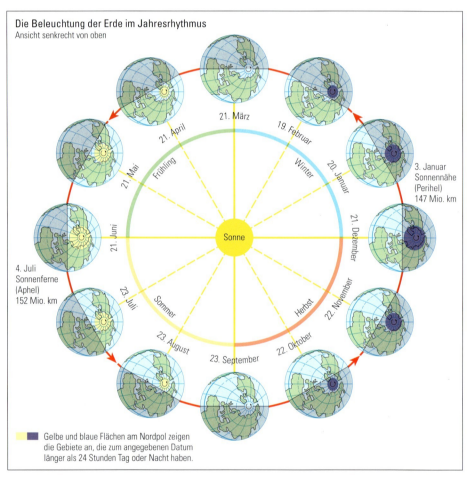

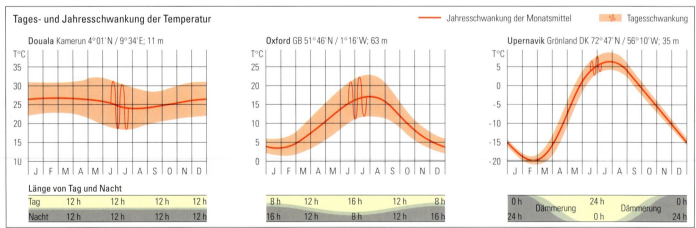

Der Stockwerkbau der Atmosphäre

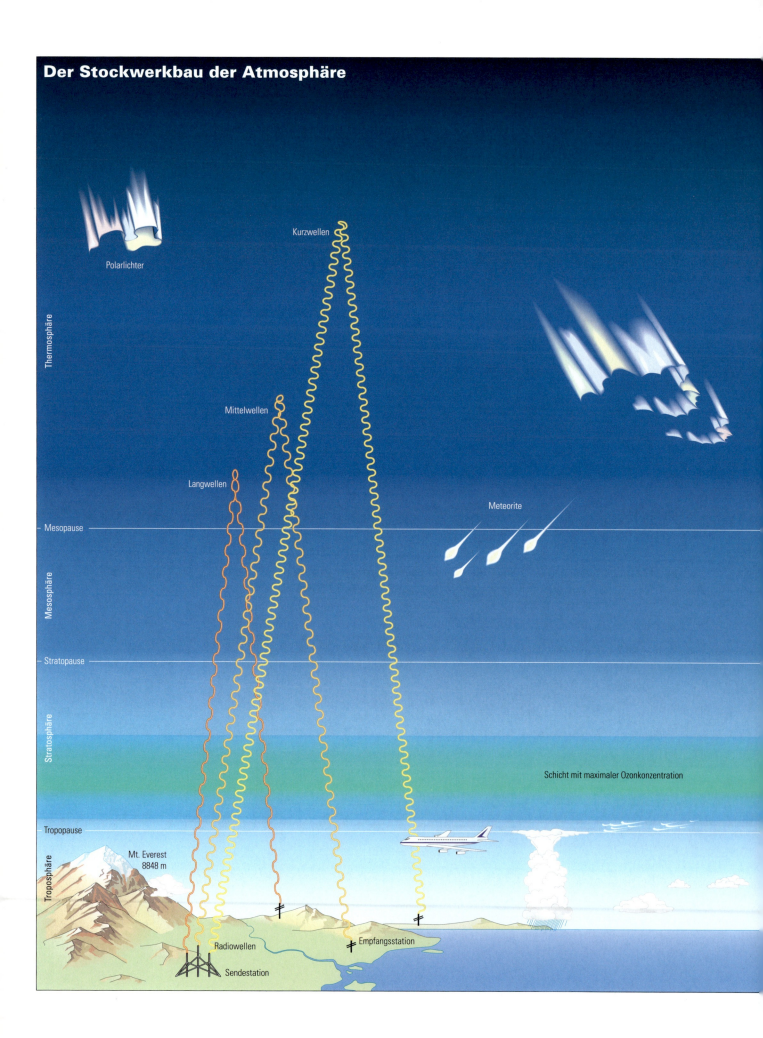

Allmählicher Übergang in Exosphäre

In dieser Schicht spielen sich Prozesse ab, die als Polarlichter sichtbar werden. Elektromagnetische Vorgänge bewirken, dass Radiowellen wie in einem Spiegel reflektiert werden. Deshalb konnte man schon früher Radiosendungen mit Hilfe von Kurzwellen über Tausende von Kilometern ausstrahlen. Heute übernehmen Nachrichtensatelliten diese Aufgabe, weil sie einen störungsfreien Empfang garantieren.
Die Temperaturen erreichen hier mehr als 2000 °C. Sie sind aber wegen der geringen Gasdichte und der damit verbundenen geringen Wärmeentwicklung nicht mit den Temperaturen auf der Erdoberfläche vergleichbar!

Hier verglühen die meisten Meteorite, die man von der Erde aus als Sternschnuppen erkennt.

Es wehen starke Winde. Vertikale Luftbewegungen fehlen vollständig.

Die hohe Ozonkonzentration schützt vor den gefährlichen Ultraviolett(UV)-Strahlen.

Die «Wetterschicht» enthält etwa drei Viertel der gesamten Luftmasse und praktisch die gesamte Menge des Wasserdampfes. Pro 1000 Meter Höhenzunahme nimmt die Temperatur um etwa 5 bis 6 °C ab. Nur in den untersten 1500 Metern wird die Luft sowohl vertikal als auch horizontal gut durchmischt.

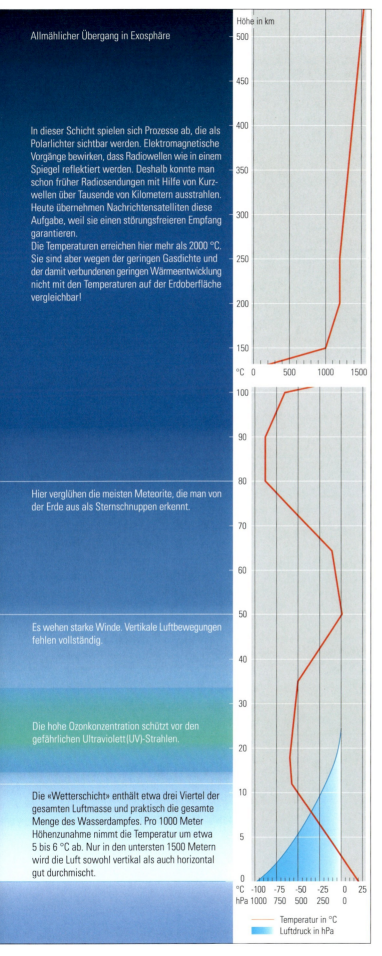

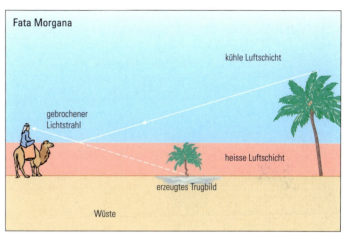

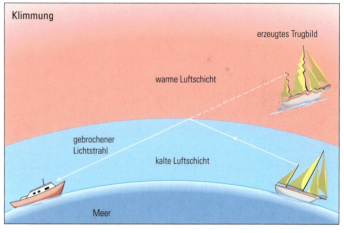

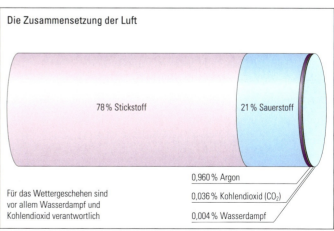

Klima- und Vegetationszonen

Übersicht

Die Klima- und Vegetationszonen verlaufen nicht mit derselben mathematisch genauen Begrenzung als Bänder um die Erde wie die Beleuchtungszonen. Dies wäre nur der Fall, wenn die ganze Erdoberfläche gleichmässig beschaffen wäre.

Land erwärmt sich rasch und kühlt auch schnell wieder ab. Wasser wird langsamer, aber oft bis in grosse Tiefen erwärmt. Es kann bedeutende Wärmemengen speichern, transportieren und über lange Zeit hinweg wieder an die Umgebung abgeben.

Die Landflächen liegen auf unterschiedlichen Höhen. Gebirgszüge verlaufen in verschiedene Richtungen, lenken Windströmungen ab und bringen feuchte Luftmassen zum Aufsteigen und Ausregnen. Niederschläge wiederum begünstigen das Aufkommen einer reicheren Pflanzendecke. Je üppiger das Pflanzenkleid ist, desto stärker vermag es seinerseits das Klima zu beeinflussen. Vor allem mildert es die Temperaturschwankungen. Zwischen Klima und Vegetation besteht eine Wechselwirkung.

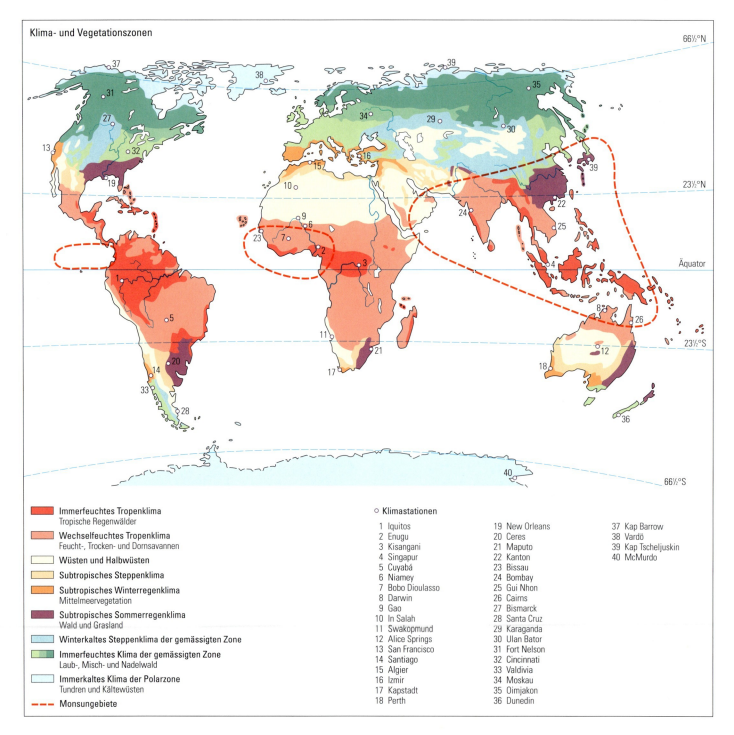

Klima- und Vegetationszonen

Legende:
- Immerfeuchtes Tropenklima — Tropische Regenwälder
- Wechselfeuchtes Tropenklima — Feucht-, Trocken- und Dornsavannen
- Wüsten und Halbwüsten
- Subtropisches Steppenklima
- Subtropisches Winterregenklima — Mittelmeervegetation
- Subtropisches Sommerregenklima — Wald und Grasland
- Winterkaltes Steppenklima der gemässigten Zone
- Immerfeuchtes Klima der gemässigten Zone — Laub-, Misch- und Nadelwald
- Immerkaltes Klima der Polarzone — Tundren und Kältewüsten
- --- Monsungebiete

Klimastationen:

1. Iquitos
2. Enugu
3. Kisangani
4. Singapur
5. Cuyabá
6. Niamey
7. Bobo Dioulasso
8. Darwin
9. Gao
10. In Salah
11. Swakopmund
12. Alice Springs
13. San Francisco
14. Santiago
15. Algier
16. Izmir
17. Kapstadt
18. Perth
19. New Orleans
20. Ceres
21. Maputo
22. Kanton
23. Bissau
24. Bombay
25. Gui Nhon
26. Cairns
27. Bismarck
28. Santa Cruz
29. Karaganda
30. Ulan Bator
31. Fort Nelson
32. Cincinnati
33. Valdivia
34. Moskau
35. Oimjakon
36. Dunedin
37. Kap Barrow
38. Vardö
39. Kap Tscheljuskin
40. McMurdo

Immerfeuchte Tropengebiete
Tropische Regenwälder

Im Bereich dieser Klima- und Wetterbedingungen, die günstigste Voraussetzungen für das Pflanzenwachstum schaffen, hat sich der immergrüne tropische Regenwald entwickelt. Er macht heute etwa 18 Mio. km² oder 14% der Festlandfläche der Erde aus.

Klima

In der Zone um den Äquator erreicht die von der Sonne eingestrahlte Wärme hohe Werte. Die Monatsmittel der Temperatur liegen das ganze Jahr ungefähr gleich hoch: die Jahresschwankung ist sehr gering, kleiner sogar als die täglichen Temperaturdifferenzen von 10 bis 17 °C. Die Niederschläge erreichen in der Regel Werte von 2000 mm im Jahr, können aber in besonderen Lagen – je nach Relief, Meeresnähe und Windströmungen – weit darüber liegen.

Der Wetterablauf bleibt sich Tag für Tag etwa gleich. Fast ohne vorangehende Dämmerung geht um 6 Uhr die Sonne auf. Die Temperatur liegt noch bei 16 bis 18 °C, beginnt aber mit der Auflösung des morgendlichen Dunstes rasch zu steigen. Bald bilden sich erste Kumuluswolken, und gegen Mittag ist der Himmel ganz bedeckt. Die Temperatur erreicht 30 bis 35 °C. Es ist schwül. Nachmittags brechen über dem Festland Gewitter los; wolkenbruchartige Regen prasseln nieder. Gegen Abend klart es wieder auf, und um 18 Uhr verschwindet die Sonne – meist nach einem farbenprächtigen Sonnenuntergang – fast ohne Dämmerung sehr rasch unter dem Horizont. Die Nacht ist sehr dunkel und klar.

Dieser tägliche Wetterablauf wird nur durch die besonders ausgiebigen Niederschläge während der beiden Regenzeiten etwas variiert. Da man keine ausgesprochene Trockenzeit kennt, führen die Flüsse immer reichlich Wasser. Während der Regenzeiten treten sie über die Ufer und überschwemmen regelmässig grosse Flächen.

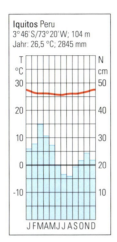
Iquitos Peru
3°46′S/73°20′W; 104 m
Jahr: 26,5 °C; 2845 mm

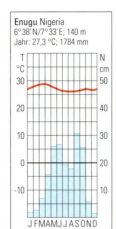
Enugu Nigeria
6°38′N/7°33′E; 140 m
Jahr: 27,3 °C; 1784 mm

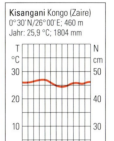
Kisangani Kongo (Zaire)
0°30′N/26°00′E; 460 m
Jahr: 25,9 °C; 1804 mm

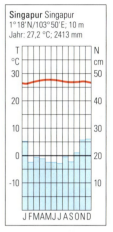
Singapur Singapur
1°18′N/103°50′E; 10 m
Jahr: 27,2 °C; 2413 mm

1 Tropischer Regenwald

Vegetation

Zu den letzten noch nicht restlos erforschten Gebieten der Erde zählt der tropische Regenwald. Für uns Europäer ist er immer noch mit dem Reiz des Abenteuers und Geheimnisvollen verbunden.

In der Tat ist der tropische Regenwald derart reich an verschiedenen Pflanzenarten, dass viele von ihnen unserer modernen Naturwissenschaft noch unbekannt sind. Die mehrere tausend Arten umfassende Pflanzenwelt des Indonesischen Regenwaldes ist von jener im Kongobecken oder jener im Amazonastiefland völlig verschieden. Dort wachsen wieder Tausende von anderen Arten, und nur wenige Pflanzen sind ihnen gemeinsam. Während in unseren Wäldern ein bis drei Baumarten dominieren, herrscht im tropischen Regenwald auf kleinstem Raum eine ungeheure Artenvielfalt.

Obwohl die einzelnen Regenwaldgebiete bezüglich ihrer Artenzusammensetzung verschieden sind, weisen sie einige typische gemeinsame Merkmale auf. Die Bäume werden 40 bis 90 Meter hoch. Sie kennen keinen Jahreszeitenrhythmus. Ein Baum lässt gleichzeitig alte Blätter fallen und neue heranwachsen. Während man an einigen Ästen Blüten beobachten kann, tragen andere Früchte. Wegen des oft sumpfigen Bodens bilden viele Bäume Brett- und Stelzwurzeln aus.

Typische Regenwaldpflanzen sind die Epiphyten. Sie leben auf Bäumen, ohne diesen Nährstoffe zu entziehen. Mit ihren Kelchblättern und Luftwurzeln ernähren sie sich vom Staub, den sie aus der Luft herausfiltrieren. Anders die Würgefeigen! Als harmlose Epiphyten beginnen sie ihr Leben. Sobald ihre Wurzeln aber den Boden erreichen, setzt ein rasches Wachstum ein, das den Wirtsbaum zum Absterben bringt.

Die Lianen und Kletterpflanzen sind gross und zahlreich. Sie werden oft mehr als 200 m lang.

Da nur wenig Licht bis zum Boden durchdringt, ist die Krautschicht schwach ausgebildet. Neben den uns vertrauten grünen Pflanzen findet man hier Fäulnisbewohner (Saprophyten), die ohne Fotosynthese leben können. Es handelt sich meist um Pilze und Bakterien.

Der tropische Regenwald wird oft als grüne Lunge bezeichnet. Bei der Fotosynthese werden riesige Mengen Kohlendioxid aus der Luft gebunden. Sauerstoff wird freigesetzt. Der tropische Regenwald gilt deshalb als Klimastabilisator.

1 Brettwurzel
2 Epiphyt
3 Pilz
4 Würgefeige, eine Liane

1

2

3

4

Boden

Im tropischen Regenwald sind die Nährstoffe in einem stetig fliessenden Kreislauf eingebunden. Die gefallenen Blätter bilden die Moderschicht. Im feucht-warmen Klima verwesen sie schnell und stellen so die freigesetzten Nährstoffe der Pflanzenwelt sofort wieder zur Verfügung. Es wird nur wenig Humus gebildet, welcher als Nährstoffreservoir dienen könnte.

Die chemische Verwitterung zersetzt infolge der hohen Temperaturen und der Feuchtigkeit die Gesteine des Untergrunds bis in grosse Tiefen. Doch starke Regengüsse spülen die wichtigen Mineralien fort und laugen den mächtigen Bodenkörper (5 bis 10 m) aus. Zurück bleibt ein rötlich oder gelblich verfärbter Verwitterungslehm (Eisenoxid und Aluminiumoxid).

Der Boden des tropischen Regenwaldes ist nicht fruchtbar.

Tiere

Artenreich und bunt, aber zu einem guten Teil noch unbekannt, ist auch das Tierreich. So wurde das Okapi erst zu Beginn dieses Jahrhunderts im Kongobecken entdeckt. Jährlich werden Dutzende von neuen Vogelarten beschrieben. Zu den Säugetieren, die uns am meisten vertraut sind, zählen die Affen und Halbaffen. Während Schimpanse und Gorilla in Afrika heimisch sind, lebt der Orang-Utan in den Regenwäldern Borneos und Sumatras. Papagei, Kolibri und andere Paradiesvögel sowie das Faultier sind typisch für das Amazonas-Tiefland.

5 Papageien

6 Orang-Utan

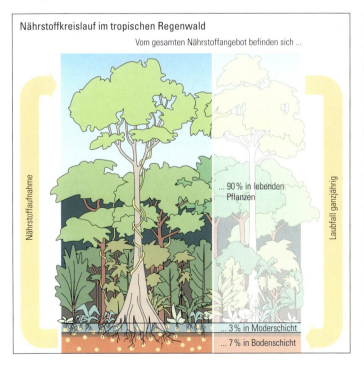

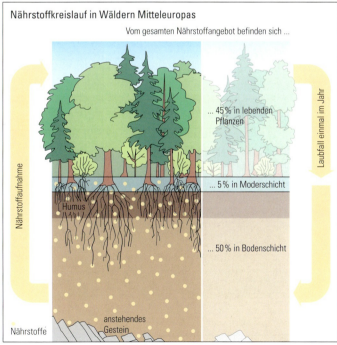

Wechselfeuchte Tropengebiete
Savannen

Klima

Auf die Zone der immerfeuchten Tropen folgen nach Norden und Süden Landschaftsgürtel mit Regen- und Trockenzeiten. Die Trockenzeiten dauern zwischen 2½ und 7½ Monaten. Sie werden länger und ausgeprägter, je weiter man sich vom Äquator entfernt. Je trockener eine Landschaft ist, desto empfindlicher reagiert sie auf veränderte Umwelteinflüsse. Die Gefahr der Landschaftszerstörung nimmt zu.

In der Trockenzeit steigen die Schattentemperaturen tagsüber bei wolkenlosem Himmel auf 40 bis 50 °C, während sie nachts bis auf 10 °C absinken können. In Bergländern oder gegen die Wüsten hin wird manchmal sogar der Gefrierpunkt unterschritten. Die Regenzeit setzt meist mit heftigen Gewittern ein. Die Niederschläge fallen – wie im immerfeuchten Tropenklima – häufig als Nachmittagsregen. Die Jahreswerte liegen aber merklich tiefer.

Die Flüsse der wechselfeuchten Tropen sind nur in Äquatornähe Dauerflüsse. In Gebieten mit längeren Trockenzeiten fliessen die Gewässer periodisch. In der Regenzeit überschwemmen sie weite Flächen. Während der trockenen Monate verlieren sie sich als magere Rinnsale in einem übergrossen Bett. Nur *Fremdlingsflüsse* wie der Nil, die aus niederschlagsreicheren Gebieten gespeist werden, führen ganzjährig Wasser.

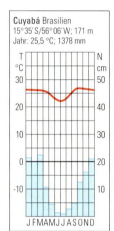
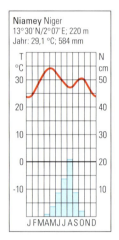
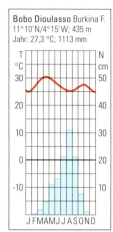
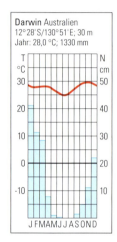

1 Baumsavanne nach der Regenzeit (Burkina Faso)
2 Baumsavanne zur Trockenzeit
3 Schirmakazie (Serengeti)
4 Trockensavanne mit Baobab und Termitenhügel (Tansania)
5 Dornsavanne (Tansania)
6 Trockensavanne (Südaustralien)

Vegetation

Für den Pflanzenwuchs ist die Dauer der Trockenzeit entscheidender als die absolute Regenmenge. Bei zwei- bis dreimonatiger Trockenzeit tritt Feuchtsavanne an die Stelle des immergrünen Regenwaldes. Wird die Trockenzeit länger, gedeihen nur noch Pflanzen der Trockensavanne und schliesslich noch solche der Dornsavanne.

Die Bäume der Savanne sind sechs bis zwölf Meter hoch. Ihr Wurzelgeflecht ist sehr dicht, ihre Kronen sind abgeflacht. Um die Trockenzeit zu überdauern, werfen einige ihre Blätter ab. Andere wiederum bilden eine besonders dicke Rinde, welche auch gegen die regelmässig auftretenden Buschfeuer schützt. Einige Pflanzen besitzen harte Schuppenknospen, die Feuer heil überstehen können.

In der Regel stehen die Bäume vereinzelt in einer lichten Parklandschaft. An sehr feuchten Stellen geht die offene Savanne in regengrünen Wald über. Dieser ist artenärmer und weit weniger üppig als der immergrüne Regenwald der äquatorialen Zone. Er besteht meist aus nur zwei Stockwerken, der Baumschicht und der Strauch- und Krautschicht. In der Trockenzeit werfen die Bäume das Laub ab. Das Unterholz bleibt grün. Den Flüssen entlang, wo ständig Wasser fliesst oder reichlich Grundwasser vorhanden ist, wachsen Galeriewälder. Diese sind immergrün und gleichen dem tropischen Regenwald. In Mittel- und Südamerika wird der Baumbestand von Kiefern und Palmen, in Australien von vielen Eukalyptusarten dominiert. In Afrika sind die Akazie, verschiedene Palmen und der Affenbrotbaum (Baobab) typisch.

Unter den Krautpflanzen dominieren die Gräser und Seggen. In der Feuchtsavanne wird das Gras bis zu 3,5 Meter hoch (Elefantengras). Je trockener das Klima ist, desto mehr behaupten sich Pflanzen mit Dornen und wasserspeichernden Organen (Sukkulenten). In Amerika sind es die Kakteen, in Afrika die Wolfsmilchgewächse (Euphorbien), die zwei völlig verschiedenen Pflanzenfamilien angehören, aber verblüffend ähnliche wasserspeichernde Organe ausbilden.

3

4

5

6

Tiere

In Afrika hat sich in der offenen Savannenlandschaft eine besonders artenreiche Tierwelt entwickelt. Typisch sind grasfressende Lauftiere (Antilope, Zebra, Giraffe, Gnu, Büffel, Elefant, Nashorn), Raubtiere (Löwe, Leopard, Gepard) und Aasfresser (Hyäne, Geier). In Südostasien ist der Tiger heimisch. Wie die Lauftiere Afrikas hat das Känguru, das typische Savannentier Australiens, eine energiesparende – wenn auch spezielle – Form der Fortbewegung entwickelt. Ebenfalls in Australien, in den Eukalyptuswäldern, lebt der Koala, ein schwanzloses Beuteltier von etwa 60 cm Länge.

Anders und weniger artenreich als in Afrika ist die Tierwelt in den südamerikanischen Savannen. Typisch sind dort Jaguar, Tapir und Ameisenbär.

1 Gazelle (Serengeti)

2 Geier (Serengeti)

3 Giraffe (Meru-Nationalpark)

4 Elefant (Südafrika)

5 Ameisenbär (Südamerika)

6 Jaguar (Südamerika)

1 Gazelle (Serengeti)
2 Geier (Serengeti)
3 Giraffe (Meru-Nationalpark)
4 Elefant (Südafrika)
5 Ameisenbär (Südamerika)
6 Jaguar (Südamerika)
7 Koala (Australien)
8 Känguru (Australien)
9 Flughund (Australien)

7 Koala (Australien)

8 Känguru (Australien)

9 Flughund (Australien)

Wüsten und Halbwüsten

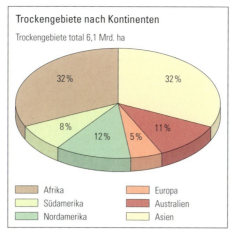

Trockengebiete nach Kontinenten
Trockengebiete total 6,1 Mrd. ha

- Afrika 32%
- Südamerika 8%
- Nordamerika 12%
- Europa 5%
- Australien 11%
- Asien 32%

Den Savannen folgen in etwa 30° nördlicher und südlicher Breite die grossen Trockengürtel der Erde. Ein Fünftel der Landfläche, 31 Mio. km², ist von Wassermangel geprägt. Bei andauerndem Wassermangel breiten sich Vollwüsten aus. Man bezeichnet diese Gebiete als arid. Ist der Wassermangel weniger stark ausgeprägt, spricht man von semi-ariden (halbtrockenen) Gebieten oder Halbwüsten. Der Übergang von der Halbwüste zur Vollwüste ist fliessend.

Klima

Der Himmel ist fast immer wolkenlos, und die Sonnenstrahlen können den Boden ungehindert erhitzen, da eine Vegetationsdecke fehlt. Im Sommer steigen die Tagestemperaturen selbst im Schatten häufig auf 50 bis 55 °C. In den Wüsten und nicht etwa am Äquator hat man die höchsten Lufttemperaturen der Erde gemessen. Sand und Gestein werden oft bis auf 70 °C erhitzt. Anderseits können die Lufttemperaturen nachts bei klarem Himmel unter den Gefrierpunkt sinken.

An vielen Orten übertreffen die täglichen Temperaturunterschiede der Luft die Jahresschwankung. In extremen Fällen sind am Boden schon Temperaturschwankungen von 80 °C gemessen worden.

Während mindestens 11 Monaten ist die Verdunstung grösser als die zur Verfügung stehende Wassermenge. Die Luftfeuchtigkeit ist so gering, dass ein Mensch, der tagsüber im Freien tätig ist und nur ungenügend durch Kleidung geschützt ist, etwa 15 Liter Flüssigkeit zu sich nehmen muss, um den Wasserverlust seines Körpers zu ersetzen. Die Niederschläge fallen spärlich und sehr unregelmässig, oft regnet es jahrelang überhaupt nicht. Deshalb ist es eigentlich nicht sehr sinnvoll, statistische Mittelwerte anzugeben. Zum Beispiel fielen in der peruanischen Wüste im Jahre 1925 bei einem einzigen Unwetter 394 mm Niederschlag. In den vorangegangenen Jahren wurde aber ein mittlerer Niederschlag von nur vier Millimetern registriert. Schwere Überschwemmungen und grosse Veränderungen beim Relief verursachte ein dreitägiger Regen im September 1969 in El Djem in Tunesien. Alleine in jenen drei Tagen fielen 319 mm, während der durchschnittliche Jahresniederschlag bei 275 mm liegt.

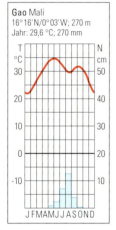

Gao Mali
16°16'N/0°03'W; 270 m
Jahr: 29,6 °C; 270 mm

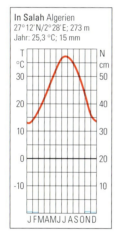

In Salah Algerien
27°12'N/2°28'E; 273 m
Jahr: 25,3 °C; 15 mm

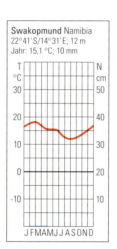

Swakopmund Namibia
22°41'S/14°31'E; 12 m
Jahr: 15,1 °C; 10 mm

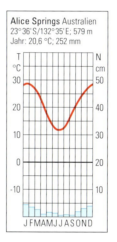

Alice Springs Australien
23°36'S/132°35'E; 579 m
Jahr: 20,6 °C; 252 mm

Wüste

Gründe für die Wüstenbildung

Über den Wüsten herrscht anhaltend hoher Luftdruck mit absinkenden Luftmassen, wie im Bereich der subtropischen Hochdruckgürtel. Wüsten, die ausschliesslich auf diese atmosphärische Gegebenheit zurückzuführen sind, werden als Klimawüsten bezeichnet. Die Sahara, die grösste Wüste der Erde, gehört zu diesem Wüstentyp. Andere Wüsten werden zusätzlich von weiteren Faktoren geprägt. In den beiden Küstenwüsten Atacama und Namib herrschen entlang eines schmalen Küstensaumes Südwest- und Westwinde vor. Diese kühlen über der polaren Meeresströmung ab. Es bildet sich Nebel, welcher bis aufs Land übergreift und der spärlichen Vegetation ein wenig Wasser spendet. Da sich die Luft über Land wieder erwärmt, ist Niederschlag in Form von Regen praktisch unmöglich.

In den Wüsten Zentralasiens wirkt sich die zentrale Lage im Innern des Kontinents aus. Es handelt sich um Binnenwüsten. Im Regenschatten grosser Gebirge, welche quer zur vorherrschenden Windrichtung verlaufen, können sich ebenfalls Wüsten bilden (Wüsten im Westen der USA).

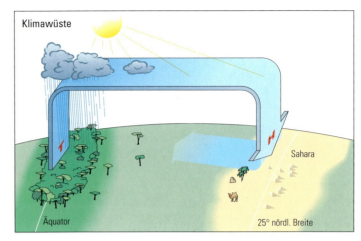

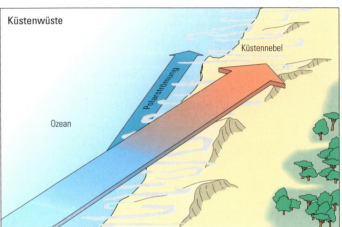

1 Oase in der Serir (Sahara)
2 Flussoase im Hohen Atlas (Marokko)
3 Liliaceae (Mauretanien)
4 Dornteufel (Australien)

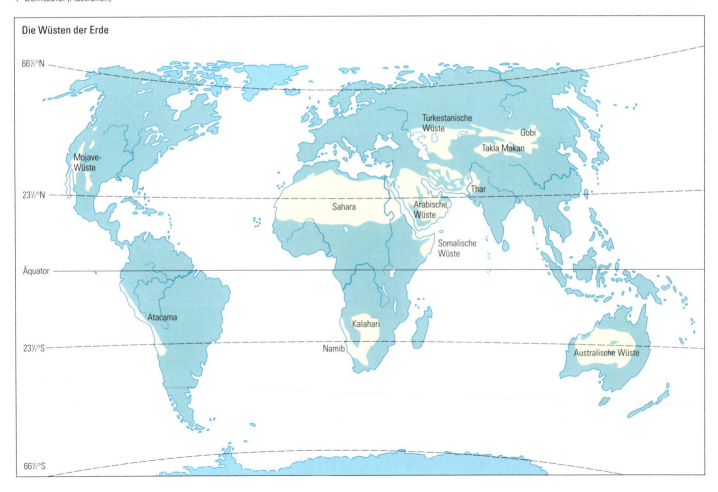

Die Wüste lebt

Trotz minimaler Niederschläge ist die Wüste nicht ganz ohne pflanzliches und tierisches Leben. Die Pflanzen bilden zwei Hauptgruppen: Die mehrjährigen und die einjährigen Pflanzen.

Die mehrjährigen Pflanzen passen sich an die Trockenheit mit verschiedenen Schutzmechanismen an. So verringern sie die Verdunstung mit Hilfe einer dichten Behaarung auf einer wachsartigen Blattoberfläche. Sie können die Blätter abwerfen oder auch nur aufrollen. Die Sukkulenten speichern Wasser in ihrem Gewebe. Zu ihnen zählen die Kakteen und viele Wolfsmilchgewächse. Einige Pflanzen schränken ihr Wachstum über der Erde stark ein, entwickeln dafür aber ein weitverzweigtes Wurzelgeflecht unter der Erde. Wurzeln von mehr als 10 m Tiefe sind bei Wüstenpflanzen nicht selten. Die Dattelpalme lässt ihre Pfahlwurzel so lange in die Tiefe wachsen, bis sie das Grundwasser erreicht. Andere Pflanzen wiederum verholzen, um den Kollaps bei Wassermangel zu vermeiden.

Die einjährigen Pflanzen haben einen kurzen Lebenszyklus. Unmittelbar nach einem Regenfall keimen sie aus und bilden innerhalb kürzester Zeit viele Blüten und Früchte. Die Samen werden durch den Wind ausgestreut und verbleiben bis zum nächsten Regen im Boden.

In vielen Wüstengebieten müssen die Pflanzen nicht nur gegen Wassermangel kämpfen, sondern auch gegen die giftige Wirkung der Salze.

Auch die Tiere haben sich in mannigfaltigster Weise den Wüstenbedingungen angepasst. Insekten, Reptilien und Nager sind nachtaktiv und verbringen den heissen Tag oder die besonders heissen Monate mit Vorliebe geschützt unter dem Boden. Grössere Tiere allerdings können nur am Rand der Wüste leben, wo genug Futter vorhanden ist.

1

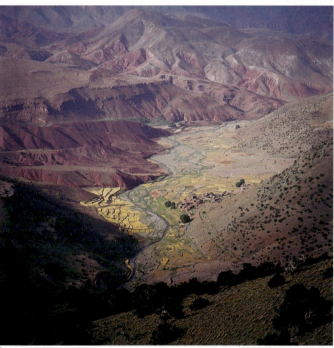
2

3

4

Formbildende Kräfte in der Wüste

Temperaturdifferenzen

Die starken und kurzfristigen Temperaturschwankungen führen zu Spannungen im Gestein, da sich die verschiedenen Mineralien unterschiedlich stark ausdehnen und wieder zusammenziehen. Es entstehen zuerst viele kleine, dann zunehmend grössere Risse. Entsprechend wirkungsvoller setzt die mechanische Verwitterung an (Hitze- und Kältesprengung).

Der Gesteinsschutt bleibt zum grössten Teil am Ort der Verwitterung liegen, da er nicht regelmässig vom fliessenden Wasser weggeschafft wird: so «ertrinken» die Berge oft in ihrem eigenen Schutt.

Wind

In den Wüsten ist es selten wirklich windstill. Starke Winde schaffen als eine Art «Sandstrahlgebläse» eigentümliche Felsformen; harte Gesteine werden poliert, weiche zerfurcht, zerstört und in Sand verwandelt.

Gefürchtet sind die Sand- und Staubstürme, die stundenlang andauern und nicht nur das Atmen von Mensch und Tier erschweren, sondern auch Siedlungen, Strassen und Gärten mit ihren Sandmassen überdecken. Stetig wehende Winde häufen Sand zu Dünen auf.

Immer wiederkehrende Winde aus den Wüsten haben seit der Antike Namen erhalten. Der bekannteste unter ihnen ist der «Schirokko». Als heisser, trockener Wind der Sahara weht er aus dem subtropischen Hochdruckgürtel heraus in die gemässigten Breiten hinein. Er nimmt über dem Mittelmeer Feuchtigkeit auf und erreicht als feuchter, warmer Wind die Südküste Europas. In manchen Gebieten trocknet er föhnartig aus. In Spanien wird er dann «Leveche» genannt, in Algerien «Samum», in Ägypten «Chamsin». Diesen Saharawinden ähnlich sind der «Suchowei» in den Steppengebieten Kasachstans sowie der «Northern» in Südaustralien. Der «Harmattan» weht im Gebiet des Niger. Er entstammt ebenfalls der Sahara und entspricht dem Nordostpassat.

1

3

2

Wüstentypen

Temperaturschwankungen

Grösse der Gesteinstrümmer   Fels, Schutt

Hamada
Fels-, Blockwüste
rund 70% der Wüsten

Wasser

In trockenen Gebieten von Nordafrika und Arabien zeigen alte Gebäude und Denkmäler aus Stein wenig Anzeichen von Zerfall. Ausnahmen findet man einzig in der Nähe des Nils, wo eine höhere Luftfeuchtigkeit herrscht. Dies ist ein Anzeichen dafür, dass auch Wasser, obwohl es nur sehr beschränkt vorhanden ist, formbildend wirkt.

In vielen Wüstengebieten gibt es zumindest einen Hauch von Feuchtigkeit. Die mikroskopisch kleinen Wassertröpfchen dringen in das Gestein ein und bringen dieses zur Quellung. Bei genügender Volumenvergrösserung wird die äusserste Gesteinsschicht wie eine Zwiebelschale losgelöst.

Obwohl Niederschläge selten sind, kann man ihre Spuren erkennen. Treten sie wolkenbruchartig auf, fliessen sie auf der vegetationslosen und oft verkrusteten Oberfläche sofort ab. Ihre Erosionskraft ist beträchtlich. Als sogenannte Schichtfluten spülen sie die schuttbedeckten Hänge ab und schiessen als eine alles mitreissende, sedimentbeladene Flutwelle durch breite, tief eingeschnittene Täler. Viele dieser Trockentäler (Wadis) wurden in einer weit zurückliegenden, niederschlagsreichen Zeit angelegt. Auf der Nordhalbkugel bedeckten damals grosse Eismassen weite Teile der Kontinente (Eiszeiten).

Bei grosser Hitze steigt vielfach versickertes Niederschlagswasser wieder an die Oberfläche und verdunstet. Dabei werden mitgeführte Mineralien als harte, anbaufeindliche Kruste ausgeschieden (Kalk-, Kiesel-, Gips- und Salzkrusten). Die dünne, dunkle Schicht aus Eisen- und Manganoxiden, die viele Felsoberflächen bedeckt, nennt man Wüstenlack.

1 Sanddünen (Sahara)
2 Pilzfels als markante Verwitterungsform (Israel)
3 Felswüste (Namibia)
4 Kieswüste (Marokko)
5 Sandwüste (Sahara)
6 Salzwüste (Vereinigte Arabische Emirate)

4

5

6

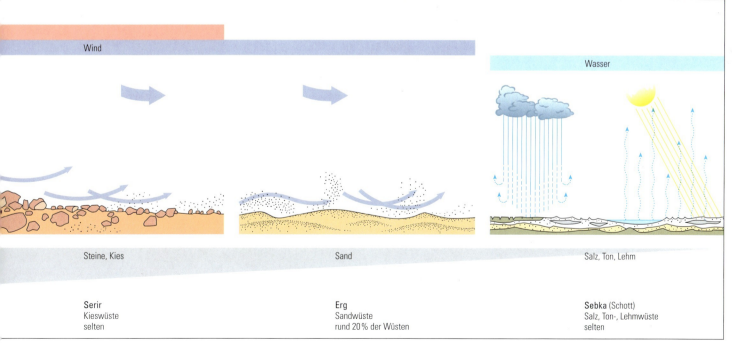

Subtropische Winterregengebiete / Mittelmeerklima
Hartlaubgewächse

Klima

Im Sommer bestimmt der subtropische Hochdruckgürtel das Wettergeschehen. Es ist heiss, und es fallen kaum Niederschläge. Im Winterhalbjahr verschieben sich die Druck- und Windgürtel gegen den Äquator. Nun können die Westwinde der gemässigten Breiten in diese Gebiete eindringen. Mit ihnen ziehen Tiefdruckgebiete vom Ozean heran und bringen oft ergiebige Niederschläge.

Vegetation

Die Pflanzen wachsen während des regnerischen, aber milden Winterhalbjahrs. Im Sommer müssen sie sich vor der Hitze schützen. Kennzeichnend für die Hartlaubgewächse ist eine lederartige Blattoberfläche (Zitrusfrüchte). Diese schützt die Pflanzen vor zu grosser Verdunstung. Typisch sind auch reduzierte Blätter (Olive) und dicke, schützende Baumrinden (Korkeiche). Viele Pflanzen entwickeln lange Wurzeln, die bis zum Grundwasser vordringen können.

Landschaften mit Mittelmeerklima beschränken sich nicht auf die Mittelmeerregion, sondern kommen in allen Erdteilen vor, vorzugsweise an deren West- oder Südwestküste. Obwohl sich diese Räume in ihren klimatischen Ausprägungen unterscheiden, weisen sie doch einige gemeinsame Merkmale auf.

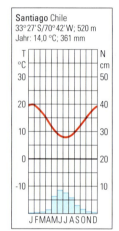
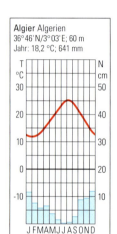
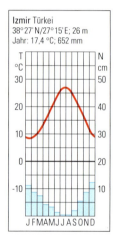
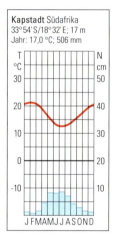
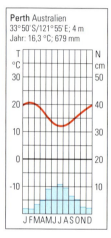
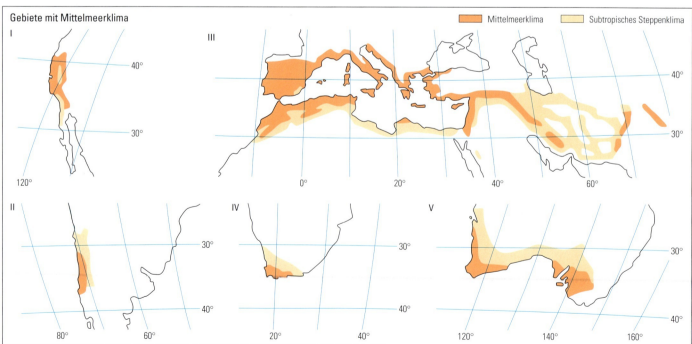

Der ursprüngliche Wald wurde insbesondere im europäisch-nordafrikanischen Mittelmeergebiet über Jahrhunderte hinweg zerstört (Raubbau, Kahlschlag, Beweidung durch Kleinvieh, landwirtschaftliche Übernutzung). Anstelle des Waldes hat sich an vielen Orten ein minderwertiger Sekundärwald, die Macchia, ausgebreitet. Häufig ist sogar nur eine kahle, verkarstete Gebirgsregion geblieben.

Die Terra rossa

Die Böden der sommertrockenen Subtropen sind grösstenteils gebildet worden, als die eiszeitlichen Gletschermassen weite Teile Europas, Asiens und Nordamerikas bedeckten. Damals waren die heute mediterran geprägten Gebiete feuchter.
Der typische subtropische Kalkboden ist rot und wird «Terra rossa» genannt. Man findet ihn heute nur noch an erosionsgeschützten Stellen, etwa in Dolinen. Die rote Farbe der Terra rossa stammt vom Eisenoxid («Rost»). Kalksteine bestehen selten aus reinem Kalziumkarbonat. Sie sind in der Regel mit anderen Mineralien angereichert. Während das Wasser den Kalk löst und wegschwemmt, bleibt das Eisenoxid zusammen mit anderen Mineralien im Oberboden zurück.

1 Weinberge (Kalifornien)
2 Rebland (Chile)
3 Rebland (Südafrika)
4 Rebland (Südaustralien)
5 Weinberge (Süditalien)

Subtropische Sommerregengebiete
Laub- und Mischwälder, Grasland

Vegetation

Die Lage am Meer und das bewegte Relief schaffen eine Vielfalt von lokalen Klimavariationen und Vegetationsformen. Immergrüne Laubwälder, laubabwerfende Monsun- und Trockenwälder wechseln mit Grasländern ab. In Ostasien sind Lorbeer- und Bambuswälder typisch.

1 Mangrovensumpf (Louisiana, USA)
2 Reisterrassen (Bali)
3 Panda (China)
4 Monsunregen (Philippinen)

Klima

Das Klima in den subtropischen Sommerregengebieten ist dem wechselfeuchten Tropenklima sehr ähnlich, denn die Hauptmenge der Niederschläge fällt wie dort im Sommerhalbjahr. Zu einer eigentlichen Trockenzeit kommt es aber nicht. Der feuchteste Monat erhält etwa zwei- bis sechsmal mehr Niederschläge als der trockenste Monat. Vor allem im Spätsommer und Herbst drohen tropische Wirbelstürme. Die durchschnittlichen Temperaturen sind niedriger, die Temperaturschwankungen aber grösser als in den wechselfeuchten Tropen.

Die subtropischen Sommerregengebiete liegen ähnlich wie die subtropischen Winterregengebiete (Mittelmeerklima) im Grenzbereich der Tropen und der gemässigten Breiten. Typisch ist ihre Lage auf der Ostseite der Kontinente.

Die subtropischen Sommerregengebiete in Asien liegen im Einflussbereich des Monsuns.

2

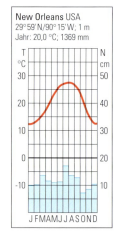
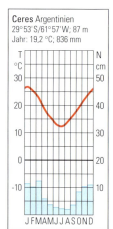
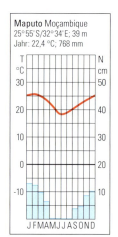
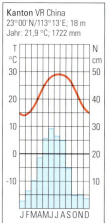

1

3

Der Monsun

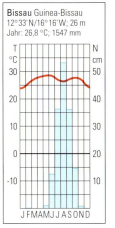
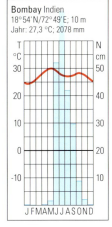
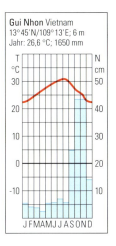
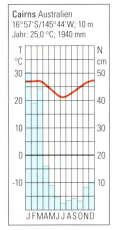
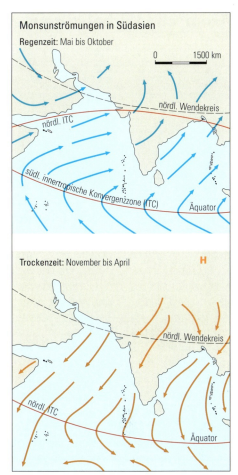

In Indien und in Südostasien wissen die Menschen seit Jahrhunderten, dass die Winde abwechslungsweise alle Halbjahre aus nahezu entgegengesetzten Richtungen wehen. Sie erkannten, dass diese Winde nicht kleinräumig entstehen, wie etwa der Land- und der Seewind, sondern dass es sich um grossräumige, planetarische Winde handelt. Da diese Winde für den Charakter der Jahreszeiten ausschlaggebend sind, nannte man sie «Monsun». In der arabischen Sprache bedeutet «mausim» Jahreszeit.
Der Sommermonsun bringt, da er vom Meer her kommt, viel Regen. Allerdings ist die Monsunzeit keine Zeit andauernder Regengüsse. Der Wintermonsun – er entstammt den Steppen- und Wüstengebieten Innerasiens – ist trocken und oft kühl.

Die ursprüngliche Pflanzenwelt dieser klimatisch bevorzugten Gebiete ist in weiten Teilen bis auf kleine Reste verschwunden, da der Raum dicht besiedelt ist und landwirtschaftlich intensiv genutzt wird.

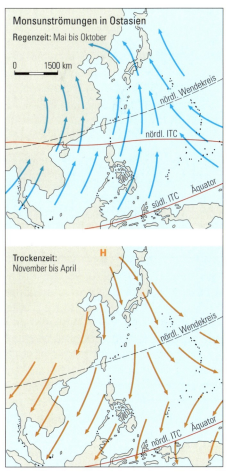

Tropische Wirbelstürme

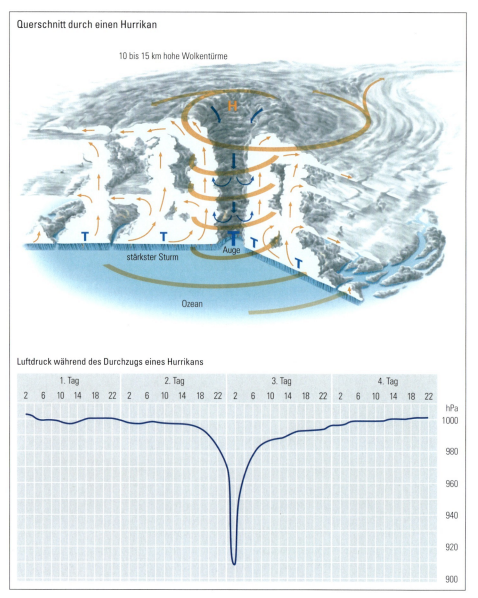

Querschnitt durch einen Hurrikan

10 bis 15 km hohe Wolkentürme

stärkster Sturm · Auge · Ozean

Luftdruck während des Durchzugs eines Hurrikans

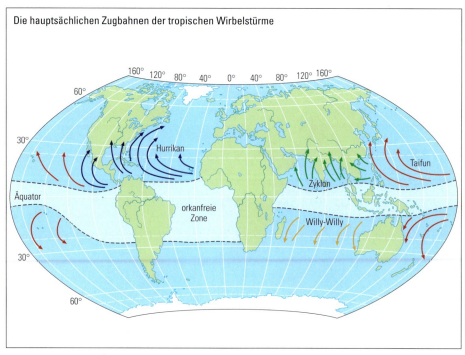

Die hauptsächlichen Zugbahnen der tropischen Wirbelstürme

Tropische Wirbelstürme entstehen über dem Ozean. Doch im Bereich des Äquators ist die *Corioliskraft* zu gering, als dass sie die Wirbelbildung ermöglichen könnte. Das Wasser muss mindestens 27 °C warm sein. Der Zustand der Atmosphäre erlaubt ein rasches Aufsteigen der feuchten und warmen Luft. Auf der Nordhalbkugel treten tropische Wirbelstürme am häufigsten von August bis Oktober auf.

Seit 1953 gibt man den Hurrikans in der Reihenfolge des Alphabets Namen. Jedes Jahr beginnt man von neuem beim Buchstaben A. Der Hurrikan Andrew vom August 1993, der in den USA zu den schlimmsten des 20. Jahrhunderts zählt, ist also der erste Hurrikan jenes Jahres gewesen. Tropische Wirbelstürme weisen einen Durchmesser von 500 bis 600 Kilometer auf. Sie ziehen mit den tropischen Ostwinden, dem Ur-Passat, gegen Westen. Erreichen sie die aussertropischen Gebiete, drehen sie polwärts ab. Über Land verlieren sie schnell ihre zerstörerische Kraft.

Um das Zentrum eines tropischen Wirbelsturms rotieren Winde von 200 bis 300 km/h. Sie erzeugen meterhohe Flutwellen. Aus Wolkenmassen, die 10 bis 15 Kilometer hochreichen, prasseln kaum vorstellbare Regenfluten herab. Das Zentrum wird vollständig von den Wolken umschlossen. Die Lufttemperaturen sind ausgeglichen. Das Zentrum selbst ist wolkenfrei, und es herrscht nahezu Windstille. Man nennt diese Erscheinung das Auge des Zyklons. Der tiefste, je auf der Erde festgestellte Luftdruck, wurde mit 870 hPa in einem tropischen Wirbelsturm gemessen.

West- und Ostseite der Kontinente
Ein Vergleich

Klima und Wetterablauf sind nicht allein von der geografischen Breite, sondern auch von der Lage an der West- oder Ostküste der Kontinente abhängig. Entsprechend unterscheidet sich in den beiden Küstengebieten auch die Abfolge der Landschaftsgürtel vom Äquator bis zu den Polen.

Die untenstehende Abbildung führt die grosse Gegensätzlichkeit am Beispiel der Alten Welt vor Augen. Ähnliche Verschiedenheiten sind, wenn auch weniger ausgeprägt, bei den andern Kontinenten ebenfalls festzustellen.

1 Ackerbauer (Marokko)
2 Ackerbauer (Ostasien)

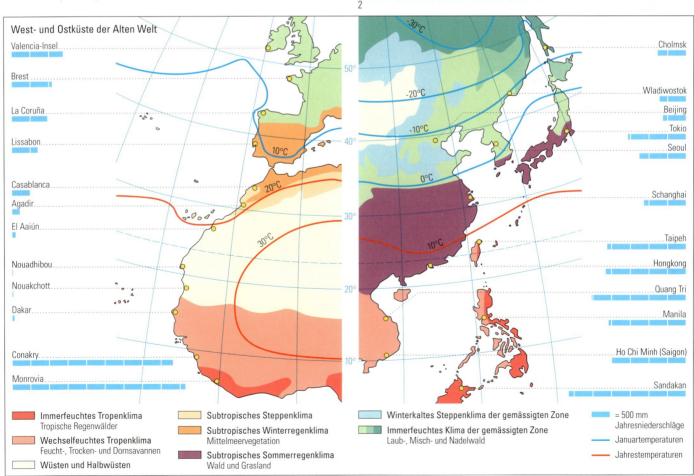

Klima- und Vegetationszonen der Tropen und Subtropen
Zusammenfassung

Am Äquator liegen zwei ausgeprägte Regenzeiten um ein halbes Jahr auseinander; es fallen dort aber auch in den Zwischenzeiten ansehnliche Regenmengen, da die zufliessende Luft beim Überqueren des Äquators aufgewirbelt wird (Richtungsänderung der *Corioliskraft* um 180°). Am Äquator beobachtet man deshalb während des ganzen Jahres ein Bodentief (ITC). In der Höhe fliessen die Luftmassen als tropische Höhenwinde polwärts ab. In Bodennähe fliessen die Winde vom subtropischen Hochdruckgürtel gegen die äquatoriale Tiefdruckrinne. In 500 bis 2000 m Höhe werden sie von der *Corioliskraft* so stark abgelenkt, dass sie zu Ostwinden werden. Man nennt diese Winde auch Ur-Passat. In tieferen Atmosphärenschichten wirkt die Bodenreibung der Corioliskraft entgegen, sodass die Winde auf der Nordhalbkugel aus nordöstlicher Richtung, auf der Südhalbkugel aus südöstlicher Richtung wehen. Es handelt sich um die NE-Passate und um die SE-Passate.

In der Äquatorzone wird die Luft ganzjährig stark erwärmt. Sie dehnt sich aus, wird leichter und steigt auf. Am Boden nimmt der Luftdruck ab; es entsteht die äquatoriale Tiefdruckrinne. Bei senkrechtem Sonnenstand (Zenitstand) fällt der Luftdruck besonders tief. Aus den höheren Breiten nördlich und südlich des Äquators werden Luftmassen nachgesogen. Durch ihr Zusammenfliessen am Äquator verstärken sie das Aufsteigen der Luft. Man nennt die äquatoriale Tiefdruckrinne deshalb auch innertropische Konvergenzzone (ITC).

Die warme, feuchte Luft, die bei der ITC aufsteigt, kühlt sich ab und scheidet die mitgeführte Feuchtigkeit aus (Kondensation). Es bilden sich Wolken. Die Aufwärtsbewegung ist besonders stark, wenn die Tageshitze ihren Höhepunkt erreicht. Deshalb fallen am frühen Nachmittag meist heftige Gewitterregen, die sogenannten Mittagsregen.

Beim senkrechten Sonnenstand (Zenitstand) regnet es vermehrt und ausgiebiger (Zenitalregen).

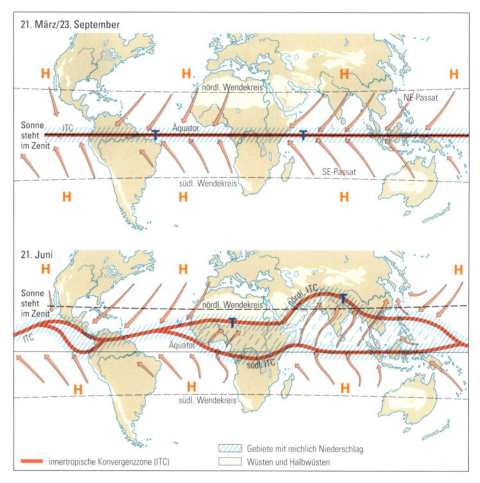

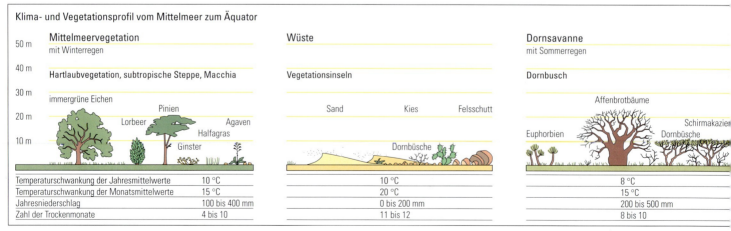

Die Passatwinde sind im Allgemeinen sehr trocken. Besonders über Afrika und Arabien wehen sie weite Strecken über Land. Nur wenn sie einen langen Weg über das Meer zurückgelegt haben, sind sie mit Wasserdampf gesättigt und regnen aus, sobald sie sich abkühlen.

Die ITC «wandert» mit dem Sonnenstand und mit der stärksten Erwärmung der Luft. Über Afrika erreicht sie etwa den 13. bis 15. Breitenkreis, über Indien greift sie wegen der grossen Landmasse bis 30° nach Norden aus. Die ITC löst bei ihrem Durchzug die Regenzeiten aus. Zwischen den Regenzeiten liegen ausgeprägte Trockenzeiten. In der Nähe des Äquators treten die Regenzeiten zweimal pro Jahr auf, gegen die Wendekreise hin verschmelzen sie zu einer einzigen Regenzeit.

Zweimal im Jahr, wenn die Sonne senkrecht über dem Äquator steht, gibt es nur eine ITC. Sobald der Sonnenhöchststand nach Norden oder Süden «wandert», spaltet sich die ITC in eine nördliche und eine südliche ITC auf: die eine ITC folgt dem Sonnenhöchststand, die andere verharrt ganzjährig über dem Äquator. Zwischen diesen beiden ITCs wehen in der Höhe schwache Westwinde. Auf der Nordhalbkugel werden sie in Bodennähe wegen der Bodenreibung zu Südwestwinden, auf der Südhalbkugel zu Nordwestwinden.

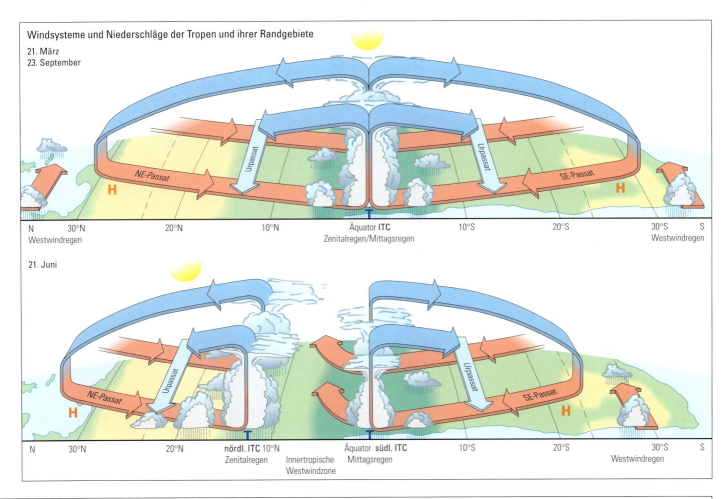

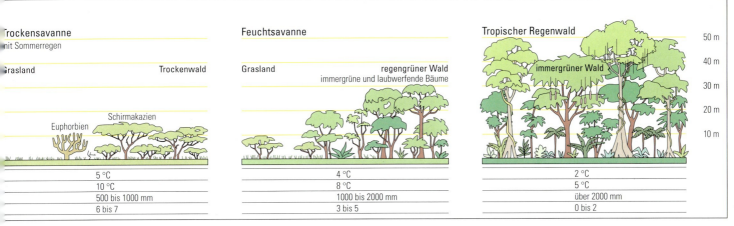

Winterkalte Steppengebiete der gemässigten Breiten

dunstung sehr gross ist. Doch das geringe Angebot an Feuchtigkeit erklärt noch nicht vollständig das Ausmass dieser Graslandschaften. Möglicherweise spielt Feuer, bereits seit vorgeschichtlicher Zeit absichtlich von Menschen gelegt oder durch Blitzschlag verursacht, eine Rolle. In der nordamerikanischen Prärie haben wahrscheinlich die Bisons das Aufkommen von Wald verhindert.

Klima

Die bedeutendsten winterkalten Steppengebiete der gemässigten Breiten liegen im Innern grosser Landflächen. Die Temperaturgegensätze zwischen dem heissen Sommer und dem kalten Winter sind gross, die Niederschläge gering. Die meisten Niederschläge fallen in der heissen Jahreszeit. Es handelt sich um eine ausgeprägte Form des kontinentalen Klimas.

Vegetation

Typisch für die winterkalten Steppengebiete sind ausgedehnte, baumlose Grasländer. In Nordamerika nennt man die Grasländer Prärie, in Argentinien Pampa, in Südafrika Veld und in Zentralasien Steppe.
Obwohl in der Steppe in den Sommermonaten die meisten Niederschläge fallen, steht den Pflanzen in den übrigen Jahreszeiten mehr Wasser zur Verfügung. Dies hängt damit zusammen, dass im Sommer die Ver-

2

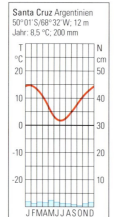
Bismarck USA
46°46'N/100°45'W; 511 m
Jahr: 5,4 °C; 385 mm

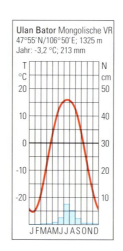
Santa Cruz Argentinien
50°01'S/68°32'W; 12 m
Jahr: 8,5 °C; 200 mm

Karaganda Kasachstan
49°48'N/73°08'E; 537 m
Jahr: 2,8 °C; 273 mm

Ulan Bator Mongolische VR
47°55'N/106°50'E; 1325 m
Jahr: -3,2 °C; 213 mm

3

1

1 Prärie (Wyoming, USA)
2 Steppe (Mongolei)
3 Pampa (Argentinien)

Der Schwarzerdeboden auf Löss

Die Böden sind in weiten Teilen der Steppe ausserordentlich fruchtbar. Dies gilt vor allem für die Schwarzerdegebiete, die in der Ukraine, in Teilen der USA und in Argentinien grosse Flächen einnehmen.
Während der feuchten Jahreszeit werden die Nährstoffe in die Tiefe geschwemmt. In der Trockenzeit steigen sie aber wieder auf und stehen den Pflanzen zur Verfügung. Schwarzerdeböden versalzen und verkrusten nicht wie Wüsten und Halbwüstenböden, da auf eine Trockenzeit regelmässig eine Regenperiode folgt. Die dunkle Farbe der Schwarzerde stammt vom reichlich vorhandenen Humus.
Der mächtige Bodenkörper ist in der Regel auf Löss entstanden. Als Löss bezeichnet man vom Wind transportierte und wieder abgelagerte Mineralkörner. Während gröbere Körnchen bei nachlassender Windgeschwindigkeit zuerst abgelagert werden (Sand), werden die mittleren (Löss) und kleineren Teilchen (Ton) noch länger mitgetragen.

Anzahl und Grösse der Poren im Löss gewähren einen optimalen Wasser- und Lufthaushalt. Der Boden vernässt nicht so schnell wie die Ton- und Lehmböden, er trocknet aber auch nicht so schnell aus wie etwa Sandböden. Das Nährstoffangebot ist vielfältig und den Pflanzen gut zugänglich.
Die Lössböden Mitteleuropas sind während der Eiszeiten entstanden, als ein konstanter Wind über die Gletscherfelder blies. Dabei nahm er Material aus den Moränen auf und lagerte es wenige Kilometer vor den Gletscherzungen im eisfreien Gebiet wieder ab. Winde beliefern noch heute die grossen Lössebenen in Osteuropa, Asien und Nordamerika mit Material aus den angrenzenden Trockengebieten.

4 Lössterrassen (China)
5 Bewohnte Losshöhlen (China)
6 Schwarzerde (Ukraine)

Immerfeuchte Gebiete der gemässigten Breiten
Laub-, Misch- und Nadelwälder

Klima

Das Klima in den immerfeuchten Gebieten der gemässigten Breiten weist beträchtliche Gegensätze zwischen südlichen und nördlichen, küstennahen und binnenländischen, flachen und gebirgigen Regionen auf. Gemeinsam ist all diesen Gebieten die überragende Bedeutung der Westwinde, die zu allen Jahreszeiten Niederschläge heranführen. Dabei treten die Maxima auf der Westseite der Kontinente im Winter auf, auf deren Ostseite und in kontinentalen Lagen aber im Sommer. Typisch sind vier ausgeprägte Jahreszeiten. Die Strenge des Winters, aber auch die Hitze des Sommers nimmt von Westen nach Osten zu.

Vegetation

Ursprünglich erstreckte sich ein eigentlicher Waldgürtel von Westen nach Osten quer durch die Kontinente. Die Variationen im Klima widerspiegeln sich in den verschiedenen Waldprovinzen. Auf der Westseite der Kontinente – im ozeanischen Teil – sind üppige, z.T. nur schwer durchdringbare immergrüne Regenwälder mit Laubbäumen heimisch. Von ihnen findet man heute nur noch kleine Restflächen in den Küstenzo-

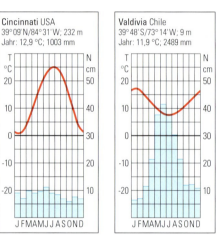
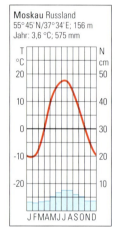
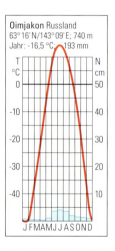
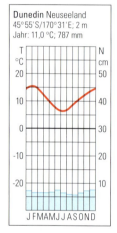

1

2

nen Südchiles und Nordamerikas, in Tasmanien und in Neuseeland. In Europa sind diese Wälder längst wegen intensiver Rodung verschwunden.

Landeinwärts, im kühlgemässigten Teil, folgen die Laub- und Mischwälder. Sie bedecken weit grössere Flächen. Im west- und mitteleuropäischen Verbreitungsgebiet sind diese Wälder sehr artenarm. Meist herrschen ein bis zwei Baumarten deutlich vor. Im östlichen Amerika und in Ostasien besteht eine weit grössere Vielfalt. Der Unterschied ist damit zu erklären, dass in Europa viele Pflanzen während der Eiszeit ausgestorben sind. In den andern Gebieten konnten sie wegen der vorwiegend von Norden nach Süden verlaufenden Gebirgszüge äquatorwärts ausweichen. Nach der Eiszeit eroberten sie ihre alten Räume zurück. Der Charakterbaum der Laub- und Mischwaldzone ist die Buche. Begleitet wird sie von Eiche, Ahorn, Birke, Erle, Esche, Ulme oder Pappel. Die Nadelbäume sind durch Fichte, Kiefer (Föhre) und Tanne vertreten.

Durch den Einfluss der Menschen ist der Waldgürtel unterbrochen, verschwunden oder völlig umgestaltet worden. Der Mensch hat seit frühgeschichtlicher Zeit intensiv gerodet und den Wald in Kulturland umgewandelt. Nur noch bescheidene Flächen sind übriggeblieben, welche – vor allem in Europa – durch eine planmässige Forstwirtschaft in ihrer Zusammensetzung allmählich verändert wurden. Fichten und Kiefern haben die früher heimischen Laubbäume zu einem grossen Teil verdrängt.

Polwärts und im Innern der Kontinente, wo der Winter länger und kälter wird, schliessen die Nadelwälder an. In Russland bezeichnet man diesen Wald als Taiga. Hier weisen weniger als 120 Tage pro Jahr eine mittlere Temperatur von 10 °C oder mehr auf. Für Laubwald wird die Vegetationszeit zu kurz. Sinkt die Zahl der Vegetationstage unter 30, wächst auch kein Nadelwald mehr.

Der nördliche Nadelwald ist noch artenärmer als der Laubwald. Über weite Strecken kommt auf feuchten Standorten die Fichte, auf trockenen die Kiefer fast allein vor. In der ostsibirischen Taiga ist die Lärche stark vertreten. Sie bildet dort die polare Waldgrenze. Unter einer geschlossenen Kronenschicht aus Nadelbäumen wächst fast kein Unterholz. Eine Krautschicht aus Heidel- und Preiselbeeren, Heidekräutern und Moosen bedeckt den Boden. Ganz im Norden wird der Wald lichter, der Wuchs der Bäume immer kümmerlicher. Hier kommen vermehrt auch Birken vor, die in den ozeanischen Regionen sogar die Waldgrenze bilden.

Grosse Teile der Taiga Sibiriens sind versumpft. Da die nach Norden fliessenden Ströme zuerst im Süden auftauen, kommt es im Frühjahr durch Eisstau regelmässig zu Überschwemmungen. Deshalb ist der nördliche Nadelwaldgürtel wie der tropische Regenwald, die Wüste und das Hochgebirge ein siedlungs- und kulturfeindlicher Raum.

1 Buchenwald im Frühling (Mitteleuropa)
2 Regenwald der gemässigten Zone (Washington, USA)
3 Nadelwald (Kanada)
4 Birkenwald (Kanada)

3

4

Sturmtief über den gemässigten Breiten

Die Tiefdruckgebiete der mittleren Breiten, mit ihren typischen Warm- und Kaltfronten, entstehen im Grenzbereich der polaren Ostwinde und der wärmeren Westwinde. Sie ziehen innerhalb des Westwindgürtels ostwärts. Im Zentrum eines Tiefdruckgebietes herrscht der niedrigste Luftdruck. Normalerweise schwanken die Werte zwischen 980 und 1000 hPa. Je tiefer der Luftdruck fällt, desto heftiger wehen die Winde. In einem Sturm treten Werte von 930 bis 950 hPa auf. Die Windgeschwindigkeit beträgt bis zu 200 km/h. Der Durchmesser eines atlantischen Sturmtiefs erreicht mehr als tausend Kilometer.

Nach amerikanischem Vorbild hat man seit wenigen Jahren auch in Europa angefangen, Stürmen in alphabetischer Reihenfolge Namen zu geben. Man beginnt bei A, zieht die Namensgebung bis Z durch und beginnt dann unabhängig von Jahr und Zeit wieder bei A.

In Europa sind für die Entstehung eines Orkans das Azorenhoch und das Islandtief verantwortlich. In den letzten Jahrzehnten ist der Luftdruckgegensatz zwischen diesen beiden Drucksystemen grösser geworden. Besonders stark haben die Unterschiede im Winterhalbjahr zugenommen. So ist im Islandtief der durchschnittliche Luftdruck im Winter um 7 bis 8 hPa gefallen. Im Mittelmeerraum ist er gleichzeitig um 5 hPa gestiegen.

Tornado

Tornados sind die typischen Wirbelstürme im Süden und mittleren Westen der USA. Sie entwickeln sich bei Gewitterlagen. Von Norden her schiebt sich kalte, trockene Luft über feuchte und sehr warme Luft, die aus dem Golf von Mexiko nordwärts geströmt ist. Da die Kaltluft schwerer ist, stürzt sie mehrere Kilometer nach unten. Die warme, leichte Luft wird zu schnellem Aufsteigen gezwungen. Es entsteht ein Strudel, ähnlich dem Wirbel bei ablaufendem Wasser in einer Badewanne. Im Gegensatz zu den atlantischen Sturmtiefs sind Tornados kleinräumig. Ihr Durchmesser beträgt nur wenige hundert Meter.

In einem Tornado treten unheimliche Windgeschwindigkeiten von 300 bis 400 km/h auf. Er selbst rast mit 70 bis 100 km/h über Land. Die Luft rotiert um das Zentrum und bildet den typischen, herabhängenden Tornadorüssel. Dort, wo ein Tornado durchzieht, entsteht eine Spur der Verwüstung.

Die kleinen Verwandten der Tornados sind die Wind- und Wasserhosen. Sie wirbeln vor allem Erde oder Wasser auf. Auch sie können beträchtliche Schäden anrichten.

Blizzard

Wenn kalte Luftmassen aus der polaren Zone ungehindert äquatorwärts ausbrechen, können sie sich zu gefährlichen, schneebeladenen Sturmwinden entwickeln und grosse Teile der gemässigten Zone heimsuchen. In Nordamerika nennt man diese Schneestürme «Blizzard», in Sibirien «Buran» oder «Purga».

1

2

3

Immerkalte Gebiete der Polarzone
Tundren und Kältewüsten

Klima

Die Polarzonen stehen meistens – vor allem aber im Winter – unter dem Einfluss mächtiger Kaltluftmassen.
Die Niederschläge sind äusserst gering. Die Jahrestemperatur liegt unter 0 °C. Die jährlichen Temperaturschwankungen sind ausserordentlich gross. Selbst in den Sommermonaten wird eine mittlere Tagestemperatur von 10 °C nicht erreicht.

Vegetation

Auf der Nordhalbkugel sinkt im Bereich des Polarkreises die Vegetationszeit unter dreissig Tage. Unter solchen Bedingungen ist kein Baumwuchs mehr möglich. In geschützten Mulden sind wohl noch Waldinseln zu finden, und unter dem Schutz einer winterlichen Schneedecke können Bäume mit besonderen Wuchsformen etwas weiter polwärts vordringen. Sonst aber breiten sich die mit Moosen und Flechten bewachsene Tundra (Kältesteppe) und die vegetationslose, kahle Kältewüste aus.

Dauerfrostboden

Wegen der tiefen Temperaturen ist der Unterboden ganzjährig gefroren. Nur im Sommer taut er an der Oberfläche wenige Zentimeter bis einige Dezimeter auf. Dann verwandelt sich die Tundra in ein riesiges Sumpfgebiet. Der Dauerfrostboden, wie dieser Bodentyp genannt wird, ist grösstenteils ein Relikt aus der Eiszeit. Er erreicht noch heute Tiefen von mehreren hundert Metern und erstreckt sich unter dem Nadelwald weit nach Süden.

1 Sturmtief (Colorado, USA)
2 Tornado (Florida, USA)
3 Blizzard (Nordkanada)
4 Tundra (Mt. McKinley, Alaska, USA)
5 Tundra (Kanada)

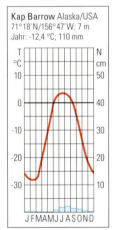
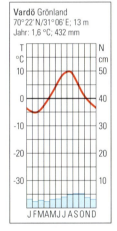
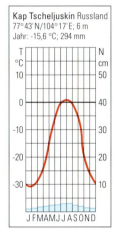
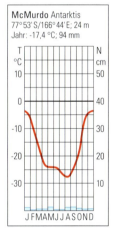
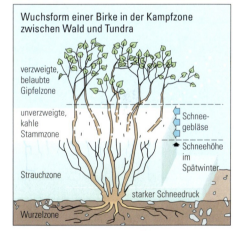

4

5

Klima- und Vegetationszonen der gemässigten und der kalten Zone
Zusammenfassung

Grosse Teile der gemässigten Breiten und die Randgebiete der polaren Zone liegen im Bereich des Westwindgürtels. Die durchziehenden Hoch- und Tiefdruckgebiete schaffen hier wechselnde Wetterlagen.
Der wechselnde Sonnenstand bewirkt eine deutliche Gliederung des Jahres in vier Jahreszeiten. Wo das Relief einem Luftaustausch nicht hindernd entgegensteht, sind auch Einflüsse aus benachbarten Klimazonen häufig.
Auf der Südhalbkugel ist dieser Austausch wegen des gleichmässigeren Strömungsbildes viel seltener.
Die Polarzone steht meist unter dem Einfluss kalter Luftmassen. In den Wetterkarten werden sie als polare Hochdruckgebiete registriert. Zwischen dem polaren Hoch und den Tiefdruckzellen des Westwindgürtels wehen Ostwinde. Im Winter, wenn sich die Klimazonen äquatorwärts verlagern, können sie in Mitteleuropa als «Bise» wirksam werden.

1 Gletscher (Patagonien)
2 Übergang von der Tundra zur Taiga (Kanada)

Die Höhenstufen – Abbild der Klimazonen

Mit zunehmender Höhe nehmen die Temperaturen ab, das Klima verändert sich. Dies wirkt sich auf das Wachstum der Pflanzen aus. Die Abfolge der Klima- und Vegetationszonen wiederholt sich gewissermassen in den grossen Gebirgen der Erde. Dabei sind Exposition, Hangneigung, Kleinrelief und Bodenbeschaffenheit von grosser Bedeutung (Einfluss auf Sonneneinstrahlung, Wärme- und Windverhältnisse, Nährstoff- und Wasserangebot).

Die Schneegrenze trennt den «ewigen» Schnee von jener Zone, die im Sommer schneefrei bleibt. Während die Waldgrenze entlang des geschlossenen Waldbestandes verläuft, können sich zwischen der Baum- und der Waldgrenze die Bäume nur noch an vorteilhaften Stellen behaupten.

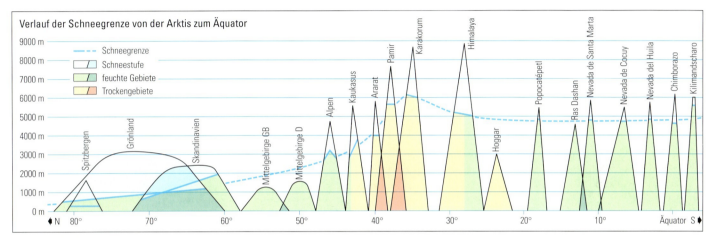

Verlauf der Schneegrenze von der Arktis zum Äquator

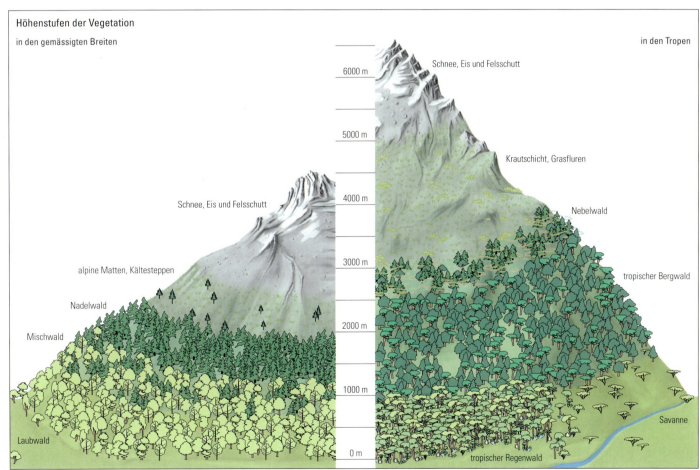

Höhenstufen der Vegetation

Klimaelemente, Vegetation und Verwitterung vom Äquator bis zur Arktis

Verwitterung

Die physikalische (mechanische) Verwitterung bewirkt den Zerfall der Gesteine und Minerale in kleinere Teilchen. Dabei wird die Oberfläche vergrössert. Die chemische Zusammensetzung des verwitterten Materials verändert sich nicht. Physikalische Verwitterung tritt auf bei:

- grossem Temperaturwechsel: Es treten Spannungen, Risse, Spalten auf, was schliesslich zum Zerfall führt.
- Spaltenfrost: Gefriert Wasser in Spalten, vergrössert sich sein Volumen. Das Eis vermag das Gestein zu sprengen.
- Sprengwirkung der Pflanzenwurzeln, welche in Spalten hineinwachsen.

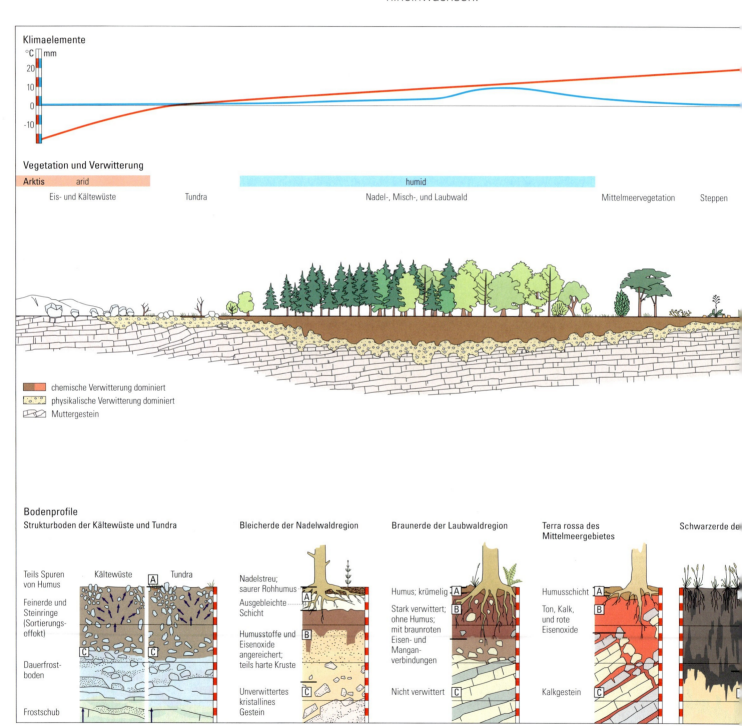

Je stärker die physikalische Verwitterung bereits gewirkt hat, desto intensiver setzt die chemische Verwitterung an. Bei der chemischen Verwitterung wird das Material chemisch verändert. Chemische Verwitterung wird hervorgerufen durch:

- Wasser: Es vermag Salze, wie Kalziumkarbonat, aus dem Gestein heraus- und aufzulösen.
- Wie Wasser, aber wesentlich wirkungsvoller, greift die im Wasser gelöste Kohlensäure das Gestein an und zersetzt die Minerale (H^+-Ionen-Angriff).
- Sauerstoff: Wenn sich Sauerstoff mit Elementen wie Eisen und Mangan verbindet, spricht man von Oxidation. Gleichzeitig findet eine Volumenvergrösserung statt, wodurch das Gestein gelockert wird. Da Eisen stets vorhanden ist und im oxidierten Zustand eine Rot- bis Braunfärbung bewirkt, ist die Intensität der Färbung ein grobes Richtmass für den Verwitterungsgrad.
- Säure: Pflanzenwurzeln scheiden Säuren ab, die ebenfalls chemische Verwitterung hervorrufen.

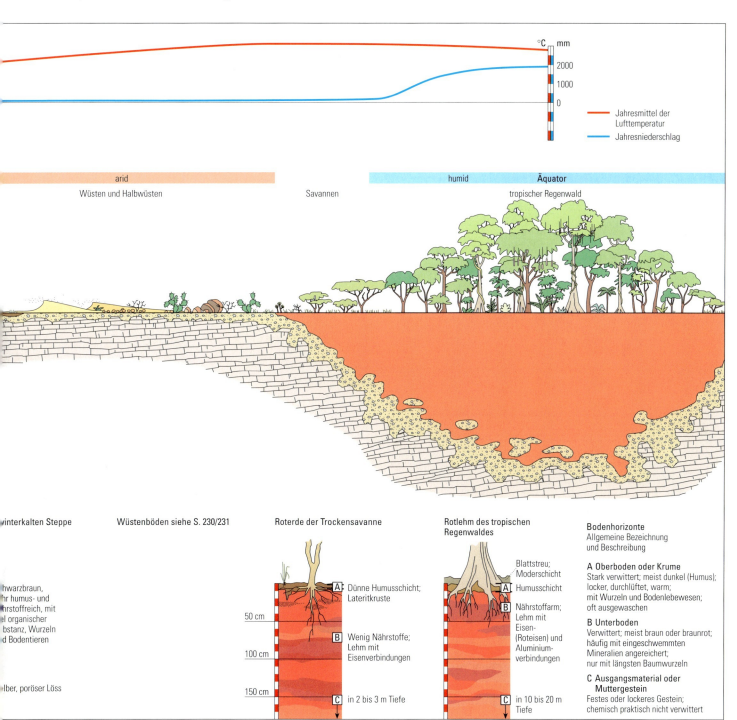

Herausforderungen der Gegenwart

Einfluss der Menschen auf das Klima

Spielt das Wetter verrückt?

Das Klima beschreibt das durchschnittliche Wettergeschehen. Die stündlich oder täglich erhobenen Wetterwerte von dreissig Jahren werden zu den Klimadaten zusammengefasst, welche dann Eingang in die Klimadiagramme finden (Messperioden 1930 bis 1959, 1960 bis 1989, 1990 bis 2019). Der Trend des Klimas lässt sich aus diesen gemittelten Werten ablesen.

1 Ozon-Messstation
2 Überschwemmung, verursacht durch den Hurrikan Mitch (Honduras 1998)

Unwetterkatastrophen, Hitzeperioden und Unregelmässigkeiten im Witterungsablauf sind für die Klimafachleute nichts Aussergewöhnliches. Schon immer hat es Jahre gegeben, in denen das Wetter verrückt gespielt hat.

So blühten im Jahre 1186 die Obstbäume in Mitteleuropa bereits im Januar und im Frühjahr begann man mit der Ernte.

Das einzig Beständige am mitteleuropäischen Wetter ist seine Unbeständigkeit. Deshalb haben Rekordwerte nur eine beschränkte Aussagekraft. Kurzfristige Wetterlagen überlagern die langfristigen Tendenzen einer Klimaänderung. Sie können nicht als Beweise für eine Klimaerwärmung herangezogen werden.

Schäden, verursacht durch Naturkatastrophen
Stürme, Erdbeben, Vulkanausbrüche

Schaden in Mrd. US-Dollar

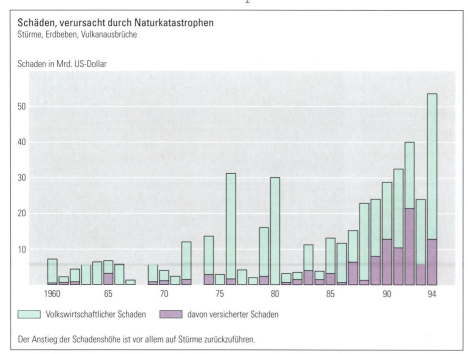

■ Volkswirtschaftlicher Schaden   ■ davon versicherter Schaden

Der Anstieg der Schadenshöhe ist vor allem auf Stürme zurückzuführen.

Die Versicherungen machen eindringlich auf die wirtschaftlichen Folgen von Naturkatastrophen aufmerksam. Die Schadensummen klettern in schwindelerregende Höhen. Für die grossen Schäden kann jedoch nicht nur das Wetter verantwortlich gemacht werden: Die Menschen besiedeln zunehmend Gebiete, die schon immer von extremen Ereignissen betroffen waren. Sie dringen in Wüstengebiete vor, besiedeln Flachküsten, bauen im Schwemmland von grossen Flüssen ihre Hütten und Häuser, roden Wälder an steilen Hängen und versiegeln immer mehr den wasserspeichernden Boden mit Strassen und Häusern.

An die Klimaveränderung anpassen: Golf spielen statt Ski fahren

Düstere Voraussagen für die Zukunft des Berggebietes: Mehr Naturkatastrophen zu erwarten

Die Menschen im Alpenraum müssen sich darauf gefasst machen, dass ein verändertes Klima ihr Leben nachhaltig beeinflussen wird. Was für Massnahmen getroffen werden…

Antarktis schrumpft

1300 km² in 50 Tagen

Fünf von neun untersuchten Eisschelf-Gebieten rund um die Antarktische Halbinsel sind in den vergangenen 50 Jahren bereits deutlich zurückgegangen.

London. – Noch könne er nicht sagen, ob das Zerb…

Forscher sprechen vom «Anfang einer Trendwende»

Erholt sich die Ozonschicht?

ap. Die lebenswichtige Ozonschicht der Erdatmosphäre könnte sich innerhalb von sieben bis zwölf Jahren von den bisher angerichteten Schäden wieder erholen – falls sich ein Trend fortsetzt, den amerikanische Wissenschafter festgestellt haben.

Warmes Sibirien

OMSK (Russland) – Das Wetter spinnt. Während wir den schneereichsten Dezember seit langem erleben, streikt Frau Holle in Sibirien. Statt wie sonst auf klirrende minus 35 Grad zu fallen, steigt das Thermometer auf über 0 Grad. Schnee ist Mangelware, ganz zu schweigen von zugefrorenen…

Die Skilift-Kassen bleiben leer

Weiterhin kein Schnee in den stadtnahen Skigebieten. «Skilift ausser Betrieb» heisst es seit Wochen.

Von Felix Thurner

Im Garten geben Rosenknospen vor, der Sommer sei noch immer nicht vorbei. Vermutlich werden sie ihr säumiges Verhalten im nächsten zünftigen Frost büssen müssen. Schreckensbleich stehen Schneeglöckchen im grünen Rasen. Zu spät haben sie gemerkt, dass sie sich zu früh hervorgewagt haben.

Durchs frühlingshafte Zürigebiet ziehen sonntäglich träge Autokolonnen. Die Staustufe haben sie vom Bündnerland ins Tal überwunden. Skis und Snowboards auf den Dächern wirken hier unangebracht, auf die wenigen Skiliftbetreiber in der Nähe der Agglomeration wohl provokativ. Ihren Angaben zufolge erreichten die Messwerte im *Januar 1994 ein Maximum*. In der Zeit danach gingen sie zurück, 1995 um ein bis 1,5 Prozent. Die Moleküle brauchen etwa zwei bis drei Jahre, bis sie in der oberen Atmosphäre…

er schon gar nicht. Zum einen erinnert er sich daran, dass solche schneelosen Winter schon früher nicht selten waren. Zum andern hofft er immer noch auf weisse Sportferien. Die zwei Vorjahre war Schoch einigermassen mit dem Betrieb zufrieden, im letzten Winter war der Skilift immerhin zwei, drei Wochen in Betrieb.

In Bäretswil hat inzwischen die Gemeinde der Trägergenossenschaft des Skilifts Steig unter die Arme gegriffen. (TA vom 6. Januar). Das galt für das Defizit der Vorsaison von 20 000 Franken. Noch bleibt offen, ob die Gemeindehilfe auch bei einem neuerlichen Rückschlag weitergeführt wird.

Für die Skilifte Oberholz-Farner in Wald zeichnet sich eine Lösung ab. Ganze zwei Tage war nur gerade der Trainerlift in Betrieb. Otto Hess musste schon für das Vorjahr ein Defizit von 20 000 Franken in Kauf nehmen. Ein Nachfolger für den 76jährigen Skiliftbetreiber war auch nicht in Sicht. Bevor der Betrieb endgültig eingestellt wurde, hat sich nun eine Interessengemeinschaft Oberholz-Farner gebildet. Am Wochenende war die Gründungsversammlung. Bis im Sommer sollen Sponsoren gesucht und eine Defizitgarantie für den schlimmstmöglichen Fall von rund 50 000 Franken zusammengetrommelt werden.

Häufig grüne Weihnachten

Innert 30 Jahren wurde es um ein Grad wärmer

Wärmer, mehr Hochdrucklagen, mehr Sonnenschein. So lautet der Wett…, weniger 1990 für die Sch…… 1961 bis…

1995 war weltweit ein Horror-Jahr

Bei fast 600 Katastrophen sind rund 18 000 Menschen ums Leben gekommen.

1995 geht weltweit als neues Rekordjahr für Naturkatastrophen in die Annalen ein: In der anderen, Amerika und Ostasien wurden von auffallend vielen schweren Erdbeben, H…

Keine einzige Regenwolke am Horizont

Die Staaten im Südwesten der USA leiden unter einer katastrophalen Dürre

Während «oben», im Nordosten der USA, diese Woche noch Schnee fiel und die Niederschlagsmenge im Mai doppelt so hoch war wie gewöhnlich, verdorren im Südwesten die Pflanzen und verdursten die Tiere: Hier hat es seit einem Jahr kaum geregnet. Oklahoma, Kansas und Texas, aber das ersehnte Nass erwies sich als Fluch statt als Segen. Die sintflutartigen Platzregen und Sturmböen führten mehr als 6 Milliarden Dollar für die Landwirtschaft seines St…

Adventshitze

Buenos Aires. – Den heissesten Dezembertag des Jahrhunderts hat am Montag Buenos Aires erlebt. Das Thermometer stieg in der argentinischen Hauptstadt auf 39,8 Grad Celsius. (Reuter)

Die Erde ist ein natürliches Treibhaus

Spricht man vom «Treibhauseffekt», meint man damit meist die durch die Menschen verursachte Erwärmung der Atmosphäre. Die Erde ist aber von Natur aus ein «Treibhaus». Ohne den Treibhauseffekt wäre es durchschnittlich 30 °C kälter auf der Erde. Ein dicker Eispanzer würde weite Teile der Erdoberfläche überziehen. Leben, wie wir es kennen, wäre unmöglich.

In einem Treibhaus hält das Glas die Wärme im Innern zurück. Auf der Erde übernimmt die Atmosphäre mit ihren natürlichen *Treibhausgasen* Wasserdampf (H_2O), Kohlendioxid (CO_2), Methan (CH_4), Lachgas (N_2O) und Ozon (O_3) diese Funktion.

Natürliche Erscheinungen und Prozesse beeinflussen das Klima ununterbrochen und führen schliesslich zu Klimaänderungen. Sogenannte «Rückkoppelungsprozesse» verstärken die eingeleiteten Entwicklungen.

1 Die Erde aus dem Weltall

> Trifft das kurzwellige Licht auf die Erdoberfläche, wird ein Teil davon in langwellige, unsichtbare Wärmestrahlung umgewandelt. Doch während die Lichtstrahlen fast ungehindert die Atmosphäre bis auf die Erdoberfläche durchdringen, wird ein grosser Teil der Wärmestrahlen auf dem Rückweg ins All von den Molekülen der *Treibhausgase* aufgenommen.

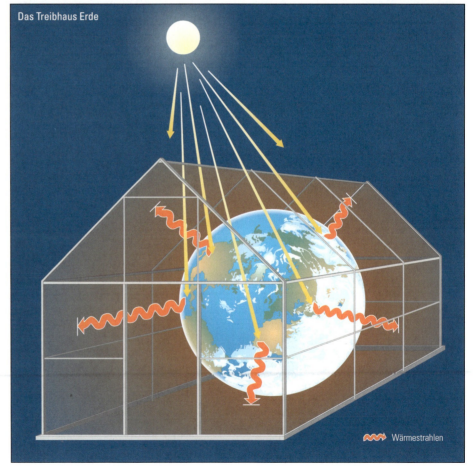

Ursachen für natürliche Klimaänderungen

- **Wechselnde Lage der Erde zur Sonne**
  - Änderung der Erdumlaufbahn: In einem Zyklus von 96 000 Jahren bewegt sich die Erde auf einer nahezu kreisförmigen bis zu einer stark elliptischen Bahn um die Sonne. Je elliptischer die Umlaufbahn der Erde ist, desto exzentrischer steht die Sonne im Brennpunkt und desto grösser ist die Beschleunigung, welche die Erde im Perihel (Sonnennähe) erfährt. Dies wirkt sich auf die Länge der Jahreszeiten aus.
  - Kreiselbewegung der Erdachse: In einem Rhythmus von 23 000 Jahren vollführt die Erdachse eine Kreiselbewegung. Die Süd- und die Nordhalbkugel erhalten abwechselnd überdurchschnittlich viel Strahlung. Zurzeit steht die Erde der Sonne am nächsten, wenn auf der Nordhalbkugel Winter herrscht.
  - Veränderung der Neigung der Erdachse: In einem Zyklus von 40 000 Jahren pendelt die Neigung der Erdachse zwischen 21,5 und 24,5 Grad. Je stärker die Erdachse geneigt ist, desto mehr Strahlung erhalten die Pole und desto ausgeprägter sind die Jahreszeiten.

Diese drei astronomischen Erscheinungen bewirken, dass die Sonneneinstrahlung bis zu 20 Prozent variiert.

- **Sonnenflecken**
  Auf der Sonnenoberfläche stellt man dunkle Stellen fest. Sie werden als Sonnenflecken bezeichnet. Es handelt sich um elektromagnetisch aktive Krater, deren Lebensdauer höchstens 200 Tage beträgt. Sie reichen tief in die Sonnenoberfläche hinein. Das Magnetfeld weist an diesen Stellen die zehntausendfache Stärke des Erdmagnetfelds auf. Sonnenflecken sind deutlich «kühler» (ca. 3800 °C) als die übrige Oberfläche der Sonne (ca. 5800 °C). Ist die Zahl der Sonnenflecken gross, ist die Sonne besonders aktiv und strahlt mehr Energie aus. In periodischen Abständen von 7 bis 17 Jahren weist die Sonnenoberfläche ein Maximum an Sonnenflecken auf. Ein solches Sonnenfleckenmaximum stellte man zum Beispiel 1990 fest.

- **Plattentektonische Vorgänge**
  Plattentektonische Vorgänge, wie die wechselnde Lage von Kontinenten und Ozeanen oder die Bildung von Gebirgen, wirken sich auf die Windsysteme und die Meeresströmungen aus.

- **Gase und Asche von Vulkanausbrüchen**
  Vulkanausbrüche haben in der Regel eine abkühlende Wirkung zur Folge, da die in die Atmosphäre geschleuderte Asche einen Teil der Sonnenenergie zurückhält.

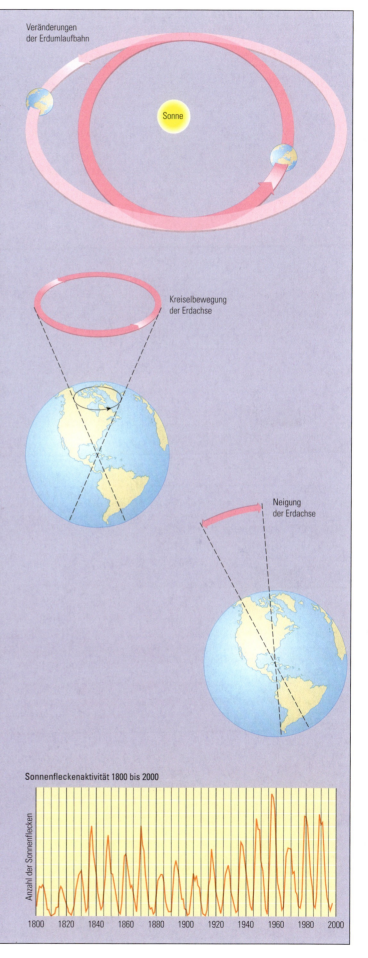

Beispiel eines Rückkoppelungsprozesses

ASTRONOMISCHE VORGÄNGE FÜHREN ZU VERMINDERTER SONNENEINSTRAHLUNG.

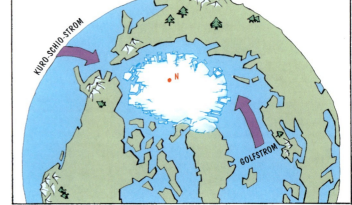

IN DEN POLARREGIONEN SCHMILZT IM SOMMER WENIGER SCHNEE, ALS IM WINTER FÄLLT. DIE EISMASSE WÄCHST.

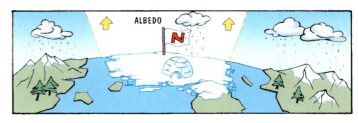

DIE RÜCKSTRAHLUNG WIRD WIEDER GERINGER, DIE ALBEDO WIRD KLEINER. DIE ERDE BEGINNT SICH WIEDER ZU ERWÄRMEN. DIE ZURÜCKGEDRÄNGTE VEGETATION BREITET SICH WIEDER AUS.

DIE GLETSCHER WERDEN AUSGEHUNGERT, DIE EISFLÄCHE SCHRUMPFT.

DIE VERDUNSTUNG UND DAMIT DIE LUFTFEUCHTIGKEIT NEHMEN AB. DIE NIEDERSCHLÄGE GEHEN ZURÜCK.

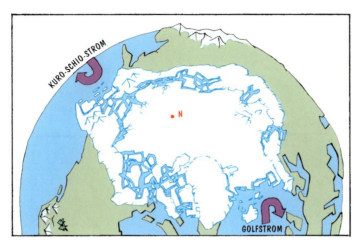

DIE ERDE KÜHLT SICH NOCH MEHR AB, DIE EISMASSE NIMMT NOCH MEHR ZU. STRÖMUNGEN IM OZEAN WERDEN ZU RICHTUNGSÄNDERUNGEN GEZWUNGEN.

JE MEHR SICH DIE EISFLÄCHE AUSDEHNT, DESTO MEHR LICHT WIRFT DIE ERDE INS WELTALL ZURÜCK. DIE ALBEDO WIRD GRÖSSER.

DER WÄRMETRANSPORT VON SÜDEN NACH NORDEN UNTERBLEIBT.

WEITE TEILE DER ERDOBERFLÄCHE WERDEN MIT EIS BEDECKT, DER MEERESSPIEGEL SINKT. DIE MEERESOBERFLÄCHE WIRD KLEINER.

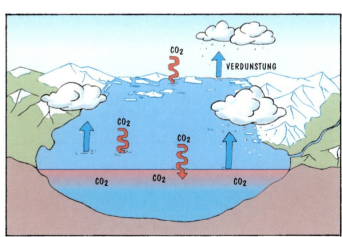

KALTES OZEANWASSER NIMMT AUS DER ATMOSPHÄRE MEHR CO_2 AUF. DIES SCHWÄCHT DEN TREIBHAUSEFFEKT AB UND VERSTÄRKT NOCHMALS DEN ABKÜHLUNGSPROZESS.

Blick zurück in die Vergangenheit

In der Geschichte der Erde haben immer wieder Klimaänderungen stattgefunden. Für die vergangenen 600 000 Jahre kann man mindestens 5 Eiszeiten nachweisen. Vor etwa 10 000 Jahren ist die letzte Eiszeit zu Ende gegangen.

Die Erforschung des Klimas längst vergangener Zeiten hat zu wichtigen Erkenntnissen geführt, die für Klimavorhersagen hilfreich sind:

- Mit steigender Temperatur nimmt die Luftfeuchtigkeit, wenn auch zeitlich verzögert, zu.
- Der Anstieg der Temperaturen war immer eng verknüpft mit einem Anstieg des Kohlendioxidgehaltes in der Atmosphäre. In Perioden der Abkühlung ging auch der Anteil des Kohlendioxids zurück.

1 Trogtal (Lauterbrunnental, Berner Oberland)
2 Findling (Kanton Solothurn)
3 Bohrkern aus dem grönländischen Inlandeis
4 Jahrringe eines Baumes

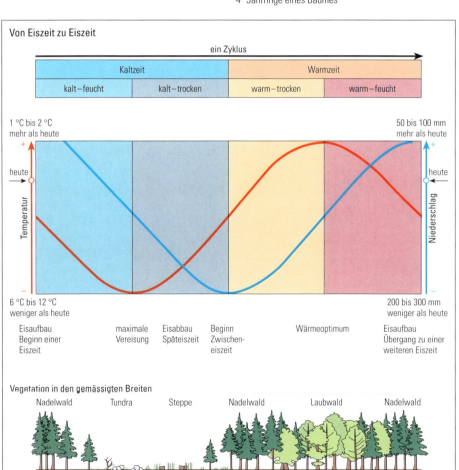

1

2

3

4

Klimaspuren

Die Geologen fanden als Erste heraus, dass das Klima im Laufe der Erdgeschichte immer wieder ändert. Sie erkannten zum Beispiel, dass die Findlinge, die im schweizerischen Mittelland nicht zur umliegenden Landschaft passen wollten, einst von den Gletschern hierher transportiert worden waren. Es musste also einst kälter gewesen sein als heute. Die Biologen studierten die Jahrringe von Bäumen oder sie analysierten die Blütenpollen in Lehmböden. Sie kamen zum selben Ergebnis – das Klima war nicht immer gleich!

Heute kann man mit ausgeklügelten chemischen und physikalischen Methoden, mit Mikroskopen, Röntgenaufnahmen und anderen hochtechnisierten Geräten die Klimaverhältnisse der Vergangenheit erkunden. Eine moderne Möglichkeit besteht darin, die Zusammensetzung von winzigen Luftbläschen im Gletschereis zu bestimmen. Der Anteil an Kohlendioxid der während vielen tausend Jahren eingeschlossenen Luft gibt Hinweise auf die damaligen Temperaturen. Dazu entnimmt man an möglichst ungestörten Stellen der Gletscher Bohrkerne, vorzugsweise in Grönland oder in der Antarktis.

Eigentliche Klimaarchive befinden sich auch in den Kalkablagerungen auf dem Grund der Meere und Binnenseen. Die Forscher erkannten, dass es «schweres» Wasser und «leichtes» Wasser gibt. «Schwere» Wassermoleküle sind träger und verdunsten weniger schnell als die «leichten». Der Anteil an «schwerem» Wasser ist umso grösser, je wärmer die Ozeane sind. Die Anteile von «schwerem» und «leichtem» Wasser, welches in den Kalkablagerungen konserviert ist, geben deshalb Aufschluss über Klimaperioden in der Vergangenheit.

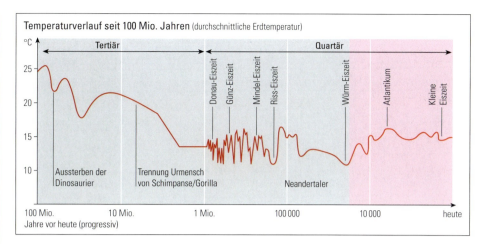

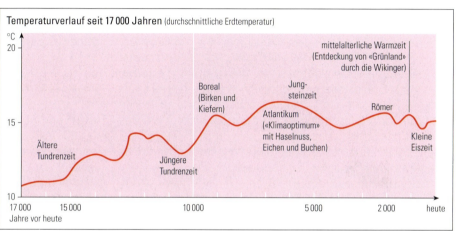

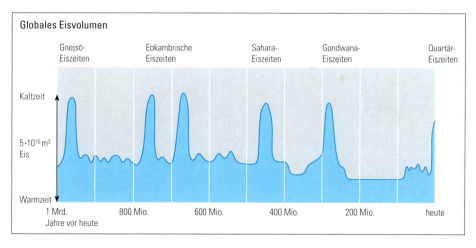

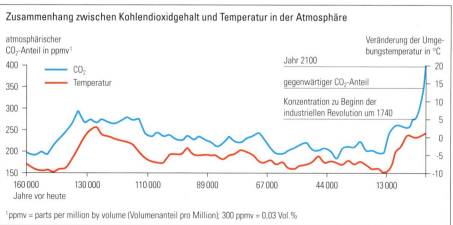

[1] ppmv = parts per million by volume (Volumenanteil pro Million); 300 ppmv = 0,03 Vol.%

Sind wir Klimamacher?

Weil man davon ausgeht, dass sich Eiszeiten und Zwischeneiszeiten regelmässig ablösen, vermuteten verschiedene Fachleute in den Siebziger- und Achtzigerjahren, wir würden einer neuen Eiszeit entgegensteuern. Die neuesten Entwicklungen im weltweiten Wettergeschehen haben diese Theorie jedoch in Frage gestellt. Die meisten Fachleute sind davon überzeugt, dass es in den nächsten Jahrzehnten und Jahrhunderten wärmer werden wird auf der Erde.

Innerhalb von nur hundert Jahren ist die durchschnittliche Temperatur der Erde um 0,7 °C gestiegen. Das scheint unbedeutend zu sein. Doch mit Blick auf die letzten 18 000 Jahre ist eine Änderung der mittleren Erdtemperatur in derart kurzer Zeit recht ungewöhnlich.

Verwirrend ist, dass die Temperaturänderung nicht überall gleich ist. Während einige Regionen, wie die kanadisch-grönländische, unter einer Abkühlung leiden, verzeichnen andere, wie etwa die Alpen, eine Temperaturzunahme.

Zumindest ein Teil dieser Änderung lässt sich auf die Zunahme der *Treibhausgase* zurückführen. Es ist jedoch nicht geklärt, in welchem Masse die menschlichen Tätigkeiten Einfluss nehmen und wie stark natürliche Vorgänge bestimmend sind. Es ist auch noch nicht abzusehen, wie sich die veränderten Temperaturverhältnisse in den einzelnen Grossregionen auswirken werden.

Viel diskutiert wird folgendes Szenario

«Die Temperaturen werden in Mitteleuropa in den nächsten 50 Jahren durchschnittlich um 1,5 °C steigen – die Erwärmung wird sich aber nur auf das Winterhalbjahr auswirken. Im Sommer wird sich kaum etwas ändern. Die Klima- und Vegetationszonen verschieben sich in die höheren geografischen Breiten. Für die nördliche Halbkugel bedeutet dies eine Zunahme der Versteppung und Wüstenbildung zwischen dem 5. und 35. Breitenkreis. Längere und häufigere Dürreperioden machen der Natur zu schaffen. Der Wasserbedarf der Landwirtschaft kann nicht mehr gedeckt werden. Es wird immer schwieriger, die Menschen mit Trinkwasser zu versorgen. Betroffen sind vor allem die Sahelzone, Äthiopien, der mittlere Osten, Malaysia, Thailand und der Süden der USA.

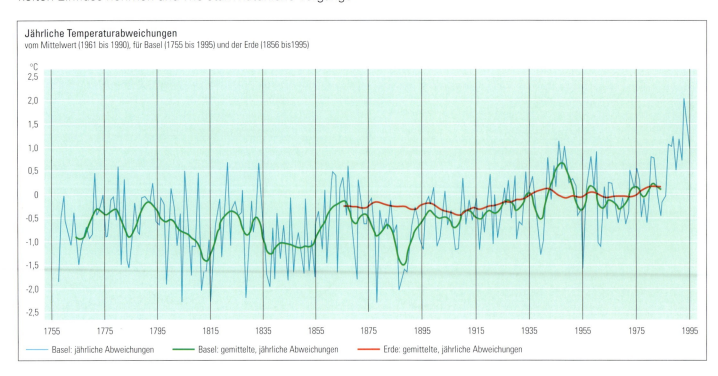

In den mittleren Breiten (45 bis 66 1/3°) bis zum Polarkreis werden die Winter feuchter und milder, die Sommer trockener. Das subtropische Klima des Mittelmeerraumes verdrängt das gemässigte Klima in Europa. Da sich die Schneegrenze nach Norden und in die Höhe zurückzieht, taut der Dauerfrostboden im Gebirge, in Sibirien und in Nordamerika immer weiter auf. Die Hänge beginnen zu rutschen. Vermehrt bedrohen *Murgänge* und Schlammlawinen die Siedlungsräume in den Tälern. Die jährliche Schneedecke nimmt ab und die Gletscher schmelzen. Die Tiefländer werden von aussergewöhnlichen Überschwemmungen heimgesucht, da der Niederschlag nicht mehr in Form von Schnee, sondern als Regen niedergeht. Dafür wandern die Anbaugrenzen in die Höhe. Vor Jahren zählte man durchschnittlich 4 bis 9 Sturmtiefs (mit einem Zentrumsdruck von weniger als 950 hPa) über dem winterlichen Nord- und Westeuropa, heute sind es 10 bis 17. Diese starken Windströmungen sind auch dafür verantwortlich, dass sich die kalten Winde aus Sibirien seit einigen Jahren kaum mehr durchsetzen können.

Die bedrängten Nadel- und Birkenwälder können nicht nach Norden ausweichen. Die aufgetauten Tundrenböden Sibiriens und Nordamerikas werden sich als ungeeignete Standorte erweisen, weil sie nur wenige Zentimeter tief und nährstoffarm sind. Wegen der nach wie vor geringen Verdunstungsrate staut sich Niederschlagswasser in den Böden. Die Sümpfe, heute vor allem in den Sommermonaten typisch, breiten sich während des ganzen Jahres aus.

Eine weitere Bedrohung für Millionen von Menschen ist der Anstieg des Meeresspiegels. Dabei spielt das Abschmelzen des Polareises nur eine untergeordnete Rolle. Von weit grösserer Bedeutung ist die Ausdehnung des Wassers bei seiner Erwärmung. In den letzten hundert Jahren ist der mittlere Meeresspiegel um 20 bis 30 Zentimeter angestiegen. Nimmt die globale Temperatur nur um 1 bis 2 °C zu, wird er um weitere 30 Zentimeter steigen. Überschwemmungen, Versalzung des Trinkwassers und der Landwirtschaftsgebiete könnten bereits in 50 bis 100 Jahren zu einer Völkerwanderung führen, wie sie die Menschheit noch nicht erlebt hat. Viele der grössten und wichtigsten Städte liegen an den Küsten. In Bangladesh, das zu einem grossen Teil nicht mehr als 2 Meter über dem Meeresspiegel liegt, könnte sich die Klimaänderung am verheerendsten auswirken. Ernsthafte Sorgen macht sich auch die Bevölkerung der Zwergstaaten auf den vielen Inseln in der Karibik, im Indischen Ozean und in der Südsee. Steigt der Ozean weiter an, bleibt den Menschen nur noch die Flucht.

Grosse Zerstörungskraft geht von den tropischen Wirbelstürmen aus. Steigen die Temperaturen, nimmt die Luft mehr Wasserdampf und damit auch mehr Energie aus dem Meer auf. Diese Energie nutzt ein tropischer Wirbelsturm, um seine zerstörerische Kraft zu entfalten. Deshalb sind die Wirbelstürme heftiger geworden.»

1 Murgang (Puschlav)
2 Überschwemmung (El Salvador)

Durch menschliche Aktivitäten gefährdete Küstenregionen

— hoher Gefährdungsgrad
— mässiger Gefährdungsgrad

Exoten auch in Zürich

Der Zürcher Geobotaniker Elias Landolt hat in den vergangenen zehn Jahren als aufmerksamer Beobachter verschiedene pflanzliche Veränderungen in der Stadt Zürich wahrgenommen. Nach zehn warmen Wintern hat er eine «explosionsartige Ausdehnung» wärmeliebender Pflanzen aus dem Süden festgestellt, so etwa beim Purpur-Storchenschnabel, einer Pflanze aus dem Mittelmeerraum, die an Nebengeleisen der Bahnlinien gedeiht. In der Stadt ist ihm das Kleine Liebesgras aufgefallen, das ähnlich wie der Gelbe Lerchensporn zwischen Pflastersteinen und an Wänden wächst.

Erstmals hat Landolt in den vergangenen Jahren auch die selbstständige Verwilderung von Feigenbäumen wahrgenommen; ebenso den Kirschlorbeer und den exotisch blaublühenden Paulownia-Baum.

Tages-Anzeiger, 17. Mai 1996

El Niño

Als El Niño (span.: das Christkind) wird ein natürliches Phänomen im Ozean und in der Atmosphäre bezeichnet, das sich vor der Küste Perus abspielt. El Niño tritt plötzlich alle vier bis zehn Jahre auf.

Normalerweise bringt der kalte Perustrom sauerstoffhaltiges und damit auch fischreiches Wasser vor die südamerikanische Küste. Tritt aber El Niño auf, fliessen riesige Mengen von warmem Oberflächenwasser aus dem westlichen äquatorialen Pazifik gegen die Küste und verdrängen die üblichen kalten Gewässer des Perustroms. Diese West-Ost-Strömung ist gerade die Umkehr des Normalzustandes, bei dem das Oberflächenwasser mit den Passatwinden von der südamerikanischen Küste nach Westen transportiert wird.

Da warmes Wasser erheblich sauerstoffärmer ist als kaltes Wasser, geht während eines El Niño-Ereignisses der Planktongehalt zurück. Dadurch wird die Nahrungskette für die grossen Fische empfindlich gestört und der Fischbestand geht drastisch zurück.

Der El Niño-Effekt wirkt sich rund um die Erde aus. So werden sintflutartige Überschwemmungen in Kalifornien und in der nördlichen Atacamawüste, extreme Dürreperioden in Australien, Indien, Südafrika, Indonesien und Malaysia, welche mit riesigen Waldbränden einhergehen, auf El Niño zurückgeführt.

Ebenso fällt die zur gleichen Zeit unübliche Ruhe im Atlantik auf. Während sich normalerweise im Spätsommer zahlreiche Hurrikans bilden, wurde zum Beispiel im El-Niño-Jahr 1997 nur gerade einer beobachtet. Dafür fegten verheerende Hurrikans über die Pazifikküsten Mexikos und Südkaliforniens.

Man befürchtet, dass sich die Klimaänderung auf Phänomene wie El Niño auswirkt. Die Folgen wären schlagartige, andauernde Veränderungen in der Erdatmosphäre und damit im Wettergeschehen, die von keinem Klimamodell vorausgesehen werden können.

1 Hurrikan Pauline vor der Küste Mexikos, 7. Oktober 1997, Falschfarben-Satellitenaufnahme
2 Waldbrand im tropischen Regenwald, Malaysia 1998

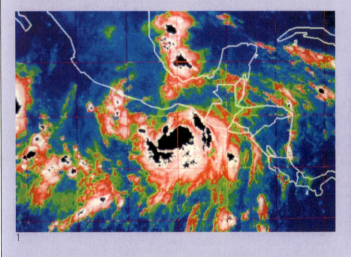

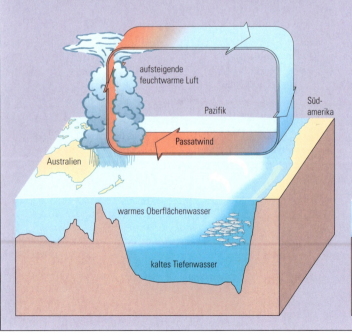

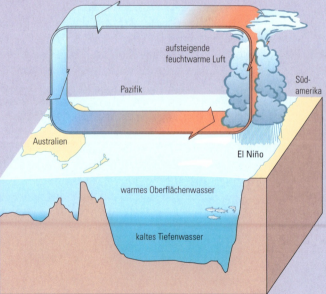

Ursachen des künstlichen Treibhauseffektes

Die Treibhaus-Bande

Steckbrief: Kohlendioxid (CO_2)
natürliches Treibhausgas
Volumenanteil: 353 ppm
Treibhauseffekt: 1
durchschnittliche
Verweildauer: 100 Jahre
Wachstumsrate: 0,5% pro Jahr
Quelle: Verbrennen von fossilen Brennstoffen und von Holz, Rodung der Wälder
verursacht 55% des künstlichen Treibhauseffektes

Steckbrief: Lachgas (N_2O)
natürliches Treibhausgas
Volumenanteil: 0,31 ppm
Treibhauseffekt: 150-fache Wirkung gegenüber CO_2
durchschnittliche
Verweildauer: 150 Jahre
Wachstumsrate: 0,3% pro Jahr
Quelle: Stoffwechselprodukt von Bodenbakterien (überdüngte Felder)
verursacht 5% des künstlichen Treibhauseffektes

Steckbrief: Methan (CH_4)
natürliches Treibhausgas
Volumenanteil: 1,7 ppm
Treibhauseffekt: 20-fache Wirkung gegenüber CO_2
durchschnittliche
Verweildauer: 10 Jahre
Wachstumsrate: 1% pro Jahr
Quelle: Stoffwechselprodukt anaerober Bakterien in Sümpfen (z.B. Reisfelder), in Mägen von Wiederkäuern (Rindern), alle Faulungs- und Gärungsprozesse (z.B. Abfallhalden), entweicht bei Erdöl- und Erdgasbohrungen
verursacht 17% des künstlichen Treibhauseffektes

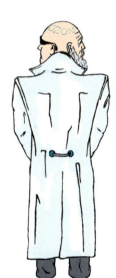

Steckbrief: Ozon (O_3)
verwirrendes Signalement, positive und negative Wirkung! Natürliches Treibhausgas, bildet UV-Schutzschild in der Stratosphäre.
Volumenanteil: in der Troposphäre ein natürlicher Anteil von 0,03 ppm, in der Stratosphäre, je nach Höhe, 5 bis 10 ppm
Treibhauseffekt: 1000- bis 2000-fache Wirkung gegenüber CO_2
Verweildauer: kurzlebig
Wachstumsrate: nimmt in der Troposphäre zu, in der Stratosphäre ab
Quelle: chemische Reaktion aus Sauerstoff, Stickstoff und Kohlenwasserstoffen unter Einwirkung von ultravioletten Strahlen
Das troposphärische Ozon verursacht 14% des künstlichen Treibhauseffektes.

Steckbrief: Fluor-Chlor-Kohlenwasserstoffe (FCKW)
Chemieprodukt, wurde erstmals 1928 hergestellt, konnte 1997 zum erstenmal auch in der Natur (in vulkanischen Dämpfen) nachgewiesen werden.
Volumenanteil: 0,001 ppm
Treibhauseffekt: 10 000- bis 17 000-fache Wirkung gegenüber CO_2
Verweildauer: 60 bis 130 Jahre
Wachstumsrate: 5% pro Jahr
Quelle: in der Autoindustrie, bei der Herstellung von Schaltknöpfen, Lenkradummantelungen, Heckspoilern; in der Bauindustrie mit FCKW getriebener Hartschaum (kommt z.B. beim Hausbau als Isoliermaterial zur Anwendung); in der Elektroindustrie als Lösemittel (obwohl ein Verbot besteht, erlauben Ausnahmeregelungen, dass FCKW eingesetzt werden); im Haushalt, in der Lebensmittelindustrie und im Verkehr, in der Kühlflüssigkeit von Kältekreisläufen, Haushaltkühlschränken, Grosskühlanlagen, Autoklimaanlagen
verursacht 9% des künstlichen Treibhauseffektes

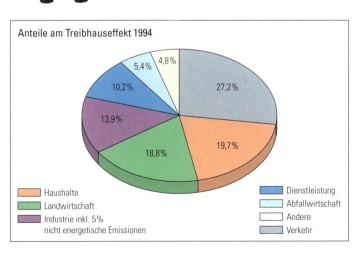

Anteile am Treibhauseffekt 1994

- Haushalte: 19,7%
- Landwirtschaft: 18,8%
- Industrie inkl. 5% nicht energetische Emissionen: 13,9%
- Dienstleistung: 10,2%
- Abfallwirtschaft: 5,4%
- Andere: 4,8%
- Verkehr: 27,2%

1 ppm = 1 part per Million; 353 ppm = 0,035%

Die Schlüsselstellung des Kohlendioxids

Der Schwede Svante Arrhenius war ein genialer Wissenschafter. Er erkannte bereits vor hundert Jahren, dass das Kohlendioxid (CO_2) auf das Klima einen Einfluss hat. Er warnte: «Mehr Kohlendioxid in der Luft führt zu steigenden Temperaturen!» Doch die damalige Welt empfand seine Forschungsergebnisse als ketzerisch, denn die qualmenden Schornsteine galten als Zeichen einer aufstrebenden Wirtschaft.

In der vorindustriellen Zeit hatte sich der CO_2-Gehalt der Luft bei *280 ppm* eingependelt. Heute beträgt er *353 ppm*, dies entspricht 2750 Milliarden Tonnen Kohlendioxid.

In der Geschichte der Erde war der Anteil des Kohlendioxides aber auch schon viel höher. Zum Beispiel war er während der Warmzeit im Erdmittelalter rund viermal höher als heute. Damals waren die Ozeane wärmer und vermochten nicht so viel CO_2 zu speichern wie heute. Der CO_2-Gehalt der Atmosphäre sank schliesslich, weil in den Sümpfen und Meeren abgestorbene Pflanzenreste zu Kohle und Erdöl umgewandelt wurden. Bei diesem Vorgang wurden riesige Mengen CO_2 eingeschlossen.

Bei einem CO_2-Gehalt von mehr als *1000 ppm* (0,1 Prozent Volumenanteil) leiden die Menschen unter Kopfschmerzen und unter Konzentrationsmangel. Gelingt es nicht, den Kohlendioxid-Ausstoss energisch zu drosseln, wird sich der CO_2-Gehalt bis ins Jahr 2030 verdoppeln.

Die Ursache des heutigen Anstieges von CO_2 liegt einerseits in der Verbrennung von Kohle, Erdgas und Erdöl. Anderseits werden durch das Abholzen der Wälder in den Tropen und in der Nadelwaldzone der nördlichen Hemisphäre riesige CO_2-Speicher zerstört.

Glücklicherweise vermögen die Ozeane rund 50% des anfallenden CO_2-Überschusses aufzunehmen. Das Grundproblem aber bleibt bestehen: Die Menschheit setzt in wenigen Jahrzehnten eine Kohlenstoffmenge frei, für deren Speicherung die Natur mehrere Millionen Jahre gebraucht hat.

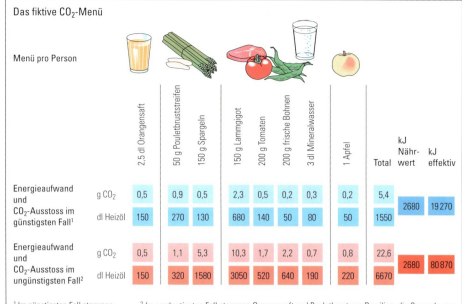

Das fiktive CO_2-Menü

[1] Im günstigsten Fall stammen alle Zutaten aus einheimischer Saisonproduktion.

[2] Im ungünstigsten Fall stammen Orangensaft und Pouletbrust aus Brasilien, die Spargeln aus den USA, das Lamm aus Neuseeland, die Bohnen aus Ägypten, das Mineralwasser aus England und der Apfel aus Südafrika. Die Tomaten sind in inländischen Gewächshäusern gereift.

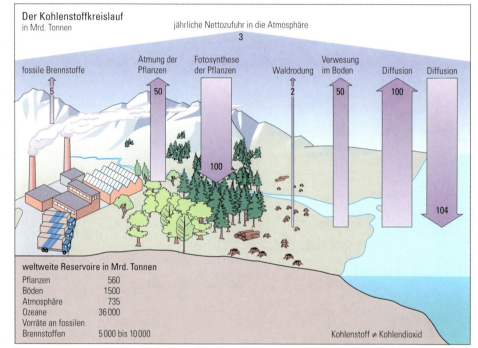

Der Kohlenstoffkreislauf in Mrd. Tonnen

weltweite Reservoire in Mrd. Tonnen
Pflanzen 560
Böden 1500
Atmosphäre 735
Ozeane 36 000
Vorräte an fossilen Brennstoffen 5000 bis 10 000

Kohlenstoff ≠ Kohlendioxid

Nadelwälder sind wichtige CO_2-Speicher

Im Vergleich zu den Laubwäldern der mittleren Breiten sind die Nadelwälder der höheren Breiten die beständigeren Kohlenstoff-Speicher. Da die Laubbäume im Herbst ihre Blätter fallen lassen, vermindert sich ihre Speicherfähigkeit für CO_2 stark. Nadelbäume sind immergrün und vermögen das ganze Jahr hindurch etwa gleich viel CO_2 zu speichern.

1 Nadelwald
2 Kohlekraftwerk (Ruhrgebiet)

Kohlenstoff – Skelett der Natur

Kohlendioxid ist ein natürliches, farb- und geruchloses Gas. In Wasser gelöst bildet es Kohlensäure. Pflanzen nehmen CO_2 aus der Luft auf und geben im Gegenzug Sauerstoff (O_2) ab. Bei diesem Vorgang speichern sie einerseits Energie, anderseits nutzen sie den Kohlenstoff (C) zum Aufbau ihrer Körpersubstanz. Wenn der Kohlenstoff beim Verwesen oder Verbrennen von Pflanzen wieder freigesetzt wird, verbindet er sich mit Sauerstoff zu Kohlendioxid. Zu Beginn der Neunzigerjahre entsprach die Abholzung der Wälder der Emission von 4 Milliarden Tonnen CO_2.

Pflanzen, insbesondere die Wälder, stellen also ein Kohlenstoffreservoir dar. Auch in Kalksteingebirgen und in den Ozeanen sind riesige Mengen Kohlenstoff gespeichert. Je kühler das Wasser ist, desto mehr Kohlendioxid kann es aufnehmen. Die wirtschaftlich bedeutendsten Kohlenstoff- (und Energie-)speicher sind die Kohle-, Erdöl- und Erdgaslagerstätten.

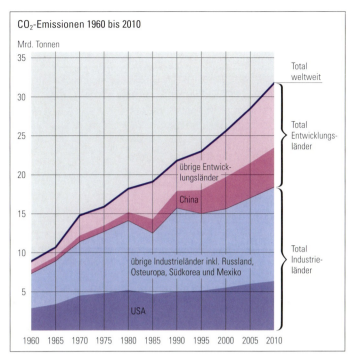

CO_2-Emissionen 1960 bis 2010

1

2

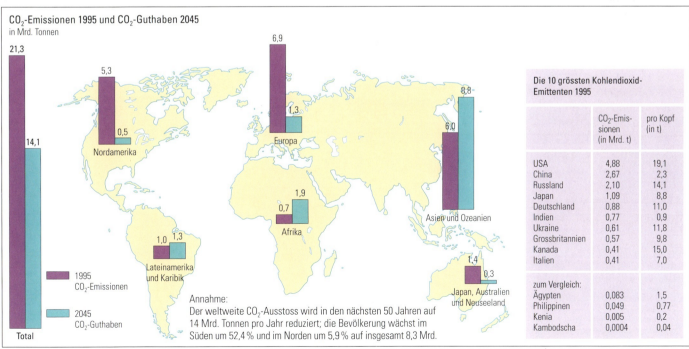

CO_2-Emissionen 1995 und CO_2-Guthaben 2045
in Mrd. Tonnen

Annahme:
Der weltweite CO_2-Ausstoss wird in den nächsten 50 Jahren auf 14 Mrd. Tonnen pro Jahr reduziert; die Bevölkerung wächst im Süden um 52,4 % und im Norden um 5,9 % auf insgesamt 8,3 Mrd.

Die 10 grössten Kohlendioxid-Emittenten 1995

	CO_2-Emissionen (in Mrd. t)	pro Kopf (in t)
USA	4,88	19,1
China	2,67	2,3
Russland	2,10	14,1
Japan	1,09	8,8
Deutschland	0,88	11,0
Indien	0,77	0,9
Ukraine	0,61	11,8
Grossbritannien	0,57	9,8
Kanada	0,41	15,0
Italien	0,41	7,0
zum Vergleich:		
Ägypten	0,083	1,5
Philippinen	0,049	0,77
Kenia	0,005	0,2
Kambodscha	0,0004	0,04

Zu viel Ozon in der Troposphäre...

Ozon ist ein *Spurengas*, das als einziges der *Treibhausgase* nicht direkt durch menschliche Aktivitäten entsteht. Es bildet sich über eine chemische Reaktion aus Sauerstoff, Stickoxiden und Kohlenwasserstoffen unter Einwirkung von ultravioletten Strahlen. Günstige Bedingungen für die Bildung von Ozon herrschen im Hochsommer, bei strahlendem Sonnenschein, in Städten, die mit Verkehrs- und Industrieabgasen überlastet sind. Die mit Ozon und Abgasen angereicherte Dunstglocke bezeichnet man als Fotosmog.

Ozon ist nicht nur ein *Treibhausgas*. Es ist auch eine hochgiftige, ätzende Substanz, die die Schleimhäute angreift und das Pflanzenwachstum hemmt. Bei zu hoher Ozonkonzentration leiden Menschen unter Atembeschwerden und tränenden Augen. Wird eine gesundheitsgefährdende Konzentration überschritten, empfehlen die Behörden den Eltern, ihre Kinder nicht im Freien spielen zu lassen und auf sportliche Aktivitäten ausserhalb der Turnhallen zu verzichten. Zu hohe Ozonkonzentrationen führen in der Landwirtschaft zu millionenschweren Verlusten. Allein im Kanton Zürich betrug 1995 die Ertragseinbusse, die auf Ozoneinwirkung zurückgeführt wird, nahezu 200 Millionen Franken.

Obwohl viele Industrieländer eine steigende Zahl von Autos mit Katalysator aufweisen, konnten sie bis anhin die Stickoxidemissionen nicht nennenswert verringern.

Verbesserungen, die auf den Katalysator zurückzuführen sind, werden durch den wachsenden Autobestand und die zunehmende Fahrleistung pro Person ausgeglichen oder sogar übertroffen.

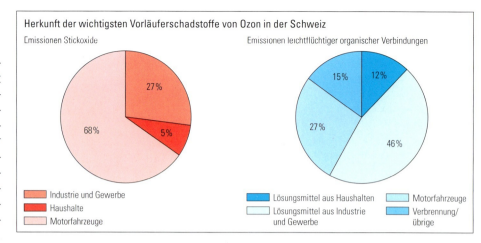

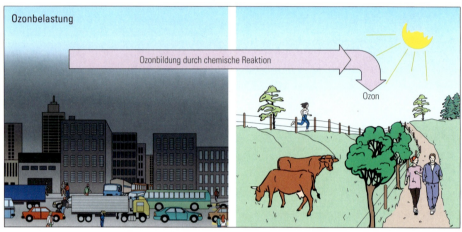

1 Smog (New York)
2 Gefährliches Sonnenbad
3 Degeneration der Ähre bei zunehmender Ozonkonzentration

...zu wenig Ozon in der Stratosphäre

In der Stratosphäre (ab 10 bis 12 km Höhe) ist die Ozonkonzentration 350- bis 1000-mal grösser als in der Troposphäre. Besonders viel Ozon findet man in einer Höhe von 20 bis 25 Kilometern. Man spricht zwar von der Ozonschicht, doch zutreffender ist, sich einen «Ozonschleier» vorzustellen. Die Ozonschicht wirkt wie eine gute Sonnenbrille: sie hält fast die gesamte gefährliche UV-Strahlung der Sonne ab.

Seit 1979 stellt man eine Ausdünnung der schützenden Ozonschicht fest. Die Meldungen über die Zerstörung der Ozonschicht bereiten Angst, denn man führt die Zunahme der Hautkrebserkrankungen und die Erblindung von Tieren im chilenischen und argentinischen Feuerland auf die verstärkte UV-Strahlung zurück.

Zuerst beobachtete man das «Ozonloch» nur über der Antarktis. Es erscheint jeweils zur Zeit des antarktischen Frühlings während etwa 10 bis 12 Wochen. Jahr für Jahr wird es aber grösser und breitet sich über eine riesige Fläche der Südhalbkugel aus. 1991 fehlten über der Antarktis mehr als 60% des ursprünglich vorhandenen Ozons. In der Zwischenzeit weiss man, dass die Ozonschicht innerhalb von 10 Jahren weltweit um etwa 3% schwindet.

Da sich die Luftschichten der Troposphäre und der Stratosphäre nicht durchmischen, steigt das überschüssige Ozon in Bodennähe nicht auf, um die Ozonlöcher in der Stratosphäre aufzufüllen.

2

3

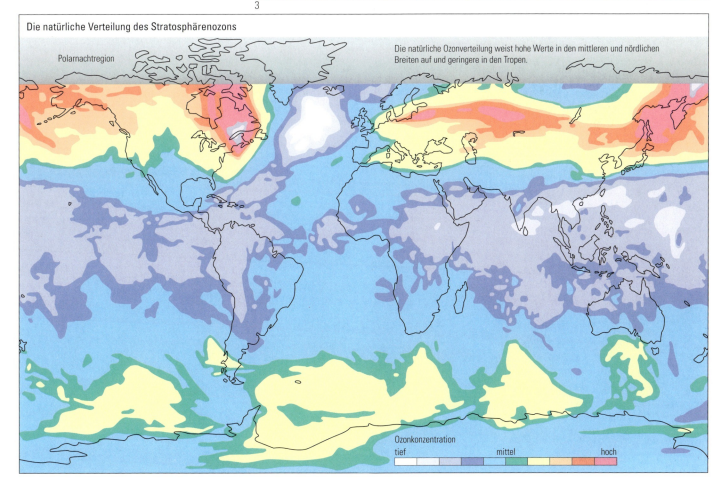

Die Ozonkiller

Die natürliche ozonzerstörende Wirkung geht von Vulkanausbrüchen aus. Gigantische Erruptionen, welche grosse Mengen an Staub und Gasen in die Stratosphäre schleudern, vermögen die Ozonschicht für mehrere Jahre auszudünnen.

Die Fluor-Chlor-Kohlenwasserstoffe (FCKW) sind die gewichtigsten der von den Menschen hergestellten Ozonkillern. Entweichen FCKW in die Luft, steigen sie bis in die Stratosphäre auf.

Die FCKW können ihre Wirkung nur bei sehr tiefen Temperaturen (–80 °C) und unter Anwesenheit von Eis- oder Säurewolken entfalten. Deshalb begann die Zerstörung des Ozons zuerst über der kältesten Region der Erde, über der Antarktis.

Allmählich stellen sich die ozonzerstörenden Bedingungen auch über den mittleren Breiten ein. Mit fortschreitender Aufheizung der Troposphäre wird ein Teil jener Wärme zurückgehalten, die früher in die Stratosphäre und schliesslich ins All entwich. In der Folge kühlt die Stratosphäre ab.

In diesem Zusammenhang gerät der Flugverkehr zusehends ins Blickfeld der Klimaforschung. Durch die Verbrennung von *Kerosin* in Reiseflughöhe gelangen immer mehr Wasserdampf und Stickoxide (NO_X) in die Stratosphäre. Bei den hier herrschenden tiefen Temperaturen entstehen aus dem Wasserdampf Eiswolken und aus den Stickoxiden *Salpetersäurewolken*.

Verschiedene internationale Vertragswerke haben dazu geführt, dass die Produktion der gefährlichsten ozonzerstörenden Stoffe in den westlichen Industrieländern drastisch zurückgegangen sind. Schwierigkeiten gibt es bei den Ersatzstoffen, die, wenn auch in geringerem Masse, ebenfalls ozonzerstörend wirken.

Da die Kohlenwasserstoffe sehr lange in der Atmosphäre verweilen, wird auch ein vollständiges Verbot erst nach mehreren Jahren zu einer Erholung der Ozonschicht führen.

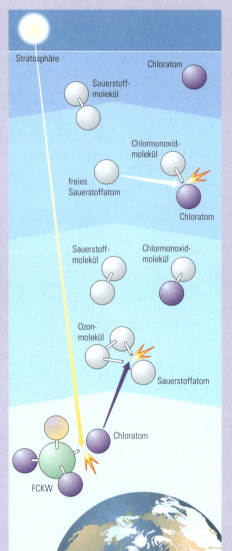

Wie ein Chloratom das Ozon zerstört

4 Das Chloratom kann nun ein weiteres Ozonmolekül attackieren und spalten.

3 Wenn das Chlormonoxidmolekül mit einem freien Sauerstoffatom zusammentrifft, vereinigen sich die beiden Sauerstoffatome zu einem Sauerstoffmolekül, zurück bleibt ein einzelnes aktives Chloratom.

2 Das Chloratom greift ein Ozonmolekül an und bricht ein Sauerstoffatom heraus. Es bilden sich ein Chlormonoxid- und ein Sauerstoffmolekül.

1 Die UV-Strahlen der Sonne spalten ein Chloratom aus dem FCKW-Molekül ab.

Flugshow 1994 (Schweiz)

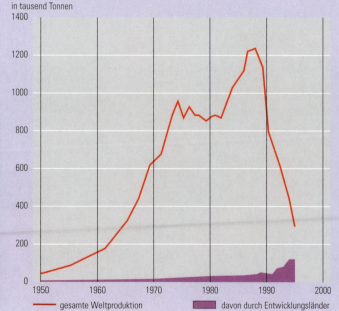

Weltproduktion von Fluor-Chlor-Kohlenwasserstoffen (FCKW)
in tausend Tonnen

— gesamte Weltproduktion   ▬ davon durch Entwicklungsländer

Entwicklungsländer

Woran man ein Entwicklungsland erkennt

Das Bruttosozialprodukt (BSP):
Das Bruttosozialprodukt (BSP) umfasst den Geldwert aller innerhalb eines Staates produzierten Güter (Waren und Dienstleistungen), die im Verlaufe eines Jahres verkauft werden. Darin enthalten sind auch die ins Ausland exportierten Waren und Dienstleistungen.

Das Pro-Kopf-Einkommen:
Teilt man das BSP durch die Bevölkerungszahl erhält man das Pro-Kopf-Einkommen. Es vermittelt einen Eindruck über die durchschnittlichen Einkommensverhältnisse und den nationalen Wohlstand.

Beispiel:
Die Schweiz wies 1996 ein Bruttosozialprodukt von 313,729 Milliarden Dollar bei einer Einwohnerzahl von 7 074 000 auf. Das Pro-Kopf-Einkommen betrug demnach 44 350 Dollar (313 729 000 000 : 7 074 000).

Die Entwicklungsländer sind eine nicht klar zu definierende Staatengruppe. Eine allgemeingültige, verbindliche Liste existiert deshalb nicht. Zur Beurteilung eines Landes kann jedoch die Statistik zu Hilfe genommen werden, die Hinweise auf die wirtschaftlichen und sozialen Verhältnisse liefert. Weist ein Land mehrere der folgenden Merkmale auf, zählt man es zu den Entwicklungsländern.

- ein niederes Pro-Kopf-Einkommen
- ein hohes Bevölkerungswachstum
- eine unzureichende Nahrungsmittelversorgung für eine breite Bevölkerungsschicht
- eine mangelhafte medizinische Versorgung
- weit verbreiteter Analphabetismus
- ein grosser Gegensatz zwischen traditionellen und modernen Wirtschaftszweigen
- Kapitalmangel

Ausgewählte Entwicklungsländer

1996 gab es 149 Länder mit mehr als 1 Million Einwohnern. 68 Länder wiesen ein Pro-Kopf-Einkommen von höchstens 1000 Dollar pro Jahr auf, 42 Länder ein solches von höchstens 500 Dollar. Das Welteinkommen betrug 24 Billionen Dollar, das durchschnittliche Pro-Kopf-Einkommen 4400 Dollar.

	Einwohner-Dichte E/km²	Pro-Kopf-Einkommen in US-$	Bevölkerungswachstum 1985–1995 jährlicher Durchschnitt in %	tägliches Energieangebot an Kilojoule pro Kopf	Pro-Kopf-Auslandsschulden in US-$	Analphabetenrate der Erwachsenen in %
ausgewählte Schwellenländer						
Brasilien	18	2 930	1,9	11 766	848	19
Chile	18	3 170	1,6	10 760	1 490	7
China	123	490	1,4	11 369	81	18
Malaysia	58	3 140	2,4	12 014	1 228	22
Mexiko	46	3 610	1,8	13 252	1 311	13
Türkei	77	2 970	2,1	14 285	1 138	19
ausgewählte ölproduzierende Länder						
Algerien	11	1 780	2,6	12 068	984	43
Iran	39	2 230	3,6	11 918	321	46
Kuwait	101	19 360	–2,9	10 560	11 670	38
Saudi Arabien	8	7 810	4,4	11 460	1 724	38
weitere Entwicklungsländer						
Äthiopien	46	100	3,0	6 707	88	50
Bangladesh	781	220	2,2	8 411	121	65
Bolivien	6	760	2,3	8 748	595	23
Indien	273	300	2,1	9 977	102	52
Nigeria	114	300	2,9	8 852	308	49
Philippinen	216	850	2,3	9 406	544	10
zum Vergleich:						
Schweiz	171	44 350	1	>14 581	–	1

Dorfarzt (Nordindien)

Erdölländer und Schwellenländer

Unter den Entwicklungsländern nehmen die Erdölländer und die Schwellenländer eine Sonderstellung ein. Die Erdölländer verfügen über massgebliche Erdölvorkommen. Die Erdölförderung und der Erdölexport sind gewichtige Wirtschaftsfaktoren.

Bei den Schwellenländern handelt es sich um Entwicklungsländer, die im wirtschaftlichen Bereich grosse Fortschritte erzielt haben. Sie besitzen Industrien, die für den Weltmarkt produzieren. Der Handel und das Finanzwesen sind ebenfalls international tätig. Betrachtet man aber die Verteilung des Einkommens, den Ausbildungsstand der Bevölkerung oder das Gesundheitswesen, weisen sie immer noch die typischen Merkmale eines Entwicklungslandes auf.

Wie der Stand der Entwicklung gemessen werden kann

Vielfach ist es immer noch üblich, den Wohlstand eines Landes alleine am Bruttosozialprodukt zu messen. Doch das BSP wie auch das Pro-Kopf-Einkommen sind nur Durchschnittszahlen. Es handelt sich um Geldgrössen, die nichts über die Lebensqualität der Menschen aussagen. Möchten wir jedoch nicht nur den materiellen Wohlstand eines Volkes kennen, sondern die Lebensqualität erfassen, müssen wir weitere Faktoren heranziehen, so beispielsweise:

- die Ernährungslage (Kaloriengehalt und Zusammensetzung der Nahrung)
- den Gesundheitszustand (Lebenserwartung, Krankheiten, ärztliche Betreuung, Kindersterblichkeit)
- die Bildungsmöglichkeiten (Schulen, Lehrer, Analphabeten)
- die Art der Beschäftigung (Erwerbssektoren, Arbeitslosigkeit, Entlöhnung)
- die Umweltbelastung
- die politischen Verhältnisse (Mitspracherechte der Bevölkerung, Einhaltung der Menschenrechte)

Was Bruttosozialprodukt und Pro-Kopf-Einkommen nicht zeigen

- Aus ihnen geht nicht hervor, wie die Einkommen innerhalb eines Landes verteilt sind. Ein Millionär, der beispielsweise im Jahr 3 Millionen Franken und ein Hilfsarbeiter, der in der gleichen Zeit 40 000 Franken verdienen, hätten ein durchschnittliches Einkommen von 1 520 000 Franken. In diesem Fall entspricht die Zahl den wirklichen Verhältnissen überhaupt nicht.
- Das Bruttosozialprodukt sagt nichts aus über die *Kaufkraft*.
- Das Bruttosozialprodukt kann gesellschaftlich vorteilhafte Aktivitäten nicht von nachteiligen Aktivitäten unterscheiden: es erfasst Leistungen, wie zum Beispiel die Betreuung von Kindern und älteren Menschen in gleicher Weise wie die Herstellung von Waffen oder Zigaretten.
- Die Belastung und Zerstörung der Lebensgrundlagen, wie Luft, Wasser, Boden und Vegetation, werden nicht berücksichtigt. Hingegen kann Rücksichtslosigkeit gegenüber der Umwelt zu einer erheblichen Steigerung des Bruttosozialproduktes führen.
- Die Freizeit ist im System des Bruttosozialproduktes wertlos. Ebenso ignoriert es die menschliche Freiheit. Dabei wäre es zum Beispiel durchaus möglich, in einem gut geführten Polizeistaat hohe Pro-Kopf-Einkommen zu erzielen und alle materiellen Bedürfnisse zu befriedigen.
- Ein statistisches Problem stellt auch die sogenannte Schattenwirtschaft dar. Mütter, die ihren Kindern Kleider nähen, tragen zwar zur Vermehrung des Volkswohlstandes bei, aber nicht zur Erhöhung des Bruttosozialproduktes.
Viele Arbeitslose, besonders Jugendliche, verdienen Geld, indem sie Dienstleistungen auf der Strasse anbieten, z.B. Schuhe putzen, den Reisenden das Gepäck zum Taxi tragen und vieles mehr. Ihr Einkommen wird nicht erfasst und findet deshalb auch keinen Eingang in die Statistik. Bezahlte Tätigkeiten und Dienstleistungen, die nicht dem Steueramt gemeldet werden, bezeichnet man als Schwarzarbeit. Sie ist ein Teil der Schattenwirtschaft.

Notwendige Arbeitszeiten 1997 für den Kauf von...[1]

Städte	1 Hamburger[2] in Minuten	1 kg Brot in Minuten	1 kg Reis in Minuten
Abu Dhabi	30	10	16
Amsterdam	19	13	14
Athen	15	12	22
Bangkok	39	33	22
Berlin	18	12	14
Bogotá	53	22	15
Brüssel	21	13	19
Budapest	91	29	54
Buenos Aires	38	22	19
Caracas	117	36	34
Chicago	9	13	7
Djakarta	103	39	18
Dublin	19	11	20
Frankfurt	16	13	16
Genf	15	10	8
Helsinki	30	31	21
Hongkong	11	14	8
Houston	9	11	9
Istanbul	31	16	23
Johannesburg	26	8	17
Kopenhagen	20	12	8
Kuala Lumpur	20	22	11
Lissabon	33	20	15
London	20	9	13
Los Angeles	10	16	8
Luxemburg	13	7	6
Madrid	34	14	17
Mailand	22	23	18
Manama (Bahrein)	30	22	18
Manila	77	60	63
Mexiko	71	50	37
Montreal	14	12	9
Moskau	104	59	106
Mumbai (Bombay)	85	63	92
Nairobi	193	64	104
New York	12	12	8
Nikosia	26	15	21
Oslo	22	12	16
Panama	41	26	16
Paris	21	18	20
Prag	56	16	41
Rio de Janeiro	41	40	16
São Paulo	35	28	12
Shanghai	75	143	81
Seoul	25	32	25
Singapur	24	41	12
Stockholm	22	23	29
Sydney	14	17	8
Taipeh	20	14	13
Tel Aviv	32	8	14
Tokio	9	14	22
Toronto	12	8	12
Warschau	53	23	39
Wien	17	14	14
Zürich	14	9	7

[1] Preis des genannten Produkts dividiert durch gewichteten Nettostundenlohn aus 12 Berufen
[2] 1 Big Mac

Der Index für menschliche Entwicklung

Der Index für menschliche Entwicklung *(HDI = Human Development Index)* ist ein Versuch, die Lebensqualität der Menschen zu erfassen. In ihm sind Kennzahlen aus den Bereichen Gesundheit, Bildung und Kaufkraft zu einem Gesamtwert zusammengefasst. Der *HDI* ist eine Zahl zwischen 0 und 1.

Die Schweiz, die gemessen am Pro-Kopf-Einkommen die Weltrangliste 1994 anführte, nimmt beim *HDI* mit einem Wert von 0,930 nur den 16. Platz ein. Auf Platz 1 figurierte mit einem *HDI* von 0,960 Kanada. Den letzten Platz auf der *HDI*-Rangliste belegte Sierra Leone mit einem *HDI* von 0,176.

Der Nachteil der *HDI*s einzelner Länder liegt darin, dass es sich um Durchschnittswerte handelt.

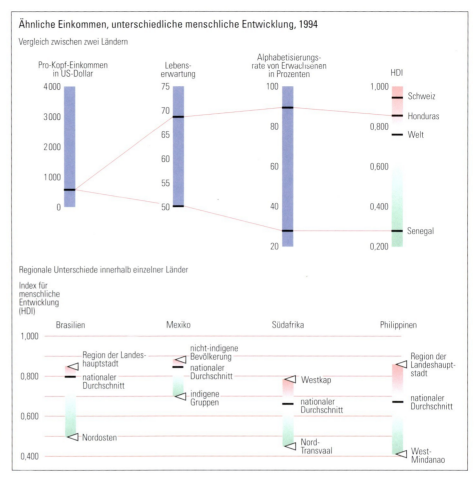

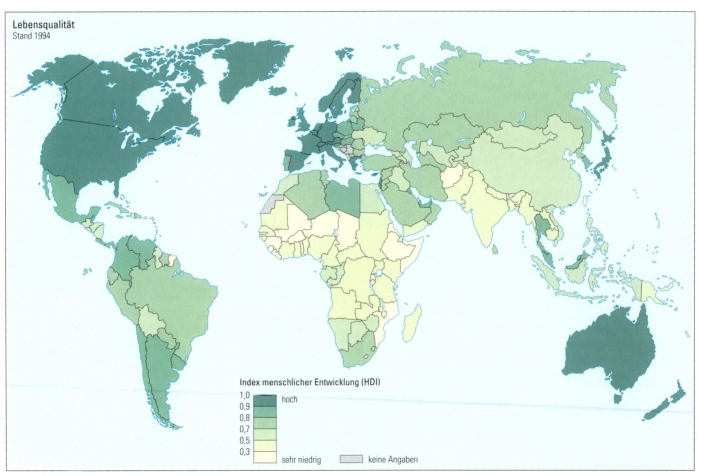

Faktoren, die die Entwicklung behindern

Die Ursachen der weltweiten Armut sind vielfältig und in jedem Land wieder anders. Die koloniale Ausbeutung, *diktatorische* Regierungen, hohe Militärausgaben und Kriege, Überschuldung, eine einseitig ausgerichtete Landwirtschaftspolitik und das Bevölkerungswachstum sind einige der Gründe. Die Meinungen, welcher dieser Faktoren am meisten zu Armut und Hunger beiträgt, gehen weit auseinander. Ist aber einmal ein Land in den Sog der Unterentwicklung hineingeraten, findet es sich in einem Teufelskreis wieder, den es nur schwer zu durchbrechen vermag.

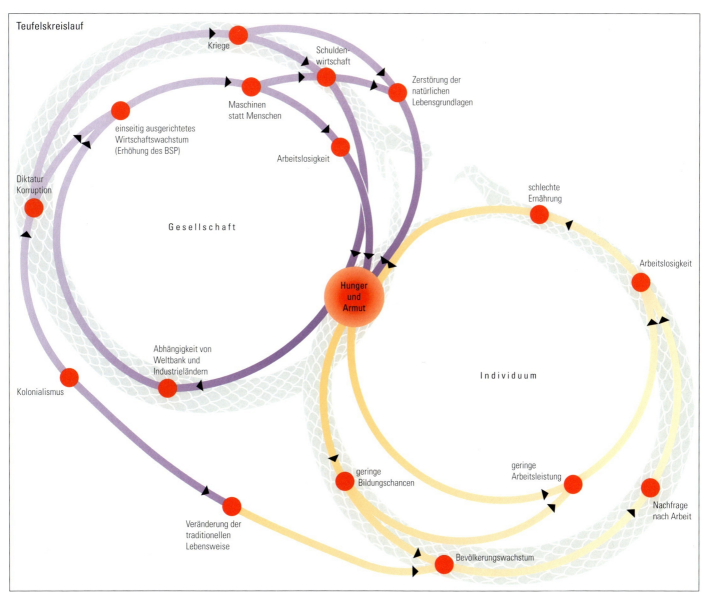

Die negativen Aspekte des Kolonialismus

Ein Hauptzweck der Kolonisierung bestand darin, zu möglichst billigen Rohstoffen zu kommen. In Afrika zum Beispiel betrieben die Bäuerinnen vor der Kolonisation eine vielfältige Landwirtschaft. Sie produzierten genügend Nahrung für die einheimische Bevölkerung. Hungersnöte kamen zwar lokal vor, erreichten aber nie das Ausmass des 20. Jahrhunderts.

Dann wurden die Menschen in den Kolonien zum Anbau von Monokulturen gezwungen. Sie produzierten von nun an in erster Linie Erdnüsse, Kaffee, Kakao, Baumwolle oder andere *Kolonialprodukte* für die «Mutterländer» in Europa statt Nahrungsmittel für die eigene Bevölkerung.

Seit ihrer Entlassung aus der Kolonialherrschaft ist es vielen der ärmsten Länder immer noch nicht gelungen, ihre Landwirtschaft umzustellen und wieder mehr Nahrungsmittel für die eigene Bevölkerung zu produzieren. Rohstoffreiche Länder wurden zu reinen Rohstofflieferanten für die aufstrebenden, damals noch jungen Industrieländer. Der Aufbau einer weiterverarbeitenden, eigenen Industrie wurde lange Zeit vernachlässigt und ist in vielen dieser Länder auch heute nur ansatzweise vorhanden.

Typisch für viele ehemalige Kolonien ist ihre Abhängigkeit vom Export weniger oder gar nur eines Rohstoffs aus Landwirtschaft und Bergbau. Die Preise dieser Exportprodukte werden auf dem Weltmarkt täglich neu festgelegt und schwanken je nach Angebot und Nachfrage recht stark. Wird ein Gut knapp, steigen die Preise. Ist ein Gut reichlich vorhanden, zum Beispiel nach einer guten Ernte, sinken die Preise.

Die Kolonialherren

- nahmen den einheimischen Bauern das Land weg und vertrieben sie auf weniger ertragreiche Böden ins Gebirge, in den Regenwald oder in Trockengebiete
- versklavten die Bevölkerung
- erhoben Steuern auf Besitz; das für diese Steuern notwendige Geld konnte man nur als (billige) Arbeitskraft auf den Plantagen verdienen
- verweigerten den Bauern den Zugang zu Wasser, Informationen und anderen Infrastrukturen
- verweigerten Kredite an Kleinbauern
- verhinderten die einheimische landwirtschaftliche Entwicklung, die vor allem auf die Ernährung der angestammten Bevölkerung ausgerichtet war
- verhinderten eine angemessene Ausbildung der Kinder

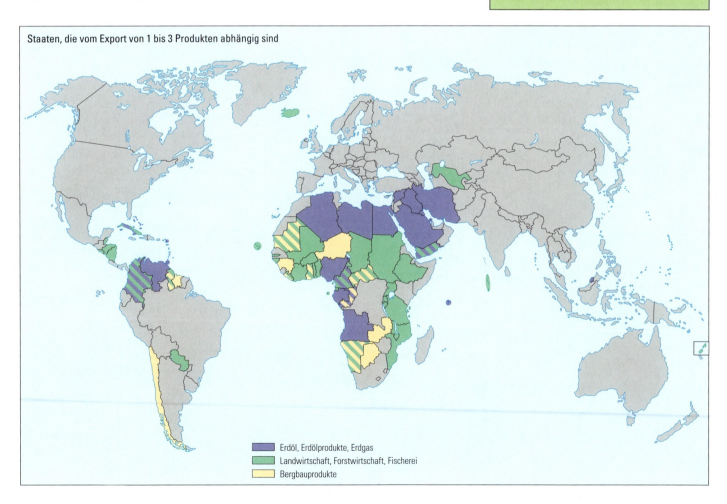

Staaten, die vom Export von 1 bis 3 Produkten abhängig sind

- Erdöl, Erdölprodukte, Erdgas
- Landwirtschaft, Forstwirtschaft, Fischerei
- Bergbauprodukte

Korruption statt Demokratie – Krieg statt Frieden

Entwicklungsländer werden oft durch Machthaber aus den eigenen Reihen in noch grössere Schwierigkeiten gebracht. Sie stürzen eine breite Bevölkerungsschicht in tiefste Armut. Selten werden diese Regierungen von ihrem Volk gewählt.

Korruption und *Vetternwirtschaft* treiben die unglaublichsten Blüten. Gut ausgebildete Beamte in der staatlichen Verwaltung sind rar, denn wer im Staatsapparat das Recht hat, Leute einzustellen, bevorzugt lieber Freunde und Bekannte statt Leute mit ausgewiesenem Fachwissen. Ein grosser Teil des Geldes wird an Luxusgüter verschwendet, für Waffen ausgegeben oder dazu benutzt, Machtpositionen und Privilegien auszubauen. In der Regel müssen die einfachen Leute die Gürtel noch enger schnallen, damit die Schulden zu gegebener Zeit zurückbezahlt werden können.

Regimegegner werden rücksichtslos verfolgt, ganze Volksgruppen unterdrückt. Oft sind Bürgerkriege die Folge, welche ganze Länder jahrzehntelang in Hunger und Armut halten.

Der Weg in die Schuldenkrise

Die Schuldenwirtschaft der Entwicklungsländer führte zu immer mehr, immer grösseren Schulden. Zu Beginn der Achtzigerjahre setzte eine eigentliche Schuldenkrise ein. Mittlerweile haben die Entwicklungsländer weit mehr zurückbezahlt, als sie je an Krediten aufgenommen haben.

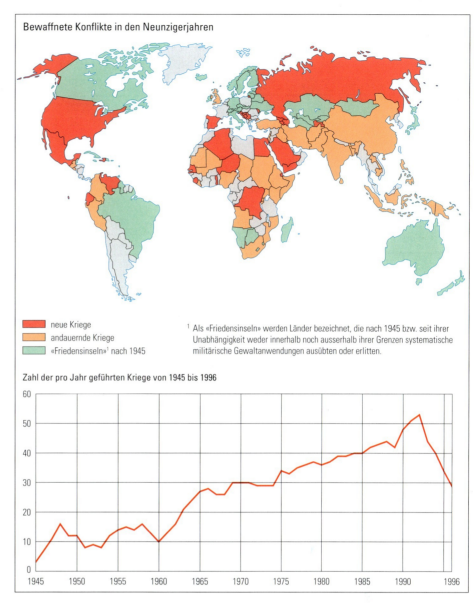

Bewaffnete Konflikte in den Neunzigerjahren

- neue Kriege
- andauernde Kriege
- «Friedensinseln»[1] nach 1945

[1] Als «Friedensinseln» werden Länder bezeichnet, die nach 1945 bzw. seit ihrer Unabhängigkeit weder innerhalb noch ausserhalb ihrer Grenzen systematische militärische Gewaltanwendungen ausübten oder erlitten.

Zahl der pro Jahr geführten Kriege von 1945 bis 1996

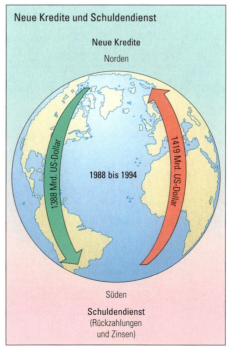

Neue Kredite und Schuldendienst

Neue Kredite
Norden

1388 Mrd. US-Dollar
1419 Mrd. US-Dollar

1988 bis 1994

Süden
Schuldendienst (Rückzahlungen und Zinsen)

Der Schuldenmechanismus

Beispiel mit folgenden Annahmen:
– jährlicher Neukredit von 100 Mio.
– 10% Zins
– 10 Jahre Laufzeit

1. Jahr	+100 Mio. / -10 Mio.
2. Jahr	+100 Mio. / -20 Mio.
3. Jahr	+100 Mio. / -30 Mio.
4. Jahr… 5. Jahr… 6. Jahr… 7. Jahr	
8. Jahr	+100 Mio. / -80 Mio.
9. Jahr	+100 Mio. / -90 Mio.
10. Jahr	+100 Mio. / -200 Mio.
11. Jahr	+100 Mio. / -200 Mio.

- Neukredit am Jahresanfang
- Schuldendienst (Zins und Schuldentilgung) am Jahresende

Einseitig ausgerichtete Landwirtschaftspolitik

In vielen Ländern, wie etwa in Mexiko oder in Indien, begann in den Fünfzigerjahren der Aufbau der Industrie. Dazu benötigten die Unternehmungen billige Arbeitskräfte, diese wiederum billige Nahrungsmittel. Gleichzeitig nahmen weltweit Armut und Hunger zu. Deshalb begann man systematisch die Nahrungsmittelproduktion mit Hilfe moderner Technologien zu steigern.

Die Modernisierung der Landwirtschaft wurde unter dem Namen «Grüne Revolution» bekannt. Sie brachte wichtige Erfolge in der Nahrungsmittelproduktion:
- Ertragreichere Getreidesorten wurden eingeführt und ermöglichten bis zu drei Ernten pro Jahr.
- Die Ernteerträge konnten verdoppelt oder verdreifacht werden. Indien, ursprünglich der zweitgrösste Getreideimporteur, wurde Ende der Siebzigerjahre zum *autarken* Getreideversorger.
- Die künstlich bewässerte Anbaufläche wurde weltweit gesteigert.
- Die Nahrungsmittelpreise sanken.

Doch im Laufe der Zeit wurde die Kritik an der Grünen Revolution immer lauter:
- Die neuen Sorten sind anfälliger auf Krankheiten und Schädlinge. Ausserdem sind die Samen der Hochertragssorten als Saatgut ungeeignet, sodass die Bäuerin oder der Bauer jährlich neues Saatgut dazu kaufen muss.
- Die neuen Sorten sind auf chemische Dünge- und Schädlingsbekämpfungsmittel angewiesen.
- Die Wasserzufuhr muss nach einem ausgeklügelten System erfolgen, denn die neuen Sorten ertragen Dürre und Flut weit weniger gut als die traditionellen alten Sorten.
- Für die künstliche Bewässerung braucht es immer mehr Wasser. Vielerorts wird mehr Grundwasser genutzt, als nachfliessen kann. Der Grundwasserspiegel sinkt.
- Die neue Produktionsweise erfordert sehr viel Energie und viel Kapital.

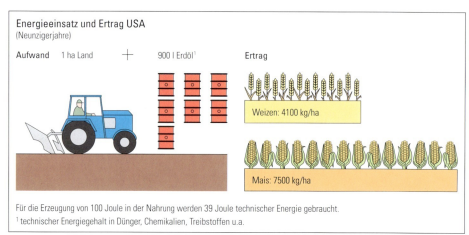

Energieeinsatz und Ertrag USA (Neunzigerjahre)

Aufwand: 1 ha Land + 900 l Erdöl[1]

Ertrag: Weizen: 4100 kg/ha; Mais: 7500 kg/ha

Für die Erzeugung von 100 Joule in der Nahrung werden 39 Joule technischer Energie gebraucht.
[1] technischer Energiegehalt in Dünger, Chemikalien, Treibstoffen u.a.

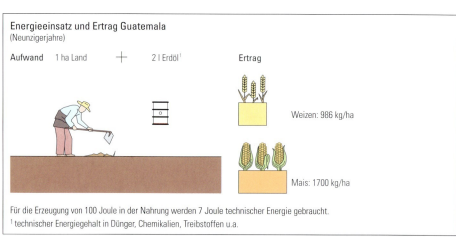

Energieeinsatz und Ertrag Guatemala (Neunzigerjahre)

Aufwand: 1 ha Land + 2 l Erdöl[1]

Ertrag: Weizen: 986 kg/ha; Mais: 1700 kg/ha

Für die Erzeugung von 100 Joule in der Nahrung werden 7 Joule technischer Energie gebraucht.
[1] technischer Energiegehalt in Dünger, Chemikalien, Treibstoffen u.a.

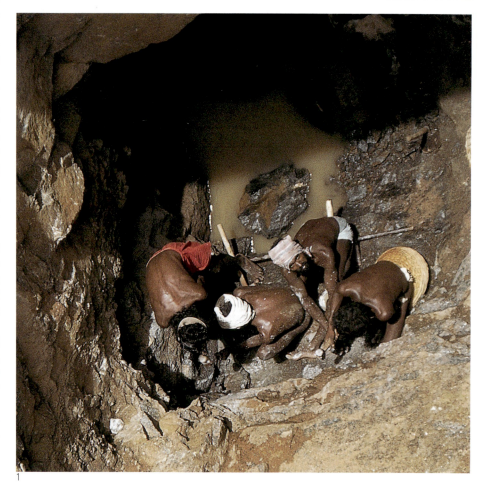

1

Die Grüne Revolution und ihre Folgen

Um die Landwirtschaft auf möglichst schnellstem Weg produktiver zu gestalten, unterstützen die Regierungen die Einfuhr von Landwirtschaftsmaschinen, Dünger und Pflanzenschutzmitteln sowie die Erweiterung des Bewässerungslandes mit erheblichen Geldbeträgen. Die *Subventionen* kommen aber in erster Linie den Grossgrundbesitzern zugute, da es einfacher scheint, mit einigen wenigen Grossbauern die Nahrungsmittelproduktion zu steigern, als einige Millionen Kleinbäuerinnen und Kleinbauern zu mobilisieren.

Den Kleinbauern, die die neuen Techniken anwenden, gelingt es meist nicht, die erforderlichen Geldmittel aufzubringen. Da sie in der Regel ohne staatliche Hilfe bleiben, verschulden sie sich immer mehr.

Wenn die Nahrungsmittelproduktion zunimmt, sinken die Preise. Die Grossgrundbesitzer erzielen ihre Gewinne, indem sie auf einer immer grösseren Fläche anbauen. Die Kleinbauern hingegen müssen immer geringere Erlöse in Kauf nehmen. Sie sind gezwungen, Stück um Stück ihres Landes zu verkaufen. Vielfach werden sie gezielt von ihrem Land verdrängt. Zum Beispiel werden ihnen die nötigen Kredite verweigert oder der Staat erhöht die Steuern, sodass sie diese nicht mehr bezahlen können.

Die Landmaschinen ersetzen einen grossen Teil der menschlichen Arbeitskraft. Die immer zahlreicheren Arbeitslosen bewirken, dass die kleinen Löhne der Taglöhner noch kleiner werden.

Die landlos gewordenen Bauernfamilien versuchen in bis anhin unberührte Gebiete auszuweichen. Sie werden vielerorts vom Staat dabei unterstützt, der hofft, auf diese Weise die wachsende Unzufriedenheit der Menschen im Keim ersticken zu können. In Nepal, auf den Philippinen oder in Kolumbien beispielsweise kultivieren sie bergrutschgefährdete Hänge. In Brasilien roden sie grossflächig Tropenwald, der nur eine magere Humusschicht besitzt, ebenso in Zaire, wo die Hälfte der Ernte von tropischen Schädlingen gefressen wird. Nur in wenigen Ländern ist die Grüne Revolution tatsächlich erfolgreich. So erzielt man in Taiwan gute Ergebnisse, da die Landverteilung ausgeglichen ist und alle Bauern die gleichen Chancen gehabt haben, die neuen Technologien zu nutzen.

Seit an der Grünen Revolution harsche Kritik geübt wird, konzentriert sich die internationale Landwirtschaftsforschung stärker auf Produkte, die in Kleinbetrieben angebaut werden können. Die Anbaupflanzen sollen resistent sein gegenüber einer Reihe von Pflanzenkrankheiten und in Trockenlandschaften gut gedeihen. Sie sollen möglichst wenig Energie, Kapital und Pflanzenschutzmittel benötigen.

1 Brunnenbauer (Indien)
2 Landwirtschaft an Steilhängen (Ecuador)
3 Wenden von Heu (Indien)

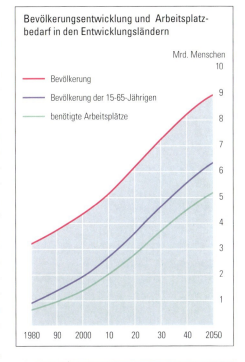

Bevölkerungsentwicklung und Arbeitsplatzbedarf in den Entwicklungsländern

Landlose Bevölkerung der ländlichen Haushalte in Indien

vor der Grünen Revolution — 18%
nach der Grünen Revolution — 33%

Von der Ursache und Wirkung des Bevölkerungswachstums

Lange Zeit betrachtete man das Bevölkerungswachstum als zentrale Ursache der zunehmenden, weltweiten Armut. Die Weltbank vergab deshalb Entwicklungskredite nur noch an jene Länder, die bereit waren, mit rigorosen Massnahmen ihr Bevölkerungswachstum zu drosseln. Dies hat vielerorts zu entwürdigenden Aktionen geführt: Frauen wurden ohne ihr Wissen nach der Geburt eines Kindes unterbunden, junge Männer lockte man mit etwas Geld und ohne umfassende Aufklärung auf den Sterilisationstisch. Man ging sogar soweit, werdende Mütter zum Abbruch ihrer Schwangerschaft zu zwingen.

In der Zwischenzeit hat man erkannt, dass ein hohes Bevölkerungswachstum den Kampf gegen Armut und Hunger zwar erheblich erschwert, aber nicht als Erklärung für die Armut eines Landes angeführt werden kann. Der umgekehrte Schluss ist wohl zutreffender: Armut begünstigt eine rasche Zunahme der Bevölkerung.

Indische Bauern über ihre Situation

«Natürlich bin ich besorgt wegen der Aufsplitterung des Landes nach meinem Tod. Doch bevor ich mich um mein Land sorge, das morgen aufgeteilt wird, muss ich heute darauf ein Auskommen haben.»

«Warum 2500 Rupien für eine weitere Arbeitskraft bezahlen? Warum nicht einen Sohn haben?»

«Ein reicher Mann investiert in seine Maschinen. Wir müssen in unsere Kinder investieren.»

«Sie glauben, ich bin arm, weil ich zu viele Kinder habe. Wenn ich nicht meine Söhne hätte! Gott weiss, was mit mir und ihrer Mutter geschähe, wenn wir beide zu alt sind, um zu arbeiten und zu verdienen.»

Vom Mythos des Hungers, 1980

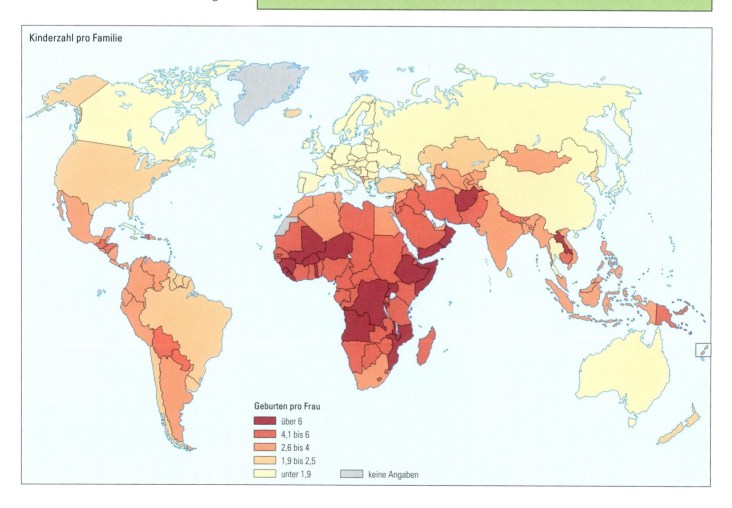

Kinderzahl pro Familie

Geburten pro Frau
- über 6
- 4,1 bis 6
- 2,6 bis 4
- 1,9 bis 2,5
- unter 1,9
- keine Angaben

Alles hängt an den Frauen

Es ist kein Zufall, dass in jenen Ländern, in welchen die Frauen die wenigsten Rechte haben, Wirtschaftswachstum und Verbesserung der Lebensqualität am langsamsten vorankommen. Diese Länder verzeichnen auch die höchsten Geburtenziffern. Der Mann entscheidet über die Familiengrösse. Doch von Empfängnisverhütung halten die meisten nicht viel. Sie befürchten, dass ihre Frauen mit empfängnisverhütenden Mitteln die Stellung des Familienoberhauptes untergraben könnten. Für sich selber wenden sie keine an, weil sie sich in ihrer Männlichkeit gekränkt fühlen. Schätzungen gehen davon aus, dass in Asien (ohne China) die Geburtenrate um ein Drittel sinken würde, könnten die Frauen selber entscheiden, wie viele Kinder sie gebären wollen. Denn sie kümmern sich in der Regel um die Kindererziehung und bewältigen die übrigen Lasten des Alltags.

Meist verfügen die Frauen über kein Einkommen, das ihnen ein Stück Unabhängigkeit gewähren würde und ihre unternehmerischen Fähigkeiten zur Entfaltung bringen könnte. In Familien, wo die Frauen mehr Kontrolle über das Einkommen haben, wird mehr Geld für Nahrungsmittel und Schulgeld, weniger für Zigaretten und Alkohol ausgegeben. Weltweit leben mehr als 60% aller Frauen in misslichen sozialen Verhältnissen. Frauen beziehen nur einen Zehntel aller Einkommen. Sie besitzen lediglich ein Prozent des weltweiten Vermögens. Länder, die dafür sorgen, dass sich die Lage der Frauen verbessert, schaffen die besten Voraussetzungen für sinkende Geburtenraten (z.B. Kuba, Thailand, Mauritius, Barbados, Bahamas, Chile, Sri Lanka, Republik Korea, Uruguay). In diesen Ländern erhalten die Mädchen im Vergleich zu Mädchen in anderen Entwicklungsländern eine bessere Ausbildung. Die Gesundheit von Frauen und Kindern, insbesondere der Mädchen, wird systematisch überwacht. Vor allem aber haben die Frauen mehr Rechte erhalten.

1 Grossfamilie (Transkei, Südafrika)
2 Äthiopierin bei ihrer täglichen Arbeit

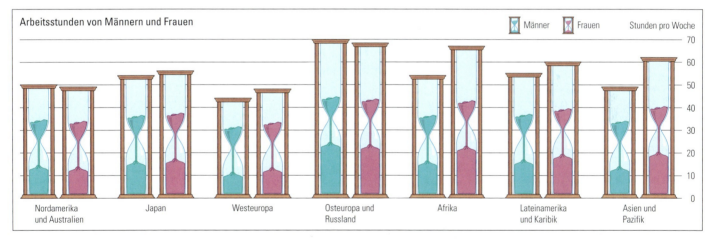

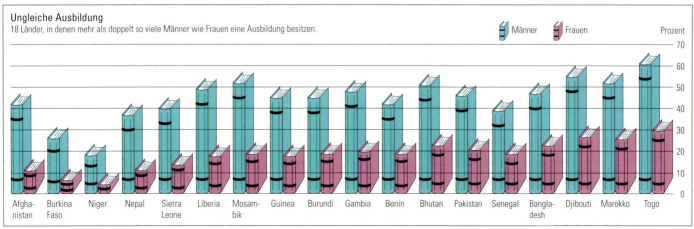

Kinder in Armut – vergessen und ausgebeutet

Man begegnet der Kinderarbeit vor allem in den Entwicklungsländern. Oft arbeiten die Kinder zehn, elf Stunden, manche auch bis zu vierzehn Stunden. In der Landwirtschaft ist Kinderarbeit am weitesten verbreitet. Kinder arbeiten auch in nahezu jedem anderen Wirtschaftsbereich: sie arbeiten auf der Strasse, putzen dort Schuhe und waschen Autos oder verkaufen Waren, nicht selten alkoholfreie Getränke und Zigaretten mit wohlklingenden Markennamen. Schon achtjährige Mädchen arbeiten als Dienstmädchen in wohlhabenderen Familien und Knaben leisten auf Baustellen als Steinbrecher erstaunliche körperliche Arbeit. Kinder sitzen an Webstühlen, wo sie wertvolle Teppiche knüpfen, oder stehen an den Fliessbändern von Nahrungsmittel- und Rüstungsindustrien. In Bergwerken und in Feuerwerkskörperfabriken sind sie ungeschützt den Gefahren ausgesetzt, die ihre Arbeit zwangsläufig mit sich bringt. Geschieht ihnen ein Unglück, gibt es keine Versicherung, die eine Entschädigung bezahlen würde. Kinderarbeit gewinnt auch in der Exportwirtschaft zunehmend an Bedeutung. Besonders in den aufstrebenden Bekleidungs- und Schuhindustrien sind die kleinen, geschickten Hände der Mädchen gefragt.

Nach Schätzungen der Internationalen Arbeitsorganisation mussten 1997 weltweit 200 bis 300 Millionen Kinder im Alter zwischen 5 und 14 Jahren arbeiten, damit sie überleben konnten. Das sind fast doppelt so viele, wie fünf Jahre zuvor angenommen. Diese Kinder werden über ihre Leistungsgrenzen hinaus beansprucht. Die meisten von ihnen können keine Schule besuchen. Mit ihrem bescheidenen Lohn, sofern sie überhaupt einen solchen erhalten, schlagen sie sich durchs Leben und tragen häufig zum Lebensunterhalt ihrer Familie bei.

Viele Kinder verlassen ihre in Armut verharrenden Familien. In der Regel wird die Strasse ihr Zuhause. Dort geraten sie in die Abhängigkeit von Kriminellen, die ihre Notsituation auszunutzen wissen. Allein die Drogensyndikate in Rio de Janeiro beschäftigen nach Angaben der Polizei etwa 5000 Minderjährige. Werden sie bei ihren kleineren oder grösseren Vergehen von der Polizei geschnappt, werden sie zu den Erwachsenen in die Gefängnisse gesteckt und wie diese mehr schlecht als recht behandelt. Gefängnisse sind jedoch wahre Lehrlingswerkstätten für zukünftige erwachsene Kriminelle.

Viele Mädchen – aber auch Knaben – verdienen sich ihr Leben mit Prostitution. Aids und andere Geschlechtskrankheiten bedrohen ihr junges Leben. Mädchen, welche selber noch halbe Kinder sind, werden Mütter. Die Zahl sexuell ausgebeuteter Kinder wird weltweit auf zwei Millionen geschätzt, wovon allein eine Million in Asien lebt.

In Kriegsgebieten suchen sich Kinder unter den Kampfeinheiten eine Ersatzfamilie. Als Entschädigung für ihre Kriegsdienste erhalten sie Verpflegung und Unterkunft. In den Neunzigerjahren haben in mindestens 25 Ländern Kinder unter 16 Jahren in Kriegen mitgekämpft.

Wer die Kinderarbeit verbieten will, ignoriert die Realität

Schätzungsweise 300 Millionen Kinder unter 15 Jahren arbeiten weltweit. «Der Kindheit beraubt», lautet das Schlagwort, wenn im reichen Europa über Mädchen in indischen Teppichwebereien und Jungen in kolumbianischen Minen berichtet wird. Die Einschätzung, ab welchem Alter ein Kind arbeiten kann und soll, ist nach Kultur, Religion und Klasse höchst unterschiedlich. Zu bedenken ist, dass rund 800 Millionen Menschen in extremer Armut leben. So geht es bei der Kinderarbeit in weiten Teilen der Erde ums nackte Überleben – nicht nur der betroffenen Kinder selbst, sondern der ganzen Familie.

Das Verbot der Kinderarbeit, wie es Unicef, das Kinderhilfswerk der Vereinten Nationen, fordert, zielt deshalb an der bitteren Realität vorbei. Was alle arbeitenden Kinder der Welt aber brauchen, sind eine gute Schulbildung und einen umfassenden Schutz vor psychischer und physischer Ausbeutung am Arbeitsplatz.

Facts, Nr. 8, 20. Februar 1997

Kindergerechte Aufgaben

Nicht jede Arbeit, die Kinder verrichten, muss verwerflich sein. Das schrittweise Einbeziehen von Kindern in die Erwachsenenwelt kann auch Ausdruck einer verantwortungsvollen Erziehung sein. Kinder lernen in vielen Gesellschaften notwendige und für ihr späteres Leben nützliche Fähigkeiten und Fertigkeiten. Es ist deshalb wünschenswert, dass Kinder Aufgaben übernehmen, die ihrem Alter angemessen sind. Das praxisbezogene Lernen und die damit verbundenen Pflichten dürfen allerdings die geistige, seelische und körperliche Entwicklung eines Kindes nicht behindern.

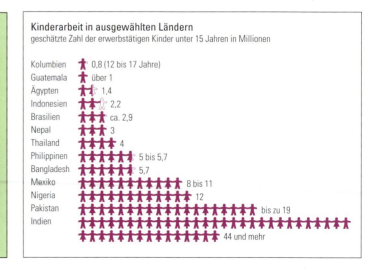

Kinderarbeit in ausgewählten Ländern
geschätzte Zahl der erwerbstätigen Kinder unter 15 Jahren in Millionen

Kolumbien 0,8 (12 bis 17 Jahre)
Guatemala über 1
Ägypten 1,4
Indonesien 2,2
Brasilien ca. 2,9
Nepal 3
Thailand 4
Philippinen 5 bis 5,7
Bangladesh 5,7
Mexiko 8 bis 11
Nigeria 12
Pakistan bis zu 19
Indien 44 und mehr

Trotz aller Fortschritte bleibt noch viel zu tun

Kinder garantieren die Zukunft einer Gesellschaft. Sie werden eines Tages die Aufgaben übernehmen, die es in den Familien, in der Wirtschaft, im Staat und in der Kultur zu erfüllen gilt. Es werden deshalb grosse Anstrengungen unternommen, die Situation der Kinder in der Welt zu verbessern. So ist in den letzten 50 Jahren die Kindersterblichkeit weltweit um rund 50% zurückgegangen. Die Gesamtzahl der Kinder, die jährlich sterben, wurde von 25 Millionen auf 12,5 Millionen halbiert. Die Impfkampagnen erreichen heute nahezu 80% aller Kinder. In vielen Ländern, insbesondere in Lateinamerika, der Karibik und Asien, konnte die Ernährungssituation für Kinder verbessert werden. Der Kampf gegen die Mangelernährung brachte deutliche Fortschritte. Schätzungen ergeben, dass die weltweiten Anstrengungen in Bezug auf Gesundheit und Ernährung bis ins Jahr 2000 insgesamt etwa 12 Millionen Kindern das Leben gerettet hat. Aber genügt es, Kinder vor dem Tod zu bewahren?

Ein grundlegendes Ziel ist es, die Länder davon zu überzeugen, dass verlassene und missbrauchte Kinder als Opfer und nicht als Verbrecher behandelt werden müssen. Kinder haben ein Recht auf besonderen Schutz der Gesellschaft. Diese Rechte sind im «Übereinkommen über die Rechte des Kindes» von 1989 festgehalten. Länder, die dieses Übereinkommen unterzeichnet haben, sind verpflichtet, ihre Gesetze entsprechend zu ändern. Ist dies einmal geschehen, fängt die Arbeit erst richtig an!

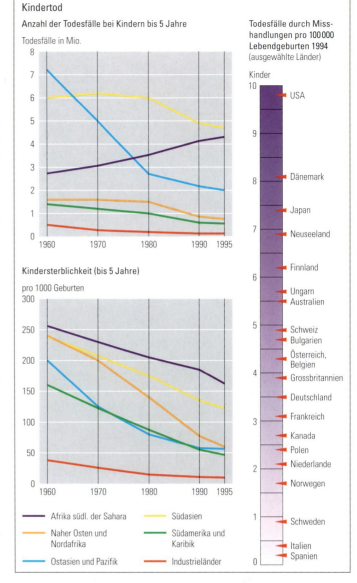

1 Impfkampagne gegen Malaria
2 Spielende Kinder (Tahiti)

Hunger – treuer Begleiter der Armut

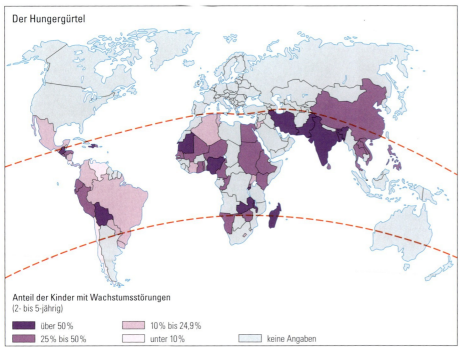

In den Industrieländern lebt ein Grossteil der Bevölkerung im Überfluss. Zivilisationskrankheiten wie Überernährung und Übergewicht sind die Folgen. Hungernde Menschen bilden eine kleine Minderheit. Ganz andere Verhältnisse herrschen in den Entwicklungsländern. Hier werden rund 800 Millionen Menschen – zwei Drittel davon Kinder – ständig vom Hunger geplagt.

Das Hungerproblem ist in erster Linie ein Verteilungsproblem. In einigen Regionen ist die Vermarktung der Waren mangelhaft organisiert. Es fehlen geeignete Transportmittel oder die Transportwege sind schlecht ausgebaut. Schädlinge, fehlende Lager- und Konservierungsmöglichkeiten oder Witterungseinflüsse lassen grosse Teile der Ernten verderben.

Vor allem aber verhindert die Armut eine angemessene Verteilung der Nahrungsmittel. Ohne Land kann eine Familie keine Nahrungsmittel produzieren. Ohne Geld kann sie keine Nahrung kaufen, auch wenn auf dem Markt ein reichhaltiges Angebot vorhanden ist. Geldmangel ist auch der Grund, weshalb selbst in den reichen Industriestaaten Menschen hungern müssen.

Anteil der Hungerleidenden an der Gesamtbevölkerung der jeweiligen Region

	1969/70	1988/90	2010
Afrika südlich der Sahara	35% 94 Mio.	37% 175 Mio.	32% 296 Mio.
Nordafrika / Nahost	24% 42 Mio.	8% 24 Mio.	6% 29 Mio.
Südasien	34% 245 Mio.	24% 265 Mio.	12% 195 Mio.
Ostasien	44% 506 Mio.	16% 258 Mio.	4% 77 Mio.
Lateinamerika / Karibik	19% 54 Mio.	13% 59 Mio.	6% 40 Mio.
Alle Entwicklungsländer	36% 941 Mio.	20% 781 Mio.	11% 637 Mio.

Der Hungergürtel

Anteil der Kinder mit Wachstumsstörungen (2- bis 5-jährig)
- über 50%
- 25% bis 50%
- 10% bis 24,9%
- unter 10%
- keine Angaben

Was der Mensch zum Essen braucht

Ein erwachsener Mensch benötigt pro Tag 10 000 bis 16 000 Kilojoule und 55 Gramm Eiweiss. Die Nahrung sollte in einem ausgeglichenen Verhältnis aus Kohlehydraten (Getreide, Zucker), Fetten und Proteinen (tierischem und pflanzlichem Eiweiss) zusammengestellt sein. Fehlen zum Beispiel Proteine, kommt es auch bei mengenmässig ausreichender Ernährung zu Mangelerscheinungen.

Leiden Kinder an Unterernährung oder Mangelernährung, bleiben sie in ihrer körperlichen und geistigen Entwicklung zurück. Vom Hunger geschwächte Menschen sind nicht mehr in der Lage, schwere Arbeiten zu verrichten. Der Anreiz zu lernen, zu arbeiten und sich selber zu helfen ist gelähmt. Die Anfälligkeit für Krankheiten wächst, und schon harmlose Erkrankungen oder Verletzungen können zum Tod führen.

Die Nahrungsmittelproduktion auf der Erde würde ausreichen, um alle Menschen zu ernähren. Mit dem Getreide (ohne Futtergetreide!), welches Mitte der Neunzigerjahre produziert wurde, hätte man 6 Milliarden Menschen ausreichend oder 4 Milliarden mittelmässig oder 3 Milliarden sehr gut wie in der Schweiz ernähren können (1995: 5,7 Milliarden Menschen).

1 Frau durchwühlt Müll nach Essen (Deutschland)
2 Hungerndes Kind (Somalia)
3 Kind beim Essen (Indonesien)

> Alleine in den Entwicklungsländern standen 1992 im Durchschnitt für jeden Mann, jede Frau und jedes Kind täglich 10 660 Kilojoule zur Verfügung. 1972 waren es erst 8940 Kilojoule gewesen.

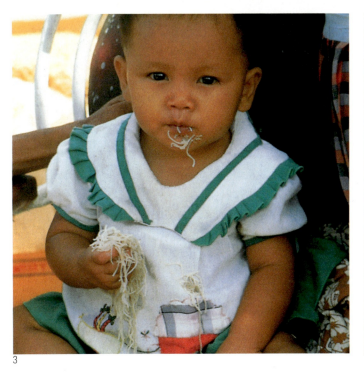

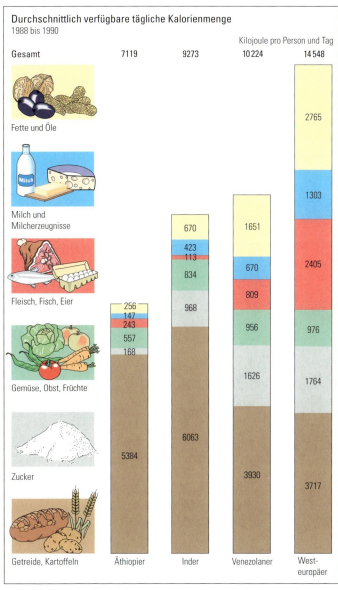

Durchschnittlich verfügbare tägliche Kalorienmenge
1988 bis 1990

Kilojoule pro Person und Tag

	Äthiopier	Inder	Venezolaner	Westeuropäer
Gesamt	7119	9273	10 224	14 548
Fette und Öle				2765
Milch und Milcherzeugnisse		670	1651	1303
Fleisch, Fisch, Eier	423 / 113	834	670	2405
Gemüse, Obst, Früchte	256 / 147 / 243 / 557 / 168	968	809 / 956	976
Zucker	5384	6063	1626	1764
Getreide, Kartoffeln			3930	3717

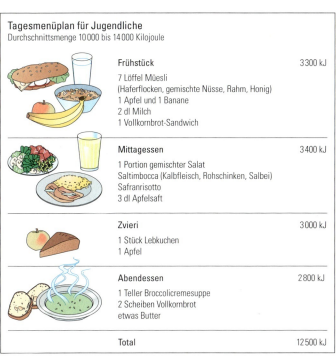

Tagesmenüplan für Jugendliche
Durchschnittsmenge 10 000 bis 14 000 Kilojoule

Frühstück — 3300 kJ
7 Löffel Müesli (Haferflocken, gemischte Nüsse, Rahm, Honig)
1 Apfel und 1 Banane
2 dl Milch
1 Vollkornbrot-Sandwich

Mittagessen — 3400 kJ
1 Portion gemischter Salat
Saltimbocca (Kalbfleisch, Rohschinken, Salbei)
Safranrisotto
3 dl Apfelsaft

Zvieri — 3000 kJ
1 Stück Lebkuchen
1 Apfel

Abendessen — 2800 kJ
1 Teller Broccolicremesuppe
2 Scheiben Vollkornbrot
etwas Butter

Total — 12 500 kJ

Hält die Entwicklungshilfe, was sie verspricht?

1 Solaranlage (Mali)
2 Entwicklungszusammenarbeit (Nepal)
3 Auszubildende Maschinenschlosserinnen (Zimbabwe)

1

2

3

Die Armut in der Dritten Welt ist zweifellos die grösste soziale Frage unserer Epoche. Die Weltbank, UNO-Organisationen und Regierungen melden Jahr für Jahr wirtschaftliche Wachstumserfolge. Die grossen Konzerne berichten, wie sie die Entwicklungsvölker dank ihrer modernen Technologie auf eine ständig höhere Zivilisationsstufe heben. Trotz aller Anstrengungen gibt es heute mehr Verelendung, mehr Massenarmut, mehr Arbeitslosigkeit und mehr internationale Abhängigkeiten in der Dritten Welt als je zuvor.

Rudolf H. Strahm, Nationalökonom, 1992

Das Gefälle zwischen Nord und Süd ist dank der Entwicklungszusammenarbeit kleiner, als es ohne sie wäre. Millionen von hungernden, bedrohten und geschundenen Menschen kann damit ein Leben in Würde ermöglicht werden. Wer sagt, Entwicklungshilfe nütze ja doch nichts, den lade ich ein, einmal einem Kind, einer Frau oder einem Mann in die Augen zu schauen, die dank bescheidener Hilfe wieder Hoffnung für die Zukunft schöpfen. Damit Entwicklungszusammenarbeit wirkungsvoll sein kann, braucht es aber gleichzeitig gerechte politische und wirtschaftliche Rahmenbedingungen, z.B. fairen Handel, Friedensabkommen, Abrüstung, Stärkung der Menschenrechte und der Rechtssysteme der Staaten, faire Wahlen, Kampf gegen Korruption usw. Auch dafür setzen wir uns mit der Entwicklungszusammenarbeit ein.

Christoph Stückelberger, Zentralsekretär der evangelischen Entwicklungsorganisation «Brot für alle», 1997

Die Vorstellungen von westlichem Wohlstand, von westlicher Lebensart, aber auch die westlich geprägten politischen Vorstellungen lassen sich nicht ohne weiteres auf die Völker Asiens, Südamerikas und schon gar nicht auf die afrikanischen Völker übertragen.

Toni Hagen, UNO-Experte für Entwicklungshilfe, 1988

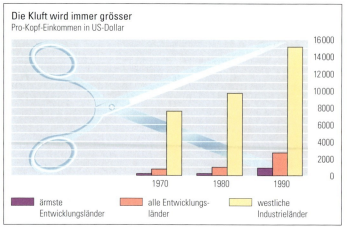

Die Kluft wird immer grösser
Pro-Kopf-Einkommen in US-Dollar

■ ärmste Entwicklungsländer ■ alle Entwicklungsländer □ westliche Industrieländer

Mehr Menschen brauchen mehr Nahrung

Wie man mehr Nahrungsmittel produzieren kann

Nahrungsmittelproduktion 1981–1994
(1981 = 100%)

	Zunahme der Nahrungsmittelproduktion in %	Zunahme des Nahrungsangebotes pro Kopf
Welt	31%	3,5%
Entwicklungsländer	44%	14%
ausgewählte Länder:		
China	77%	47%
Indien	67%	25%
Indonesien	92%	49%
Brasilien	56%	19%
Afrika	41%	–5%

Obwohl theoretisch genügend Nahrungsmittel vorhanden sind, um die gesamte Menschheit zu ernähren, reicht es nicht aus, uns nur über eine gerechte Verteilung den Kopf zu zerbrechen. Angesichts der wachsenden Erdbevölkerung müssen wir auch Anstrengungen unternehmen, um die Nahrungsmittelproduktion weiter auszuweiten. In den nächsten 25 Jahren wird die Nahrungsmittelnachfrage weltweit um 64% steigen. In den Entwicklungsländern müssen wir gar für die doppelte Menge an Nahrungsmitteln sorgen!

Es ist durchaus möglich, mehr Nahrungsmittel zu produzieren. Dazu sind drei Strategien denkbar:
Man kann
- Getreide statt Fleisch, Blumen und andere pflanzliche Luxusgüter produzieren
- die Kulturflächen ausdehnen
- die Hektarerträge steigern.

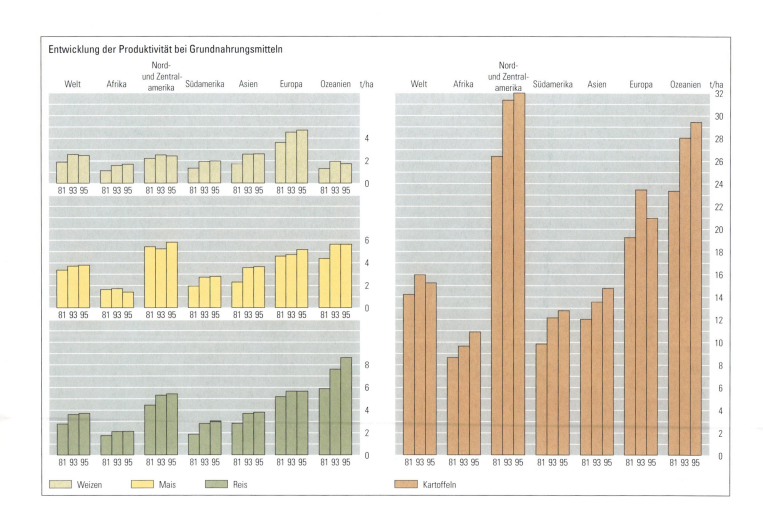

Entwicklung der Produktivität bei Grundnahrungsmitteln

Getreideproduktion statt Fleisch

Die Ernährungsgewohnheiten sind stark abhängig vom jeweiligen Einkommen. Die meisten Familien essen mehr Fleisch, wenn mehr Haushaltungsgeld zur Verfügung steht. Da der materielle Wohlstand der Menschen in den letzten Jahrzehnten stetig gestiegen ist, hat die Nachfrage nach Fleisch zugenommen und die Viehherden sind grösser geworden.

Die Fleischerzeugung ist die ineffizienteste Art der Nahrungsmittelproduktion. Sie macht nur dort Sinn, wo Getreide und Gemüse nicht mehr gedeihen. Ausserdem entsteht beim Verdauungsprozess der Wiederkäuer Methan, welches eines der Treibhausgase ist.

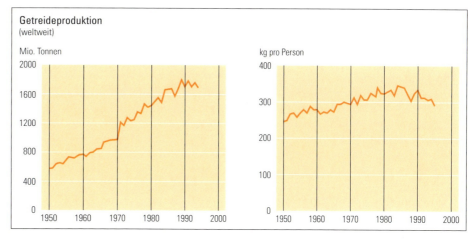

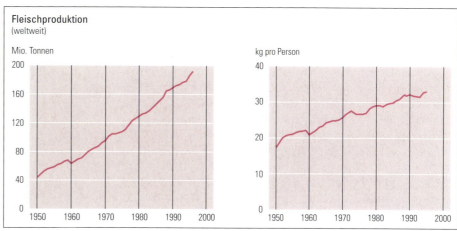

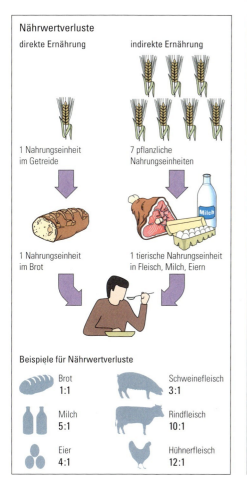

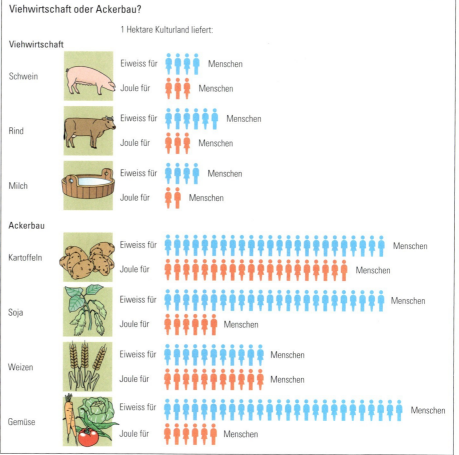

Ausdehnung des Kulturlandes

Seit Jahrhunderten hat der Mensch seinen Lebensraum ausgeweitet und ständig neue Kulturflächen gewonnen. Heute werden etwa 1,5 Milliarden ha Agrarland für den Anbau von Getreide und Gemüse genutzt. Doch die verfügbare Ackerfläche pro Kopf nimmt ständig ab. Mit traditionellen Methoden sind Neulanderschliessungen nur noch in geringem Umfang möglich. Die Anbaugrenzen werden zwar immer weiter in hochsensible Ökosysteme hinein verschoben, gleichzeitig geht aber wegen des Einsatzes von bodenzerstörenden Anbaumethoden zum Teil ausgezeichnetes Kulturland verloren. Die Erosion ist in den meisten Fällen der Hauptschädigungsfaktor.

Sorgen bereiten die wachsenden Städte, die sich häufig in beste Landwirtschaftsgebiete hineinfressen. Diese Anbauflächen sind für immer verloren. Heute leben zwischen 40% und 50% der Menschen in Städten, im Jahre 2025 werden es zwischen 60% und 70% sein.

Die Klimaerwärmung wird zum Anstieg des Meeresspiegels führen. Werden die Klimaprognosen wahr, gehen alleine in China in den nächsten 50 Jahren 10 Millionen ha Ackerland durch Überflutung verloren.

Afrika und Asien verfügen über die Hälfte des Weidelandes der Erde. Weltweit wandeln auf etwa 3,4 Milliarden ha Land mehr als 3 Milliarden frei laufender Nutztiere wie Rinder, Schafe, Ziegen, Büffel, Kamele Gras in Fleisch und Milch um. Anders als beim Stallvieh, bei Schweinen und bei Hühnern kommt die Freilaufhaltung ohne Verfütterung von Getreide aus. Doch sind grosse Teile des Weidelandes übernutzt. Da der kahl gefressene Boden ungeschützt Wind und Wasser ausgesetzt ist, wird die fruchtbare Bodenkrume erodiert. Steppen und Wüsten breiten sich aus. Will man die Bodenfruchtbarkeit nicht weiter beeinträchtigen und der Ausbreitung der Wüste Einhalt gebieten, müssen die Herden verkleinert werden.

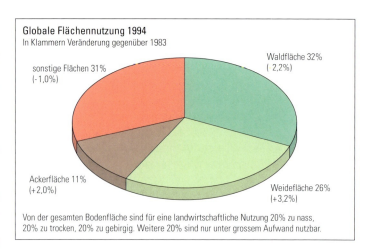

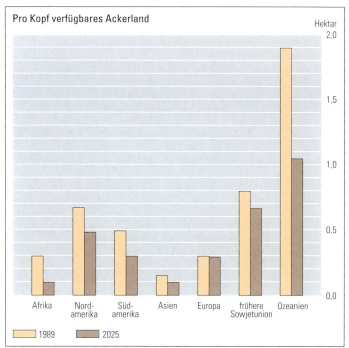

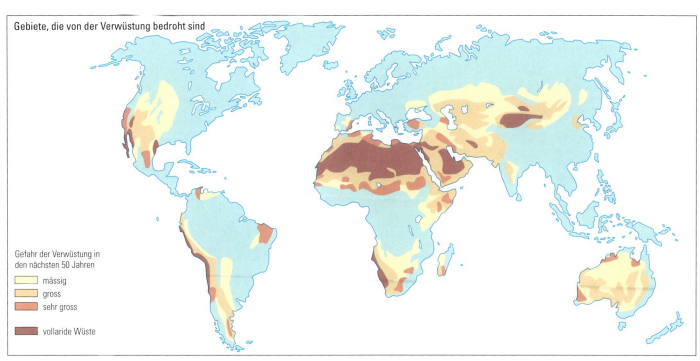

Grenzräume der Nahrungsmittelproduktion

1 Kaltgrenze, Igaliko (Grönland)
2 Trockengrenze (Tunesien)
3 Feuchtgrenze (Nigeria)
4 am Fusse des Aconcagua auf 2500 m ü. M. (Argentinien)

Grenzraum	Probleme	Nutzung und Anpassung	Menschliche Gruppen
Kaltgrenze für Industrieländer wichtige Grenze im Bereich des Polarkreises	Kälte, Dunkelheit der Polarnacht; Kürze der Vegetationszeit; Dauerfrostboden; Bodenzerstörung	Jagd auf Seehunde und andere Tiere; Rentierzucht; Fischerei, Walfang; Rohstoffgewinnung	Jäger, Nomaden

Trockengrenze (Trockengrenze des Regenfeldbaus!) Wichtigste Grenze des gesamten landwirtschaftlichen Gebiets	Hitze, Trockenheit; spärliche Vegetation; Versalzung und Verkrustung der Böden; Wassermangel für Mensch und Tier	Steppen- und Wüstenweide: Ziegen, Schafe, Kamele; Oasen mit Bewässerung; Tiefbohrungen nach Wasser; Rohstoffgewinnung; Tourismus	Oasenbauern, Nomaden (Hirten), Angestellte im Tourismus

Feuchtgrenze für die Entwicklungsländer wichtige Grenze in Äquatornähe	Schwüle, Tropenkrankheiten, Tsetsefliege als Überträgerin der Rinderpest; geringe, rasch abfallende Bodenfruchtbarkeit (Auslaugen der Böden, Versumpfung oder Verkrustung)	Brandrodung, Wanderhackbau, Holznutzung; Plantagenwirtschaft, Viehwirtschaft (ohne Afrika); Rohstoffgewinnung	Ursprünglich Jäger und Sammler, Bauern (z.B. Bantus). Siedler (modern), Sammler von Exportprodukten, ausländische Gesellschaften

Höhengrenze (ähnlich wie Kaltgrenze) für Gebirgsvölker wichtige Grenze	Temperaturabnahme nach der Höhe, Kürze der Vegetationszeit; Steilheit, Schatten, Unebenheit, Erosion, Lawinengefahr	Alpwirtschaft (Sommerweide und Anbau im Tal), Transhumanz; Lawinenverbauungen; Tourismus	Nomaden, Alpbauern, Sennen, Touristen, Angestellte im Tourismus

Steigerung der Hektarerträge durch Gentechnologie

Die Gentechnologie wird zur wichtigsten Technologie des 21. Jahrhunderts werden und Auswirkungen auf viele Lebensbereiche der Menschen haben. Während die einen voll Tatendrang und Zukunftsglauben der Verwirklichung ihrer Visionen entgegenstreben, hegen andere schlimmste Befürchtungen. Es scheint aber so, als könnten die Grenzen der Nahrungsmittelproduktion weit hinausgeschoben werden. Welche Auswirkungen diese Technologie auf die Umwelt, Wirtschaft und Gesellschaft haben wird, ist vorerst noch Gegenstand reiner Spekulation.

Mit Hilfe der Gentechnik greift man, im Gegensatz zu den herkömmlichen Methoden, direkt ins Erbgut eines Lebewesens ein. Der Ort, wo die Erbinformation eines Lebewesens gespeichert ist, kann man mit einem Tonband vergleichen. Ein Ton entspricht dabei einem Gen. So, wie alle Töne zusammen eine bestimmte Melodie ergeben, bestimmt die Gesamtheit aller Gene das Aussehen und die Eigenschaften jedes einzelnen Lebewesens. Mit Hilfe der Gentechnik kann man nun gezielt Teile diese «Tonbandes» herausschneiden und in einem anderen «Tonband» wieder einsetzen. Man kann dies sogar über die Artgrenzen hinweg. Zum Beispiel werden in Pflanzen Gene von Bakterien eingeschleust, oder an Tieren experimentiert man mit eingebauten Menschengenen. Die Möglichkeiten scheinen unbegrenzt zu sein.

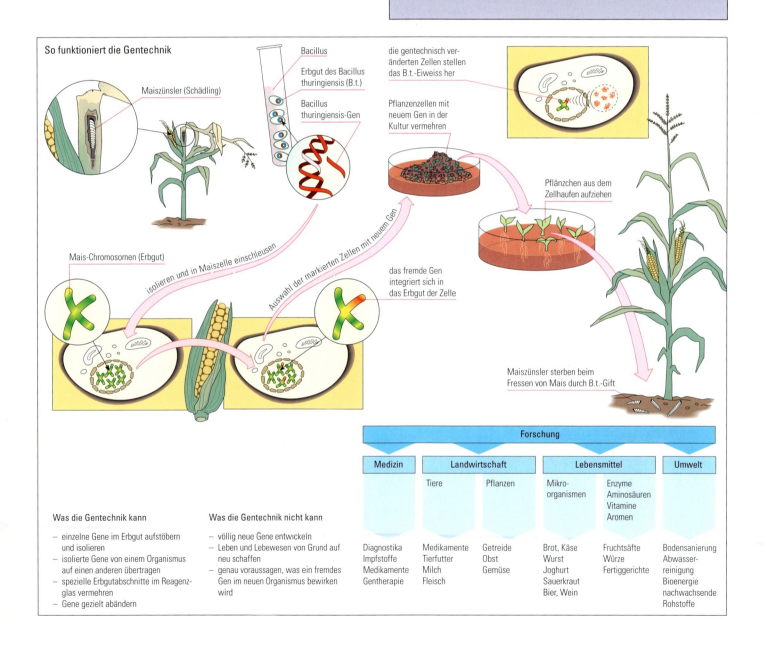

Befürworter der Gentechnologie

- Die Gentechnologie kann dazu beitragen, den Hunger in der Welt zu vermindern.
- Die Produktionskosten in der Landwirtschaft werden sinken, weil man die Zugabe von Dünger, *Pestiziden*, Tiermedizin und Wachstumshormonen verringern kann.
- Durch die Entwicklung von schädlings- und krankheitsresistenten Kulturpflanzen kann die Gentechnologie einen Beitrag zu mehr Ökologie in der Landwirtschaft leisten.
- Früher brauchte man mindestens 6 bis 10 Jahre, um eine neue Maissorte durch Kreuzung zu züchten. Dank der Gentechnologie werden es nur noch 2 bis 6 Jahre sein.
- Die Gentechnologie wird zu einem breiten Angebot an nutzbaren Pflanzen und Tieren verhelfen.
- Dank gentechnisch veränderten Pflanzen wird man in der Lage sein, an extremen Standorten (Klima, Bodenbeschaffenheit) Nahrungsmittel zu produzieren.
- Dank der Gentechnik kann der einzelne Bauer und die einzelne Bäuerin mehr produzieren.

Gegner der Gentechnologie

- Für die Menschheit können sich schwerwiegende medizinische Probleme ergeben. Es können z.B. unwissentlich Gene verbreitet werden, die Allergien auslösen oder giftig wirken.
- Das genetische Erbe wird dank dem Patentrecht nicht mehr allen Menschen zugänglich sein, sondern nur noch einigen privaten Grosskonzernen.
- Die Kontrolle über die Lebensmittelproduktion wird sich in den Händen von einigen transnationalen Konzernen befinden.
- Die agrochemische Industrie möchte viele Pflanzenschutzmittel verkaufen. Sie wird deshalb Kulturpflanzen herstellen, die gegen diese Gifte resistent sind. Umso sorgloser wird man solche *Pestizide* einsetzen. Der Chemieverbrauch in der Landwirtschaft wird zunehmen.
- Grössere Ernten werden dafür sorgen, dass die Preise für landwirtschaftliche Produkte weiter fallen.
- Aus patentierten, gentechnisch veränderten Pflanzen dürfen der Bauer und die Bäuerin kein eigenes Saatgut gewinnen. Sie sind verpflichtet, patentiertes Saatgut jährlich neu zu kaufen.
- Kleinbauern und Kleinbäuerinnen werden sich nicht mehr behaupten können und ihren Betrieb aufgeben müssen. Die Abwanderung in die Städte wird zunehmen.

1 Schafziege
2 Fluoreszierende Mäuse
3 Genforscherin mit konventioneller und transgener Tabakpflanze

1

2

3

1

2

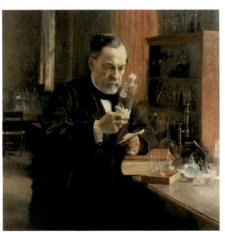
3

Meilensteine in der Geschichte der Nahrungsmittelproduktion

Eiszeit (1 Mio. bis 10 000 vor heute):
Die Neandertaler lagern Fleisch in eisgekühlten Gruben, die sie im Dauerfrostboden ausgehoben haben.

ca. 400 000 v. Chr.
Prähistorische Menschen entdecken, dass über Feuer zubereitete Nahrung bekömmlicher, aber auch haltbarer ist.

ca. 5000 v. Chr.
In Mesopotamien (heute Irak) kennt man bereits die Technik der Essigherstellung.

ca. 4000 v. Chr.
Die Ägypter nutzen alkoholische Gärungsprozesse zur Bier- und Weinherstellung. Sie stellen aus Sauerteig Brot her.

ca. 3200 v. Chr.
In Mesopotamien lernen die Menschen, Joghurt und Käse herzustellen. Von nun an kann man Milch «haltbar» machen.

ca. 3000 v. Chr.
Die Ägypter konservieren durch Salzen und Trocknen Fleisch und Fisch.

11. Jahrhundert:
Die Menschen lernen gezielt, bestimmte Käsesorten mit Hilfe verschiedener Pilze herzustellen.

Mitte 18. Jahrhundert:
Im zürcherischen Katzenrüti entdeckt Jakob Guyer (genannt «Kleinjogg»; 1716–1785), dass die Ausbringung von Mist die Bodenqualität nachhaltig verbessert und einen bedeutend höheren Getreideertrag ermöglicht. Gleichzeitig durchbricht er die Dreizelgenwirtschaft (Wintergetreide – Sommergetreide – Brache), indem er auf die Brache verzichtet und im dritten Jahr Klee anbaut. Die Kühe hält er Sommer wie Winter im Stall, damit er deren Dung sammeln kann.

1865
Der französische Chemiker Louis Pasteur entdeckt, dass man durch Erhitzen Nahrungsmittel entkeimen kann.

um 1860
Justus Liebig entdeckt, dass Pflanzen unter Zugabe bestimmter Mineralsalze besser wachsen.

1868
Das erste Baby-Milchpulver kommt auf den Markt.

4

1885
Die erste Fertigmahlzeit wird entwickelt und verkauft. Es handelt sich um ein Pulver aus gerösteten Hülsenfrüchten, das man mit heissem Wasser anrühren muss.

1903
Die Vererbungslehre von Gregor Mendel wird erstmals angewandt, um Kulturpflanzen gezielt zu kreuzen.

1944
Erste Übertragung von isolierter Erbsubstanz in Bakterien.

1962
Der erste Kartoffelstock aus Flocken kommt auf den Markt.

1981
Zum ersten Mal wird isolierte Erbsubstanz auf Pflanzen (Tabak) übertragen.

1986
Es gelingt, Mais gentechnisch so zu verändern, dass er gegen die Larve des Maiszünslers (Insekt) resistent wird.

1990
Das erste Gemüse aus Hors-sol-Produktion gelangt in der Schweiz auf den Markt. Gleichzeitig gewinnt man in Grossbritannien aus einzelligen Pilzen einen neuartigen Rohstoff, welcher dem Fleisch sehr ähnlich ist und «Quorn» genannt wird.

1996
In Europa wird zum ersten Mal gentechnisch veränderte Soja, vermischt mit Soja aus herkömmlichem Anbau, in der Nahrungsmittelindustrie verarbeitet. Ebenfalls freigegeben wird der Verkauf von gentechnisch verändertem Radicchio-rosso-Salat, der gegen *Herbizide* resistent ist.

1998
In der Schweiz wird die so genannte «Gentech-Initiative» vom Volk abgelehnt. Damit wird auch in der Schweiz der Weg für gentechnisch veränderte Nahrungsmittel frei.

1 Menschen der Urzeit
2 Klösterlicher Bierbrauer, 1506
3 Stockfische (Island)
4 Louis Pasteur, Gemälde von Albert Edelfelt, 1885
5 Justus Liebig, 1803–1873
6 Milchpulver
7 Hors-sol-Tomaten
8 Gentechnisch veränderter Mais

5

6

7

8

Die Erde ist begrenzt

Grüne Lunge mit Schwächezeichen

auch in Europa kennen, gleichen Plantagen mit wenigen Arten von Nutzhölzern. Kanada und Russland verfügen über die grössten noch vorhandenen Wälder nördlich des Äquators, insgesamt über 14 Millionen km². Doch der weltweite Holzschlag übersteigt den Holznachwuchs bei weitem.

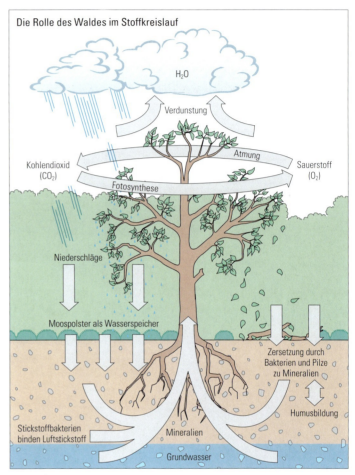

Die Rolle des Waldes im Stoffkreislauf

Der Wald ist für den Lebensraum Erde von grosser Bedeutung. Er reguliert den Stoffkreislauf wie auch den Wasserkreislauf. Wälder mildern die Temperaturgegensätze. Sie halten Niederschläge zurück und schützen damit vor Überschwemmungen. Da der Waldboden ein ausgezeichneter Wasserspeicher ist, hilft er Dürreperioden zu überbrücken. Das Kronendach federt den Aufprall der Wassertropfen ab und trägt so zur Verminderung der Erosion bei. Die Wurzeln festigen den Boden in Hanglagen. Im Gebirge schützt der Wald vor Lawinen und *Murgängen*. Für etwa die Hälfte aller Tierarten bietet er geeignete Lebensräume. In den dicht besiedelten Industrieländern sind Wälder beliebte Erholungsgebiete der Bevölkerung.

Vor drei- bis viertausend Jahren waren 60 Millionen km² Land mit Wald bedeckt. Heute sind es noch rund 40 Millionen km². Alleine seit 1950 ist die globale Waldfläche um 10 Millionen km² geschrumpft, was der Fläche von Europa entspricht.

Auf der Nordhalbkugel ist der grösste Teil der Urwälder bereits für immer verschwunden. Der letzte grossflächige europäische Urwald befindet sich am Westfuss des Urals im Gebiet der Petschora. Die Kulturwälder, wie wir sie

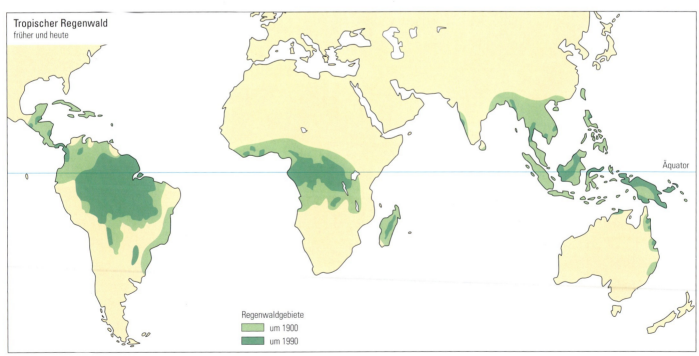

Tropischer Regenwald früher und heute

Regenwaldgebiete
- um 1900
- um 1990

Droht dem tropischen Regenwald das «Aus»?

In den letzten Jahrzehnten rückte die Vernichtung der tropischen Regenwälder ins Zentrum des weltweiten Interesses.

Die schlechten Bodeneigenschaften im immerfeuchten Tropenklima und der für die Regenwälder typische Nährstoffkreislauf bewirken, dass Kahlschläge und Brandrodungen von grösserem Ausmass katastrophale Folgen zeitigen. Da der grösste Teil der Nährstoffe in den lebenden Pflanzen enthalten ist, wird durch die Zerstörung der Pflanzendecke der Nährstoffkreislauf unterbrochen. Der ständige Nährstoffnachschub bleibt aus. Auch künstliche Düngung kann kaum mehr helfen. Die tiefgründig verwitterten Böden fallen an Hängen rasch der Erosion zum Opfer, denn das Erdreich wird im regenreichen Klima schnell abgeschwemmt.

Zur Freilegung von Kulturland, zur Holzgewinnung (Edelhölzer) oder für den Strassenbau wird heute jährlich eine Fläche von der Grösse der Schweiz gerodet. Oft werden grosse Flächen zur Gewinnung eines einzigen Baumstamms mit Maschinen umgefahren. Haben die Holzgesellschaften die für den Export bestimmten Hölzer abtransportiert, folgen die Pflanzer. Sie produzieren Kautschuk, Bananen, Kakao, Palmöl, *Kopra* und vieles mehr. Doch wegen der Nährstoffarmut können die Böden nur 3 bis 5 Jahre genutzt werden. Danach verbuscht das Gebiet. Ein armseliger Sekundärwald entsteht. Im Amazonasbecken versucht die arme Landbevölkerung – ursprünglich staatlich gefördert – auf gerodetem Regenwaldboden Viehzucht zu betreiben. Ihre Aussichten auf Erfolg sind nicht besser als diejenigen der Pflanzer.

Die Leidtragenden sind die Regenwaldbewohner, die sich seit Tausenden von Jahren in die Natur eingegliedert haben. Stirbt der Wald, werden auch sie verloren sein. Damit nicht genug: Viele Pflanzen- und Tierarten sind bereits ausgestorben. Weitere Arten sind ernsthaft bedroht. Das biologische Gleichgewicht wird noch stärker gestört. Die genetische Vielfalt, die für die Weiterentwicklung des Lebens wichtig ist, verarmt und der modernen Medizin gehen noch unbekannte, möglicherweise sehr wertvolle Heilpflanzen verloren.

Strategien, die den Tropenwald erhalten sollen

Da die Zerstörung des Regenwaldes ein weltweites Problem ist, kam es zu massiven Protesten von Umweltschützern aus der ganzen Welt. Appelle und gut gemeinte Ratschläge alleine haben aber vermutlich wenig Erfolg. Die Not der Menschen in den betroffenen Gebieten ist zu gross, als dass sie es sich leisten könnten, auf die Übernutzung des Regenwaldes zu verzichten. Mit Recht verweisen sie auf die Sünden, die die Industrieländer in der Vergangenheit an ihren eigenen Wäldern begangen haben.

Die Regenwaldländer fordern deshalb für die Erhaltung und Pflege des Waldes einen finanziellen Ausgleich. Die Europäische Union und die USA anerkennen diesen Anspruch. Sie haben deshalb einen Teil der Auslandschulden erlassen. Sie haben sich auch verpflichtet, ihre eigene Umweltbelastung zu reduzieren. In der Zwischenzeit hat Brasilien das Abbrennen des Waldes verboten. Auf den Philippinen, in Thailand und in Indonesien wurde der Holzexport stark eingeschränkt. Sicher werden weitere Länder dem guten Beispiel folgen.

Doch Fachleute sind sich einig, dass die Unterschutzstellung des Regenwaldes nicht genügt. Es ist auch kein Land bereit, mehr als einige Prozent der wirtschaftlichen Nutzung zu entziehen. Man hat erkannt, dass nicht der Wert des Waldes die Hauptursache für die Zerstörung ist, sondern seine vermeintliche Wertlosigkeit. Nur wenn die Menschen mit einem gesunden Wald auf die Dauer ihren Lebensunterhalt bestreiten können, werden sie ihm Sorge tragen und nicht einfach kahlschlagen oder abbrennen. Der Wald wird einen grösseren wirtschaftlichen Wert erhalten, den man nicht mehr leichtfertig opfert.

1 Holzschlag im brasilianischen Regenwald
2 Erosionsformen im Gebiet mit ehemals tropischem Regenwald (Madagaskar)

1

2

Der Ozean –
Nahrungsquelle und Abfallgrube

Fisch ist ein ausgezeichneter Fleischersatz. Für etwa eine Milliarde Menschen ist Fisch die Hauptquelle für Eiweiss. 20 Millionen Menschen verdienen ihren Lebensunterhalt mit Fischfang oder in der Fischindustrie.

Der weltweite Fischertrag hat sich seit den Fünfzigerjahren verfünffacht. Doch in jüngerer Zeit registriert die Fischerei in weiten Teilen der Welt stagnierende oder gar sinkende Erträge, weil die Fischbestände zurückgehen. Zudem nimmt die Qualität der Fische ab.

Die Hauptursache für diese Entwicklung liegt bei der Überfischung. Die Fischereiflotten sind in den vergangenen Jahren stark angewachsen. Mit den neuen Fangmethoden werden zu viele Fische gefangen. Auf höchster internationaler Ebene wird deshalb der Abbau der Fischereiflotten gefordert. Die Fischerei muss auf ein Mass reduziert werden, das den Fischbeständen erlaubt, sich zu erholen. Im Gegenzug sollen die Fischzuchten verstärkt ausgebaut werden.

Für den Rückgang der Fischbestände ist aber auch die zunehmende Verschmutzung der Weltmeere verantwortlich. Hauptverschmutzer sind die Industrien und Haushalte, die ihre Abfälle über die Flüsse oder direkt in die Meere einleiten. Ein Teil der Abfälle wird auf Schiffe verladen und entweder in den offenen Ozean gekippt oder auf geeigneten Schiffen verbrannt. Die zunehmende Verdichtung der Siedlungsräume entlang der Küstenstreifen verschärft das Verschmutzungsproblem.

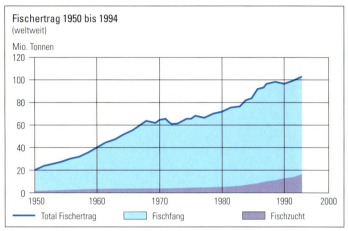

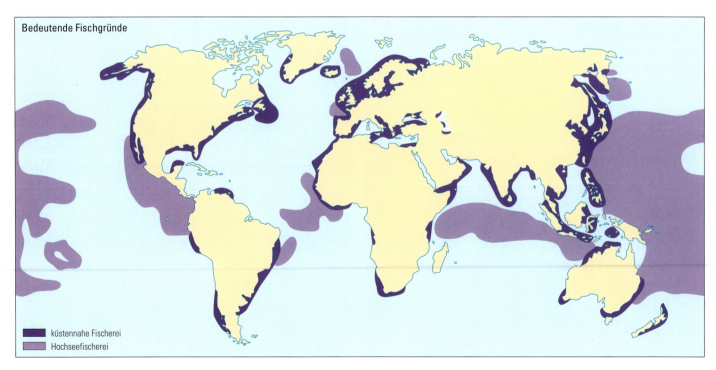

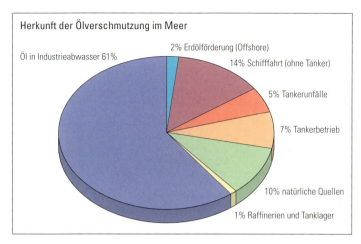

Herkunft der Ölverschmutzung im Meer
- Öl in Industrieabwasser 61%
- 2% Erdölförderung (Offshore)
- 14% Schifffahrt (ohne Tanker)
- 5% Tankerunfälle
- 7% Tankerbetrieb
- 10% natürliche Quellen
- 1% Raffinerien und Tanklager

Die flachen Meeresregionen entlang der Küsten reagieren besonders sensibel auf Verschmutzung, da die geringen Wassertiefen eine Verdünnung auf ein ungefährliches Mass erschweren. Zudem sind die Schelfgebiete besonders reich an Tier- und Pflanzenarten. Auch Tiere, die gewöhnlich im offenen Ozean leben, haben hier ihre «Kinderstube» und sind deshalb gefährdet.

Die Umweltschutzbemühungen der letzten Jahrzehnte haben punktuell Erfolge gezeigt. Die Einleitung von Pflanzenschutzmitteln ist zurückgegangen, ebenso die Überdüngung durch Phosphate. Im Fett von Robben und Vögeln diagnostiziert man geringere Werte von besonders giftigen Chlorverbindungen. Einige Walarten scheinen sich zu erholen, und seit die Treibnetze verboten sind, verenden weltweit rund zehnmal weniger Delphine durch den Fischfang.

1 Hochseefischerei, gefrorene Thunfische werden ausgeladen
2 Fischindustrie: Produktion von Fischstäbchen
3 Verschmutzter Strand (Dominikanische Republik)
4 Verseuchtes Wasser (Nordsee)

Was die Ozeane verschmutzt

Man unterscheidet bei den eingeleiteten Stoffen Gifte und Nährstoffe. Zu den Giften zählen Schwermetalle und Pflanzenschutzmittel, die direkt die Organismen schädigen. Nährstoffe wie Phosphate und Nitrate können eine biologische Überproduktion auslösen, die das biologische Gleichgewicht stört.

Augenfällig ist die Verschmutzung durch Erdöl. Bei Tankerunfällen gelangen immer wieder grosse Mengen ins Meer und verursachen die gefürchtete Ölpest. Doch bei Routinearbeiten an Schiffen oder durch die küstennahen Industrien gelangen jährlich weit grössere Mengen an Erdöl in die Ozeane. Die schleichende Zuleitung ist weit gefährlicher, da sie von der Öffentlichkeit nicht wahrgenommen wird.

Sauberes Wasser – der kostbarste aller Rohstoffe

Weltweite Wasserreserven

Süsswasser 3,5%: Polarkappe und Gletscher 2,41%
Permafrost 0,03%
Flüsse, Seen und Sümpfe 0,01%
Grundwasser 1,05%

Salzwasser 96,5%

Für die Erzeugung sämtlicher Nahrungsmittel ist Süsswasser unerlässlich. Sauberes Trinkwasser ist die Voraussetzung für eine gesunde Ernährung. Etwa einem Viertel der Weltbevölkerung fehlt der Zugang zu sauberem Wasser. Infektionskrankheiten wie *Diarrhöe, Typhus, Cholera* und *Hepatitis* sind die Folge. Jährlich bedeuten sie für Millionen von Menschen den Tod.

Die nutzbare Wassermenge ist von Region zu Region, von Jahreszeit zu Jahreszeit verschieden. Anders als die Nahrungsmittel oder die fossilen Energieträger (Erdöl, Erdgas, Kohle) kann man Wasser nicht dem Bedarf entsprechend global verteilen. So nützen die riesigen Wassermengen, die Sibirien entwässern, den Menschen in den Trockengebieten der Sahelzone nichts. Weltweit leiden 40% der Menschen unter chronischem Wassermangel.

Der gesamte Wasserverbrauch der Menschheit beträgt jährlich gegen 6000 km^3. (Dies entspricht einem Fassungsvermögen eines Würfels mit einer Kantenlänge von 18,18 km). Mit dem Bau von Staudämmen und Bewässerungsanlagen oder dem Entsalzen von Meerwasser kann man das von der Natur begrenzte Wasserangebot bestenfalls noch verdoppeln, obwohl das weltweite Angebot an Süsswasser jährlich 40 000 km^3 beträgt.

Wasser zählt zu den erneuerbaren Rohstoffen. Die Natur besitzt die Fähigkeit, das Wasser zu reinigen. Doch die unablässige Zufuhr grosser Schadstoffmengen übersteigt das natürliche Reinigungsvermögen. Das hat zur Folge, dass der Anteil an verschmutztem Wasser ständig zunimmt. Die Menge, die das Wasser nicht mehr aus eigener Kraft regenerieren kann, entspricht heute nahezu dem globalen jährlichen Wasserverbrauch.

1 Sauberes Wasser
2 Schneekanonen (Flumserberg)
3 Wassernutzung in einem Armenviertel (Thailand)

Wasserpreise in Metropolen des Südens
Preisverhältnis zwischen Kauf bei privaten Händlern und öffentlicher Versorgung

Stadt	Wasserpreis privat : öffentlich
Abidjan	5 : 1
Dhaka	12 : 1 bis 25 : 1
Istanbul	10 : 1
Kampala	4 : 1 bis 9 : 1
Karachi	28 : 1 bis 83 : 1
Lagos	4 : 1 bis 10 : 1
Lima	17 : 1
Lomé	7 : 1 bis 10 : 1
Nairobi	7 : 1 bis 11 : 1
Port au Prince	17 : 1 bis 100 : 1
Surabaya	20 : 1 bis 60 : 1
Tegucigalpa	16 : 1 bis 34 : 1

Die 10 wasserärmsten / wasserreichsten Länder der Erde
pro Kopf und Jahr verfügbares erneuerbares Wasserangebot in m^3

Wasserknappheit		Wasserreichtum	
1. Dschibuti	19	1. Island	624 535
2. Kuwait	75	2. Surinam	472 813
3. Malta	85	3. Kongo	321 236
4. Katar	103	4. Guyana	288 623
5. Bahrain	185	5. Papua-Neuguinea	186 192
6. Barbados	195		
7. Singapur	222	6. Gabun	124 242
8. Saudi-Arabien	284	7. Salomonen	118 254
9. Ver. Arab. Emirate	293	8. Kanada	98 462
		9. Norwegen	90 385
10. Jordanien	308	10. Liberia	76 341

1

2

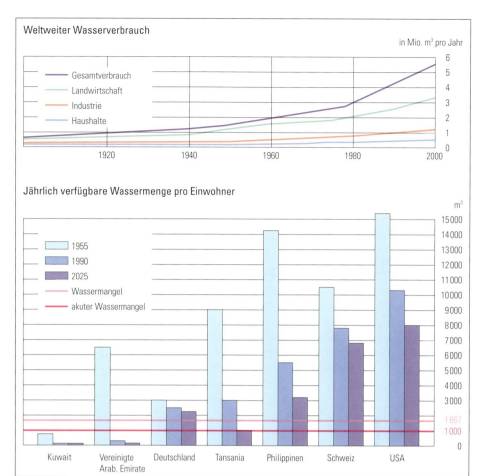

Weltweiter Wasserverbrauch

in Mio. m³ pro Jahr

— Gesamtverbrauch
— Landwirtschaft
— Industrie
— Haushalte

Jährlich verfügbare Wassermenge pro Einwohner

m³

■ 1955
■ 1990
■ 2025
— Wassermangel
— akuter Wassermangel

1667
1000

Kuwait | Vereinigte Arab. Emirate | Deutschland | Tansania | Philippinen | Schweiz | USA

3

Das Ende der fossilen Energieträger

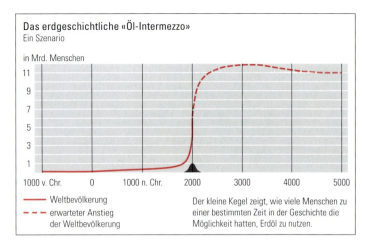

Das erdgeschichtliche «Öl-Intermezzo»
Ein Szenario

in Mrd. Menschen

— Weltbevölkerung
--- erwarteter Anstieg der Weltbevölkerung

Der kleine Kegel zeigt, wie viele Menschen zu einer bestimmten Zeit in der Geschichte die Möglichkeit hatten, Erdöl zu nutzen.

Fossile Energieträger (Erdöl, Erdgas, Kohle) regenerieren nicht in einem für die Menschheit massgeblichen Zeitraum. Obwohl bis heute immer wieder neue Lagerstätten entdeckt wurden, muss man davon ausgehen, dass die Vorräte eines Tages erschöpft sein werden.
Mit der Industrialisierung haben die Menschen angefangen, mehr Energie zu brauchen, als in gleichem Umfang erneuert wird. Gegenwärtig verbrauchen wir in einem Jahr, was während einer Million Jahren entstanden ist.
Bezogen auf die ganze Menschheitsgeschichte wird die Nutzung fossiler Energieträger nur ein kurzes Zwischenspiel sein.
Der Energiebedarf ist recht unterschiedlich. Ein Europäer braucht rund 30-mal mehr, ein Amerikaner rund 40-mal mehr Energie als ein Mensch in einem Entwicklungsland. Werden Erdöl, Erdgas oder Kohle verbraucht, entstehen Kohlendioxid, Wasser, Stickoxide, Schwefeldioxid und eine Reihe anderer Stoffe. Einige davon belasten als Umweltgifte unseren Planeten, andere stören das Klimagleichgewicht.

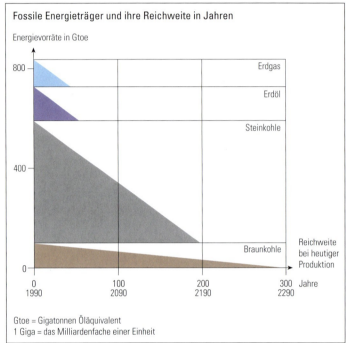

Fossile Energieträger und ihre Reichweite in Jahren
Energievorräte in Gtoe

Gtoe = Gigatonnen Öläquivalent
1 Giga = das Milliardenfache einer Einheit

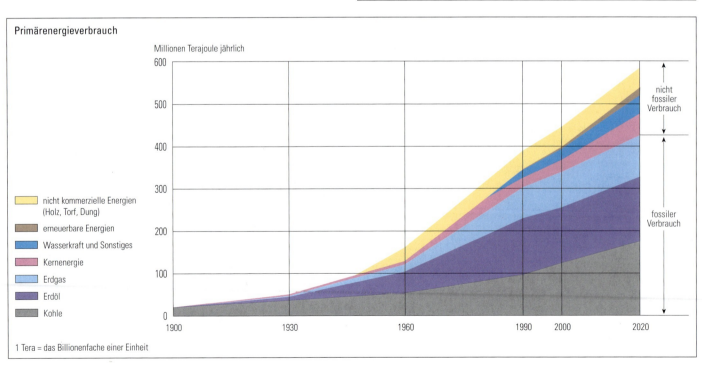

Primärenergieverbrauch
Millionen Terajoule jährlich

- nicht kommerzielle Energien (Holz, Torf, Dung)
- erneuerbare Energien
- Wasserkraft und Sonstiges
- Kernenergie
- Erdgas
- Erdöl
- Kohle

1 Tera = das Billionenfache einer Einheit

Wem gehört das Gold im Meer?

Die UNO beschloss im Jahre 1970, das Meer zum «gemeinsamen Erbe der Menschheit» zu erklären. Darauf erarbeitete die Seerechtskonferenz Grundlagen für die rechtliche Regelung von Interessenkonflikten und offenen Streitfällen. Den einen Staaten ging es mehr um wirtschaftliche Vorteile bei der Nutzung der Meere und des Meeresbodens, andern um den Schutz der Ozeane vor weiterer Verschmutzung, wieder andern um die Freiheit der Meeresforschung oder das Recht der freien Durchfahrt durch Meerengen.

Erst 1994 trat das Seerechtsübereinkommen in Kraft. Es wurde von 168 Staaten unterschrieben.

- Küstenstaaten können die Hoheitszone von 3 auf 12 Seemeilen ausdehnen. Sie besitzen in dieser Zone die volle Souveränität.
- In einer Anschlusszone bis zu 24 Seemeilen haben die Küstenstaaten beschränkte Hoheitsrechte. Sie können bis hierher ihre Zoll-, Steuer-, Einwanderungs- und Gesundheitsvorschriften durchsetzen.

  Für internationale Meerengen (wie Ärmelkanal, Strasse von Gibraltar, Strasse von Malakka) gilt das Prinzip der «Transitpassage»: Ein Staat darf nur im Interesse der Verkehrssicherheit und des Umweltschutzes die Schiff- und Luftfahrt einschränken.
- In der Wirtschaftszone von 200 Seemeilen können Küstenstaaten alle Ressourcen für sich in Anspruch nehmen. Hier befinden sich alle wichtigen Fischereigebiete und 85% der Erdöl- und Erdgasvorkommen.

  Reicht das Schelfgebiet über diese 200 Seemeilen hinaus, erhält der Anrainerstaat vorrangig das Recht auf die wirtschaftliche Nutzung bis 350 Seemeilen. Rohstoffe, die hier gewonnen werden, müssen mit der internationalen Gemeinschaft geteilt werden.
- Die offene See jenseits der Wirtschaftszonen und ihre *Ressourcen* wurden zum «gemeinsamen Erbe der Menschheit» erklärt; der Abbau der dort auf dem Meeresboden lagernden Manganknollen, die neben Mangan weitere wertvolle Metalle wie Nickel, Kupfer und Kobalt enthalten, wird durch eine Internationale Meeresbodenbehörde geregelt. Die Gewinne sollen vor allem den Entwicklungsländern zugute kommen. In dem Übereinkommen ist auch die Grundpflicht zum Schutz und zur Bewahrung der Meeresumwelt enthalten.

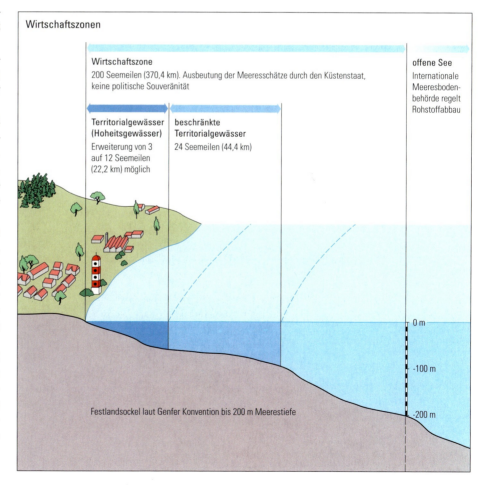

Wirtschaftszonen

Wirtschaftszone — 200 Seemeilen (370,4 km). Ausbeutung der Meeresschätze durch den Küstenstaat, keine politische Souveränität

Territorialgewässer (Hoheitsgewässer) — Erweiterung von 3 auf 12 Seemeilen (22,2 km) möglich

beschränkte Territorialgewässer — 24 Seemeilen (44,4 km)

offene See — Internationale Meeresbodenbehörde regelt Rohstoffabbau

Festlandsockel laut Genfer Konvention bis 200 m Meerestiefe

Rohstoffschürfer wollen die letzten Paradiese plündern

Die siedend heissen vulkanischen Unterwasserquellen sind Oasen in den stockdunklen Tiefen der Weltmeere. Für das menschliche Empfinden handelt es sich um unwirtliche Lebensräume. Doch die Vielfalt dieser Paradiese kann durchaus mit der eines Regenwalds konkurrieren. In ihnen tummeln sich Krabben ohne Augen, riesige Röhrenwürmer, bleiche Seeanemonen und andere bizarre Kreaturen.

Entdeckt wurden die rätselhaften Biotope erst vor zwanzig Jahren. Nun glauben immer mehr Tiefseeforscher, dass sie den Ursprung allen Lebens auf der Erde gefunden haben. Seit mehr als vier Milliarden Jahren herrschen hier, unter anderem wegen der Abschirmung gegen gefährliche UV-Strahlung, gute Bedingungen für die Entstehung von Leben. Direkte Abkömmlinge der Ur-Lebewesen, die sogenannten Archäbakterien, hausen heute noch in den heissen Schloten. Einige von ihnen sind so hitzeresistent, dass sie am besten bei Temperaturen von über 110 Grad gedeihen.

Jetzt droht den einzigartigen Ökosystemen Gefahr. Die schwarzen Raucher – so nennen Fachleute die heissen Quellen – sind nämlich nicht nur reich an Lebensformen, sondern auch an Mineralien wie Silber, Gold, Kupfer und Zinn. Diese Metalle entstehen, wenn die Unterwasservulkane unter grossem Druck mineralienreiches Magma aus dem Erdinnern ausspeien. Bei seinem Austritt ist der Glutstrom bis zu 350 Grad heiss. Kommt er mit dem kalten Meerwasser in Kontakt, verfestigen sich die gelösten Metalle und lagern sich an den Wänden der schwarzen Raucher ab.

Zwar haben die Unterwasserschätze die Fantasie von Rohstoffschürfern schon lange beflügelt. Bislang wurden aber in der Tiefsee noch keine Edelmetallvorkommen abgebaut. Es ist nämlich äusserst mühsam, die Felsbrocken aus einer Tiefe von zwei Kilometern und mehr an die Oberfläche zu hieven. Damit scheint es jetzt vorbei zu sein: Erstmals hat eine Bergbaufirma – es handelt sich um die australische Firma «Nautilus» – kommerziellen Anspruch auf das Tiefseegold angemeldet. Nautilus will auf einem Gebiet von 5000 km² vor der Küste Papua-Neuguineas die vulkanischen Erze abbauen.

Nicht nur in Australien, auch in anderen Ländern rüstet man sich für den Kampf um die besten Unterwasserminen. Besonders aktiv sind in dieser Beziehung die Asiaten: Japan, Südkorea, China und Indien investieren stark in die Tiefseeforschung.

nach: William J. Broad, Sonntags-Zeitung vom 15. Februar 1998

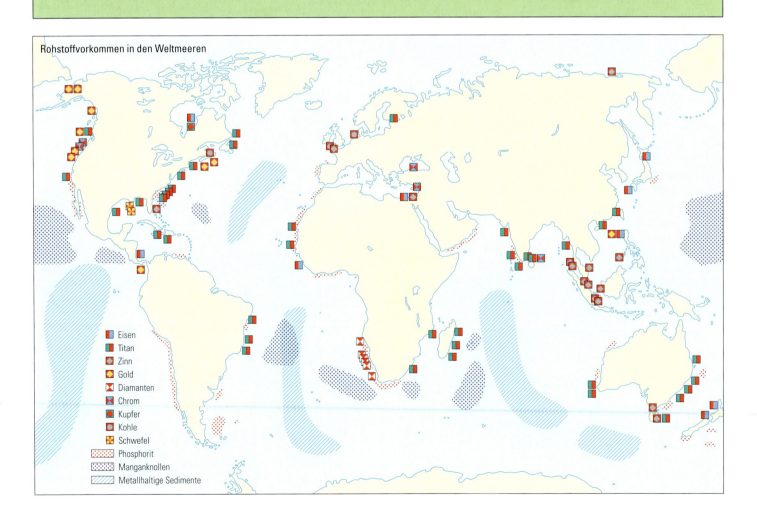

Rohstoffvorkommen in den Weltmeeren

Wie viele Menschen können auf der Erde leben?

Vom Rohstoffverbrauch hängt alles ab

Hat in einem Land ein Grossteil der Menschen nicht die Möglichkeit,
- sich angemessen zu ernähren
- in einer menschenwürdigen Umgebung zu wohnen
- bezahlte Arbeit zu finden,

und wird die Natur stark übernutzt, spricht man von «Übervölkerung».
Weder die Bevölkerungsdichte noch der Grad der Selbstversorgung ist ein Mass für die Übervölkerung eines Staates.

Niemand kann eine objektive Antwort auf die Frage geben, wie viele Menschen auf der Erde leben können. Wenn alle Menschen einen westeuropäischen Lebensstandard führen würden, dann wären wir heute schon mit rund 6 Milliarden viel zu viele. Würden aber alle Menschen nur so viel Rohstoffe verbrauchen und so viel Abfall produzieren wie die meisten Menschen in den Entwicklungsländern, würde die Erde, ohne Schaden zu nehmen, das Dreifache der heutigen Bevölkerung beherbergen können. Die Zahl der Menschen, die die Erde verkraften kann, ist vom Lebensstandard abhängig. Doch wer ist befugt zu entscheiden, unter welchen Bedingungen die Menschen leben sollen? Die Menschheit besteht aus zahlreichen Völkern, die in den unterschiedlichsten Traditionen und Religionen verwurzelt sind und deren Menschen die verschiedensten Bedürfnisse haben.

Doch eines steht fest: Mit welchem Lebensstandard wir auch immer rechnen, der Organismus Erde ist nicht beliebig belastbar und seine Vorräte sind begrenzt.

In der Diskussion um Armut und Hunger hat der Begriff der Übervölkerung grosses Gewicht erlangt.

Ist die Schweiz übervölkert?

Bei genauer Betrachtung ist der Begriff «Übervölkerung» noch etwas komplizierter. In der Schweiz beispielsweise gibt es genügend Wohnungen und im Bereich des Umweltschutzes zählt sie zu den fortschrittlichsten Ländern der Welt. Zwar gibt es immer wieder Zeiten, in denen die Arbeitslosigkeit ansteigt. Doch hat sie bis jetzt noch nie das Ausmass anderer Länder erreicht. In der Schweiz gibt es auch mehr als genug zu essen! Allerdings werden 40% der Nahrungsmittel importiert, ein Fünftel davon aus Afrika, Asien und Lateinamerika. Die daraus entstehenden ökologischen und sozialen Probleme fallen ausserhalb der Schweiz an. Die schweizerische Bevölkerung lebt, so gesehen, zum Teil auf Kosten der Entwicklungsländer. Dagegen ernährt Indien seine Bevölkerung selbst und exportiert darüber hinaus billige Nahrungsmittel in die Industriestaaten. Ist also die Schweiz übervölkert oder ist sie es nicht?

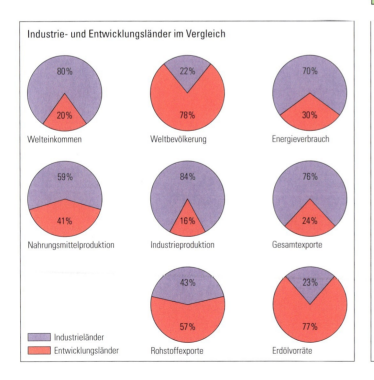

Industrie- und Entwicklungsländer im Vergleich

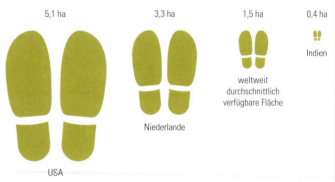

Ökologischer Fussabdruck 1991

Rechnerisch ermittelte Fläche, die eine Person im angegebenen Land durchschnittlich für ihren Jahresverbrauch beansprucht (anteiliger Flächenbedarf z.B. für Wohnen und Arbeiten, an Strassen, zum Anbau von Nahrungsmitteln, an Wald für die Speicherung von Kohlendioxid).

1900 standen jedem Bewohner der Erde rechnerisch 5,6 Hektar zur Verfügung, die aber bei weitem nicht ausgenutzt wurden. 1950 war der Durchschnittswert schon auf 3 Hektar zurückgegangen. 1995 ist die weltweite verfügbare Fläche auf 1,5 Hektar pro Kopf der Weltbevölkerung geschrumpft.

Das Wachstum und die Verteilung der Menschheit

Beispiel zur Berechnung des Bevölkerungswachstums

Die Anzahl der Geburten und Sterbefälle sowie die Ein- und Auswanderungen eines Landes werden in Prozenten oder Promille der Bevölkerung angegeben.

Schweiz 1996: 7,1 Mio. Einwohner

	Geburtenrate	+ 1,3%
−	Sterberate	− 0,9%
=	Geburtenüberschuss	+ 0,4%
+/−	Einwanderungen	+ 0,6%
	Bevölkerungswachstum	+ 1%

Der Zeitraum, in dem sich die Zahl der Menschen verdoppelt, wird immer kürzer. Obwohl die Zuwachsrate mittlerweile auf 1,5% zurückgegangen ist, kommen jährlich 86 Millionen Menschen dazu, das sind 3 Menschen pro Sekunde. Der Zuwachs findet vor allem in den Entwicklungsländern statt.

Trotz diesen erschreckenden Zahlen zeichnet sich seit einigen Jahren eine positive Entwicklung ab. Die Kinderzahl ist rascher zurückgegangen als je zuvor. In den Entwicklungsländern bringen die Frauen im Durchschnitt nicht mehr wie früher 6 und mehr, sondern nur noch 3 bis 4 Kinder zur Welt. Während 1960 von tausend lebend geborenen Kindern 150 starben, sind es heute nur noch 70. Die Lebenserwartung hat sich markant erhöht.

Im Hinblick auf sinkende Bevölkerungszahlen mag es widersprüchlich erscheinen, wenn man grosse Anstrengungen unternimmt, die Lebensqualität der Menschen zu verbessern. Doch der Kinderwunsch einer Frau steigt, je mehr Kinder sie verliert. Eine Frau, die weiss, dass ihre Kinder mit grösster Wahrscheinlichkeit überleben, gebärt weniger Kinder.

Die Weltbevölkerung ist sehr unregelmässig über die Erde verteilt: Auf 8% der Landoberfläche leben 70% der Menschen. Die bevorzugten Siedlungsgebiete befinden sich in den gemässigten und subtropischen Klimazonen, entlang von Meeresküsten und Flüssen.

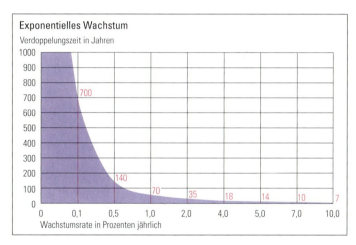

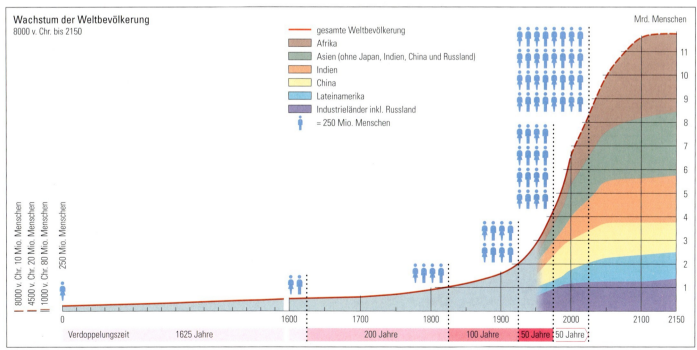

Vom langsamen Bevölkerungswachstum der Vorzeit zur Bevölkerungsstabilität der Zukunft

Viele tausend Jahre lang hat die Zahl der Menschen nur sehr langsam zugenommen. Eine Frau hat zwar viele Kinder geboren, doch viele ihrer Kinder sind auch schon früh wieder gestorben. Überhaupt war die Lebenserwartung der Menschen viel geringer als heute.

Erst als man mehr auf die persönliche Hygiene zu achten begann, als die Wohnverhältnisse komfortabler wurden und auch die Medizin grosse Fortschritte erzielte, ging die Kindersterblichkeit zurück und die Menschen wurden älter. Da aber immer noch gleich viele Kinder geboren wurden, nahm die Bevölkerung sehr stark zu.

In den modernen Industriegesellschaften gingen schliesslich die Geburtenzahlen zurück, als es einer breiten Bevölkerungsschicht materiell zunehmend besser ging. Immer mehr Mädchen entschlossen sich für eine gute Ausbildung und später für ein interessantes Berufsleben. Neue empfängnisverhütende Mittel kamen auf den Markt, ihre Anwendung wurde selbstverständlich. Deshalb weisen heute alle Industriestaaten geringe Geburtenraten und geringe Sterberaten auf. Der natürliche Bevölkerungszuwachs ist klein oder nimmt sogar ab.

Seit Jahrzehnten ist man bemüht, das Bevölkerungswachstum auch in den Entwicklungsländern zu drosseln.

Heute ist alles anders als früher

Den Übergang vom langsamen Bevölkerungswachstum mit hohen Geburten- und Sterberaten zu einem langsamen Bevölkerungswachstum mit niederen Geburten- und Sterberaten vollzieht sich über mehrere Jahrzehnte bis Jahrhunderte. Technische, wirtschaftliche und soziale Entwicklungen spielen eine grosse Rolle. Die meisten europäischen Nationen durchliefen diesen Prozess im Laufe der letzten zwei Jahrhunderte. Die Entwicklungsländer stecken mitten drin. Doch unterscheiden sich die beiden Prozesse grundlegend:

- In Europa konnte ein grosser Teil der «überzähligen» Bevölkerung in andere Kontinente «exportiert» werden (Auswanderungen).
- In den Entwicklungsländern setzte der Rückgang der Geburten- und Sterberaten bei einer viel grösseren Bevölkerung ein. Der relative Bevölkerungszuwachs geht zwar zurück, doch ist der absolute Zuwachs immer noch gross. Die westliche Welt erwartet, dass die Entwicklungsländer ihr Bevölkerungswachstum schneller unter Kontrolle bringen.
- Da die Menschen in den Entwicklungsländern einen anderen kulturellen und religiösen Hintergrund haben, ist es fraglich, ob sie die Senkung ihrer Geburtenraten auf die gleiche Art erreichen wie die Industrieländer.

1 Junge berufstätige Frau
2 Drei Generationen

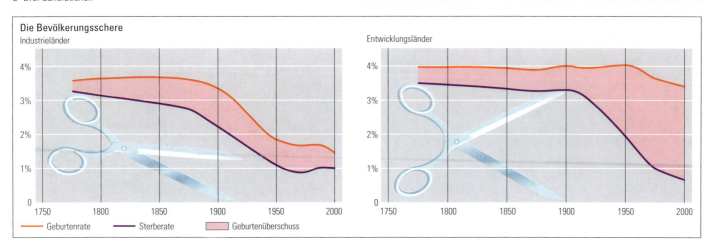

Die Bevölkerungspyramide

Bevölkerungspyramiden stellen den Altersaufbau der Bevölkerung grafisch dar. Sie zeigen, wie viele Prozente der Bevölkerung einer bestimmten Altersgruppe angehören, und ermöglichen dadurch einen raschen Überblick über ihre altersmässige Zusammensetzung. Bevölkerungspyramiden, die von der Normalform stark abweichen, geben Hinweise auf ausserordentliche Ereignisse in den durchlaufenen Entwicklungsphasen und weisen auf gegenwärtige und künftige Bevölkerungsprobleme hin. Aufschlussreich sind immer auch Vergleiche zwischen Bevölkerungspyramiden verschiedener Regionen.

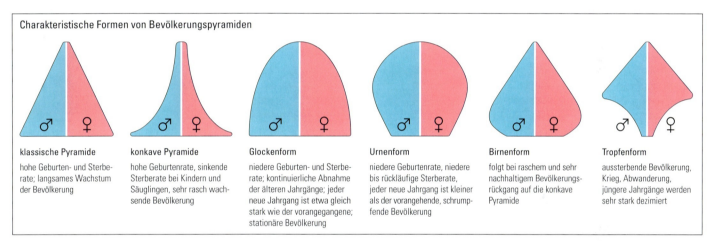

Charakteristische Formen von Bevölkerungspyramiden

klassische Pyramide
hohe Geburten- und Sterberate; langsames Wachstum der Bevölkerung

konkave Pyramide
hohe Geburtenrate, sinkende Sterberate bei Kindern und Säuglingen, sehr rasch wachsende Bevölkerung

Glockenform
niedere Geburten- und Sterberate; kontinuierliche Abnahme der älteren Jahrgänge; jeder neue Jahrgang ist etwa gleich stark wie der vorangegangene; stationäre Bevölkerung

Urnenform
niedere Geburtenrate, niedere bis rückläufige Sterberate, jeder neue Jahrgang ist kleiner als der vorangehende, schrumpfende Bevölkerung

Birnenform
folgt bei raschem und sehr nachhaltigem Bevölkerungsrückgang auf die konkave Pyramide

Tropfenform
aussterbende Bevölkerung, Krieg, Abwanderung, jüngere Jahrgänge werden sehr stark dezimiert

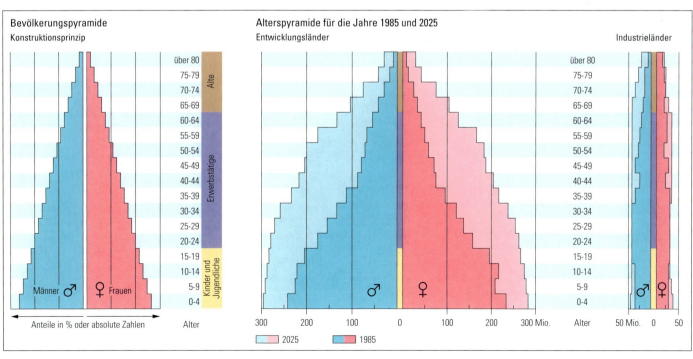

Völkerwanderungen unserer Zeit

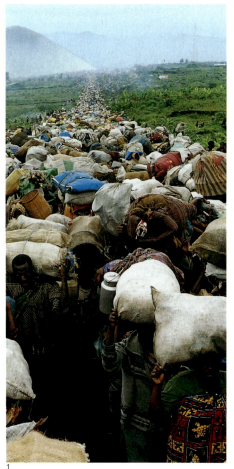

Die Menschen mussten seit eh und je mit dem *Bevölkerungsdruck* fertig werden, obwohl in früheren Zeiten ihre Zahl im Vergleich zu heute verschwindend klein war. Wenn einzelne Bevölkerungsgruppen nicht immer wieder in Not geraten wären, hätten sie sich nicht über den ganzen Erdball ausgebreitet. Sie hätten kaum den Weg über die Beringstrasse nach Nordamerika angetreten und sie hätten nicht die fernsten Winkel Asiens erreicht. Die Geschichtsbücher könnten nichts über die Zeit der frühmittelalterlichen Völkerwanderung erzählen und die Europäer hätten keinen Grund gehabt, scharenweise in die Neue Welt auszuwandern.

Heute sind wieder Millionen von Menschen in der Hoffnung unterwegs, eine Heimat zu finden, die ihnen ein anständiges Auskommen sichert. Man nennt diese Menschen «*Migranten*».

Die Gründe der *Migration* sind sehr vielschichtig und die Grenzen zwischen mehr oder weniger freiwilliger *Migration* und erzwungener Flucht fliessend. Viele *Migranten* sind arm. Sie besitzen kein Land, auf dem sie Nahrungsmittel anpflanzen könnten. Sie konnten in ihrer Heimat auch keine bezahlte Arbeit in einem Gewerbebetrieb, in der Industrie oder im Dienstleistungssektor finden.

Neuere Phänomene sind Massenabwanderungen aus den Trockenzonen Afrikas, Brasiliens und Indiens, aus Überschwemmungsgebieten Südasiens oder aus Vulkanzonen der Philippinen. Diese *Migranten* nennt man «Umweltflüchtlinge».

In der Fremde übernehmen die *Migranten* meist die schmutzigsten, gefährlichsten und anstrengendsten Arbeiten, für die sie auch noch schlecht bezahlt werden.

Zu den *Migranten* zählen aber auch die Erfolgreichsten der Gesellschaft: die Spitzenkräfte aus Forschung, Wirtschaft und Technik. Sie haben meist ein erfolgreiches Auslandstudium absolviert. Für diese «Elite» gibt es in den meisten Industrieländern Sonderregelungen für die Einwanderung, da der Konkurrenzkampf immer mehr hochqualifizierte Leute erfordert.

Andere wiederum verlassen ihre Heimat, weil sie wegen ihrer politischen Einstellung, wegen ihrer Religion oder Hautfarbe verfolgt werden, viele tausend, weil sie vor kriegerischen Ereignissen flüchten. Unter den *Migranten* gelten sie als echte Flüchtlinge. Diese unfreiwilligen *Migranten* bleiben meist in ihrer Herkunftsregion. Sie fliehen über die nächstliegende Grenze und stranden häufig in Ländern, die sich oft selbst in einer wirtschaftlich schlechten Situation befinden. In Flüchtlingslagern finden sie Schutz und häufig mit internationaler Hilfe eine minimale Versorgung. Man schätzt die Zahl der grenzüberschreitenden *Migranten* auf jährlich bis zu 100 Millionen. Unter ihnen befinden sich 25 Millionen legale Arbeitsmigranten und 20 bis 24 Millionen Flüchtlinge. Die übrigen zählen zu denjenigen *Migranten*, die ohne Erlaubnis und ohne den offiziell anerkannten Flüchtlingsstatus die Grenze überschreiten.

1 Flüchtlingsstrom (Ruanda)
2 Flüchtlingslager (Ruanda)
3 Asylsuchende in Kreuzlingen (Kanton Thurgau)
4 Flüchtlinge in einem Asylantenheim (Kanton Zug)
5 Illegal einreisende Flüchtlinge an der Schweizer Grenze
6 Schlepperorganisation bringt Flüchtlinge nach Westeuropa

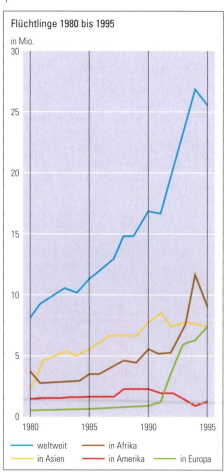

Flüchtlinge 1980 bis 1995

2

4

Die grösste Zahl der grenzüberschreitenden *Migranten* besteht aus den so genannten Wirtschaftsflüchtlingen. Juristisch werden sie nicht als Flüchtlinge anerkannt. Da die Einwanderungsgesetze in vielen Ländern der Erde in den letzten Jahren verschärft wurden, vertrauen sich Wirtschaftsflüchtlinge immer häufiger Schlepperorganisationen an. Sie bezahlen viel Geld, damit sie von diesen Organisationen auf verschlungenen, kaum überwachten Wegen über die Grenzen in andere Länder und in andere Kontinente geschleust werden.

Die Aktivität von kriminellen Elementen, die die missliche Lage der *Migranten* ausnützen, führt zu Vorurteilen unter der einheimischen Bevölkerung in den Gastgeberländern. Die Bereitschaft, fremde Menschen in Not aufzunehmen und ihnen ein Mindestmass an Einkommen zuzugestehen, nimmt ab.

Die Zahl der Binnenflüchtlinge, also jener Menschen, die auf ihrer Flucht innerhalb der Landesgrenzen bleiben, wurde 1994 auf 26 Millionen geschätzt. Damit stellen sie rund die Hälfte aller echten Flüchtlinge. Die Gesamtzahl der Menschen, die sich auf Binnenwanderschaft befinden, ist aber viel grösser.

5

3

6

Die globale Verflechtung der Wirtschaft

- Die globale Herausforderung
- Die Welt als Global Village
- Die Grenzen der Globalisierung: Lehren aus der Asienkrise
- Die Globalisierung auf der Anklagebank
- Auswege aus der Globalisierungsfalle
- Soziale Globalisierung gegen den Trend: Nord-Süd-Konferenz von Entwicklungsorganisationen
- Die Globalisierung stösst an Grenzen
- Globalisierung als Schicksal und Aufgabe
- Globalisierung ist keine Armutsfalle
- Einsamer Buschmann, global vernetzt
- Der globalisierte Manager kommt
- Die Globalisierung zum Nutzen aller
- Global oder lokal?
- Das Jahrhundert der Globalisierung
- Das grosse Unbehagen – Licht und Schatten der Globalisierung
- Globalisierung: Wir brauchen neue Spielregeln

Die Welt ist zu einem Dorf geworden

Die elektronische Revolution der letzten Jahrzehnte hat ermöglicht, dass die Weltwirtschaft ungeahnte, neue Dimensionen erfuhr:
- Die neuen Kommunikationsmittel (z.B. Internet und Intranet) erlauben es, Informationen innert Sekunden rund um den Globus zu schicken, aber auch zu jeder Zeit in den Besitz der neuesten Informationen zu kommen.
- Menschen werden weitgehend durch Roboter ersetzt: arbeitsintensive Produktion wird zu kapital- und energieintensiver Produktion. In immer kürzerer Zeit können immer grössere Mengen produziert werden.
- Der Zeitraum zwischen der Entwicklung einer neuen Technologie und deren Vermarktung wird immer kürzer.

In der Kolonialzeit hat der weltweite Handel einen Aufschwung erfahren. Die Handelsstrukturen (Produzent – mehrere Zwischenhändler, Kaufleute – Konsument) blieben im Wesentlichen bis in unsere Zeit hinein gleich. Heute ist dieses Gefüge aufgebrochen. Denn wer heute zu den Grossen im internationalen Geschäft gehört, betätigt sich in den verschiedensten Ländern und Kontinenten gleichzeitig in der Forschung, der Produktion und dem Handel. Ausserdem beteiligt er sich aktiv am Finanzgeschäft.

Die wirtschaftlichen Hauptaktionszentren befinden sich nach wie vor in Europa, Nordamerika und Ostasien. Zwischen diesen drei Räumen findet ein reger Dienstleistungs- und Warenaustausch statt. Die Investitionstätigkeit, also der Auf- und Ausbau von Industrie und Dienstleistungsunternehmen, erfolgt ebenfalls hier am stärksten. Immer häufiger legen Investoren ihr Geld ausserhalb ihres eigenen Landes an. So haben die Auslandinvestitionen stark zugenommen.

Innerhalb dieser so genannten *Triade* kommen immer mehr gleichartige Industrieprodukte auf den Markt. Der Handel mit Agrarprodukten, Rohwaren, Gewürzen und «kolonialen» Genussmitteln (Kaffee, Tee, Kakao usw.) verliert zunehmend an Bedeutung.

Von den Entwicklungsländern können nur einige wenige vom Welthandel profitieren. Am Globalisierungsprozess nehmen also nicht alle Regionen im gleichen Mass teil.

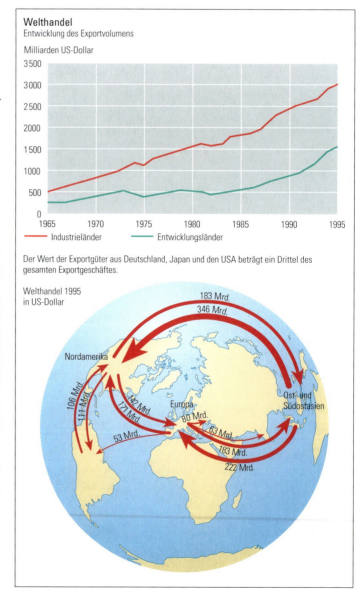

Welthandel
Entwicklung des Exportvolumens
Milliarden US-Dollar

Der Wert der Exportgüter aus Deutschland, Japan und den USA beträgt ein Drittel des gesamten Exportgeschäftes.

Welthandel 1995
in US-Dollar

Weltweite Direktinvestitionen
Milliarden US-Dollar

Die heimlichen Giganten

Heute dominieren einige wenige, kaum mehr durchschaubare Grossunternehmen, so genannte Transnationale Konzerne oder «Multis», das globale Wirtschaftsgeschehen. Ein «Multi» besteht meist aus einer Mutterfirma, die in anderen Ländern Tochtergesellschaften betreibt. Multinationale Gesellschaften nutzen die Standortvorteile einzelner Länder, beispielsweise Lohnkosten, Verfügbarkeit von Rohstoffen und Personal, um auf dem Weltmarkt erfolgreich zu sein. In anderen Fällen wird die Produktion verlagert, um näher bei den Konsumenten zu sein oder weil die Länder importierte Waren mit hohen Zöllen belasten. Zum Beispiel wurde ein grosser Teil der Textilindustrie, die viele Arbeitskräfte beschäftigen, in Billiglohnländer verlegt. Schwerpunkt der Herstellung von Elektronik wurde Südostasien. In zunehmendem Masse werden auch Dienstleistungen von den Industrieländern in die Entwicklungsländer verlagert: zum Beispiel die routinemässige Erfassung von Daten in die Karibik oder die Software-Entwicklung nach Indien. Ein «Multi» ist in der Lage, weltweit gleichzeitig ein neues Produkt auf den Markt zu bringen.

Durch die Geschäftstätigkeit der «Multis» nimmt die internationale Verflechtung rapide zu. Mitte der Neunzigerjahre kontrollierten sie direkt bereits einen Drittel der gesamten Industrieproduktion. Ihr indirekter Einfluss wird auf mindestens das Doppelte geschätzt. Dadurch geraten Länder und Regionen in immer grössere Abhängigkeit.

Nestlé – ein Transnationaler Konzern

Die Aktivitäten von Nestlé bestehen vor allem darin, leicht verderbliche Rohstoffe zu haltbaren Lebensmitteln zu verarbeiten. Die Nestlé-Gruppe gliedert sich in drei Dachgesellschaften (Holding-Gesellschaften).

- Die Nestlé AG besitzt rund 200 Tochtergesellschaften in über 60 Ländern. Diese Tochtergesellschaften produzieren in gegen 500 Fabriken. Mit einigen tausend Kleinbauern und Kleinbäuerinnen haben sie langfristige Partnerschaftsverträge abgeschlossen.
- Die Nestec AG entfaltet ihre Tätigkeit auf zwei Gebieten: einerseits in der Forschung und technologischen Entwicklung, anderseits in der technischen Beratung. Sie unterstützt alle Gesellschaften, die Nestlé-Produkte herstellen und verkaufen, bei Problemen in Maschinenpark, Produktion, Verkauf, Organisation, Verwaltung und Personalausbildung.
- Die Nestlé World Trade Corporation koordiniert weltweit den Handel mit Nestlé-Produkten.

Ziel der Nestlé ist es, weiter zu wachsen. Das Wachstum erfolgt einerseits durch die Entwicklung neuer Produkte, die Gewinnung neuer Marktanteile sowie durch die Niederlassung in neuen Gegenden und den Bau von Fabriken. Anderseits erfolgt das Wachstum durch den Zusammenschluss oder den Kauf von geeigneten Unternehmen.

Die 25 grössten Industrie-TNCs der Welt 1993

TNC	Herkunftsland	Umsatz in Mrd. US-$	Gewinn in Mrd. US-$	Hauptaktivität
General Motors	USA	133,6	2,466	Fahrzeugbau
Ford Motor	USA	108,5	2,529	Fahrzeugbau
Exxon	USA	97,8	5,280	Öl
Shell	NL/GB	95,1	4,505	Öl
Toyota	Japan	85,3	1,474	Fahrzeugbau
Hitachi	Japan	68,6	0,605	Elektro
IBM	USA	62,7	8,101	Computer
Matsushita	Japan	61,4	0,227	Elektronik
General Electric	USA	60,8	4,315	Elektro
Daimler-Benz	Deutschland	59,1	0,364	Fahrzeugbau
Mobil	USA	56,6	2,084	Öl
Nissan	Japan	53,8	0,806	Fahrzeugbau
BP	Grossbritannien	52,5	0,924	Öl
Samsung	Republik Korea	51,3	0,520	Elektronik
Philip Morris	USA	50,6	3,091	Zigaretten
IRI	Italien	50,5	n. v.	Metall
Siemens	Deutschland	50,4	1,232	Elektro
Volkswagen	Deutschland	46,3	1,323	Fahrzeugbau
Chrysler	USA	43,6	2,551	Fahrzeugbau
Toshiba	Japan	42,9	0,113	Computer
Unilever	NL/GB	41,8	1,946	Nahrungsmittel
Nestlé	Schweiz	38,9	1,953	Nahrungsmittel
Elf Aquitaine	Frankreich	37,0	0,189	Öl
Honda	Japan	35,8	0,220	Fahrzeugbau
ENI	Italien	34,8	0,267	Öl

n. v. = nicht verfügbar

Im Vergleich BSP einiger Länder 1994

Marokko	30,3 Mrd. US-$	Bangladesh	26,0 Mrd. US-$
Schweiz	265,0 Mrd. US-$	Ägypten	41,0 Mrd. US-$
Venezuela	58,0 Mrd. US-$	Deutschland	2075,0 Mrd. US-$

1

Globalisierung als Chance

Die Globalisierung ist weder an sich gut noch an sich schlecht. Als Resultat vieler voneinander unabhängiger Entwicklungen ist sie nicht rückgängig zu machen, und eine Gesellschaft kann sich ihr nicht entziehen. Es gilt daher, ihre Chancen zu nutzen und die Risiken zu reduzieren.
Vorerst bereitet die Anpassung jedoch Schwierigkeiten, vor allem in der Alten Welt. Die Schweiz betreibt zwar seit langem globalen Handel. Er ist die wichtigste Grundlage unseres Wohlstandes. Wir bewegten uns aber quasi auf einer Einbahnstrasse. Was wir anzubieten hatten, konnten andere nicht liefern. Jetzt ist der Handel plötzlich zur Autostrasse mit Gegenverkehr geworden. Eine Grosszahl von Produkten und Dienstleistungen lässt sich fast überall auf der Welt herstellen und vertreiben. Weil andere Völker aber wesentlich bescheidener leben als wir, ist ihr Kosten- und Lohnniveau deutlich tiefer. Dadurch ist der Preisdruck enorm. Der globale Wettbewerb macht uns zu schaffen. Die Unternehmen versuchen, diesem mit Rationalisierungen und Auslagerungen standzuhalten. Denn auch die Konsumenten denken und handeln global. Sie wählen zwischen den weltweit besten Produkten zum günstigsten Preis.
In den Schwellenländern bringt die Globalisierung neue Verdienstmöglichkeiten und höheren Wohlstand. Das ist für den Abbau des Wohlstandsgefälles auf unserer Welt im Interesse der globalen Sicherheit sehr wichtig. Es eröffnet aber auch uns neue Märkte. Wir Schweizer müssen uns auf unsere Stärken besinnen. Es wird auch in Zukunft eine Nachfrage geben, die wir besser als andere befriedigen können.
Aus einer übergeordneten und längerfristigen Sicht ist die Globalisierung eine Chance für eine gerechtere Welt. Die Herausforderung der Staatenwelt ist, mit international ausgehandelten Regeln mögliche Missbräuche des freien Welthandels zu bekämpfen, um seine Vorteile möglichst allen zugänglich zu machen.

Vreni Spoerry, Verwaltungsrätin der Nestlé AG, 1997

«Globalisierung ist...

...wenn du deinen Job verlierst und deine Firma dabei Gewinne macht.» Diese Formel eines deutschen Gewerkschafters beschreibt knapp, aber zutreffend den dramatischen wirtschaftlichen Umbruch, den alle westlichen Industrieländer in diesem Jahrzehnt erleben. Auf Drängen Transnationaler Konzerne haben die Regierungen in Westeuropa, Nordamerika und Ostasien nach und nach die meisten nationalen Handelsbeschränkungen wie Zölle und technische Produktevorschriften beseitigt. Diese fortschreitende Liberalisierung führt zur immer engeren Verflechtung der Wirtschaft über alle Grenzen hinweg. Insgesamt wickeln transnationale Unternehmen schon ein Drittel des Welthandels in firmeneigenen Netzwerken ab. Im Zuge dieser hochorganisierten Arbeitsteilung produzieren immer weniger Arbeiter und Angestellte immer mehr Güter. So schrumpft die Zahl der gutbezahlten, festen Jobs unablässig – auch in den grossen Dienstleistungsbranchen. Im Bankgewerbe zum Beispiel erwarten Fachleute allein in Deutschland in den nächsten Jahren den Verlust von 100 000 Arbeitsplätzen. Volkswirtschaftlich gemessen steigert dieser Prozess in allen beteiligten Ländern den Wohlstand. Aber die Verteilung dieser Gewinne erfolgt ungleich. Während eine wachsende Zahl von Arbeitslosen und Billig-Jobbern mit immer weniger Einkommen auskommen müssen, profitieren die Besitzer von Geldvermögen und Aktien von schnell steigenden Aktienkursen und Zinsgewinnen. Zu den Gewinnern zählen auch all jene Hochqualifizierten, deren Tätigkeit nicht rationalisierbar ist. Ihre Gehälter legen noch zu. Gleichzeitig ermöglicht der weltweit elektronisch vernetzte Finanzmarkt den Vermögenden und den grossen Unternehmen, sich der Besteuerung zu entziehen. Sie lassen formal ihre Gewinne dort anfallen, wo die Steuersätze niedrig sind. In der Konsequenz vertieft sich die soziale Spaltung der Gesellschaft. Proteste und politische Instabilität wachsen. Die zunehmende materielle Ungleichheit erzeugt insbesondere in Westeuropa und den USA bei der Mehrheit der Bürger das Gefühl, zu den Verlierern zu gehören. In beinahe allen Wohlstandsländern verzeichnen daher rechtspopulistische, ausländerfeindliche Parteien und Organisationen wachsenden Zulauf. Die Welle der Globalisierung rollt mit Macht. Die gesellschaftlichen Abwehrreaktionen werden nicht minder stark ausfallen.

Harald Schumann, 1997, Autor (zusammen mit Hans-Peter Martin) des Buches «Die Globalisierungsfalle», 1996

Haben die Kleinen neben den Grossen noch Platz?

Man könnte glauben, die zunehmende globale Verflechtung der Wirtschaft lasse die lokale und regionale Wirtschaft in die Bedeutungslosigkeit absinken. Genau das Gegenteil ist der Fall. Ohne regionale Wirtschaft funktioniert die globale Wirtschaft nicht. Kleinere Produktionsstätten (Handwerksbetriebe, Werkzeugfabriken, Ingenieurbüros) dienen als Zulieferer der «Grossen». Die Bevölkerung braucht nach wie vor eine gut funktionierende Versorgung verschiedenster Dienstleistungen (Detailhandel, Coiffeursalon, Arztpraxen) und Gewerbeprodukte (Schreiner, Fotograf, Druckerei), welche in unmittelbarer Nachbarschaft produziert werden.

Viele Mittel- und Kleinunternehmen machen sich die Besonderheiten ihrer Region zum Vorteil. Sie nutzen Marktnischen. Spezialitäten, deren Herkunft eine besondere Qualität versprechen, sind gefragt. Regionale Traditionen, Heimatvereine, Heimatliteratur, regionale Medien oder regionale Kochkünste erfahren eine Aufwertung. In den Städten wird die Eigenart bestimmter Stadtteile neu belebt und im Tourismusgeschäft bestens vermarktet.

Die Mittel- und Kleinunternehmer scheinen schneller neu auftretende Kundenwünsche erfüllen zu können, als die grossen Industriekonzerne, welche Massenprodukte herstellen. Ihr enges Beziehungsgeflecht, das sie pflegen, ist für ihren Erfolg wichtig. Sie kennen ihre Kunden und können deshalb massgeschneiderte Produkte liefern. «Drei intelligente und motivierte Tüftler schlagen einen Grosskonzern», behauptet ein führender Wirtschaftskapitän der Schweiz.

1 Japanische Uhren in den Auslagen an der Bahnhofstrasse (Zürich)
2 Coiffeuse
3 Goldschmiedin
4 Schreiner
5 Geigenbauer

Nachhaltige Entwicklung

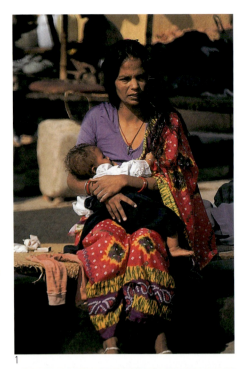

1

Der Begriff «Nachhaltige Entwicklung» stammt aus der Forstsprache. Er bedeutet, dass ein Förster nur so viel Holz in seinem Wald schlagen darf, wie im gleichen Zeitraum nachwächst. Auf diese Weise bleibt der Wald in seiner ganzen Schönheit und Grösse erhalten.

Auf die Natur angewendet bedeutet «Nachhaltige Entwicklung»:

- Von den erneuerbaren *Ressourcen* (sauberes Wasser, von der Landwirtschaft genutzter Boden, Fischbestände, Holz) darf nur so viel verbraucht werden, als ihr Bestand quantitativ und qualitativ nicht abnimmt.
- Die nicht erneuerbaren *Ressourcen* (Erdöl, Erdgas, Kohle, Erze) dürfen nur so weit genutzt werden, als die Rückstände umweltverträglich entsorgt werden können.
- Die Tierwelt und ihre Biosysteme müssen gesund, die Artenvielfalt erhalten bleiben.

2

Auf die Menschen angewendet bedeutet «Nachhaltige Entwicklung»:

- Im Zentrum aller Bemühungen muss das Wohlbefinden der Menschen stehen. Nicht nur die heute lebenden Menschen haben ein Recht auf mehr Lebensqualität. Wir sind verpflichtet, Bedingungen zu schaffen, die zukünftigen Generationen ein menschengerechtes Leben ermöglichen.
- Wir müssen dafür sorgen, dass auf der ganzen Welt die Menschenrechte durchgesetzt werden.
- Lebenswerte, menschenwürdige Kulturlandschaften müssen erhalten bleiben.

Auf die Wirtschaft angewendet bedeutet «Nachhaltige Entwicklung»:

- Sie interessiert sich nicht nur für den Gewinn, sondern achtet darauf, dass ihre Produktionsweise menschenverträglich und umweltverträglich ist. Der Welthandel soll auf fairen Vereinbarungen beruhen.

Nachhaltige Entwicklung beinhaltet also:
- Umweltverträglichkeit (z.B. Verminderung und Vermeidung von Abfällen)
- soziale Verträglichkeit (z.B. Vermeidung von Arbeitslosigkeit)
- ökonomische Verträglichkeit (z.B. Stabilität der Währung)

Fairer Handel: Zum Beispiel Max Havelaar

Wer ist Max Havelaar?

Max Havelaar ist eine Romanfigur im gleichnamigen Roman des holländischen Autors Dowers Dekker (1820 bis 1887). Dekker hatte 17 Jahre als Kolonialbeamter in Indonesien (damals Niederländisch-Ostindien) gearbeitet. Nach seinem freiwilligen Ausscheiden schrieb er den Roman «Max Havelaar» als Antwort auf die schreienden Ungerechtigkeiten in den holländischen Kolonien. Als das Buch 1860 in den Niederlanden auf den Markt kam, wurde es ein Bestseller, löste aber gleichzeitig einen Skandal aus.

In der Schweiz haben 1992 sechs Hilfswerke (Swissaid, Fastenopfer, Brot für alle, Helvetas, Caritas, Heks) die Max-Havelaar-Stiftung Schweiz nach dem Vorbild der gleichnamigen holländischen Organisation gegründet.

Die Max-Havelaar-Stiftung betreibt selber keinen Handel. Sie vermittelt aber Kontakte zwischen Produzenten im Süden und den Abnehmern in der Schweiz, die beide die Anforderungen der Stiftung erfüllen müssen. Sie kontrolliert auch, ob Produktion und Handel gemäss den Vorstellungen von «fairem Handel» erfolgen.

Die Produzenten verpflichten sich zu einer möglichst umweltschonenden Anbau- und Verarbeitungsweise. Sie müssen Anstrengungen unternehmen, um von Monokulturen wegzukommen. Dafür sollen sie viele verschiedene Nutzpflanzen (Mischkulturen) anbauen. Die Genossenschaften müssen demokratisch geführt werden.

Die Abnehmer verpflichten sich, eine bestimmte Menge zu festgesetzten, existenzsichernden Preisen zu kaufen. Sie dürfen ihre Produkte mit dem Max-Havelaar-Signet versehen auf den Markt bringen.

Produkte mit dem Max-Havelaar-Gütezeichen sind typische *Kolonialprodukte* aus der tropischen Zone, deren Preise auf dem freien Weltmarkt stark schwanken: Kaffee, Tee, Kakao, Honig, Bananen.

1 Mutter mit Kind (Indien)
2 Regenwürmer

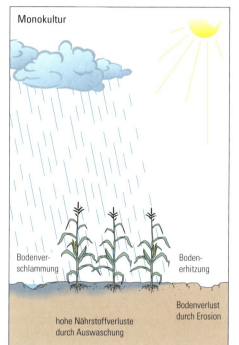

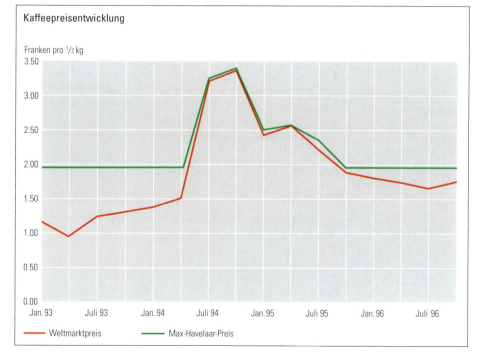

In Abhängigkeit des Weltmarktpreises

José ist Kleinbauer. Er wohnt mit seiner Familie an den Steilhängen des guatemaltekischen Hinterlandes und baut Kaffee an. Er musste 3 Jahre warten, bis die Pflanzen die erste Ernte abwarfen. In dieser Zeit hat der Kaffeeanbau nur Geld gekostet. Verdient hat José in dieser Zeit nichts.

Die reifen Kaffeekirschen werden unter Mithilfe seiner ganzen Familie von Hand gepflückt und nach der Ernte gleich verarbeitet. In einem ersten Schritt werden die Kaffeekirschen geschält, gewaschen und vor dem Haus getrocknet. Seine Ernte muss José dem lokalen Zwischenhändler verkaufen. Er erhält etwa einen Drittel bis die Hälfte des Weltmarktpreises. In den letzten Jahren wurde der Verdienst für José immer kleiner. Dieses Jahr hat er für die gleiche Menge Kaffee nur gerade halb so viel wie vor drei Jahren erhalten. Es fehlt an allem; José kann die nötigen Medikamente für seine kranke Frau nicht mehr kaufen und auch seine Kinder nicht in die Schule schicken. Lange kann es so nicht mehr weitergehen. Der Zwischenhändler kauft von verschiedenen Bauern der Gegend die Ernte auf, transportiert die Ware in die Hauptstadt, wo er den Grünkaffee an einen Exporteur verkauft. Dieser besorgt eine weitere Auslese und Aufbereitung des Rohkaffees, damit dieser die internationalen Standards der Exportqualität erfüllt. Er bietet den grünen Kaffee auf dem Weltmarkt an und verkauft ihn einem Importeur in Europa. Er ist für die Verschiffung zuständig.

Nach der Ankunft im europäischen Hafen kontrolliert der Importeur die Qualität und bietet den interessierten Käufern Muster an. Der Kaffee aus Guatemala wird an einen Röster weiterverkauft, der ihn mit Kaffee anderer Herkunftsländer mischt, röstet und verpackt. Jetzt, viele Monate später, kommt die Mischung mit Josés Bohnen in den Laden. Hier kauft ihn eine Kaffeetrinkerin, die sich damit eine Tasse duftenden Kaffees zubereitet.

Kostenrechnung Rohkaffee (Stand April 1996)	
Produktionskosten	1.88 Fr./kg
Steuern, Gewinn im Produktionsland	1.50
Total Marktpreis	**3.38**
Frachtkosten/Versicherung	0.27
Zoll und Einfuhrabgaben Schweiz	0.65
Inlandfracht, Lagerkosten	0.18
Total Fracht, Zoll Einfuhr, Lagerung	**1.10**
Total Rohkaffee, verzollt in der Schweiz	4.48
Preis des veredelten Kaffees im Laden	15.80

Ein Kleinbauer produziert nach dem Max-Havelaar-Modell

Carlos wohnt und arbeitet nicht weit von José entfernt. Nur wenige Täler südwärts liegt seine kleine Kaffeepflanzung. Viel Arbeit auch für ihn. Aber in den letzten Jahren hat sich für Carlos vieles zum Guten verändert. Zusammen mit einigen Nachbarn hat er eine Genossenschaft der Kaffeebauern seines Tales gegründet. Nach harzigen Anfängen – zunächst fanden sie keinen anderen Abnehmer als den lokalen Zwischenhändler – geht es jetzt aufwärts. Die Genossenschaft hat durch Kontakte zu einer europäischen Fair-Handels-Organisation neue Absatzwege gefunden. Im letzten Jahr konnte ein erster Kaufvertrag mit einem Importeur, der die Max-Havelaar-Bedingungen einhält, abgeschlossen werden.

Der Kaffee von Carlos nimmt jetzt folgenden Weg: Nach der Ernte bereitet die Familie den Kaffee auf und füllt ihn in Säcke ab. Der genossenschaftseigene Lastwagen holt den Kaffee ab und führt ihn ins Dorf zur Genossenschaftszentrale. Dort wird er gewogen und kontrolliert und anschliessend in die Hafenstadt ins Lagerhaus des landesweiten Genossenschaftsbundes transportiert.

Der Genossenschaftsverband besorgt – gegen eine Kommission – die weitere Aufbereitung des Kaffees und wickelt für Carlos' Genossenschaft den Export mit dem europäischen Importeur ab. Der Exportpreis liegt bei 126 US-Dollar pro 100 Pfund. Das ist der Mindestpreis, wie er früher im internationalen Kaffeeabkommen galt. Davon erhält die Genossenschaft 89%, die übrigen 11% sind Aufbereitungs- und Exportkosten. Rund 70% zahlt die Genossenschaft an Carlos aus. Eine erste Rate hat er schon bei Ablieferung an die Genossenschaft erhalten, die zweite Rate wird ihm nach der definitiven Abrechnung ausbezahlt. Der Preis, den Carlos erhält, ist deutlich höher als der Preis für Josés Kaffee. Die Genossenschaft bezahlt ihren Mitgliedern etwa doppelt so viel wie die lokalen Händler. Zudem kann sie noch einen Teil für den Investitions- und Kreditfonds zurückbehalten. Zurzeit ist geplant, eine genossenschaftseigene Kaffeeverarbeitungsanlage zu erstellen. In schwierigen Zeiten verleiht sie dieses Geld zu günstigen Bedingungen an ihre Genossenschaftsmitglieder. Auch Carlos' Sohn hat ein Stipendium zum Besuch der Oberschule in der Kreisstadt erhalten.

Die Kaffeebohnen, die Carlos geliefert hat, gehen an einen Röster in Europa. Dieser hat sich verpflichtet, 1000 Sack Kaffee von der Genossenschaft zum festgelegten Mindestpreis zu kaufen. Er mischt sie mit anderen Kaffeesorten, welche ebenfalls von Produzenten aus dem Max-Havelaar-Register stammen.

beide Beispiele aus Unterlagen der Max-Havelaar-Stiftung, Schweiz

Anhang

Glossar

absorbieren
aufsaugen, in sich aufnehmen
Absorption
– Schwächung von Lichtstrahlen beim Durchgang durch Materie
– Aufnahme von Gasen und Dämpfen durch Flüssigkeiten und feste Materie
Amische
Religiöse Gemeinschaft, die ursprünglich aus dem Elsass stammt. Amische lehnen die Kindstaufe, den staatlichen Zwang, Krieg und Eidesleistung ab. Sie halten sich von allen modernen Errungenschaften wie elektrische Geräte, Autos usw. fern. Sie betreiben vornehmlich eine auf Selbstversorgung ausgerichtete Landwirtschaft.
Annexion
gewaltsame Aneignung eines fremden Gebietes
Atheismus, atheistisch
Verneinung der Existenz Gottes
Atheist
Jemand, der die Existenz Gottes verneint.
Autarkie, autark
wirtschaftlich unabhängig durch Selbstversorgung

Bevölkerungsdruck
Krisenhafte Situation, die in einem Raum eintritt, wenn das Nahrungsmittel-, Arbeitsplatz-, Wohnungsangebot usw. knapp wird.
Bilharziose
Krankheit, die von Saugwürmern der Gruppe Bilharzia hervorgerufen wird. Die Schmarotzer leben in den Blutadern der Bauchhöhle.

Charta
grundlegende Urkunde im Staats- und Völkerrecht
Cholera
Infektionskrankheit mit heftigsten Brechdurchfällen. Die Cholera wird durch den Cholerabazillus meist über das Trinkwasser übertragen.
Choleragefahr
siehe Cholera
Corioliskraft
Ablenkende Kraft, die durch die Erdrotation hervorgerufen wird. Luftmassen erfahren durch die Corioliskraft auf der Nordhalbkugel eine Rechtsablenkung, auf der Südhalbkugel eine Linksablenkung. Da die Corioliskraft nur bei rotierenden Körpern auftritt, ist sie eine Scheinkraft.

Derivat
Abkömmling; chemische Verbindung, die sich aus einer anderen ableitet und sich aus dieser herstellen lässt.
Diarrhöe
Durchfall
Diktator
uneingeschränkter Allein- und Gewaltherrscher
diktatorisch
gebieterisch, keinen Widerspruch duldend

Diktatur
Gewaltherrschaft; Staatsform, die auf der unbeschränkten Machtausübung eines Einzelnen, einer Gruppe (Militär) oder von Parteien beruht. Oft werden zum Schein demokratische Einrichtungen aufrechterhalten.
Dow Jones
Index, der den Wert der wichtigsten US-amerikanischen Aktien zusammengefasst widerspiegelt.

Echolot
Gerät, welches mit Hilfe von Schallstössen (Glockenton, Explosion, Ultraschallimpulse) Entfernungen messen kann. Gemessen wird die Zeit von der Abgabe des Signals bis zum Wiedereintreffen der reflektierten Schallwellen.
Eiserner Vorhang
– Feuersicherer und rauchdichter Vorhang, der im Theater bei Feuergefahr herabgelassen wird.
– Schlagwort für die Abschottung des ehemaligen sowjetischen Machtbereichs gegen die demokratische Welt.
Emigranten
siehe Migration
Ethnie
Volksgruppe, deren Mitglieder gemeinsame körperliche und kulturelle Merkmale besitzen.
ethnisch
Einer besonderen Volksgruppe angehörend.
Exil
Verbannung, Verbannungsort
Exilgemeinschaften
siehe Exil

Flyschgesteine
In zyklischer Reihenfolge abgelagerte Gesteine (Breccie – Sandstein – Schiefer – Breccie – Sandstein – Schiefer usw.). Flysch wird im Frühstadium der Gebirgsbildung in einem Meerestrog am Fusse des Kontinentalabhangs abgelagert. Der Trog verengt sich sehr schnell. Die Dynamik des Ablagerungsvorgangs wird sehr stark, bevor das Gebirge als Vollform aus dem Meer hinausgehoben wird.
fossiles Wasser
Grundwasser, welches in einer früheren Klimaperiode angereichert wurde. Das fossile Wasser ist nicht in den aktuellen Wasserkreislauf einbezogen und wird bei einer Nutzung nicht erneuert.
Fremdlingsfluss
Fluss, der aus einem niederschlagsreichen Gebiet kommend ein Trockengebiet durchfliesst. Die Wasserführung eines Fremdlingsflusses nimmt vom Oberlauf zum Unterlauf ab. Fremdlingsflüsse ermöglichen die Bewässerung weiter Landstriche.
Fundamentalismus
Streng gläubige und buchstabengetreue Auslegung einer Religion. Fundamentalisten schrecken nicht davor zurück, Anhänger anderer Glaubensrichtungen zu verfolgen.

Gelbfieber
Eine in der tropischen Zone vorkommende Viruserkrankung, die von der Gelbfiebermücke, einer Stechmücke, hervorgerufen wird. Bei Kindern verläuft das Gelbfieber meist harmlos. Bei Erwachsenen kann Gelbfieber unter Gelbsucht, Versagen der Nierentätigkeit und blutigem Erbrechen zum Tode führen.
Genozid
Systematische Ausrottung resp. Ermordung eines ganzen Volkes.
Geologe
Wissenschafter, der die Zusammensetzung, den Bau und die Geschichte der Erde und der Gesteine erforscht.
Geologie
Wissenschaft von der Zusammensetzung, dem Bau und der Geschichte der Erde und der Gesteine.
Glasprisma
siehe Prisma

Halbfabrikate
Produkt, das herstellungsmässig zwischen Rohstoff und Fertigerzeugnis steht.
Halbleiter
Stoff mit hohem spezifischem elektrischem Widerstand. Zwei Halbleiter zusammen vermögen den Strom zu leiten. Die wichtigsten Halbleiter sind Silicium, Germanium und Galliumarsenid. Der Widerstand nimmt mit abnehmender Temperatur zu. Bei sehr tiefen Temperaturen werden die Halbleiter zu Isolatoren. Bei einem Transistor werden Halbleiter als Gleichrichter von elektrischem Strom eingesetzt.
Han
Name mehrerer Herrscherhäuser und Staaten in China. Han-Chinesen bilden das grösste Volk innerhalb Chinas.
HDI
Human Development Index. Index für menschliche Entwicklung. Im HDI sind Kenngrössen aus Gesundheit, Bildung und Kaufkraft zu einem Wert zusammengefasst.
Hepatitis
Leberentzündung. Die Gelbsucht ist eine Form der Hepatitis.
Herbizide
chemisch hergestellte Unkrautvertilgungsmittel
Hispanics
Menschen aus Lateinamerika mit spanischer oder portugiesischer Abstammung.

Infrastrukturen, Infrastruktureinrichtungen
Materielle Einrichtungen für die Ausübung menschlicher Daseinsfunktionen. Sie ermöglichen die soziale und wirtschaftliche Entwicklung. Zu den Infrastrukturen gehören Versorgungs- und Entsorgungseinrichtungen, Verkehrsmittel und Verkehrswege, Kommunikationsnetze, Spitäler und andere Einrichtungen des Gesundheitswesens, Schulen, Universitäten u. a.
Infrastrukturprobleme
siehe Infrastrukturen

Innovation
Erfindung, Neuerung, insbesondere im technologischen Bereich.
Innovationskraft
siehe Innovation
Integrierter Schaltkreis
Begriff aus der Elektrotechnik. In einem Schaltkreis werden verschiedene Funktionen elektronisch angesteuert und ausgeführt. Ein Schaltkreis besteht aus verschiedenen Bauelementen wie Transistoren, Widerständen, Kondensatoren. Dank der Erfindung des integrierten Schaltkreises haben mehrere tausend Bauelemente auf einem wenigen mm^2 grossen Halbleiterplättchen (Chip) Platz. Zum Beispiel ist das Rem ein integrierter Schaltkreis, der in einem Computer die Aufgabe hat, Informationen zu speichern und bei Bedarf wieder zur Verfügung zu stellen. Ein anderer integrierter Schaltkreis ist der Mikroprozessor.
Internationale Datumsgrenze
Ungefähr dem 180. Längengrad folgende Linie. Orte im Westen der Datumsgrenze sind den Orten im Osten der Datumsgrenze um einen Kalendertag voraus.
Investitionsgüter
Einrichtungen, Maschinen und Werkzeuge, die zur Produktion von Investitionsgütern oder Konsumgütern gebraucht werden. Auch Autos sind Investitionsgüter, wenn sie gewerblich eingesetzt werden. Investitionsgüter haben in der Regel eine lange Lebensdauer.
Isotop
Atome mit gleicher Elektronen- und Protonenzahl, aber abweichender Neutronenzahl. Da vor allem die Elektronen eines Atoms sein chemisches Verhalten bestimmen, besitzen die Isotope weitgehend die gleichen chemischen Eigenschaften wie das entsprechende Atom mit ganzzahligen Werten. Die Masse weicht hingegen zum Teil erheblich ab.

Joint Venture
Partnerschaft zwischen einem inländischen und einem ausländischen Unternehmen.

Kaufkraft
Die Kaufkraft zeigt an, wie viele Güter mit einem bestimmten Einkommen gekauft werden können. Kaufkraftunterschiede werden deutlich, wenn man die Arbeitszeit misst, die jemand erbringen muss, um ein bestimmtes Gut kaufen zu können.
Kerosin
Flugbenzin
Know-how
Das gesamte Wissen und die Fähigkeit eines Unternehmens ein bestimmtes Gut herzustellen oder eine bestimmte Dienstleistung zu erbringen.
Kolonialprodukt
Alte Bezeichnung für Nahrungs- und Genussmittel, die aus Übersee, insbesondere aus den europäischen Kolonialgebieten importiert wurden.
Konvektion
Bewegung einer vertikal aufsteigenden Masse. Die Aufwärtsbewegung wird durch Energiezufuhr bewirkt. Die Konvektionsströme der Luft werden durch die Sonne angetrieben. Die Konvektionsströme des Magmas in der Asthenosphäre werden durch den Zerfall radioaktiver Elemente angetrieben.
Konvektionsströme
siehe Konvektion
Konvektionsströmungen
siehe Konvektion
Kopra
das zerschnittene und getrocknete Fleisch der Kokosnuss
Korrosion, korrodieren
Verwitterungsprozess, bei dem die Oberfläche von festen Körpern durch chemische oder elektrochemische Angriffe zerstört wird. Gesteine werden häufig durch Kohlensäure, die im Wasser gelöst ist, korrodiert. Die durch die Menschen bedingte Luftverschmutzung führt zu Korrosionsschäden, zum Beispiel an Bauwerken.

korrosionsanfällig
siehe Korrosion
Korruption, korrupt
Bestechung, Bestechlichkeit
Kosake
Ursprünglich Reiterscharen im unteren Dnjepr- und Dongebiet. Später wurden die Kosaken als freie Wehrbauern in den Grenzgebieten Russlands angesiedelt und mit Sonderrechten ausgestattet. Die Kosaken stellten die besten Reiter in der russischen leichten Kavallerie.

Lodge
In der Regel einfaches, kleines Touristenhotel in der Wildnis.

Makrokosmos
Weltall im Gegensatz zum Mikrokosmos
Malaria
Sumpffieber. Infektionskrankheit, die durch die Malariamücke übertragen wird. Die Verbreitung der Malariamücke ist auf sumpfige, warme Gebiete beschränkt. Die Erreger der Malaria gehören zu den Sporentierchen. Die Fieberanfälle beginnen meist mit Schüttelfrost. Das Fieber steigt steil an und sinkt nach wenigen Stunden unter starkem Schweissausbruch wieder auf die Normaltemperatur zurück. Dieser Ablauf wiederholt sich nach Tagen, Monaten oder gar Jahren mehrere Male.
Medina
arab. Medinet = Stadt; insbesondere die alten Stadtviertel in islamischen Städten im Unterschied zu den Europäer- und Judenvierteln.
Mentor
väterlicher Freund und Berater, Erzieher, Ratgeber, Lehrer
Migranten
siehe Migration
Migration
Wanderung einzelner Menschen oder Gruppen (den Migranten) mit dem Ziel, einen neuen Wohnsitz zu finden. Emigranten sind Auswanderer, Immigranten sind Einwanderer.
Mikrokosmos
Verkleinertes Abbild des Weltalls im Menschen, in jedem Lebewesen, in jedem Atom. Gegensatz zum Makrokosmos.
Mikroprozessor
Integrierter Schaltkreis, der Rechenfunktionen erfüllt. Der Mikroprozessor ist das Herz jedes Computers.
Molasse, Molasseschichten
Gesteinsablagerungen, die während der Alpenbildung entstanden sind. Geröll, Sand und Mergel wurden von den Flüssen aus den sich bildenden Alpen ins Alpenvorland transportiert und dort sortiert abgelagert: am Alpenrand herrschen Sandsteine und Nagelfluh vor, in grösserer Entfernung die Feinablagerungen. Man unterscheidet Süsswassermolasse (Flussablagerung) und Meeresmolasse (Ablagerung in ein Meer).
Mormonen
Kirche Jesu Christi der Heiligen der Letzten Tage; wurde 1830 von M. Josepf Smith in New York gegründet. Die Mormonen beziehen sich auf die Bibel, das Buch Mormon (eine Art Fortsetzung der biblischen Geschichte auf amerikanischem Boden) und den gesammelten Offenbarungen ihres Gründers. Zentrum der Mormonen-Kirche ist Salt Lake City, Hauptstadt von Utah, USA.
Multi
lat.: viel; Abkürzung für «multinationaler Konzern». Der Begriff ist gleichbedeutend mit «transnationaler Konzern».
Murgang
Katastrophenartiger Niedergang einer Schlammlawine (Mure) in einem Bachbett.

Ortszeit
Zeit, die sich am Sonnenstand orientiert. Wenn die Sonne am höchsten steht, ist es 12.00 Uhr Ortszeit. Alle Orte auf dem selben Meridian haben die selbe Ortszeit.

Patriarchat, patriarchalisch
– Würde und Amtsbereich eines kirchlichen Würdenträgers der orthodoxen Kirchen.
– Herrschaft des Vaters resp. der älteren Männer in einer Familie oder einem Clan.
Pestizide
Sammelbezeichnung für chemische Substanzen, die Kulturpflanzen vor Schädlingen, Pilzen und Unkräutern schützen sollen.
Plankton
Kleine Organismen, die frei im Wasser schweben. Sie besitzen keine oder allenfalls nur eine geringe Eigenbewegung.
Polder
Marschland, welches mit einer bestimmten Technik dem Meer abgerungen wurde. Eine Bucht wird mit einem Damm gegen das offene Meer hin abgeschlossen. Das Wasser wird herausgepumpt und der Boden mit Entwässerungskanälen trocken gelegt.
ppm
1 ppm = 1 part per Million = 0,0001 Prozent
Prisma, Glasprisma
– In der Mathematik ist ein Prisma ein Körper, dessen Grund- und Deckfläche parallele, kongruente Vielecke sind.
– In der Optik ist ein Prisma ein Kristall aus lichtdurchlässigem und lichtbrechendem Stoff. Das einfachste Prisma ist das Dreikantprisma.
Produktivität
Schaffenskraft; Menge und Qualität von Gütern oder Dienstleistungen, die in einer bestimmten Zeit mit einem bestimmten Kapitalaufwand produziert werden.
Protektionismus
Schutz der einheimischen Produktion gegen die Konkurrenz des Auslandes durch Massnahmen der Aussenhandelspolitik (zum Beispiel durch Errichten von Schutzzöllen).
Puritaner
Sittenstrenge Gläubige, die nach den Lehren des Calvin (Genfer Reformator) leben. Der Puritanismus ist im 16./17. Jahrhundert in England entstanden.

Quäker
Religionsgemeinschaft, die in der Mitte des 17. Jahrhunderts in England gegründet wurde. Quäker verwerfen die Kindertaufe, das Abendmahl, den Eid, zum Teil den Militärdienst, alle Lustbarkeiten und leeren Höflichkeitsformen. Die Gemeindeangelegenheiten werden durch die Ältesten geleitet. Quäkergemeinschaften gibt es vor allem in England und in den USA.

reflektieren
zurückstrahlen, spiegeln
Reflexion
Das Zurückwerfen von Licht, elektromagnetischen Wellen, Schallwellen.
Relikt
Überbleibsel; Restbestand von Pflanzen, die in früheren Erdperioden weit verbreitet waren.
Ressource
Reserve

Saline
Salzgewinnungsanlage, Salzgrube, Salzwerk
Salpetersäure
chem. Formel: HNO_3, eine in der Natur sehr verbreitete Säure. Salpetersäure ist eine wasserhelle, stechend riechende, rauchende Flüssigkeit. Sie ist ein sehr starkes Oxidationsmittel. Salpetersäure löst alle Metalle ausser Gold, Platin und einige seltene Metalle auf.
Salpetersäurewolken
siehe Salpetersäure
Schelf
Flachseegürtel, der die Kontinente umsäumt und in etwa 200 m Tiefe mit starkem Gefälleknick zur Tiefsee abfällt. Die Nordsee ist zum Beispiel ein Schelfmeer.
Schelfeis
siehe Schelf

Schelfgebiet
siehe Schelf
Schelfmeer
siehe Schelf
Schichtflut
Flächenhaftes Abfliessen von Niederschlagswasser bei Stark- oder Dauerregen auf einer kaum geneigten Fläche. Schichtfluten kommen in den wechselfeuchten Tropen und Subtropen vor. Sie erzeugen Überschwemmungen von 20 bis 30 Zentimetern. Dort, wo die Vegetation dünn ist, wirken Schichtfluten besonders landschaftsverändernd.
Sediment
Ablagerungsgestein; Sedimente entstehen aus Produkten der mechanischen Verwitterung, also aus Sand, Kies, Ton, Kalkschlamm.
Segregation
Prozess, der dazu führt, dass sich soziale, ethnische oder religiöse Gruppen gegeneinander abgrenzen.
Seismik
Kurzbezeichnung für Seismologie. Erdbebenkunde und Erdbebenforschung.
Silikose
Lungenkrankheit, die durch das Einatmen von zu viel Staub hervorgerufen wird.
Spektralfarben
Die ungemischten, reinen Farben des Lichts; Hauptfarben, die nicht weiter zerlegbar sind. Jede Spektralfarbe besitzt eine andere Wellenlänge.
Spurengas
Natürliche und künstliche Gase, die in der Atmosphäre nur in geringer Konzentration vorkommen. Es handelt sich insbesondere um Argon, Kohlendioxid, Neon, Wasserstoff, Helium, Krypton, Xenon, Ammoniak, Ozon, Wasserstoffperoxid, Jod, Radon, Schwefeldioxid, künstlich angereichertes Kohlendioxid, Kohlenmonoxid, Stickoxide. Wasserdampf, Stickstoff und Sauerstoff gehören nicht zu den Spurengasen.
Strategie, strategisch
Feldherrenkunst, Kriegskunst, Lehre von der Führung der Gruppen, geschickte Kampfplanung
Subsistenzwirtschaft
Wirtschaftsweise, deren Ziel die Selbstversorgung ist. In der Subsistenzwirtschaft herrscht in der Regel keine oder nur eine sehr geringe Arbeitsteilung.
Subvention
Zweckgebundener, finanzieller Beitrag des Staates an Private.
subventionieren
Durch öffentliche finanzielle Mittel unterstützen.

Tektonik
- Teilbereich der Geologie
- Aufbau, Gefüge und Lagerungsverhältnisse der Erdkruste und ihrer Gesteine

tektonisch
den Bau der Erdkruste betreffend
Trading Post
Kleines, einfaches Warengeschäft in den USA.
Transistor
Kleinstes Element, das Strom steuern kann. Man kann ihn wie einen (Licht-) Schalter benutzen oder man kann ihn als Stromventil (Verstärker) einsetzen.
Treibhausgas
Gas in der Atmosphäre, das am Treibhauseffekt beteiligt ist.
Triade
- Dreiheit, Dreizahl
- USA, Europa und Japan werden zusammen als Triade bezeichnet. Sie sind die drei Wirtschaftsräume mit der weitaus bedeutendsten Durchdringung der Weltwirtschaft. Zwischen ihnen fliessen die grössten Warenströme, aber auch die grössten Finanzströme.

Tuberkulose
Abkürzung Tb; früher volkstümlich als Schwindsucht bezeichnet; infektiöse Krankheit, die durch das Tuberkelbakterium hervorgerufen wird. Die Ansteckung erfolgt durch Tröpfchen- und Staubinfektion über die Luftwege. Man unterscheidet die Lungentuberkulose, Knochentuberkulose, Organtuberkulose, Gelenktuberkulose, Hauttuberkulose u. a. Die Lungentuberkulose ist auch heute noch eine der häufigsten Krankheiten überhaupt. Jeder hundertste Mensch ist lungenkrank. Die Krankheitserscheinungen sind zu Beginn recht unauffällig und gleichen einer Grippe mit leichtem Fieber und trockenem Hüsteln. Oft treten auch Schulter- und Brustschmerzen auf. Im fortgeschrittenen Stadium kommt es bei stark geschwächtem Körper zu blutigem Auswurf. Die Sterblichkeit ist in den letzten Jahrzehnten stark zurückgegangen.
Typhus
Infektionskrankheit, die durch das Typhusbakterium hervorgerufen wird. Es wird meist über verunreinigtes Trinkwasser und verdorbene Nahrung übertragen. 2 bis 3 Wochen nach der Ansteckung beginnt die Krankheit mit Müdigkeit, Kopf- und Gliederschmerzen, Frösteln und allmählichem Fieberanstieg. Der Leib ist aufgetrieben. Ein fleckenförmiger Hautausschlag tritt oft in Schüben auf. Es kann zu Durchfällen und schliesslich auch zu Darmblutungen oder Darmdurchbruch in die Bauchhöhle mit Bauchfellentzündung kommen. Die Sterblichkeit beträgt 10 bis 20%.

Verkehrsinfrastruktur
siehe Infrastrukturen
Vetternwirtschaft
Bevorzugung von Verwandten und Freunden bei der Vergabe von Aufträgen und Arbeitsstellen.

Zonenzeit
International festgelegte Zeit, die für einen Meridianstreifen von 15° Breite gilt.

Quellenverzeichnis

Akademie der Wissenschaften der UdSSR, Sibirische Abteilung, Die Erschliessung Sibiriens und des Fernen Ostens, Geographisch-Kartographische Anstalt Gotha, 1987
Allkämper Dieter, Bolivien – der Bettler auf dem silbernen Thron, in: Geographie heute, Heft 70, 1989
Antes Peter, Die Religionen der Gegenwart, Verlag C.H. Beck, München 1996
Bassermann, Die faszinierende Welt der Mineralogie, Niederhausen, 1991
Bänziger Andreas, Die Grüne Revolution frisst ihre Kinder, Tages-Anzeiger vom Donnerstag, 21. März 1991
Bänziger Andreas, Bangladesh leidet an zu wenig und zu viel Wasser, Tages-Anzeiger vom Dienstag, 28. Juni 1994
Bär Oskar, Geografie der Kontinente, Zürich 1984
Berichte über die menschliche Entwicklung 1996 und 1997, Deutsche Gesellschaft für die Vereinten Nationen e.V., Bonn 1996
Biegert Claus, Die Wunden der Freiheit, Lamuv Taschenbuch 155, Göttingen 1994
Bisson Jean, Technologie und Landwirtschaft in den Oasen der Sahara, in: Geographische Rundschau, Heft 2, 1997
Bloch Mark, Diamanten sind des Kartells bester Freund, in: Der Monat in Wirtschaft und Finanz, Juni 1997
Bohle Hans-Georg, 20 Jahre Grüne Revolution in Indien, in: Geographische Rundschau, Heft 2, 1989
Bohle Hans-Georg, Grenzen der Grünen Revolution in Indien, in: Geographische Rundschau, Heft 3, 1999
Braunger Manfred, Chicago und die Grossen Seen, Dumont Reise-Taschenbücher, 1996
Brauns Thorsten, Scholz Ulrich, Shifting Cultuivation – Krebsschaden aller Tropenländer?, in: Geographische Rundschau, Heft 1, 1997
Breitung Werner, Schneider-Sliwa Rita, Hongkong vor neuen Herausforderungen, in Geographische Rundschau, Heft 7/8, 1997
Briesenmeister Dietrich, Kohlhepp Gerd, Mertin Ray-Güde, Sangmeister Hartmut, Schrader Achim, Brasilien heute, Vervuert Verlag, Frankfurt a.M. 1994
Brinkmanns Abriss der Geologie, erster Band, Enke-Verlag, Stuttgart 1980
Brucker Andreas, Das Auto – Wunschtraum der Chinesen, in: Praxis Geographie, 1/1996
Burga Conradin A. und Perret Roger, Vegetation und Klima der Schweiz seit dem jüngeren Eiszeitalter, Ott-Verlag, Thun 1998
Carrier Jim, The Colorado, A River Drained Dry, in: National Geographic Magazine, Juni 1991
des Cars Jean und Caracalla Jean-Paul, Die Transsibirische Bahn, Paris 1986
Cobb Charles E. Jr., Bangladesh: When the Water Comes, in: National Geographic Magazine, Juni 1993
Datapedia of the United States, America Year by Year, Lanham 1994

Diarra Abdramane, Afrikanische Gesellschaften und ihre Entwicklungsprobleme, Aachener Studien zur Sozialwissenschaftlichen Afrika- und Entwicklungsländerforschung, Lit Verlag, Münster und Hamburg, 1993
Du Mont, Richtig reisen, Zentralamerika, 1990
Du Mont, Hongkong – Macau – Kanton, Köln 1996
Direktion für Entwicklungszusammenarbeit und humanitäre Hilfe des Eidgenössischen Departementes für Auswärtige Angelegenheiten (DEH), Entwicklung, Heft Nr. 44, 1994 (Beiträge zur Republik Südafrika)
Engelhard Karl, Otto Karl-Heinz, Das Wunder am Han, in: Geographie heute, Heft 133, 1995
Ekkehard Jordan, Hentschel Thomas, Löbel Elke und Priester Michael, Kleinbergbau in Bolivien, in: Geographische Rundschau, Heft 5, 1995
Der Fischer Weltalmanach 96, 97, 98, 99
Flüchter Winfried und Wijers Philip J., Bodenpreisprobleme im Ballungsraum Tokyo, in: Geographische Rundschau, Heft 4, 1990
Frantz Klaus, Die Indianerreservationen in den USA, Franz Steiner Verlag AG, Stuttgart 1993
Fuchs Peter, Menschen der Wüste, Westermann Verlag, Braunschweig 1991
Gale State Rankings Reporter, Detroit 1994
Fritz Gassmann, Was ist los mit dem Treibhaus Erde, vdf 1994
Gaupp Peter, Wie ist der Regenwald zu retten? NZZ 15./16. März 1997
Geo Guide, USA-National Parks, National Geographic Society, Washington 1989
Geographische Rundschau, Heft 4, 1994
Geo spezial, Mexiko, Nr. 2, 1986
Geo spezial, Hongkong, 1995
Giessener Beiträge zur Entwicklungsforschung, Naturraum und Landnutzung in Südostasien, Giessen 1994
Giessner Klaus, Die Sahel-Sudan-Zone Westafrikas, in: Heidelberger Geographisches Journal 9, 1995
Globale Trends 1996, Stiftung Entwicklung und Frieden, Fischer 1996
Globale Trends 1998, Stiftung Entwicklung und Frieden, Fischer 1997
Glogger Beat, Das Wetter... morgen, Mondo-Verlag 1993
Goudie Andrew, Physische Geographie, Spektrum Lehrbuch, Akademischer Verlag Heidelberg, Berlin, Oxford, 1995
Gradwohl Roland, Petrie Dieter, Thierfelder Jörg, Wertz Rolf, Grundkurs Judentum, Materialien für Schule und Gemeinde, calwer, 1994
Grassl Hartmut/Reiner Klingholz, Wir Klimamacher, Auswege aus dem globalen Treibhaus, S. Fischer 1990
Grotz Reinhold, Problemräume der Welt, Australien, Aulis Verlag, Köln 1990
Grotz Reinhold, Die Aussenwirtschaft Australiens im Wandel, in: Praxis Geographie, 11/1993
Hahn Roland, New York, Weltstadt und Stadt der Kontraste, in: Geographie heute, Heft 142, 1996
Hall Blair Carvel, Moderne Meereskunde, Tesslof, Nürnberg 1990

Härle Josef, Umweltprobleme in China, in: Praxis Geographie 1/96
Heck Gerhard und Wöbcke Manfred, Arabische Halbinsel, Richtig Reisen, Dumont, Köln 1996
Helbricht Ilse, Stadtstrukturen in Kanada und den USA im Vergleich, in: Erdkunde, Band 50, 1996
Herrnleben Hans-Georg, Tokyo, in: Geographie heute, Heft 142, 1996
Hoffmann Karl-Dieter, Die Koka- und Kokainproblematik in Peru und Bolivien, in: Nord-Süd aktuell, Nr. 3, 1992
Holzner Lutz, Stadtland USA, in: Geographische Rundschau, Heft 9, 1990
Holzner Lutz, Washington D.C, in: Geographische Rundschau, Heft 6, 1992
Houscht Martin Peter, Der Flutaktionsplan in Bangladesch, in: Asien, Deutsche Zeitschrift für Politik, Wirtschaft und Kultur, Nr. 63, 1997
Hufschmid Peter H., Chinas empfindliche Umwelt ist schwer bedroht, Tages-Anzeiger vom 18. November 1992
Inhelder Max, Bolivien, eine Wirtschaft im Wandel, in: Wirtschafts-Politik, Heft 4, 1996
Juchelka Rudolf, Einheit und Vielfalt in Ostasien und Südostasien, in: Geographie heute, Heft 133, 1995
Kaltenbrunner Robert, Das Eigene im Fremden – Architektur und Stadtgestalt Shanghais im Spiegel europäischer Entwicklungen, in: Asien, Deutsche Zeitschrift für Politik, Wirtschaft und Kultur, Nr. 50, 1994
Klingholz Reiner, Wahnsinn Wachstum, GEO im Verlag, Hamburg 1994
Klohn Werner, No water – no jobs – no future, in: Praxis Geographie 4/1997
Knop Doris, Reisen mit der Taranssib, Bremen 1996
Kohlhepp Gerd, Ursachen und aktuelle Situation der Vernichtung tropischer Regenwälder im brasilianischen Amazonien, in: Kieler Geographische Schriften, Band 73, 1989
Kränzle Karl, Tokio – die City am Ende der Welt, Tages-Anzeiger, 16. Februar 1993
Krauth Hans Günter und Wossidlo Gudrun, Tokio – die Metropole drängt aufs Wasser, NZZ, 19./20. Juni 1993
Malberg Horst, Clive Carpenter, Wetter, Klima, Krisen, Katastrophen, Das neue Guiness Buch, Ullstein 1995
Meadows Donella und Dennis, Die neuen Grenzen des Wachstums, DVA, 1992
Merian, Hongkong, Dezember 1994
Meyer Fred u. a., Sibirien, Zürich 1983
Meyer Reinhold, Südafrika – der grosse Wandel, Entwicklung und Zusammenarbeit, Heft 7, 1996
Morrish Michael, China struggles with the population equation, in: Geographical, The royal geographical society Magazine, June 1994
Müller-Wille Ludger, Nationen der vierten Welt in Kanada, in: Geographische Rundschau, Heft 9, 1990
Museum für Gestaltung der Stadt Zürich, Timimoun, Siedlungen in der algerischen Sahara, Wegleitung Nr. 337, 1982

Nienhaus Volker, Wirtschaftsordnungen im Islam, in: Geographische Rundschau, Heft 6, 1996
Südostasien aktuell, Hefte 1 bis 6, 1996 und 1 bis 5, 1997
Nuscheler Franz, Lern- und Arbeitsbuch Entwicklungspolitik, Dietz, 1996
NZZ-Folio, Menschenrechte, Nr. 1, Januar 1996
NZZ, Wasserprobleme im Südwesten der USA, 3. August 1990
NZZ, Eine Chance für Boliviens Armutsgebiete, 28. Juni 1996
NZZ, Kampf für besseren Lebensraum in Tokio, 6./7. Juli 1996
Leser H., Haas H.-D., Mosimann T., Paesler R., Diercke Wörterbuch der Allgemeinen Geographie, dtv/Westermann, 1987
Oberweger Hans-Georg, Bevölkerungsentwicklung und staatliche Familienplanung in der VR China, in: Praxis Geographie 12/91
Olersdorf Ulrich, Lioba Weingärtner, Handbuch der Welternährung, Dietz, 1996
Office du Livre, Richtig reisen, Mexiko und Zentralamerika, 1979
Parayil Govindan, The Keral model of development: development and sustainability in the Third World
Popp Herbert, Oasen – ein altes Thema in neuer Sicht, in: Geographische Rundschau, Heft 2, 1997
Ravensburger Naturführer, Edelsteine, Ravensburg 1994
Risiko Klima, Schweizer Rück, Zürich, 1994
Romero de Campero, Ana Maria, Eine kokainsüchtige Wirtschaft, in: Entwicklung Nr. 38, 1992
Royal Geographical Society Magazine, Inside an ancient Bolivian silver mine, May 1994, Volume LXVI No. 5
Ruppert Helmut, Australien und Neuseeland, in: Geographie heute, Heft 128, 1995
Sax Anna, Haber Peter, Wiener Daniel, Das Existenz Maximum, Herausg. Ökomedia und Erklärung von Bern, Werd-Verlag, Zürich, 1997
Scheewe Winfried, Zum Beispiel Reis, Lamuv Verlag, Göttingen 1993
Schmidt Reinhard, Down Under, in: Geographie heute, Heft 128, 1995
Schweizer Thomas, Reisanbau in einem javanischen Dorf, Böhlau Verlag, Köln 1989
Sevilla Rafael und Ribeiro Darcy, Brasilien, Land der Zukunft?, Edition Länderseminare Horlemann, Tübingen 1995
Sharma Arwind, Innenansichten der grossen Religionen, Spirit Fischer, 1997
Shumway J. Mattheew und Jackson Richard H., Native american Population Patterns, American Geographical Society of New York, 1995
Sletto Bjorn, A cultural Exchange, in: The Geographical Magazine, July 1996
Spektrum der Wissenschaft, Digest: Umwelt – Wirtschaft, Heidelberg, 1994
Spektrum der Wissenschaft, Ozeane und Kontinente, Heidelberg 1983
Spektrum der Wissenschaft, Geodynamik und Plattentektonik, Heidelberg 1995
Der Spiegel, China erwacht, die Welt erbebt, Nr. 9/1997
Stadel Christoph, Hauptphasen der europäisch beeinflussten Kulturlandschaftsentwicklung in der Kanadischen Prärie, Salzburger Geographische Arbeiten, Band 28, S. 141–155, Salzburg 1995
Sternberg Rolf, Technologiepolitik und Hightech-Regionen – ein internationaler Vergleich, Lit Verlag, 1995
Strahm Rudolf H., Warum sie so arm sind, Peter Hammer Verlag, 1992
Theissen Ulrich, Kalifornien – Streit um das Wasser, in: Geographie heute, Heft 91, 1991
Thieme Günter und Laux Hans Dieter, Los Angeles, in: Geographische Rundschau, Heft 2, 1996
Tomala Karin, Die chinesische Bevölkerungsdynamik und das «Recht auf Familienplanung» im Lichte der Weltbevölkerungsentwicklung, in: Asien, Deutsche Zeitschrift für Politik, Wirtschaft und Kultur, 43/1992

Taubmann Wolfgang, Hongkong – Warten auf 1997, in: Geographie heute, Heft 133, 1995
Taubmann Wolfgang, China – Wirtschaftsmacht der Zukunft, in: Praxis Geographie 1/1996
Taubmann Wolfgang, Greater China oder Greater Hong Kong?, in: Geographische Rundschau, Heft 12, 1996
UBS, Preise und Löhne rund um die Welt, 1997
Ulrich Rosi und Weible Eberhard, Sahara, Edition Erde, Nürnberg 1995
von Uthman Jörg, Merian XL, New York, 1996
Wadley David und Grotz Reinhold, Australiens Rolle im pazifischen Wirtschaftsraum, in: Geographische Rundschau, Heft 11, 1994
Wallert Werner, Mexiko-Stadt, in: Geographie heute, Heft 142, 1996
Weber Egon, Bevölkerungsentwicklung in den USA, in: Zeitschrift für Wirtschaftsgeographie, Heft 3, 1992
Weiss Walter M., Westermann Kurt-Michael, Der Basar, Mittelpunkt des Lebens in der islamischen Welt, Edition Christian Brandstätter, London 1991
von Weizsäcker Ernst Ulrich, Faktor Vier, Droemer Knaur, 1996
Windhorst Hans-Wilhelm und Klohn Werner, Entwicklungsprobleme ländlicher Räume in den Great Plains der USA, Vechter Studien zur Angewandten Geographie und Regionalwissenschaft, 1991
Windhorst Hans-Wilhelm, Industrialisierte Landwirtschaft und Agrarindustrie, Vechter Studien zur Angewandten Geographie und Regionalwissenschaft, 1989
Windhorst Hans-Wilhelm, Die Rindviehwirtschaft der Vereinigten Staaten – Strukturelle und regionale Prozesse, Berliner Geographische Studien 1996, Band 44
Winkler Peter, am «Ort der kleinen Steine», NZZ-Folio, Nr. 12, Dezember 1993
Wolfrum Rüdiger, Wem gehört die Antarktis?, in: Geographische Rundschau, Heft 4, 1992
Wouter van Dieren, Mit der Natur rechnen, Der neue Club-of-Rome-Bericht, Birkhäuser, Basel-Boston-Berlin, 1995
Wunderlich Hans-Georg, Einführung in die Geologie, Bibliographisches Institut, Mannheim 1968
WWF, Experiment Weltklima, Panda Magazin 11/90
WWF, Im Land des Pandas, Panda Magazin 1/96
WWF, Wüsten im Vormarsch, Panda Magazin 3/96
WWF, Herausforderung Weltklima, Panda Magazin 3/97
Zauber und Schönheit unserer Erde, Das Beste, Stuttgart 1992

Bildnachweis

Agenda Boetling, Hamburg: 114(6)
AKG Photo, Berlin: 294(4)
Amsler, K., Forch: 195(4)
Anders, H. J./Stern, Hamburg: 69(3, 4, 6, 7)
Aus «DU», Heft 12, Dez. 1992: 85(6)
Bär, O., Küsnacht: 213(2–4), 156(1, 3)
Baumann AG, Würenlingen: 3, 6(2), 11(3, 5), 13(4), 14(2), 21(3, 4), 23(4), 24(3, 6, 8), 25(11), 27(l.3, r.1, r.2), 29(3), 32(2), 34(1), 35(4, 5), 37(3), 39(2, 4), 41(3), 43(3), 45(2, 3), 51(4), 52(1, 2), 56(1), 57(3, 4), 61(1, 2), 62(1, 2), 65(3), 66(1), 74(5), 78(1), 82(2), 84(2, 4), 89(11), 92(1, 2), 95(2), 96(2), 98(1, 2), 99(5), 100(2), 102(1), 104(1), 105(2), 107(1), 109(1), 111(4), 114(5), 119(1), 123(1), 130(3, 5, 6, 10), 131(11–13, 17), 133(4), 134(2), 139(13), 140(1), 141(3), 143(7), 144(3), 147(6), 149(2, 7), 150(1), 151(2), 152(3), 162(1, 2), 165(2), 167(5, 7), 171(4), 172(2), 173(6), 180(2), 186, 194(2), 195(3), 219(u.r.), 222(4), 226(4), 229(1, 4), 233(1, 3), 242(1), 244(1, 3), 245(5), 246(2), 253(u.l.), 256(1), 260(2), 268(1), 280(1), 286(3), 301(2, 4), 303(1)
Blaser, J./Bruno-Manser-Fonds, Basel: 168(1)
Bohle, H. G., Südasien-Institut Abteilung Geografie, Universität Heidelberg, Heidelberg: 278(1)
Bruggmann, M., Yverdon-les-Bains: 20(2), 22(1, 2), 27(l.2, l.4, r.3), 31(1, 3), 35(3), 49(12), 54(1), 61(5), 64(2), 65(7), 66(2), 110(1, 2), 139(12), 142(1), 143(3), 147(5), 149(6), 151(4), 229(3), 237(1), 240(3)
Burkard, H.-J./Bilderberg, Hamburg: 303(3)
Comet Photoshopping GmbH, Zürich: 6(18, 19), 14(4), 27(l.1, r.4), 28(1), 51(1), 54(2), 79(4), 80(2), 82(1), 89(15), 90(2, 3), 93(4), 101(7), 112(1, 2), 113(3–5), 114(4), 123(3), 127(3,6), 130(1), 133(5), 151(5), 155(5, 6), 157(5, 7), 171(6), 180(4), 208(5–8), 219(o.l., o.r.), 233(5), 244(2), 253(o.l., o.r.), 260(3), 267(2), 269(2), 286(2), 294(3), 295(3), 303(2), 310(1), 320(1), 321(2–5)
Docuphot AG, Christian Mehr, Zürich: 269(3)
Dolder, W., Speicher: 65(6)
Drexel, R./Bilderberg, Hamburg: 67(3, 4)
Eigstler, S., Thun: 15(5), 25(14)
ETH, Mayer-Rosa, D., Zürich: 126(1, 2)
Foto-Agentur Sutter, Lupsingen: 77(1), 115(2), 130(4), 131(9, 15, 18), 180(1), 219(u.l.), 223(6), 225(3), 226(5, 7), 234(3), 285(3), 322(2)
Gerster, G., Zumikon: 224(2)
GMC Presse- und Bildagentur, Zürich: 246(1)
Graf, K., Zürich: 64(1)
Hebeisen, H., Madrid: 233(2)
Hutchings, R./Network/LOOKAT, Zürich: 93(5)
Jäger, H. P., Zürich: 48(5, 10), 96(1), 114(1, 2), 120(2), 132(2), 135(4), 162(8, 9, 10), 207, 225(4, 5), 226(2), 230(2), 241(4, 5), 260(1, 4)
Kallay, K./Bilderberg, Hamburg: 135(6)
Keystone Press AG, Zürich: 6(8, 12,16), 8(1), 12(1), 15(7), 23(3), 29(2), 31(2), 32(1), 34(2), 42(1, 2), 43(4), 48(3, 4), 49(17), 55(3), 61(4, 6), 62(3), 65(4), 77(2), 79(3), 80(1), 83(5), 84(3), 90(1), 93(3), 101(6), 103(4), 105(3), 119(3), 125(3), 127(5), 131(16, 19), 134(3), 135(5), 138(9), 141(2), 144(1, 2), 153(5), 157(6), 158(1), 162(12), 163(15), 166(3), 170(3), 172(3), 174(3), 177(1), 180(6), 185, 201(3), 223(5), 226(1), 240(1), 254(1, 2), 263(2), 264(1, 2), 272, 279(2), 281(2), 283(1, 2), 291(2, 3), 293(1, 2), 295(5), 297, 307, 312(1)
Kugler, A., Zürich: 24(1), 25(15), 75(15), 82(3), 83(7), 85(5)
Liebelt, H., Bad Vilbel: 91(4, 5)
Magnum Photo-Agentur, Paris: 20(1)
Martin, C., Zürich: 213(5)
Mayer, T./Das Fotoarchiv, Essen: 53(4)
Mediacolor's, Zürich: 14(1), 18, 25(12), 29(4), 31(4), 33(4), 37(2), 58(1), 59(4), 61(3), 62(4, 5), 65(5), 74(2, 6), 75(8–10), 97(3), 100(1, 3), 101(4), 102(3), 123(2), 130(2), 131(14), 139(11), 146(3), 151(3), 152(2), 154(3), 158(2), 163(16), 170(1), 173(7), 177(2), 180(3, 7, 8), 183, 222(3), 225(6), 234(2), 235(4), 243(3), 279(3), 284(1), 301(3), Umschlag(2)
Navara, G./Anzenberger, Wien: 169(6, 7)
Nestlé AG, Vevey: 318/319
Olley, J./Network/LOOKAT, Zürich: 125(4)
Paysan Bildarchiv, Stuttgart: 168(2, 4)
Photo Beken of Cowes, England: 192(1)
Pillitz, Ch./Network/LOOKAT, Zürich: 59(3)
Prisma, Zürich: 10(1), 11(2, 4), 14(3, 5), 23(5), 24(2, 4, 5, 7), 36(1), 37(4, 5), 38(1), 40(2), 43(5), 44(1), 48(6), 49(13), 51(2, 3), 56(2), 68(1, 2), 71(3), 83(6, 8), 84(1), 88(8, 9), 89(12), 91(6), 101(5), 102(2), 103(5), 111(3, 5), 114(3), 115(1), 124(1), 125(2), 130(7, 8), 132(1), 133(3), 135(3), 138(10), 139(8), 143(4, 6), 146(1, 2), 149(1), 152(1, 4), 153(6), 157(4), 158(3), 164(1), 170(2), 172(1, 4), 173(5), 174(4, 6), 175(7), 180(5), 200(1), 208(1–4, 9–11), 221, 226(6, 8), 227, 229(2), 231(4, 5), 233(4), 234(1), 237(2), 240(2), 242(2), 245(4), 251, 253(u.r.), 267(1), 287, 295(7), 299(1, 2), 300(1), 311(2), 313(3–5), Umschlag(1, 3)
Reist, D., Interlaken: Umschlag(8 Porträts)
Ringier, Dokumentationszentrum, Zürich: 25(13), 70(1, 2), 82(4), 99(4), 105(4), 117, 127(4), 149(3), 154(1), 166(1, 2, 4), 167(6), 174(1, 2, 5), 201(2), 230(1, 3), 284(2), 293(3), 295(8), 313(2)
Sasse, M./Das Fotoarchiv, Essen: 138(7), 154(2)
Schlapfer-Color, Luzern: 32(3), 106
Schmid, R., Obererlinsbach: 156(2), 224(1)
Schmitz, W./Bilderberg, Hamburg: 111(6)
Siegenthaler, A., Dietikon: 6(1, 3–7, 9–11, 13–15, 17), 9(2), 17(1), 24(9, 10), 39(3, 5), 40(1), 48(1, 2, 7–9, 11), 49(14–16, 18), 53(3), 59(2), 69(5), 74(1, 3, 4, 7, 11), 75(12–14), 79(2), 88(1–7), 89(10, 13, 14, 16), 95(1), 99(3), 107(2), 109(2, 3), 115(3), 119(2), 120(1), 138(1–6), 139(14, 15), 142(2), 143(5), 146(4), 149(4, 5), 155(4), 162(3–7), 163(11, 13, 14, 17, 18), 171(5), 194(1), 222(1), 226(3), 231(6), 241(6), 243(4), 262(1), 270, 271, 286(1), 291(1, 4), 294(1), 322(1)
Siegert, F./Bruno-Manser-Fonds, Basel: 168(3)
Sioen, G./Anzenberger, Wien: 169(5, 8)
Stadtbibliothek Nürnberg, Handbuch der Mendelschen Zwölfbrüderstiftung, Band I, Bilder: 294(2)
Studer, W., Bern: 215(1–12)
Sturzenegger, J., Langnau a. A.: 222(2), 226(9)
The Natural History Museum, London: 190(1, 2)
Transglobe, Hamburg: 71(4)
Weiss, J., Zürich: 213(1)
Zanetti, L./Network/LOOKAT, Zürich: 313(6)

Karten:
Reliefgrundlagen aus dem Schweizer Weltatlas 1997, © EDK: 4/5, 14/15, 46/47, 72/73, 86/87, 128/129, 136/137, 160/161, 178/179

Inhaltsverzeichnis

Die Lebensräume der Menschen

4 Angloamerika

- 8 Das Agrobusiness
- 9 Die Plains – Inbegriff der amerikanischen Landwirtschaft
- 10 Von den Cowboys ist nur der Mythos übrig geblieben
- 12 Kalifornien und der Streit um das Wasser
- 13 Der neue Umgang mit dem Wasser
- 14 Der Colorado River – ein gezähmter Fluss droht zu versiegen
- 16 Schmerzhafter Umbau von Wirtschaft und Gesellschaft
- 17 Wirtschaftswunder in Hightech-Regionen
- 19 Silicon Valley
- 19 Greater Boston
- 20 Der St.-Lorenz-Seeweg
- 21 Die Niagarafälle
- 22 Nationalparks – Schutzgebiete der Wildnis
- 26 Bevölkerungsvielfalt in den USA
- 28 «Black is beautiful» – aber nicht einfach!
- 29 «Affirmative Action»
- 30 Die Indianer – Fremde im eigenen Land
- 33 Der Pfad der gebrochenen Verträge
- 34 Die Inuit auf dem Weg zurück zu Würde und Identität
- 34 Das moderne Leben ist bis in den hohen Norden vorgedrungen
- 35 Nunavut – «Unser Land»
- 36 Die amerikanische Stadt im Wandel
- 38 New York
- 40 Washington D.C.
- 41 Los Angeles
- 42 Chicago
- 44 Las Vegas
- 45 Vancouver

46 Lateinamerika

- 50 Die Metropolen Lateinamerikas
- 50 Das «pull-push-Modell»
- 51 Leben in einer Barriada
- 52 Mexiko City
- 53 Die Korruption blüht wie eh und je
- 53 Die Familie
- 54 Der Panamakanal
- 55 Ohne den Kanal gäbe es Panama nicht
- 56 Brasilien – zwischen Entwicklungsland und Dienstleistungsgesellschaft
- 58 Das brasilianische Armenhaus – der Nordosten
- 58 Weitere Ursachen der Unterentwicklung
- 59 Bescheidene Fortschritte sind dennoch erkennbar
- 60 Kaffee – ein Getränk, das die Welt erobert hat
- 61 Die Kaffeepflanze
- 62 Der Kaffee ist ein kostbares Handelsgut
- 63 Einfaches Warenbörsengeschäft
- 64 In den tropischen Anden
- 66 Der Reichtum der Erde brachte sie an den Bettelstab
- 66 Warum die Anden reich an Erzen sind
- 68 Silberstadt im Andenland
- 70 Mit Kokain aus der Krise?
- 71 Neue Methoden der Armutsbekämpfung im Hinterland von Cochabamba

72 Die Russische Föderation

- 76 Der Nachfolgerstaat der Sowjetunion
- 77 Perestroika und Glasnost
- 77 Auf dem Weg zur Demokratie und zur Marktwirtschaft
- 78 Moskau
- 80 Sibirien – die Schatzkammer Russlands
- 80 Pflanzen- und Tierwelt
- 80 Wasser
- 81 Bodenschätze
- 82 Land der Hoffnung – Land der Schmerzen
- 83 Der respektlose Umgang mit der Natur
- 84 Die Transsibirische Eisenbahn

86	**Zentral-, Ost- und Südasien**	**136**	**Die arabisch-islamische Welt**

- 90 Vom Kaisertum zum Kommunismus – Chinas Wandel im 20. Jahrhundert
- 91 Die allumfassende Fürsorge von Staat und Partei
- 92 Die sozialistische Marktwirtschaft
- 92 Unselige Staatsbetriebe
- 93 Aufbruch in die Welt des Konsums
- 94 Das Dilemma der Familienplanung
- 94 Stationen der chinesischen Bevölkerungspolitik
- 95 Wie die Ein-Kind-Familie durchgesetzt werden soll
- 96 Rückschläge der Ein-Kind-Politik
- 96 Es lebte noch und war ein Junge
- 97 Die Schrift – Wiege der kulturellen Einheit
- 98 Shanghai
- 100 Hongkong
- 102 Tibet
- 104 Der gewaltlose Widerstand
- 104 Die Armut ist nach wie vor allgegenwärtig
- 105 Das langsame Sterben einer Zivilisation
- 106 Der Buddhismus
- 107 Der Hinduismus
- 108 Erfolge und Misserfolge der Grünen Revolution in einem indischen Dorf
- 109 Die Grüne Revolution frisst ihre Kinder
- 110 Nachhaltige Entwicklung – Kerala geht andere Wege
- 111 Was wurde in Kerala anders gemacht?
- 112 Das Maikaal-Projekt – eine Chance für Bio-Baumwolle
- 113 Vom Baumwollfeld bis in den Handel
- 114 Vom Baumwollanbau
- 115 Teppiche aus Nepal
- 116 Fluch und Segen des Monsuns in Bangladesh
- 117 Bangladesh leidet nicht nur an zu viel, sondern auch an zu wenig Wasser
- 118 Reis ernährt die Menschheit
- 120 Die Parabel von der Trockenzeit
- 121 Von Tigern, Drachen und einer Leitgans
- 123 Die Musterschüler liegen am Boden
- 124 Tokio
- 126 Erdbeben – Möglichkeiten der Schadensbegrenzung
- 126 Erdbebensichere Bauweise
- 127 Feuer
- 127 Katastrophenhilfe

128 Australien

- 132 Ausbruch aus der Isolation
- 134 Das Leben im Outback

- 140 Der Islam
- 142 In der Medina von Fès
- 144 Der Basar – Herz der orientalischen Stadt
- 145 Geschäft ist Geschäft, aber Freundschaft und Allah sind zugegen
- 146 Oasen
- 147 Die «moderne» Oase
- 147 Wasser ist kostbarer als Erdöl
- 148 Oasentypen der Sahara
- 150 Oasenkulturen
- 151 Einsame Wanderer in der Wüste – die Nomaden
- 152 Das Leben einer Nomadenfamilie
- 153 Das Kamel
- 153 Der langsame Niedergang der Nomadenkultur
- 154 Ölreiche Länder mit Zukunft
- 155 Das Erdöl
- 158 Jerusalem
- 159 Das Judentum

160 Afrika südlich der Sahara

- 164 Die Wüste rückt vor
- 165 Auf der Suche nach den Ursachen
- 166 Die Menschen im tropischen Regenwald
- 166 Pygmäen
- 167 Ein bedrohter Lebensraum – Alca-Pygmäen im Regenwald
- 168 Wanderfeldbau im tropischen Regenwald
- 169 Wanderfeldbau – keine Lösung für die Zukunft
- 169 Die Kultur der Wanderfeldbauern
- 170 Die Situation der Afrikanerinnen aus europäischer Sicht
- 171 Wie eine Afrikanerin die Schweizerinnen sieht
- 172 Massentourismus in Kenia
- 173 Die Schattenseite
- 174 Diamanten-Fieber
- 175 Nichts als Kohlenstoff
- 175 Karat ist nicht Karat
- 176 Der lange Weg zur Gleichwertigkeit von Schwarz und Weiss
- 177 Ein neues Gesetz schafft noch keine neuen Verhältnisse
- 177 Verschiedene Wirklichkeiten im heutigen Schulalltag

178 Antarktika

- 181 Kontinent ohne Staat

Die natürlichen Grundlagen

185 Die Gestalt der Erde

- 186 Die Erdform
- 187 Die Weltkarte
- 188 Land und Wasser
- 190 Die Geburt der Ozeane
- 191 Das Ozeanwasser
- 192 Meeresströmungen
- 193 Meeresablagerungen
- 193   Geröll, Sand und Ton
- 193   Herkunft und Entstehung des roten Tiefseetons
- 194   Kalk
- 195   Verhaltenskodex für Sporttaucher

197 Plattentektonik

- 198 Die Theorie der Kontinentalverschiebung
- 199 Tatsachen, die sich beweisen lassen
- 200 Unruhe an den Plattenrändern
- 202 Die äussere Schale der Erde
- 203 Der Motor der Plattenwanderung
- 204 Heisse Flecken unter der Kruste
- 205 Die Wanderroute der Kontinente

207 Erde und Sonne

- 208 Die Bewegungen der Erde
- 209   Zeit und Datum
- 209   Reise um die Erde in achtzig Tagen
- 210 Die Strahlung der Sonne
- 211   Weshalb ist der Himmel blau?
- 211   Der Regenbogen in der Mythologie
- 212   Die Beleuchtungszonen
- 214   Die Jahreszeiten
- 216 Der Stockwerkbau der Atmosphäre

219 Klima- und Vegetationszonen

- 220 Übersicht
- 221 Immerfeuchte Tropengebiete
Tropische Regenwälder
- 221   Klima
- 222   Vegetation
- 223   Boden
- 223   Tiere
- 224 Wechselfeuchte Tropengebiete
Savannen
- 224   Klima
- 225   Vegetation
- 226   Tiere
- 227 Wüsten und Halbwüsten
- 227   Klima
- 228   Gründe für die Wüstenbildung
- 229   Die Wüste lebt
- 230   Formbildende Kräfte der Wüste
- 232 Subtropische Winterregengebiete/Mittelmeerklima
Hartlaubgewächse
- 232   Klima
- 232   Vegetation
- 233   Die Terra rossa
- 234 Subtropische Sommerregengebiete
Laub- und Mischwälder, Grasland
- 234   Klima
- 234   Vegetation
- 235 Der Monsun
- 236 Tropische Wirbelstürme
- 237 West- und Ostseite der Kontinente
Ein Vergleich
- 238 Klima- und Vegetationszonen der Tropen und Subtropen
Zusammenfassung
- 240 Winterkalte Steppengebiete der gemässigten Breiten
- 240   Klima
- 240   Vegetation
- 241   Der Schwarzerdeboden auf Löss
- 242 Immerfeuchte Gebiete der gemässigten Breiten
Laub-, Misch- und Nadelwälder
- 242   Klima
- 242   Vegetation
- 244   Sturmtief über den gemässigten Breiten
- 244   Tornado
- 244   Blizzard
- 245 Immerkalte Gebiete der Polarzone
Tundren und Kältewüsten
- 245   Klima
- 245   Vegetation
- 245   Dauerfrostboden
- 246 Klima- und Vegetationszonen der gemässigten und der kalten Zone
Zusammenfassung
- 247 Die Höhenstufen – Abbild der Klimazonen
- 248 Klimaelemente, Vegetation und Verwitterung vom Äquator bis zur Arktis
- 248   Verwitterung

Herausforderungen der Gegenwart

253 Einfluss der Menschen auf das Klima

- 254 Spielt das Wetter verrückt?
- 256 Die Erde ist ein natürliches Treibhaus
- 257   Ursachen für natürliche Klimaänderungen
- 258   Beispiel eines Rückkoppelungsprozesses
- 260 Blick zurück in die Vergangenheit
- 261   Klimaspuren
- 262 Sind wir Klimamacher?
- 263   Exoten auch in Zürich
- 264   El Niño
- 265 Ursachen des künstlichen Treibhauseffektes
- 266   Die Schlüsselstellung des Kohlendioxids
- 266   Nadelwälder sind wichtige CO_2-Speicher
- 267   Kohlenstoff – Skelett der Natur
- 268   Zu viel Ozon in der Troposphäre...
- 269   ...zu wenig Ozon in der Stratosphäre
- 270   Die Ozonkiller

271 Entwicklungsländer

- 272 Woran man ein Entwicklungsland erkennt
- 273 Wie der Stand der Entwicklung gemessen werden kann
- 274   Der Index für menschliche Entwicklung
- 275 Faktoren, die die Entwicklung behindern
- 276   Die negativen Aspekte des Kolonialismus
- 277   Korruption statt Demokratie – Krieg statt Frieden
- 277   Der Weg in die Schuldenkrise
- 278   Einseitig ausgerichtete Landwirtschaftspolitik
- 279   Die Grüne Revolution und ihre Folgen
- 280   Von der Ursache und Wirkung des Bevölkerungswachstums
- 281   Alles hängt an den Frauen
- 282   Kinder in Armut – vergessen und ausgebeutet
- 283   Trotz aller Fortschritte bleibt noch viel zu tun
- 284   Hunger – treuer Begleiter der Armut
- 285   Was der Mensch zum Essen braucht
- 286 Hält die Entwicklungshilfe, was sie verspricht?

287 Mehr Menschen brauchen mehr Nahrung

- 288 Wie man mehr Nahrungsmittel produzieren kann
- 289   Getreideproduktion statt Fleisch
- 290   Ausdehnung des Kulturlandes
- 291   Grenzräume der Nahrungsmittelproduktion
- 292   Steigerung der Hektarerträge durch Gentechnologie
- 293   Befürworter der Gentechnologie
- 293   Gegner der Gentechnologie
- 294   Meilensteine in der Geschichte der Nahrungsmittelproduktion

297 Die Erde ist begrenzt

- 298 Grüne Lunge mit Schwächezeichen
- 299   Droht dem tropischen Regenwald das «Aus»?
- 299   Strategien, die den Tropenwald erhalten sollen
- 300 Der Ozean – Nahrungsquelle und Abfallgrube
- 301   Was die Ozeane verschmutzt
- 302 Sauberes Wasser – der kostbarste aller Rohstoffe
- 304 Das Ende der fossilen Energieträger
- 305 Wem gehört das Gold im Meer?
- 306   Rohstoffschürfer wollen die letzten Paradiese plündern

307 Wie viele Menschen können auf der Erde leben?

- 308 Vom Rohstoffverbrauch hängt alles ab
- 308   Ist die Schweiz übervölkert?
- 309 Das Wachstum und die Verteilung der Menschheit
- 310 Vom langsamen Bevölkerungswachstum der Vorzeit zur Bevölkerungsstabilität der Zukunft
- 310   Heute ist alles anders als früher
- 311 Die Bevölkerungspyramide
- 312 Völkerwanderungen unserer Zeit

315 Die globale Verflechtung der Wirtschaft

- 316 Die Welt ist zu einem Dorf geworden
- 317 Die heimlichen Giganten
- 317   Nestlé – ein Transnationaler Konzern
- 320   Globalisierung als Chance
- 320   Globalisierung ist...
- 321 Haben die Kleinen neben den Grossen noch Platz?
- 322 Nachhaltige Entwicklung
- 323 Fairer Handel: Zum Beispiel Max Havelaar

325 Anhang

- 326 Glossar
- 329 Quellenverzeichnis
- 331 Bildnachweis
- 332 Inhaltsverzeichnis